Soziobiologie als kulturrevolutionäres Programm

ratio fidei
Beiträge zur philosophischen Rechenschaft der Theologie

Herausgegeben von
Klaus Müller und Thomas Pröpper

Band 6

Axel Heinrich

Soziobiologie als kulturrevolutionäres Programm

Verlag Friedrich Pustet
Regensburg

Die Deutsche Bibliothek – CIP-Einheitsaufnahme
Ein Titeldatensatz für diese Publikation ist bei
Der Deutschen Bibliothek erhältlich.

ISBN 3-7917-1761-8

Umschlaggestaltung: Martin Veicht. form fünf, Regensburg
Druck und Bindung: Friedrich Pustet, Regensburg
Printed in Germany 2001

Vorwort

Die nachfolgend dokumentierten Gedankengänge sehen sich durch ein Erstaunen angeregt: Erstaunen darüber, daß die Soziobiologie, offenbar unbeeindruckt von überzeugenden Zurückweisungen, weiterhin ihre Vertreter und ihr Publikum findet. Auch wer ihr nach den in den siebziger und achtziger Jahren gegen ihr Vorläuferprogramm, die sogenannte Evolutionäre Erkenntnistheorie, vorgebrachten Argumenten noch eine Chance zu geben bereit ist, wird sagen müssen, daß die Soziobiologie auf einen bestimmten Ausgang der Mind-Brain-Debatte angewiesen ist, auf deren moraltheoretischer Rückseite sie operiert. Diese Debatte ist jedoch einstweilen nicht entschieden, und es zeichnet sich jedenfalls nicht ab, daß die naturalistische Seite, auf die die Soziobiologie setzen muß, obsiegen wird. So kommt sie entweder zu spät oder zu früh, in keinem Fall vermag sie sich heute überzeugend argumentativ auszuweisen.

Der Versuch, das Phänomen „Soziobiologie" zu durchschauen, berührt zumindest drei Problemkreise, deren erster mit einer kurzen Formulierung aus Stanisław Lems *Eden* markiert werden kann: „Um die Welt zu beherrschen, muß man sie zuerst benennen."[1] Dem hiermit angesprochenen ebenso altbekannten wie facettenreichen Problembestand – die Verwendung sprachlicher Mittel als bloßes Machtinstrument – versucht die Philosophie von Platons *Gorgias* bis zur gegenwärtigen Ideologiekritik beizukommen, ohne freilich dauerhafte Erfolge verzeichnen zu können. Das ist nicht wirklich verwunderlich, da sich die Auftrittsformen machtorientierten Sprechens in stetem Wandel befinden. Auf dem Spiel steht, und das ist das gleichbleibend sich durchziehende Moment dieses Problembestandes, die „Würde des Wortes"[2], die dem Menschen nicht gleichgültig sein kann. Seinem Zusammenleben droht nachhaltige Beeinträchtigung, wo Manipulation statt Verständigung zum Zweck öffentlichen Sprechens erhoben wird; gleiches gilt für die Unterschlagung der Wahrheitsbindung des Sprechens mit der Folge, daß es keinen Unterschied mehr macht, ob jemand die Wahrheit sagt oder nicht.

Der zweite Problemkreis thematisiert die Instanz, von der gegenwärtig vor allem Wahrheiten erwartet werden, die Naturwissenschaften. Blühender Naturalismus allenthalben erregt zunehmend auch die Aufmerksamkeit der Theologie.[3] Seine die Möglichkeiten naturwissenschaftlicher Methoden übertretenden Speku-

---

[1] S. Lem, Eden, dt. v. C. Rymarowicz, München 1999, 341.

[2] J. Pieper, Mißbrauch der Sprache – Mißbrauch der Macht, in: Ders., Mißbrauch der Sprache – Mißbrauch der Macht, Zürich 1970, 7-42; hier 15.

[3] Vgl. K. Müller, Wenn ich „ich" sage. Studien zur fundamentaltheologischen Relevanz selbstbewußter Subjektivität, Frankfurt/M. u.a. 1994 (Regensburger Studien zur Theologie; 46); J. Quitterer/E. Runggaldier (Hg.), Der neue Naturalismus. Eine Herausforderung an das christliche Menschenbild, Stuttgart-Berlin-Köln 1999.

lationen werden als Infragestellung des christlichen Welt- und Menschenbildes wahrgenommen und versetzen die verwissenschaftlichte Gesellschaft in gefährliche Unruhe. Wo den naturalistischen Versprechungen kein Glaube geschenkt wird, kann das Vertrauen in die Wissenschaften erheblich in Mitleidenschaft gezogen werden; wo ihnen geglaubt wird, droht ein anthropolitischer Schub, vor dessen Gefahren die Geschichte warnt.[4] Eine wirksame Unterscheidung zwischen Naturwissenschaften und Naturalismus ist daher erforderlich.

Implizit ist damit auch der dritte Problemkreis angesprochen, die Rolle der öffentlichen Meinung in der Entscheidung über die Wirkung von Expertenäußerungen. Die neuerdings verkündete Vision einer „dritten Kultur"[5], in der Naturwissenschaftler die gedankliche Orientierung der Gesellschaft zu übernehmen gedenken und damit die Verwissenschaftlichung auf politischer Ebene komplettieren, macht es dringlich, in den anstehenden Fragen zur Soziobiologie deren bislang kaum gewürdigte Präsenz in den Massenmedien über die Frage nach Form und Funktionsweise der Öffentlichkeit zu erschließen.

In dem unübersichtlichen Ineinander von Ideologiekritik, Wissenschaftskritik und Medienethik gilt es einen Blick freizulegen, der die Soziobiologie als komplexes Phänomen in der gesellschaftlichen Wirklichkeit zu begreifen erlaubt. Es muß eingeräumt werden, daß die Beobachtungen und Überlegungen nicht nach allen Seiten ausgewogen sind und angesprochenen Debatten bisweilen nicht bis ihre Verästelungen hinein nachgegangen wird – dies hinzunehmen ist der Preis für den Versuch, einem in gängigen Diskursen nicht zureichend erfaßten Phänomen nachzuspüren.

Die vorliegende Arbeit wurde im Wintersemester 2000/2001 als Dissertation an der Katholisch-Theologischen Fakultät der Westfälischen Wilhelms-Universität in Münster angenommen. Sie wurde zur Drucklegung einer leichten Überarbeitung unterzogen. Im Verlauf ihres Zustandekommens konnte ich von vielerlei dankenswerten Anregungen und Unterstützungen profitieren – mein Dank geht an Herrn Prof. DDr. Karl Gabriel für die Übernahme des Zweitgutachtens, an Herrn Dr. Rudolf Zwank für die zuvorkommende verlagsseitige Unterstützung, schließlich an die Teilnehmerinnen und Teilnehmer des Münsteraner und des Hamburger Doktorandenkolloquiums sowie an Herrn Detlef Dieckmann für ausgiebige Gespräche. Mit besonderem Dank möchte ich die Begleitung durch Herrn Prof. Dr. Dr. habil. Klaus Müller und Herrn Prof. Dr. Thomas Hoppe hervorheben, die es in allen Phasen des Projektes verstanden, eine inspirierende und zur Entwicklung und Erprobung eigener Gedanken ermunternde Atmosphäre herzustellen.

---

[4] Zur Anthropolitik vgl. A. Steffens, Philosophie des 20. Jahrhunderts oder Die Wiederkehr des Menschen, Leipzig 1999. – Zum Begriff „Anthropolitik" vgl. ebd., 14 f.

[5] Einschlägig hier J. Brockman, Die dritte Kultur. Das Weltbild der modernen Naturwissenschaften, dt. v. S. Vogel, München 1996.

Inhaltsverzeichnis

1. Eine Neuauflage des Themas „Biologie und Theologie“

1.1 Die besondere Rolle der Biologie im Konzert der Wissenschaften

„Vor einigen Jahren erklärte der damalige französische Präsident, Valéry Giscard d`Estaing, das 20. Jahrhundert zum ‘Jahrhundert der Biologie’. Wenn das auch nicht für das gesamte Jahrhundert gelten mag, so trifft es doch ganz gewiß auf die zweite Hälfte zu.“[1] So läßt sich selbstgewiß der Biologe Ernst Mayr vernehmen. Was die öffentliche Aufmerksamkeit, die eigenständige innere Dynamik sowie die technische Verwertbarkeit angeht, so ist die Biologie innerhalb der letzten Jahrzehnte zweifellos zur Leitwissenschaft avanciert. Auch hinsichtlich der methodischen Konstitution kann keine Rede mehr davon sein, daß Wissenschaftlichkeit nur als Abglanz der wahren, weil exakten Wissenschaft Physik besteht, wie in der wissenschaftsnah betriebenen Philosophie mit einem begehrlichen Blick auf eine mögliche Einheitswissenschaft lange und gern geglaubt wurde.[2]

Im Blick auf die Selbstbeschreibung des Menschen muß die moderne Biologie als Humanbiologie darüber hinaus als eine zur Verhältnisbestimmung seitens der Theologie überaus relevante Naturwissenschaft angesehen werden. Daß hier eine außerordentlich konfliktträchtige Beziehung besteht und mithin immer wieder dringlicher Klärungsbedarf aufkommt, zeigt die lange Geschichte der heftigen Auseinandersetzungen zwischen Theologen und Biologen auf diesem Gebiet.[3]

Was den katholischen Bereich angeht, so entsteht der Eindruck, daß die Moraltheologie sich im Gegensatz zur Fundamentaltheologie hinsichtlich einer grundsätzlichen Verhältnisbestimmung bis auf wenige Ausnahmen bedeckt hält,[4] obwohl sie andererseits für diverse Fragestellungen der angewandten Ethik gezwungen ist, Erkenntnisse der Biologie zu integrieren. Fragen nach dem theoretischen Status solcher Aufnahmen, ob es sich dabei eventuell um konzeptionelle Fremdkörper oder gar um Sprengsätze handeln könnte, werden zumeist nicht

---

[1] E. Mayr, Das ist Biologie. Die Wissenschaft des Lebens, dt. v. J. Wißmann, Heidelberg-Berlin 1998, 11. – Vgl. bestätigend u.a. W. Frühwald, Zeit der Wissenschaft. Forschungskultur an der Schwelle zum 21. Jahrhundert, Köln 1997, 85 f. 122 f.; T. Weber, Darwin und die Anstifter. Die neuen Biowissenschaften, Köln 2000, 18 f.

[2] Vgl. G. Keil, Kritik des Naturalismus, Berlin-New York 1993 (Quellen und Studien zur Philosophie; 34), 30 ff.

[3] So z.B. der legendäre Disput zwischen dem Bischof Samuel Wilberforce und Thomas H. Huxley, vgl. unten S. 43; ähnlich gelagerte Auseinandersetzungen gab es auch mit dem rassentheoretischen Polygenismus, vgl. S. J. Gould, Der falsch vermessene Mensch, Frankfurt/M. [2]1994, 35 ff.

[4] Eine dieser Ausnahmen bildet C. Junker, Zur immer tieferen Erschließung des Menschenmöglichen. Ethik und Soziobiologie im Diskurs, Münster 1998 (Studien der Moraltheologie. Abteilung Beihefte; 2).

gestellt. Die Durchsicht der neueren speziell sozialethischen Literatur fügt sich zu einem ähnlich „überschaubaren“ Bild zusammen. Es finden sich zwar Ökologie und Bioethik thematisiert, doch im genannten Sinn grundsätzliche Fragen werden damit herkömmlich nicht verbunden.[5]

Offenbar sind die Ethikerinnen und Ethiker an spezielleren Dingen interessiert, richten sich möglicherweise lieber unter dem Schutz des Argumentes vom naturalistischen Fehlschluß[6] häuslich ein und überlassen weitere Grundsatzfragen im Sinne der theologischen Arbeitsteilung anderen, eben Fundamentaltheologen. Aber Arbeitsteilung ist nicht immer und *per se* von Vorteil, deshalb ist gelegentlich zu fragen, *wie* die anstehende Arbeit zu teilen sei.

Als Sozialethiker – so meine Behauptung, die im folgenden eingelöst werden soll – ist es derzeit ratsam, sich daran zu erinnern, daß Ethik strukturell eine enge Verbindung zum Selbstverständnis des Menschen und zu den von ihm bevorzugten Selbstbeschreibungen aufweist. Denn die nachfolgend zu untersuchende Soziobiologie macht sich gerade diese Nähe zunutze und fordert damit zu einer deutlichen Stellungnahme heraus. Es gilt einem spezifisch ethischen Unbehagen nachzugehen, das sich bei der Vergegenwärtigung der Folgen des biologischen Naturalismus, den die Soziobiologie exemplifiziert, einstellt.

Die aus der Wissenschafts- und Sozialgeschichte sich erhebenden Verdachtsmomente gegen den biologischen Naturalismus, als da sind: Sozialdarwinismus, Eugenik, Rassenideologie und Sozialtechnik, zeigen noch einmal das besondere Profil des Problems, das aus der Biologie für die zugleich fundamentale und ethische Theologie entstehen kann und hier eine Verhältnisbestimmung dringlich macht.

1.2 Das Widerlager: bedrohte Subjektivität

Die gegenwärtige Blüte einer später detailliert zu beschreibenden eigenartigen, populären Biologie veranlaßt eine Besinnung auf die Grundlagen der Ethik. Eine vornehmlich kritische und im Vortrag der Kritik die eigene Position erst erarbeitende Denkbewegung wird sich eingangs damit begnügen können, *essentials* zu benennen, die in der Ethik eher unstrittig sind, zugleich das genannte Unbehagen zum Ausdruck zu bringen erlauben und sich schließlich zu einem Konter verdich-

---

[5] Vgl. beispielsweise M. Heimbach-Steins u.a. (Hg.), Brennpunkt Sozialethik. Theorien, Aufgaben, Methoden, Freiburg-Basel-Wien 1995; W. Lesch/A. Bondolfi (Hg.), Theologische Ethik im Diskurs. Eine Einführung, Tübingen-Basel 1995. – Stärker von der ökologischen Krise geprägte Autoren wie Günter Altner dringen dagegen weiter vor bis zur Frage nach einem neuen Typ von Wissenschaft.

[6] Die Rede vom naturalistischen Fehlschluß bezeichnet den unerlaubten Übergang vom deskriptiven in den normativen Diskurs. Näheres, vor allem den Umstand betreffend, daß dieses Argument am Schluß einer Auseinandersetzung steht und nicht am Anfang, bei W. K. Frankena, The Naturalistic Fallacy, in: W. Sellars/J. Hospers (Hg.), Readings in Ethical Theory, Englewood-Cliffs ^{2}1970, 54-62; vgl. S. 190-192.

ten lassen. Vorderhand eine reichhaltige und detailreiche Gegenposition aufzubauen, wäre demgegenüber um der Übersichtlichkeit der Darstellung und der Klärung der theoretischen Gemengelage willen nicht unbedingt eine glückliche Entscheidung.

Zwei Elemente aus dem „Innengrund"[7] der ursprünglichen menschlichen Selbstwahrnehmung genügen, um die Punkte, auf die es grundlegend ankommt, zu markieren. Nicht wenige Philosophen haben die Selbstwahrnehmung des Menschen als Subjekt und Person überzeugend dargetan und zudem als Grundlage der Ethik in der einen oder anderen Form ausgewiesen.[8] Subjektivität als hintergehbare oder gar ephemere Erscheinung zu behaupten, Befindlichkeiten wie Unentschiedenheit und Schuld hinwegzuanalysieren und letztlich die Möglichkeit von Handeln überhaupt in Frage zu stellen, kann danach in der Ethik nicht hingenommen werden. Ebenso kann es zweitens nicht zugelassen werden, daß die Selbstwahrnehmung des Menschen als leidendes Wesen übergangen wird.[9] Das erscheint zunächst gänzlich unstrittig. Leiden, so muß jedoch ergänzend im Blick auf den ersten Punkt hinzugefügt werden, ist stets individuell, stets das Leiden von wirklichen Menschen.[10] Ethik, die vom Subjekt ausgeht, wird sich daher nicht bei etwas wie dem „geringsten Leid der größten Zahl" beruhigen, sondern vielmehr die Unverrechenbarkeit des Subjektes in der Wahrnehmung des Negativen achten. Die Akzeptanz der solcherart einen internen Zusammenhang bildenden Kategorien 'Subjekt' und 'Leiden' kann einer Ethik nicht erlassen werden.

Die hier übernommene Intuition und die damit verbundene Vorstellung eines Verhältnisses von Selbstwahrnehmung und Ethik findet in Immanuel Kants *Logik* ihren klassischen Ausdruck. Dort heißt es: „Das Feld der Philosophie (...) läßt sich auf folgende Fragen bringen: 1) Was kann ich wissen? 2) – Was soll ich tun? 3) Was darf ich hoffen? 4) Was ist der Mensch? Die erste Frage beantwortet die Metaphysik, die zweite die Moral, die dritte die Religion und die vierte die Anthropologie. Im Grunde könnte man aber alles dieses zur Anthropologie rechnen, weil sich die drei ersten Fragen auf die letzte beziehen."[11] Kant thematisiert hier die „Philosophie nach dem Weltbegriffe", die er bestimmt als „die Wissenschaft der Beziehung alles Erkenntnisses und Vernunftgebrauchs auf den Endzweck der menschlichen Vernunft, dem, als dem obersten, alle anderen Zwecke

---

[7] U. Pothast, Philosophisches Buch. Schrift unter der aus der Entfernung leitenden Frage, was es heißt, auf menschliche Weise lebendig zu sein, Frankfurt 1988, 93.

[8] Vgl. dazu neben Immanuel Kant, auf den nachfolgend eingegangen wird, T. Nagel, Der Blick von nirgendwo, dt. v. M. Gebauer, Frankfurt/M. 1992; D. Henrich, Ethik zum nuklearen Frieden, Frankfurt/M. 1990.

[9] Vgl. zur Bedeutung, die Johann B. Metz zu recht der „memoria passionis" für sein Nachdenken einräumt S. 210 ff. – Zur Erhebung der Leidensvermeidung zum Moralprinzip vgl. A. Schopenhauer, Preisschrift über das Fundament der Moral, Hamburg 1979, 3.

[10] Daher ist treffender vom „Leiden" zu sprechen, anstatt objektivierend vom „Leid", vgl. M. Arndt, Art. „Leiden", in: HWP, Bd. 5, Sp.206-212; hier 206.

[11] I. Kant, Logik, A 25 (Werke in sechs Bänden, hg. v. W. Weischedel, Bd. III, Darmstadt 1975).

subordiniert sind und sich in ihm zur Einheit vereinigen müssen."[12] Der Endzweck der menschlichen Vernunft, des Menschen also, insofern er Vernunft exemplifiziert, ist der Mensch als „vernünftige[s] Wesen"[13] selbst, der zugleich und in eins damit – das konstatiert Kant anderenorts als „Faktum der reinen Vernunft"[14] – ein moralisches Wesen ist. Dieses doppelte Gewahrwerden der eigenen Vernunft und Moralität eröffnet sich dem reflektierenden Bewußtsein unmittelbar. Jedes menschliche Erkennen ist deshalb aus der Selbstwahrnehmung orientiert, weil diese jenem vorangeht und sich als unhintergehbar erweist. Die Orientierung der Ethik durch den genannten obersten Zweck, von Kant anderenorts auch als das „Reich der Zwecke"[15] angesprochen, manifestiert sich am aussagekräftigsten in der zweiten Fassung des kategorischen Imperativs: „Handle so, daß du die Menschheit, sowohl in deiner Person, als in der Person eines jeden andern, jederzeit zugleich als Zweck, niemals bloß als Mittel brauchest."[16]

Mit dem Hinweis auf die Subjekthaftigkeit und die Leidensfähigkeit des Menschen soll an dieser Stelle weder eine ethische Theorie verbunden werden noch die Unüberbietbarkeit der Kantischen Ethik behauptet werden. Wohl aber behaupte ich, daß damit Umstände benannt wurden, an die zu erinnern in theoretischer Hinsicht unerläßlich ist, inklusive daraus sich ergebender praktischer Konsequenzen.

1.3 Die naturalistische Herausforderung

An einem in der Soziobiologie aufgekommenen Mißverständnis der Passage aus Kants *Logik* läßt sich nunmehr verdeutlichen, worin die zunächst theoretische Herausforderung des biologischen Naturalismus liegt. Gerhard Vollmer etwa stimmt Kant darin zu, daß die Frage „Was soll ich tun?" letztlich eine anthropologische sei, versteht dies jedoch als eine Bestimmung eines Begründungsverhältnisses zwischen wissenschaftlichen Disziplinen:[17] Die Moral sei aus der Anthropologie, die ihrerseits der Soziobiologie zu folgen habe, abzuleiten und zu begrün-

---

[12] Ebd.

[13] I. Kant, Grundlegung zur Metaphysik der Sitten, BA 35 (Werke, Bd. IV); vgl. ders., Anthropologie in pragmatischer Hinsicht. Vorrede (Werke, Bd. VI).

[14] I. Kant, Kritik der praktischen Vernunft, A 56 (Werke, Bd. IV). – Darauf, daß Kant mit dieser Festlegung eine Begründung der Ethik letztlich nicht gelungen ist, hat Karl-Heinz Ilting aufmerksam gemacht, vgl. K.-H. Ilting, Der naturalistische Fehlschluß bei Kant, in: M. Riedel (Hg.), Rehabilitierung der praktischen Philosophie, Bd. 1, Freiburg 1972, 113-130.

[15] I. Kant, Grundlegung zur Metaphysik der Sitten, BA 74.

[16] Ebd, BA 67. – Ernst Tugendhat deutet diese Fassung des kategorischen Imperativs als bezogen auf die Interessen des je Einzelnen, vgl. ders., Vorlesungen über Ethik, Frankfurt/M. 1993, 140-146.

[17] Vgl. G. Vollmer, Sein und Sollen. Möglichkeiten und Grenzen einer Evolutionären Ethik, in: Ders., Biophilosophie, Stuttgart 1995, 162-192; hier 167; 170-174.

den, so daß Ethik lediglich als Anhängsel einer naturalistischen Anthropologie zu verstehen sei.

Diese Lesart geht – als Kant-Interpretation – offenbar in die Irre, wie leicht anhand folgender Punkte einsichtig zu machen ist: Kants Rede von „Anthropologie" in der zitierten Passage läßt sich auf die Soziobiologie gar nicht beziehen. Diese ließe sich mit großem Wohlwollen unter „Anthropologie in pragmatischer Hinsicht"[18] in Kants konzeptionellem Rahmen einordnen, sagte dann jedoch über Zwecke dem eigenen Programm gemäß nichts aus und ist in dem zitierten Passus nicht gemeint. Die Möglichkeit einer Biologie, die sich gänzlich von der Philosophie gelöst hat und sich dann dieser gegenüber sogar als Metatheorie geriert, hat Kant nicht in Betracht gezogen. Zweitens, wenn Kant auch keine den soziobiologischen Vorstellungen entgegengesetzte Abhängigkeit der Anthropologie von der Ethik behauptet, so können ihm zufolge doch beide Disziplinen die menschliche Selbstwahrnehmung nicht unterlaufen, die den philosophischen Erkenntniskosmos begründet und Vorgaben in ihn einspeist. Genau dieses Unterlaufen aber wird von Vollmer insinuiert und im Programm der soziobiologischen Erklärung der Moral unternommen.

In dem Versuch, die menschliche Selbstwahrnehmung mit ihren ethischen Grundintentionen dem naturwissenschaftlichen Urteil zu unterwerfen, liegt die Herausforderung des biologischen Naturalismus. Zur Unterscheidung und differenzierten Beurteilung der innerhalb dieses Programms bezogenen Positionen ist daher die jeweils in Anspruch genommene Verhältnisbestimmung von Ethik und naturalistischer Anthropologie zu untersuchen.[19]

Mit dem Ausdruck „Naturalismus", so ist nunmehr zu klären, beziehe ich mich auf Positionen philosophischen Zuschnitts, die zugunsten eines menschlichen Selbstverständnisses sprechen, das den Menschen gänzlich als Naturding versteht. Als erhellende Bestimmung des Naturalismus kann die folgende zugrunde gelegt werden:

„*Ontological* naturalism is the view, (...) that only *natural* objects, kinds and properties are real (...). Since ontological naturalism is supported by the success of natural science, and success is success in recognizing what is real, it would be best to define 'natural' as 'what is recognized by natural science'."[20] Der Naturalismus beinhaltet demnach neben der epistemischen eine ontologische Behauptung und geht insofern über bloß methodologische Einstellungen hinaus, wie sie in den

---

[18] I. Kant, Anthropologie in pragmatischer Hinsicht, BA VI.

[19] Vgl. S. 54 ff. die Typologie sozbiologischer Positionen. Zum Naturalismus als Programm vgl. G. Keil/H. Schnädelbach, Naturalismus, in: Dies. (Hg.): Naturalismus. Philosophische Beiträge, Frankfurt/M. 2000, 7-45; hier 22.

[20] F. Schmitt, Art. „Naturalism", in: J. Kim/E. Sosa (Hg.), A Companion to Metaphysics, Cambridge/ Mass. 1995, 343-345; hier 343. – Vgl. dazu G. Keil/H. Schnädelbach, Naturalismus; ergänzend P. Janich, Szientismus und Naturalismus. Irrwege der Naturwissenschaft als philosophisches Programm?, in: G. Keil/H. Schnädelbach (Hg.), Naturalismus, 289-309.

Naturwissenschaften entfaltet werden. Die Methoden der Naturwissenschaften werden privilegiert und totalisiert, weil sie dem Naturalismus zufolge festlegen, was wirklich ist und was nicht[21] – entsprechend sieht der Naturalismus sich durch den anhaltenden Erfolg der Naturwissenschaften gerechtfertigt und gestärkt. Ebenso teilt er deren innovative Struktur,[22] die er vorgreifend optimistisch-antizipativ verschärft und zu einer immunisierenden Vertröstungsstrategie ausbaut, mittels der kritisierte Unzulänglichkeiten naturalistischer Entwürfe auf noch ausstehende Entdeckungen der Naturwissenschaften verwiesen werden. Der Naturalismus ist dementsprechend im Interesse der Abgrenzung von solchen naturphilosophischen Positionen, die einen spezifischen Naturbegriff verwenden, als „-ismus der Natur*wissenschaften*"[23] zu bezeichnen. Der Naturalismusbegriff ist gerade wegen seiner Allgemeinheit gegenwärtig geeignet, als Leitbegriff für die philosophische Debatte um das Selbstverständnis des Menschen zu fungieren, anstatt der Rede von „Maschinentheorie", „Mechanismus", „Physikalimus" oder „Materialismus", die er abgelöst hat. Er nötigt weder zur Annahme einer Leit- oder gar Einheitswissenschaft noch zur Auszeichnung eines bestimmten naturphilosophischen Konzeptes.[24]

Der biologische Naturalismus oder Biologismus setzt die Biologie als Grundlage aller philosophischen Bedürfnisse an und verabsolutiert das organische Leben als die einzige Lebensform, auf die alle weiteren, mit dem Leben verbundenen – etwa geistigen – Phänomene zurückgeführt werden. Stärker als der physikalische Naturalismus neigt der Biologismus zu Aussagen auf dem herkömmlich der Ethik vorbehaltenen Gebiet dahingehend, daß Erhaltung und Förderung des organischen Lebens als oberste Kriterien zur Normen- und Handlungsbeurteilung verstanden werden.[25] Die Ablehnung begründenden Bedenken gegen den Biologismus sind hinlänglich bekannt, es sind vor allem der Vorwurf des naturalistischen Fehlschlusses und der des faktischen Sozialdarwinismus. Das Aufrufen dieser Argumente hat jedoch nur noch oberflächlich die Wirkung, den Biologismus aus wissenschaftlichen und öffentlichen Debatten fernzuhalten, als „antibiologistischer

---

[21] Der Naturalismus läßt sich daher negativ auch als Programm beschreiben, das den Ausschluß des Mentalen betreibt, vgl. G. Keil, Naturalismus und Intentionalität, in: Ders./H.Schnädelbach (Hg.), Naturalismus, 187-204.

[22] Zur intern innovativen Struktur der empirischen Naturwissenschaften vgl. H. Schnädelbach, Philosophie in Deutschland 1831-1933, Frankfurt/M. ⁵1994, 113-116; W. Schulz, Philosophie in der veränderten Welt, Pfullingen ⁶1993, 88-96.

[23] G. Keil, Kritik des Naturalismus, 11. – Diese Wendung verdankt sich dem Versuch, die Bekenntnisse naturalistischer Philosophen zu einer identifizierbaren Position zu bündeln. Sie ist zwar keine Selbstbezeichnung, bringt jedoch kritisch die vorgebrachten Selbstbezeichnungen auf den Punkt.

[24] Vgl. dazu S. Guttenplan, Art. „Naturalism", in: Ders. (Hg.), A Companion to the Philosophy of Mind, Oxford-Cambridge/Mass. 1994, 449; G. Keil, Kritk des Naturalismus, 9 ff.

[25] Vgl. H. Schnädelbach, Philosophie in Deutschland, 123; H. M. Nobis, Art. „Biologismus", in: HWP, Bd. 1, Sp. 944 f. – Der Ausdruck „Darwinismus" wird hier für biologiegeschtliche Zwecke reserviert und nicht als Kampfbegriff verwendet, vgl. dazu E. Mayr, Und Darwin hat doch Recht. Charles Darwin und die moderne Evolutionsbiologie, dt. v. I. Leipod, München – Zürich 1994, Kap. 7.

Schutzwall" sind sie zu kaum mehr geeignet, als um sich dahinter zu verstecken. Näherem Hinsehen zeigt sich, daß diese Vorwürfe als solche kontraproduktiv sein können, weil sie für eine Auseinandersetzung mit dem biologischen Naturalismus nicht aufkommen, sondern sie eher verhindern und zudem außer acht lassen, daß die Auftrittsformen des Biologismus sich wandeln. Wer das für gefährlich hält, wird gut daran tun, den Übergang vom theoretischen zum ethischen Biologismus zunächst einmal zu analysieren; ebenso erscheint es ihm nicht ratsam, seine politischen Konsequenzen mit einem markigen Wort zu verdecken und dann nicht zu sehen, wo er am Werke ist. Die Tatsache, daß der Biologismus ein Naturalismus ist, der das Subjekt – und damit den Menschen in moralisch entscheidender Hinsicht – aus dem philosophischen Diskurs ausscheiden will, diese Tatsache macht ihn zur Herausforderung. Alles Weitere muß die Untersuchung ergeben.

1.4 Etwas über den Begriff der Lebenswelt

Bei seinem Versuch, die Theologie in ein Verhältnis zu den Naturwissenschaften zu setzen, greift Reinhold Esterbauer auf das Konzept der Lebenswelt zurück. Da bislang kein theoretischer Zugriff auf die Natur formuliert worden sei, der Naturwissenschaft und Theologie zu integrieren vermag, sei auf die Lebenswelt als die Ebene zurückzugehen, auf der Naturwissenschaftler und Theologen bzw. Philosophen gleichermaßen verwiesen seien und wenigstens nicht aneinander vorbeiredeten.[26]

Er beschreibt die Lebenswelt als ein Sammelbecken konkreter, keiner Reflexion unterworfener Erfahrungen unterschiedlicher Herkunft, das als Selbst- und Weltverständnis den Menschen dazu befähigt, „sich im alltäglichen Weltvollzug zurechtzufinden"[27]. Sie bildet ebenfalls das Fundament der Naturwissenschaften, die sich mittels interessengeleiteter Material- und Formalabstraktion aus der Lebenswelt herauslösten und nur einen beschränkten Wirklichkeitsentwurf entfalteten. Philosophie und Theologie hingegen erhalten Esterbauer zufolge eine universelle Fragehinsicht aufrecht und gehen darauf aus, die „Wirklichkeit zur Sprache zu bringen, wie sie sich vor den unterschiedlichen Entwürfen von Gegenständlichkeit zeigt"[28], wobei die Theologie dies zusätzlich im Licht der Offenbarung macht.[29] Sehr deutlich, deutlicher als viele andere Theologen, nimmt Esterbauer die Methodendifferenz, die zwischen Theologie und Naturwissen-

---

[26] Vgl. R. Esterbauer, Verlorene Zeit. Wider eine Einheitswissenschaft von Natur und Gott, Stuttgart-Berlin-Köln 1996, 230; 79.
[27] Ebd., 233.
[28] Ebd., 239.
[29] Philosophie bestimmt Esterbauer als „Wissenschaft, die (...) von einem Formalobjekt absieht" (ebd.), Theologie als „Deutung lebensweltlicher Erfahrung vor dem Horizont geoffenbarter Wahrheit" (ebd., 242).

schaften statthat, wahr, und entsprechend stellt er fest, „daß pure naturwissenschaftliche Aussagen *als solche* theologisch nicht relevant sind. Sehr wohl haben naturwissenschaftliche Sätze aber theologische Bedeutsamkeit, wenn sie in einen lebensweltlichen Kontext gelangen."[30] Mit der Gegenüberstellung von Wissenschaften und Lebenswelt sowie der Unterscheidung zwischen dem wissenschaftlichen Forschungszusammenhang und dem Eingehen wissenschaftlicher Ergebnisse in die Lebenswelt hat Esterbauer eine geeignete Basis für die hier anstehende Auseinandersetzung beschrieben. Da der Ausdruck „Lebenswelt" jedoch als weit verbreiteter Topos in der kultur- und gesellschaftskritischen Philosophie uneinheitlich verwendet wird, sind für die nachfolgenden Überlegungen weitere Differenzierungen bereitzustellen.[31]

Edmund Husserl, der der Rede von der Lebenswelt zu philosophischen Ehren verholfen hat, verwendet sie in der *Krisis*-Schrift[32] zur Einführung in seine transzendentale Phänomenologie in einem konstitutionstheoretischen Zusammenhang. Ihm zufolge ist die Lebenswelt „die raumzeitliche Welt der Dinge, so wie wir sie im vor- und außerwissenschaftlichen Leben erfahren und über die erfahrenen hinaus als erfahrbar wissen"[33]. Wird hier die Wahrnehmung als Grundlage der Lebenswelt angesetzt, so übernimmt an anderer Stelle die Sprache diese Funktion, wenn die Lebenswelt als „'Welt für uns alle' – (...) identisch mit der allgemein zu beredenden"[34] hingestellt wird. An anderer Stelle hebt er die sozial-historische Grundlage hervor: „Menschen sind notwendig Glieder generativer Gemeinschaften und leben so notwendig in jeder Gemeinschaft als ihrer Umwelt, in welcher in dieser Hinsicht eine universale Historizität waltet."[35] Bei Husserl findet sich die Rede von der Umwelt vermischt mit der von der Lebenswelt. Dieser unerfreuliche Umstand ist nicht nur begrifflichen Unklarheiten und Überlappungen, sondern nicht zuletzt der Methode Husserls geschuldet, die, ausgehend von geisteswissenschaftlich-deskriptiv zu erfassenden Lebens- bzw. Umwelten, in tranzendentalphänomenologischer Rückfrage die apriorischen Strukturen – im Sinne erfahrungs- und erkenntniskonstituierender Leistungen des Bewußtseins – möglicher Umwelten aufdecken will. Dabei stellt zwar die Behebung des Bedeutungsverlustes der Naturwissenschaften in der alltäglichen Umwelt den Untersuchungsanlaß

---

[30] Ebd., 247; vgl. ders., (Fundamental-)Theologie und Naturwissenschaften, in: K. Müller (Hg. in konzeptioneller Zusammenarbeit mit G. Larcher), Fundamentaltheologie. Fluchtlinien und gegenwärtige Herausforderungen, Regensburg 1998, 261-279; hier 279.

[31] Zur vielfältigen Rezeption des Begriffes Lebenswelt vgl. etwa W. E. Mühlmann, Art. „Lebenswelt", in: HWP, Bd. 5, Sp. 151-157; R. Welter, Der Begriff der Lebenswelt. Theorien vortheoretischer Erfahrungswelt, München 1986 (Übergänge; 14); N. Psarros, Der Begriff der Lebenswelt, in: D. Hartmann/P. Janich (Hg.), Die kulturalistische Wende. Zur Orientierung des philosophischen Selbstverständnisses, Frankfurt/M. 1998, 333-352.

[32] E. Husserl, Die Krisis der europäischen Wissenschaften und die transzendentale Phänomenologie, Haag ^{2}1962 (Husserliana; VI).

[33] Ebd., 141.

[34] Ebd., 213.

[35] Ebd., 310.

und ein entscheidendes Interesse dar, die theoretische Intention geht aber weiter auf die Fundierung der Umwelt selbst. Schließlich gilt das Augenmerk der *Krisis*-Schrift auch der „radikalen Lebenskrisis des europäischen Menschentums“[36], deshalb ist sie in einen praktischen Kontext eingebettet.

Der facettenreiche Lebensweltbegriff bei Husserl weist neben den transzendentalphilosophischen und ethischen Bedeutungsgehalten einen anthropologischen und einen soziologischen Aspekt auf. Für die anstehenden Überlegungen steht der anthropologische Gebrauch im Vordergrund, wobei die ethische Intention nicht aufgegeben wird. Für diese Spezifizierung bietet sich die Orientierung an der Rezeption des Lebensweltbegriffes im Werk von Erich Rothacker an.[37] Er verwendet den Ausdruck „Lebenswelt“[38] bei dem Unternehmen, in kritischem Anschluß an Husserl die Entstehung, Ausdifferenzierung sowie die alltägliche Präsenz und Bedeutung der vorwissenschaftlichen und anschaulichen Welt zu beschreiben und zu analysieren. „Die Genealogie der Inhaltlichkeit des menschlichen Weltbildes ist das vernachlässigte philosophische Problem“[39], so der Kulturanthropologe.

Rothackers Lebensweltkonzept stimmt überdies in einigen Annahmen mit denen der Soziobiologie überein. So übernimmt er das Mängelwesen-Theorem der philosophischen Anthropologie Gehlenscher Provenienz,[40] wenn er ein vorwissenschaftliches Kulturmilieu als lebensnotwendig ansetzt.[41] Welt ist für Rothacker gedeutete Wirklichkeit, der Inbegriff relevanter Sinnkonstitutionen. Sie ist subjektiv in dem doppelten Sinn, daß sie den Leistungen des Bewußtseins entspringt und den menschlichen Bedürfnissen angepaßt, also lebensförderlich ist.[42] Genauerhin erweist sich die Lebenswelt durch folgende Leistungen als lebensförderlich: (1) naiver Realismus bezüglich der Außenwelt;[43] (2) Anschaulichkeit und Lebensbezug; (3) Selektivität im Blick auf die Lebensinteressen; (4) nur begrenzte, schematisch, typisierend und vage vorgenommene Verallgemeinerungen; (5) Bereitstellung von Kausalwissen; (6) Residuen magischen Denkens; (7) Ego- und Eth-

---

[36] Ebd., 1.

[37] Auch Erich Rothacker zeigte sich in den dreißiger Jahren geneigt, im Nationalsozialismus die eigenen Anliegen wiederzuerkennen, vgl. W. Perpeet, Erich Rothacker. Philosophie des Geistes aus dem Geist der Deutschen Historischen Schule, Bonn 1968, 41 f.; deutlich kritischer J. Keulartz, Die verkehrte Welt des Jürgen Habermas, dt. v. I. van der Aart, Hamburg 1995, 120-128. – Die Rezipierbarkeit seiner Konzeption der Lebenswelt erscheint durch diesen Umstand jedoch nicht beeinträchtigt.

[38] E. Rothacker, Genealogie des menschlichen Bewußtseins, Bonn 1966, 69.

[39] Ebd., 356.

[40] Vgl. A. Gehlen, Der Mensch. Seine Natur und seiner Stellung in der Welt, Wiesbaden [13]1986, 20; 33. – Gehlen hob zur Charakterisierung der menschlichen Sonderstellung und als Ansatzpunkt anthropologischer Theorieentfaltung die spezifische Morphologie des Menschen hervor und belegte diese in Anlehnung an Johann Gottfried Herder mit dem Ausdruck „Mängelwesen“ (vgl. ebd., 82 f.).

[41] Vgl. E. Rothacker, Genealogie des menschlichen Bewußtseins, 347.

[42] Zur Welt als Inbegriff relevanter, gedeuteter Wirklichkeit vgl. ebd., 142; zur Welt als den Bedürfnissen angepaßt ebd., 72 ff.

[43] Vgl. ebd., 70.

nozentrismus mit einem damit verbundenen Anspruch auf Wahrheit;[44] (8) Tendenz zu Vereinheitlichung und Kontinuität.[45]

Gleichwohl sind in der Lebenswelt Anteile enthalten, die nicht pragmatisch über ihre Lebensnotwendigkeit konstituiert werden. Durch diese Annahme der Möglichkeit einer freigesetzten Betrachtung der Welt entsteht eine Weltoffenheit im Sinne einer möglichen Distanznahme von den Daten über die Welt, Distanz ist dabei „die *reflexive* Befreiung von den Nötigungen der 'Umgangswelt'"[46]. Damit öffnet sich Rothackers Weltbegriff der Vielfalt der Kulturen, wenn auch der Kern der Lebenswelt als konstant angenommen wird, weil der Orientierungsbedarf, dem die Lebenswelt nachkommt, gattungsspezifisch ist – auch hier zeigt sich ein Berührungspunkt mit der Soziobiologie. Insofern hält Rothacker es für aussichtsreich, auf empirischer Ebene nach universalen Strukturmerkmalen zu suchen. An dieser Wendung des Transzendentalen ins Empirische wird der philosophische Anspruch gegenüber dem Husserlschen Lebensweltkonzept zurückgenommen, doch ist mit dem Wechsel des Diskurses[47] nicht auch eine inhaltliche Abstandnahme verbunden. Tatsächlich tritt im anthropologischen Lebensweltkonzept die Subjektivität, die oben als philosophische Intuition in Anspruch genommen wurde und im Husserlschen Ansatz bewahrt wird, zwar nicht als Reflexionsmodus wieder auf, sie läßt sich aber, ebenso wie das Leiden, als Element des Kernbestandes im Kulturmilieu reformulieren. Die Lebenswelt wird, so Rothacker im Anschluß an Wittgenstein und Husserl, sprachlich, d.h. von vornherein intersubjektiv konstituiert,[48] ihr Medium ist die Alltags- oder Gemeinsprache. Sie bewahrt und erschließt die vorwissenschaftlich-anschauliche Kulturwelt und führt sie zu einer stabilen kollektiven Aneignung von Wirklichkeit.[49] Verschiedene Kulturen sind mit verschiedenen Sprachen verbunden, so daß man nach Rothacker sagen kann, die Sprache repräsentiere eine Lebensweise, eine Lebensform oder einen „*Lebensstil*"[50]. Die Gemeinsprache ist widerstandsfähig, weil wenig präzise, und zugleich offen, sie geht auf Lebenserfahrungen zurück, und ihre Orientierungsleistung reicht zur Lebensführung aus.[51] Ihre Vorstellungen, Metaphern und auch Illusionen etwa per Husserlscher Epoché zu eliminieren, muß von dieser Warte aus als szientistischer Irrweg angesehen werden.

---

[44] Vgl. ebd., 71.
[45] Vgl. ebd., 72.
[46] R. Welter, Der Begriff der Lebenswelt, 151. – Mit der Reflexion eröffnet sich der Übergang von der bloßen Lebenserhaltung zur Lebensführung, vgl. E. Rothacker, Genealogie des menschlichen Bewußtseins, 84.
[47] Zur Rede von Diskursen vgl. H. Schnädelbach, Reflexion und Diskurs. Fragen zu einer Logik der Philosophie, Frankfurt/M. 1977, 135 ff.
[48] Vgl. E. Rothacker, Genealogie des menschlichen Bewußtseins, 155 ff.
[49] Vgl. ebd., 211 f.
[50] Ebd., 30.
[51] Vgl. ebd., 96 f.

Diese Konzeptualisierungsweise erlaubt es und läßt es angezeigt erscheinen, den Naturalismus im Anschluß an Geert Keil als sprachliches Reformprogramm[52] anzusehen, welches mit der lebensweltlichen Sprache zu brechen, ja diese zu ersetzen trachtet. Die philosophischen Intuitionen finden unter dem bis hierher eingestellten Blickwinkel Eingang in das Lebensweltkonzept als Elemente einer Gemeinsprache, die durch eine wissenschaftliche Sprache nicht abgelöst werden können, will man nicht inhumane Folgen heraufbeschwören. Der logische Aufweis der Nichteliminierbarkeit der grammatischen ersten Person durch die sprachanalytische Philosophie,[53] der begründete Verdacht der Abhängigkeit naturalistischer Redeweisen vom Handlungsidiom[54] sowie die methodische Unhintergehbarkeit menschlicher Reflexivität[55] lassen sich als Hinweise auf einen lebensweltlichen Kernbestand, den es einzuklagen gilt, verstehen und als Ausgangspunkt für den eingangs in Aussicht genommenen moraltheoretischen Konter verwenden.

Husserl hatte den Lebensweltbegriff eingeführt, um die empirischen Wissenschaften zu kritisieren und zu fundieren, damit diese ihre Lebensbedeutsamkeit zurückgewinnen könnten.[56] Für Rothacker ist dagegen die antiszientistische Stoßrichtung charakteristisch. Er hebt hervor, daß das wissenschaftliche Bewußtsein verhältnismäßig spät auftritt und voraussetzungsreich ist,[57] wohingegen die vorwissenschaftlichen Elemente eines Kulturmilieus herauszuarbeiten seien, weil sie auch in einer szientistischen Kultur – die ihrerseits an das vorwissenschaftliche, anschauliche Weltbild gebunden bleibt – ihre Lebensbedeutsamkeit behalten. Die Rede von der Lebenswelt dient dabei vornehmlich zur *Absetzung* vom wissenschaftlichen Weltbild. Rothacker hat keinerlei Fundierung der Wissenschaften im Sinn, sondern „eine lebensphilosophische Abwehr ihres Alleinanspruches auf ein gültiges Weltbild"[58], und warnt daher beständig vor dem Szientismus.[59] Sein Ver-

---

[52] Vgl. G. Keil, Kritik des Naturalismus, 14 ff. – Geert Keils Arbeit könnte den Verdacht aufkommen lassen, der Einspruch gegen die Soziobiologie sei überflüssig, weil alles Notwendige gesagt und der Naturalismus bereits erledigt sei. Aber auch wenn er erledigt ist, so ist er aus sozialethischer Sicht gleichwohl nicht am Ende, wie die nachfolgenden Beobachtungen und Überlegungen zeigen.

[53] Vgl. K. Müller, Wenn ich „ich" sage, 173 ff.

[54] Vgl. G. Keil, Kritik des Naturalismus, 371-389; R. Spaemann/R. Löw, Die Frage Wozu. Geschichte und Wiederentdeckung des teleologischen Denkens, München [3]1991, 86.

[55] Vgl. T. Nagel, Das letzte Wort, dt. v. J. Schulte, Stuttgart 1999. – Diese Unhintergehbarkeit reklamiert auch der von René Descartes vorgeführte methodische Zweifel der ersten beiden Meditationen, der sich erst in dem Satz „Ich bin, ich existiere" beruhigt, vgl. R. Descartes, Meditationen über die Grundlagen der Philosophie, dt. v. A. Buchenau, Hamburg 1960; das Zitat 22.

[56] Vgl. E. Husserl, Die Krisis der europäischen Wissenschaften, 3. – Als Grund für den Bedeutungsverlust der Wissenschaften macht Husserl hier das „Zutagetreten von rätselhaften, unauflöslichen Unverständlichkeiten" aus, die auf den Fluchtpunkt „Rätsel der Subjektivität" zulaufen.

[57] Vgl. E. Rothacker, Genealogie des menschlichen Bewußtseins, 83; 177.

[58] R. Welter, Der Begriff der Lebenswelt, 157. – Zum lebensphilosophischen Hintergrund und dem damit verbundenen Zugeständnis der Endlichkeit menschlicher Vernunft vgl. H. Schnädelbach, Philosophie in Deutschland, 174 ff.

[59] Vgl. E. Rothacker, Genealogie des menschlichen Bewußtseins, 369: „Immer wieder ist zu polemisieren gegen die Begrenzung des menschlichen Wissens auf wissenschaftliche Erkenntnis und verfrühte Intellektualisierung des anschaulichen Wissens."

hältnis zu den empirischen Wissenschaften steht damit – und auch das macht ihn attraktiv – zwischen Husserls aus heutiger Sicht überbordendem Fundierungsanspruch einerseits und etwa Max Horkheimers Generalabsage an die der „instrumentellen Vernunft" verpflichteten Wissenschaften andererseits.[60]

Auch bei Esterbauer scheint eine Fundierungsabsicht im Spiel zu sein, die sich ein epistemisches Plus der Lebenswelt zunutze machen will, vor dem Defizite des naturwissenschaftlichen Denkansatzes deutlich werden. Bei der Belastung des Lebensweltbegriffes mit theoretischen Ansprüchen ist jedoch Vorsicht geboten, um nicht auf „einer längst verlorenen Unmittelbarkeit"[61] aufzubauen. Um den Naturalismus aus den Angeln zu heben, kann von einer Fundierung der Naturwissenschaften abgesehen werden, da es allein darum geht, einen Totalitätsanspruch zurückzuweisen. Die Rede von der Lebenswelt bezeichnet dabei vor allem das Terrain der Auseinandersetzung, in der es zunächst um den Hinweis geht, daß es neben den sprachlichen Möglichkeiten, die die Soziobiologie bietet, noch weitere gibt, auf die zu verzichten sie keinerlei Anlaß gibt. Über diese relativierende Funktion hinaus werden die Ressourcen der Lebenswelt zur Klärung der Frage herangezogen, ob es überhaupt wünschenswert ist, den Aufforderungen der Soziobiologie nachzukommen.

Die im folgenden intendierte Abwehr des biologischen Naturalismus ist ausdrücklich nicht gegen die Biowissenschaften gerichtet, sondern macht im Gegenteil auf einen ungebetenen Nutznießer aufmerksam und trägt zur Klärung ihrer Reichweite hinsichtlich einer Anthropologie bei. Nicht zufällig wird daher auch aus den Reihen der Biologen selbst die Zurückweisung des Biologismus betrieben.[62] Ihn überhaupt für ein Problem zu halten beinhaltet zum einen, daß einer sprachendualistischen Beruhigung, wie sie etwa Gilbert Ryle vorgetragen wird,[63]

---

[60] Vgl. M. Horkheimer, Zur Kritik der instrumentellen Vernunft, Frankfurt/M. 1967.

[61] D. Henrich, Was ist Metaphysik – was Moderne? Zwölf Thesen gegen Jürgen Habermas, in: Ders., Konzepte, Frankfurt/M. 1987, 11-43; hier 18.

[62] In heftiger Form und auf den Determinismus-Vorwurf kapriziert wurde Kritik vorgetragen von S. J. Gould, Der falsch vermessene Mensch; R. C. Lewontin u.a., Die Gene sind es nicht. Biologie, Ideologie und menschliche Natur, dt. v. H. Skowronek und K. Juhl, München-Weinheim 1988; die Betonung des Reduktionismus in: S. Rose, Darwins gefährliche Erben. Biologie jenseits der egoistischen Gene, dt. v. S. Kuhlmann-Krieg, München 2000. – Bedacht und zugleich treffend äußern sich H. Markl (Evolution, Genetik und menschliches Verhalten. Zur Frage wissenschaftlicher Verantwortung, München-Zürich 1986, 66 ff.), C. Vogel (Vom Töten zum Mord. Das wirkliche Böse in der Evolutionsgeschichte, München-Wien 1989, 56-58) und H. W. Ingensiep (Zur Kontroverse zwischen Soziobiologie und philosophischer Ethik, in: Deutsches Institut für Fernstudien an der Universität Tübingen [Hg.], Evolution des Menschen, Bd. 4: Evolution des Verhaltens – biologische und ethische Dimensionen, Tübingen 1990, 55-138; hier 116-119), eher halbherzig Ernst Mayr (... das ist Biologie, 322 f.).

[63] Vgl. G. Ryle, Die Welt der Wissenschaft und die normale Alltagswelt, in: Ders., Begriffskonflikte, dt. v. E. Bubser, Göttingen 1970, 87-103. – Dieser Aufsatz zeigt, daß die sprachendualistische Position sich zwar dazu verwenden läßt, in kritischer Absicht „der Wissenschaft eine Nase zu drehen" (ebd., 88). Auch läßt sich der Vorwurf der „Kategorienverwechslung" (Ders., Der Begriff des Geistes, dt. v. K. Baier, Stuttgart 1969, 17) ebenfalls gegen den Allzuständigkeitsanspruch der Wissenschaften wenden. Zur Profilierung des Naturalismus als Problem erscheint diese Position jedoch ungeeignet, vgl. G. Keil, Kritik des Naturalismus, 172 ff.

im Blick auf mögliche Schädigungen der Gesellschaft nicht gefolgt werden darf. Es setzt weiter voraus, daß die Lebenswelt und die Biologie keine hermetisch voneinander abgeschlossenen Sprachsphären sind, sondern daß es zur gegenseitigen Übernahme von sprachlichen Formen und Wendungen kommen kann, wobei vor allem die Übertragung biologischer Konzepte in außerbiologische Sachbereiche und das „Einströmen"[64] ihrer Sprach- und Denkform in die Lebenswelt zur Problematisierung ansteht. Reinhold Esterbauer zeigt sich bereit, die aus den Naturwissenschaften in die Lebenswelt eingesickerten Vorstellungen in den Ausgangspunkt theologischer Reflexion einzubeziehen. Das ist konsequent und nicht zu beanstanden. Hinsichtlich der Naturwissenschaften stellt sich das Problem, dem Rothacker mit dem Lebensweltkonzept hat beikommen wollen, aber zunächst nicht, sondern lediglich hinsichtlich des Naturalismus.[65] Neben der just vorgeschlagenen Präzisierung ist Esterbauers am Lebensweltbegriff orientierter Ansatz zur Verhältnisbestimmung gegenüber den Naturwissenschaften dahingehend zu modifizieren, daß man auf das Einsickern selbst aufmerksam wird und es kritisch zu begleiten unternimmt, denn bereits in die Lebenswelt eingedrungene naturalistische Vorstellungen sind, so die Befürchtung, dort nur schwer wieder herauszukritisieren. Auch sollte man sich aus sozialethischer Sicht nicht auf die Auskunft verlassen, daß es einen resistenten Kern im vorwissenschaftlichen Kulturmilieu gibt, der sich philosophisch ausweisen läßt, denn ein gesellschaftlicher Schaden könnte dessen ungeachtet rasch und nachhaltig eintreten. Es ist also die Warnung zu beachten: „Die Sittlichkeit der Zivilisation ist zerbrechlich. Es genügt ein plötzlicher Wechsel der Lebensbedingungen, und die Menschheit kehrt in den Urzustand der Wildheit zurück."[66]

---

[64] E. Husserl, Die Krisis der europäischen Wissenschaften, 212.

[65] Freilich wäre an Esterbauer die Frage zu richten, ob er es anstatt mit naturwissenschaftlichen nicht auch mit naturalistischen Positionen zu tun hat und ob das, wogegen er sich wendet – „eine Einheitswissenschaft von Natur und Gott" – nicht zumeist als naturalistisches Projekt vorgetragen wird.

[66] C. Miłosz, Verführtes Denken. Mit einem Vorwort von Karl Jaspers, dt. v. A. Loepfe, Frankfurt/M. ^{2}1980, 127.

2. Präzisierung des Zugriffs: unter dem Eindruck der Massenmedien

2.1 Verwissenschaftlichung der Lebenswelt ...

Der Vorgang des Eindringens naturwissenschaftlicher Vorstellungen und Konzepte in die alltägliche Welt ist von Walter Schulz einschlägig mit „Verwissenschaftlichung“[1] betitelt worden, womit er zunächst an wissenschaftsinterne Veränderungen denkt – ihre prozedurale Konstitution durch die Methode anstatt durch eine vorgegebene Wirklichkeit sowie die Übernahme einer technologischen Bindung – und erst als deren Folge die Umgestaltung der alltäglichen Welt analysiert. Schulz konstatiert: „Die Lebenswelt ist heute von Grund auf verwissenschaftlicht“[2] und zieht daraus den Schluß, daß die Wirklichkeit selbst, die nun erkennbar „keine gegebene Faktenwelt, sondern ein dialektischer Bezugsrahmen“[3] sei, in Bewegung geraten sei. Die von ihm vor allem analysierte Welt der Physik stehe im Widerspruch zur Lebenswelt, und beide Welten seien noch einmal in sich widersprüchlich, so daß keine von ihnen aussichtsreich als die wahre ausgewiesen werden könne. Die als Verwissenschaftlichung bezeichneten Veränderungen der Lebenswelt schreibt Schulz dem technikerzeugenden Moment der Wissenschaften zu, so daß sie für ihn vorrangig die Gestalt technischer Einrichtungen nebst deren Übernahme in alltägliche Vollzüge haben.

Ein derartiger Vorgang erscheint zunächst prinzipiell unproblematisch, beinhaltet er doch durchaus ein humanisierendes Potential und ist insofern von der Aufklärung ursprünglich intendiert.[4] Doch bereits in ebendem Jahr, in dem Schulz die Verwissenschaftlichung derart benennt und reflektiert, weist der *Club of Rome* auf die *Grenzen des Wachstums* hin und sieht die Folgezeit sich immer deutlicher und aufdringlicher einer ökologischen Krise ausgesetzt,[5] was die Verwissenschaftlichung durch Technik, um das Mindeste zu sagen, ambivalent macht. Unbeschadet der Aktualität und Bedeutung dieser Problemlagen soll die Rede von

---

[1] W. Schulz, Philosophie in der veränderten Welt, 13.

[2] Ebd., 144.

[3] Ebd., 783.

[4] Vgl. L. Schäfer, Das Bacon-Projekt. Von der Erkenntnis, Nutzung und Schonung der Natur, Frankfurt/M. 1993, 107 f.

[5] Vgl. den 1972 vom MIT erstellten Bericht in: D. Meadows u.a., Die Grenzen des Wachstums. Bericht des Club of Rome zur Lage der Menschheit, dt. v. H.-D. Heck, Stuttgart [13]1983. – Einschlägige Reaktionen seitens der Philosophie: H. Jonas, Das Prinzip Verantwortung. Versuch einer Ethik für die technologische Zivilisation, Frankfurt/M. 1979; D. Birnbacher (Hg.), Ökologie und Ethik, Stuttgart 1980. – Lothar Schäfer läßt in *Das Bacon-Projekt* bereits deutlich resümierende Distanz erkennen.

Verwissenschaftlichung im folgenden jedoch nicht auf eine ökologische Fragehinsicht eingestellt werden, sondern im Dienste eines der Soziobiologie angemessenen Zugriffs in eine andere Richtung differenziert und fruchtbar gemacht, zudem deutlicher auf den oben skizzierten semantischen Lebensweltbegriff zugeschnitten werden.

Auch Schulz betrachtet die Verwissenschaftlichung nicht zuletzt als ein Problem der Ethik, als deren Grundproblem aus seiner vor allem an der Physik orientierten Sichtweise nunmehr die Dialektik zwischen der Freiheit der Philosophie und der Unfreiheit der Wissenschaften zur deutenden Bewältigung anstehe. Weil Ethik „Auslegung des Lebensbewußtseins"[6] ist, muß ihm zufolge bei der Vermittlung zwischen Freiheit und Determinismus der Vorrang der Freiheit berücksichtigt werden. In einem gewissen Optimismus wird dabei vorausgesetzt, „daß die Lebensweltressourcen weiterhin die Grundlage des gemeinschaftlichen Lebens bleiben"[7]. Auch in dieser Hinsicht wird das Konzept der Verwissenschaftlichung im folgenden zu modifizieren sein, steht doch gerade in Frage, wie umfassend diese Ressourcen angegriffen sind. Ebenso wird mit der Dialektik von Freiheit und Determinismus der Problemkern, der mit der Soziobiologie verbunden ist, nicht getroffen. Dem Anfangsverdacht gegen die Soziobiologie zufolge wird auf die Legitimation von Egoismus zu achten sein, weniger auf irgendeine Spielart des Determinismus.

2.2 ... unter den Bedingungen der „Informationsgesellschaft"

Im Anschluß an Schulz ist bei dem Versuch, der Verwissenschaftlichung der Lebenswelt nachzugehen, zunächst bei der Rolle technischer Einrichtungen in der alltäglichen Welt anzusetzen. Aufschlußreich für eine Beschreibung der gegenwärtigen westlichen sozialen Wirklichkeit und deren Abhängigkeit vom technischen Stand der Dinge im Allgemeinen sowie für die Erfassung des Phänomens „Soziobiologie" speziell ist die gängige Rede von der „Informationsgesellschaft", auf die hier zurückgegriffen wird.[8] Sie rückt zum einen zutreffend die Rolle der

---

[6] W. Schulz, Philosophie in der veränderten Welt, 755.

[7] W. Schulz, Grundprobleme der Ethik, Pfullingen 1989, 11.

[8] Charakteristisch für die Rede von der Informationsgesellschaft ist die Vorstellung gesellschaftlich prägenden, massenhaften Auftretens von fragmentierten Wissensbeständen als Folge technischer Innovationen. Orientierung in diesen Beständen, „Navigation" genannt, wird dabei als unerläßliches Desiderat angesehen. Zum Ausdruck „Informationsgesellschaft", insbesondere in Abgrenzung zur Rede von der „Wissensgesellschaft", vgl. K. Weigerling, Medienethik, Stuttgart-Weimar 1998, 221-232. – Aufschlußreich ist dabei, daß „Informationsgesellschaft" hier als „Mythos" (ebd., 223) angesehen wird, wie etwa Frank Hartmann (in: Cyber.Phylosophy. Medientheoretische Auslotungen, Wien 1996, 12.) ähnlich von einem „Metadesign" spricht: Es wird eine allgegenwärtige Prägung des Sozialen erwartet, sei es als euphorische oder als finstere Vision. Zur Orientierungsproblematik vgl. auch K. Müller, Theologie in der Informationsgesellschaft. Eine wissenschaftstheoretische Neuverständigung im Kontext der gegenwärtigen Vernunftkrise, in: ThG 43 (2000), 2-12.

öffentlichen Kommunikation bei der Steuerung gesellschaftlicher, politischer und wirtschaftlicher Prozesse in das Zentrum des Interesses und verweist zudem – und damit erscheint sie m. E. im vorliegenden Kontext hilfreicher als die Rede von Medien-, Multimedia- oder Kommunikationsgesellschaft[9] – auf die spezifische Form der Kommunikation, wie sie derzeit von den elektronischen Massenmedien produziert wird.

Die Rechtfertigung dieses Beschreibungsansatzes ergibt sich zunächst aus dem Umstand, daß die gesellschaftliche Reproduktion zunehmend über die Produktion, Verarbeitung und Präsentation von Information geregelt wird und die Informationstechnik mehr und mehr zum Substrat des sozialen Lebens wird. „Information" markiert jedoch nicht nur auf der Ebene gesellschaftlicher Strukturen einen expandierenden Beschäftigungssektor und einen Faktor der Wirtschaftslenkung, es kommt auf individueller Ebene entsprechend verstärkt zur Anpassung der Arbeits- und der Freizeitgestaltung an die Informationstechnik.[10]

Damit ist die Technikbindung, die Schulz mit der Verwissenschaftlichung der Lebenswelt verknüpfte, in einem wesentlichen Punkt eingeholt, das Potential der Informationstechnik allerdings nicht erschöpfend erfaßt, ja der Aspekt der Informationsgesellschaft, den zur Kenntnis zu nehmen die Soziobiologie nötigt, noch nicht einmal ausdrücklich angesprochen. Ausschlaggebend ist vielmehr, daß die Informationstechnik nicht lediglich eine Technik ist, die zur Lösung begrenzter Aufgaben herbeigezogen werden kann oder auch nicht, sondern sie prägt Form und Inhalt der öffentlichen Kommunikation radikal. Sie ist die technische Seite eines Trägersystems, das Kommunikation zwischen Menschen erlaubt, vielfach überhaupt erst erschließt und heute weitgehend bestimmt. Die technische Basis und die mit dieser verbundene Kommunikationsform *zusammen* sind als „Medium" aufzufassen und in ihrer kulturprägenden Kraft wahrzunehmen.[11]

Eine isolierte Analyse einzelner Massenmedien wird bis zur Aussichtslosigkeit erschwert durch deren fortschreitende technische Zusammenführung, „Multimedia" oder auch „Telemediatisierung" genannt. Als Leitmedium kann das Fernsehen angesehen werden,[12] d.h. dessen Formmerkmale der Informationsdarbietung

---

[9] Vgl. Kirchenamt der EKD/Sekretariat der DBK (Hg.), Chancen und Risiken der Mediengesellschaft, Bonn 1997 (Gemeinsame Texte; 10); J. Habermas, Theorie des kommunikativen Handelns, 2 Bde., Frankfurt/M. [4]1987; R. Münch, Dialektik der Kommunikationsgesellschaft, Frankfurt/M. 1991.

[10] Vgl. Zwischen Big Brother und dem Marktplatz von Athen. Interview mit Siegmar Mosdorf, dem Vorsitzenden der Enquete-Kommission „Zukunft der Medien in Wirtschaft und Gesellschaft – Deutschlands Weg in die Informationsgesellschaft" des Deutschen Bundestages, in: Spektrum der Wissenschaft 8/1996, 42-46; vgl. zum Arbeitsmarkt F. Dohmen, Medien und Macht. Ökonomische, politische und kulturelle Dimensionen multimedialer Entwicklung, Hamburg 1998, 53 ff.

[11] Vgl. K. Wiegerling, Medienethik, 6 ff.; N. Postman, Wir amüsieren uns zu Tode. Urteilsbildung im Zeitalter der Unterhaltungsindustrie, dt. v. R. Kaiser, Frankfurt/M. 1988, 26 ff.

[12] Vgl. ausführlich N. Postman, Wir amüsieren uns zu Tode. – Postman spricht vom „Anbruch des Fernseh-Zeitalters" (17). Vgl. auch P. Ludes/G. Schütte, Informationsumbrüche und eine neue Zuverlässigkeitskluft, in: P. Ludes/A. Werner (Hg.), Multimedia-Kommunikation. Theorien, Trends und Praxis, Opladen 1997, 37-71; hier 39.

übertragen sich auf die Massenmedien Rundfunk und Presse. Mit dem Fernsehen als Paradigma bietet sich deshalb auch dann ein aufschlußreicher Zugriff im Blick auf die Frage, wodurch die spezielle Kommunikationsform der Informationsgesellschaft gekennzeichnet ist, wenn der Soziobiologie in den Printmedien nachgespürt werden soll.

Als technisch induziertes Strukturmerkmal ist neben der mit der Verwendung des Bildschirms als „Universalschnittstelle“[13] zwischen Medium und Nutzer einhergehenden Oberflächlichkeit – es existiert nur, was man sehen kann – insbesondere die Visualisierung anzusprechen. Im Fernsehen treten das gesprochene und das geschriebene Wort zugunsten von Bildern, Tönen, Gesten und Mimik in den Hintergrund, in der Computersoftware, durch deren Programme die Benutzer mehr und mehr durch *Icons* geführt werden, und auch in Zeitschriften und Nachrichtenmagazinen stellt sich ein Trend zur Visualisierung ein. Der Informationsdurchsatz läßt sich durch solcherlei „Ikonomanie“[14] zwar erhöhen, und nicht selten wird diese Entwicklung auch als Befreiung von den Zwängen des Buchdrucks begrüßt.[15] Sie wird jedoch mit der Vernachlässigung der im Gesprochenen bzw. Geschriebenen möglichen Differenzierungen erkauft, wozu der Verlust an Kritikmöglichkeiten erschwerend hinzukommt, sprechen Bilder doch stärker das Gefühl und die Imagination an als den Verstand und entziehen sich somit teilweise argumentativer Kontrolle.

Bezüglich einer Reihe von weiteren gravierenden Spezifika der Informationsform der Massenmedien herrscht unter den Medienwissenschaftlern Uneinigkeit darüber, ob sie mit der Technik mitgegeben sind oder einer besonderen, im Falle einer kritischen Bezugnahme dann mißbräuchlich genannten Nutzung anzulasten sind.[16] Wenn im folgenden die bisweilen unter dem Stichwort „Informationsflut“[17] zusammengefaßten Besonderheiten der öffentlichen Kommunikation in der Informationsgesellschaft dem Umstand zugeschrieben werden, daß Information und

---

[13] J. Münchrath, Philosophische Dimension einer neuen 'Kulturtechnik'. Informations- und Kommunikationstechnik, Entwicklungen und Auswirkungen auf den Menschen und sein Bewußtsein, Hamburg 1998 (Boethiana; 34), 166. – Dort heißt es weiter: „Flächen als Träger von Botschaften generell spielen heute eine dominante Rolle. Bunte Oberflächen, nicht nur die Bildschirmoberflächen der IuK-Technik [d.i. Informations- und Kommunikationstechnik; A. H.] selbst, sondern auch die durch IuK-Technik hergestellten wie Plakate, Animationen, Kinoleinwände, ja selbst Verkehrssignale berieseln uns ständig mit Informationen.“

[14] G. Anders, Die Antiquiertheit des Menschen, Bd. 1: Über die Seele im Zeitalter der zweiten industriellen Revolution, München ^{7}1987, 3f.

[15] Dieser Topos tritt landläufig mit der Ankündigung vom „Ende der Gutenberg-Galaxis“ auf, vgl. vor allem N. Bolz, Am Ende der Gutenberg-Galaxis. Die neuen Kommunikationsverhältnisse, München 1993; vgl. F. Hartmann, Cyber.Phylosophy, 11 f.

[16] Die kritische Rolle des Nutzers wird z.B. von Peter Ludes betont. Neil Postman erkennt dagegen auf das Ausgeliefertsein des Nutzers. Der Ruf nach mehr Medienkompetenz (vgl. ders., Wir amüsieren uns zu Tode, 195-198.), der nicht wenige Analysen der Massenmedien plausibel abschließt, wirkt freilich als Reaktion auf das von Postman beschriebene Szenario eher unterdimensioniert.

[17] F. Hartmann, Cyber.Phylosophy, 15. – Der Ausdruck wird herkömmlich suggestiv in dem Lager verwendet, das sich gegenüber dem Informationszeitalter reserviert verhält.

Aufmerksamkeit Warencharakter angenommen haben – konkret: daß Sendezeit sekundenweise und Werbefläche quadratzentimeterweise verkauft werden –, dann dürfte damit eine mittlere Position bezogen sein.[18]

Information in der Informationsgesellschaft als Ware anzusehen ist nicht überraschend und leuchtet rasch ein, wenn man beispielsweise an eine Nachricht oder Story denkt, die reißenden Absatz verspricht, oder an eine Information, die der Schlüssel zu einem guten Börsengeschäft ist. Freie Information ist vergleichsweise uninteressant, die brauchbare dagegen hat ihren Preis. Nimmt man die charakteristischen Umstände hinzu, daß der Bezug von brauchbarer Informationen den Zugang zu möglichst den avanciertesten technischen Ausstattungen voraussetzt, deren Nutzung darüber hinaus spezielles Wissen, mindestens hinreichende Englischkenntnisse erfordert, wird man die Warnung vor einer zunehmend ungleichen Verteilung von Wissen mit der Folge vertiefter Chancenungleichheit ernst nehmen müssen. Das gilt für das Fernsehen ebenso wie für computerbasierte Medien – man spricht von einer „Wissenskluft"[19] oder salopp von einer „Spaltung der Gesellschaft in User und Loser"[20].

Doch nicht nur die Information ist eine Ware, sondern auch und vor allem die Aufmerksamkeit der Rezipienten bzw. Konsumenten ist ein knappes Gut.[21] Sendezeit und Werbefläche sind folglich nicht nur Räume, die Information zur Aufnahme feilhalten, sie repräsentieren andererseits das Aufmerksamkeitspotential, um das die Sender miteinander ringen. Die unmittelbaren Folgen einer solchen unter der Bedingung knapper Aufmerksamkeit sich vollziehenden Informationsproduktion und -präsentation sind wohlbekannt und oft beklagt worden. Weil die Aufmerksamkeit nicht strapaziert werden darf und immer wieder neu erregt werden muß, stehen Informationen unter dem Druck, möglichst kurz und sensationell

---

[18] Damit ist gemeint, daß die Informationstechnik *qua* Technik unterschiedlich nutzbar ist, eben auch „medienkompetent" den Effekten der genannten „Informationsflut" entgehend. Der Umstand aber, daß man es hier nicht mit einer isoliert gehandhabten Technik zu tun hat, sondern mit einem „Komplex aus wissenschaftlichen, ökonomischen und politischen Komponenten, dem es um die Steuerung von Entwicklungen der Informationsgesellschaft geht" (K. Wiegerling, Medienethik, 222.), erschwert einen solchen Umgang und verschließt ihn mitunter ganz.

[19] P. Ludes/G. Schütte, Informationsumbrüche und eine neue Zuverlässigkeitskluft, 64; vgl. K. Wiegerling, Medienethik, 225; F. Hartmann, Cyber.Philosophy, 46. – Letzterer spricht dort von der Entstehung einer „neue[n] Informationselite". – In medientheoretischen Schriften selbst lassen sich beispielsweise Spuren von Abwehrreaktionen ausmachen, die auf eine solche Elite, die zunächst eine Bildungselite ist, schließen lassen. „Die *Dramatisierung* der Medienfolgen durch die Kritik hat ihr Gegenstück in ihrer *Bagatellisierung* durch die Mehrzahl derjenigen, die die Medien beherrschen oder nutzen." (D. Roß, Traditionen und Tendenzen der Medienkritik, in: H. Weßler u.a. (Hg.), Perspektiven der Medienkritik. Die gesellschaftliche Auseinandersetzung mit öffentlicher Kommunikation in der Mediengesellschaft (FS Dieter Roß), Opladen 1997, 29-45; hier 43. – Als Verdachtsmoment zu einer Verteidigung der Wissenskluft *at work* vgl. W. Faulstich, „Jetzt geht die Welt zugrunde..." „Kulturschocks" und Medien-Geschichte: Vom antiken Theater bis zu Multimedia, in: P. Ludes/A. Werner (Hg.), Multimedia-Kommunikation, 13-35.

[20] S. Mosdorf, Zwischen Big Brother und dem Marktplatz von Athen, 46.

[21] F. Rötzer, Digitale Weltentwürfe. Streifzüge durch die Netzkultur, München-Wien 1998, 61 ff.

zu sein und nur in kalkuliertem Maß zu irritieren. Nachrichten lösen sich von Erklärungen und werden statt dessen zur besseren Eingängigkeit mit Bildern verbunden, anstatt in Kontexte sind Informationen in angenehmes Ambiente eingebettet. Dieser durch die Marktförmigkeit der öffentlichen Kommunikation herbeigeführte Effekt führt zum Spezifikum der „Informationsgesellschaft" im Kontrast zu einer erwünschten „Wissensgesellschaft"[22]. Weil ohne Kontext und Deutungsrahmen auf den Markt geworfen, bleibt der Inhalt der Kommunikation ohne orientierende und handlungsanleitende Wirkung, das Publikum ist zwar bestens über ein Thema „informiert", zugleich wird es nicht in die Lage versetzt, zu einem verantwortlichen Urteil zu kommen. Im Ergebnis produziert die Informationsmaschinerie, wie Bernhard Debatin es ausdrückt, zunehmend ein „bedeutungsloses informationelles Rauschen"[23]. Statt Handlungsorientierung bieten „Edutainment" und „Infotainment" der Informationsmaschinerie Pseudo-Handlungskontexte und Scheinzusammenhänge, die ein vernünftiges Leben eher erschweren, anstatt es, wie vom Ideal der Aufklärung in Aussicht genommen, zu ermöglichen. Erschweren deshalb, weil das Publikum über seine Beteiligung am Wissen im Irrtum belassen wird und der Ausschluß nicht sofort wahrgenommen wird. Angesichts der Masse von Informationen und in Verbindung damit der gefährdeten sozialen und individuellen Orientierung sehen sich gemäßigte Befürworter der Informationsgesellschaft ebenso genötigt, nach Auswegen zu suchen, wie deren Kritiker.

Technikimmanente Lösungen, d.h. Informationsproduzenten zweiter Stufe wie Suchmaschinen, Agenturen und Informationsknoten, die Kontexte unter einem übergeordneten Gesichtspunkt zu verbinden versprechen, lassen das Problem auf ihrer Ebene neu entstehen und tragen zur Lösung nur wenig bei. Problemverschärfend kommt hinzu, daß solche Einrichtungen die kritische Begleitung der öffentlichen Kommunikation dadurch behindern können, daß sie geeignet sind, die für bestimmte Informationen Verantwortlichen unauffindbar zu machen. Es entsteht vor allem im Multimediabereich, aber auch im Journalismus, bei allem Informationsplus eine „neue Zuverlässigkeitskluft"[24]. Insgesamt sehen sich Medienwissenschaftler zu kaum mehr in der Lage, als – je nach Beurteilung der Massenmedien – kritische oder anpassende Medienkompetenz zu fordern, womit zum einen die bewußte Nutzung der Medien gemeint ist, zum anderen deren Entmystifizierung.[25]

---

[22] K. Wiegerling, Medienethik, 224. – Hier wird die von Hubert Markl in Aussicht genommene „Wissensgesellschaft" als Mythos entlarvt.

[23] B. Debatin, Kritik und Konsens. Vom herrschaftsfreien Diskurs zur kommunikativen Rationalität, in: Ders./D. Hirschfeld (Hg.), Antinomien der Öffentlichkeit, Hamburg 1989, 16-80; hier 48.

[24] P. Ludes/G. Schütte, Informationsumbrüche und eine neue Zuverlässigkeitskluft, 60.

[25] Vgl. N. Postman, Wir amüsieren uns zu Tode, 196 f.; P. Ludes/G. Schütte, Informationsumbrüche und eine neue Zuverlässigkeitskluft, 65; N. Gabriel, Kulturwissenschaften und Neue Medien. Wissensvermittlung im digitalen Zeitalter, Darmstadt 1997, 11; S. Mosdorf, Zwischen Big Brother und dem Marktplatz von Athen, 46. – So hilflos wie das klingt, ist das gar nicht, wird doch immerhin der Mensch als kritische Subjektivität veranschlagt – gegen seine technische Reduktion zum Empfänger.

Der Veränderung der alltäglichen Welt durch Wissenschaften qua Technik bzw. Medium lassen sich weitere technische Einrichtungen und Potenzen an die Seite stellen, die sich, wenn man den Blick auf die Biologie richtet, vor allem als medizinische Möglichkeiten darstellen. Die Entwicklung wird zunehmend als abgründig wahrgenommen angesichts der Reproduktionsmedizin und Gentechnologie, vollends vor den riskanten Möglichkeiten, die Eingriffe in die menschliche Keimbahn eröffnen. Diese Problemfelder führen am Kern der Soziobiologie, wie er im folgenden gefaßt werden soll, vorbei und werden daher nicht thematisiert; gleiches gilt für Fragen der ökologischen Krise. Vielmehr soll dem Umstand weiter nachgegangen werden, daß die Wissenschaften die öffentliche Kommunikation erheblich mitbestimmen.[26]

Nachdem der Einfluß der Informationstechnik auf die Form der Kommunikation skizziert wurde, ist nunmehr zu fragen, wie die Wissenschaften *semantisch* unter den genannten Bedingungen in die Lebenswelt eindringen. Die Massenmedien bestimmen die Themen, die die Öffentlichkeit beherrschen, wesentlich mit. Zwar sind sie, weil sie auf die Aufmerksamkeit der Rezipienten angewiesen sind, an die Interessen, Erwartungen, Hoffnungen und Ängste der Menschen gebunden – ein Umstand, der durch das Modell einer in sich kreisenden Informationsmaschinerie eher verdeckt wird.[27] Dennoch sind sie es, die Kommunikationsräume schaffen, indem sie ein gemeinsames Vorwissen vermitteln. Diese Funktion darf nicht sofort und pauschal unter Manipulationsverdacht gestellt werden, ist sie doch der Herstellung und Erhaltung eines über einzelne Zielgruppen hinausgehenden gemeinsamen thematischen und sprachlichen Kommunikationsbodens dienlich.[28] Neben der Themensetzung und -gewichtung nehmen die Massenmedien auch die Perspektivierung der Themen vor, und hier treffen sie auf einen kaum getrübten „gelebten Szientismus“[29]. Er erlaubt es ihnen, nicht nur für

---

[26] Zum Problemansatz vgl. U. Pörksen, Das Demokratisierungsparadoxon. Die zweifelhaften Vorzüge der Verwissenschaftlichung und Verfachlichung unserer Sprache, in: Ders., Deutsche Naturwissenschaftssprachen. Historische und kritische Studien, Tübingen 1986 (Forum für Fachsprachen-Forschung; 2), 202-220.

[27] Vgl. K. Wiegerling, Medienethik, 130.

[28] Deutlich wird dies bei der „Fragmentierung der gesellschaftlich zur Verfügung stehenden Wissensbestände“ durch interaktive Medien wie Internet oder Pay-TV, vgl. P. Ludes/G. Schütte, Informationsumbrüche und eine neue Zuverlässigkeitskluft, 64 f.; vgl. dazu C. Holtz-Bacha, Das fragmentierte Medien-Publikum. Folgen für das politische System, in: ApuZ B 42/97, 13-21.

[29] Damit ist ein weitreichendes Sichverlassen auf Wissenschaften und Technik gemeint, das mit der industriellen Revolution im 19. Jahrhundert einsetzte und seither immer stärker eingefordert wird. Die Bedeutung technischer Produkte wird durch die traumatische Erschütterung der kollektiven Identität angesichts von Ereignissen wie dem Untergang der *Titanic* oder dem ICE-Unglück von Eschede im Juni 1998 illustriert, vgl. U. Greiner, Das Ende der Unverwundbarkeit. Ein Zug ist entgleist, ein Volk erschüttert, ein Mythos tot, in: *Die Zeit* 25/1998, 15 f.; *Heimsuchung im High-Tech-Land*, in: *Der Spiegel* 24/1998, 22-34. – Herbert Schnädelbach nennt das hier mit „gelebter Szientismus“ Bezeichnete „die reale Basis für den globalen *Szientismus*“ (Philosophie in Deutschland, 90), Jürgen Habermas spricht von einer „szientistischen Hintergrundüberzeugung“ (Metaphysik nach Kant, in: Ders., Nachmetaphysisches Denken. Philosophische Aufsätze, Frankfurt/M. 1988, 18-34; hier 29.)

bekannte Problemlagen Lösungsideen aus den Wissenschaften zu verbreiten; es besteht darüber hinaus die Möglichkeit, antizipativ alle möglichen Wünsche für technisch erfüllbar auszugeben und tendenziell nur solchen Themen Relevanz zukommen zu lassen, die wissenschaftlich formulierbar sind, worin sich der Szientismus vollenden würde.

Für die Frage nach der menschlichen Selbstthematisierung bietet sich die Biologie als Referenzwissenschaft und Interpretationsrahmen an, und tatsächlich gehen Massenmedien und Biologie eine bemerkenswerte Verbindung ein. Eng mit der Themensetzungsmöglichkeit der Massenmedien ist das Potential verbunden, Metaphern sowie sprachliche und interpretatorische Muster und Konzepte der öffentlichen Kommunikation vorzugeben. Diesem Aspekt der Verwissenschaftlichung nachzugehen, der im einflußreichen Andienen einer biologisch orientierten Sprache zur Selbstthematisierung und -beschreibung des Menschen besteht, ist die erklärte Untersuchungsabsicht, der die nachfolgenden Ausführungen folgen.

2.3 Etwas über Wissenschaftsjournalismus und *Science Faction*

Die Differenzierung zwischen Biologie und Biologismus aufgreifend läßt sich nunmehr die Rede von Verwissenschaftlichung in der Informationsgesellschaft weiter präzisieren. Die Form der öffentlichen Kommunikation in den Massenmedien begünstigt nicht die Verbreitung wissenschaftlicher Einsichten und Kenntnisse, die dafür zu abstrakt, komplex und spezialisiert sind. Begünstigt werden vielmehr Sensationalisierungen, Verkürzungen und verallgemeinernde Anwendungen wissenschaftlicher Theorien – das aber ist nicht mehr als eine Schwundstufe der Wissenschaft. Die Lage auf dem Büchermarkt bestätigt diesen Befund ebenso wie der gegenwärtige Zustand des Wissenschaftsjournalismus.[30]

In einer Reaktion auf Charles P. Snows viel diskutiertes Buch *The Two Cultures* stellt Jürgen Habermas fest: „Die strikt erfahrungswissenschaftlichen Informationen können in die soziale Lebenswelt nur auf dem Wege ihrer technischen Verwertung, als technologisches Wissen eingehen."[31] Damit steht er in

---

[30] Statt von Sensationalisierung wird in der medientheoretischen Literatur vornehmlich von „Boulevardisierung" in den Printmedien gesprochen, womit neben den genannten Formmerkmalen zugleich deren Werbefunktion bezeichnet wird, vgl. B. U. Biere, Boulevardisierungstendenzen in der Wissenschaftsberichterstattung? Ein Annäherungsversuch, in: Ders./W. Holly (Hg.), Medien im Wandel, Opladen-Wiesbaden 1998, 49-61. – Biere warnt zu recht vor einem allzu raschen moralischen Urteil in Sachen Boulevardisierung. Zu prüfen ist auch, ob hier der Pressekodex des Deutschen Presserats hier einschlägig ist; am ehesten kommt Zf. 14 in Frage, wo für medizinische Themen empfohlen wird, „unangemessen sensationelle Darstellungen zu vermeiden" (Publizistische Grundsätze [Pressekodex] für die Publizistische Arbeit nach Empfehlungen des Deutschen Presserats in der Fassung vom 17. September 1997, in: Deutscher Presserat Jahrbuch 1998, hg. v. Trägerverein des Deutschen Presserates e.V., Konstanz 1999, 257-279; hier 277).

[31] J. Habermas, Technischer Fortschritt und soziale Lebenswelt, in: Ders., Technik und Wissenschaft als 'Ideologie', Frankfurt/M. [11]1981, 104-119; hier 106.

Übereinstimmung mit den von Schulz erhobenen Einsichten zur Verwissenschaftlichung und dem entsprechenden Begriff, der allerdings als nicht erschöpfend erachtet und um semantische Aspekte erweitert werden mußte. Seit einiger Zeit ist von einer „dritten Kultur"[32] die Rede, in der Naturwissenschaften und Literatur eine neuartige Synthese eingehen. Prominente Wissenschaftler, vornehmlich Biologen und Physiker,[33] treten als Erzähler an die Öffentlichkeit und betreiben damit eine semantische Verwissenschaftlichung der Lebenswelt an der Technik vorbei. Vereinfachend, anschaulich und alltagsbezogen geben sie ein persönliches Bild von sich, plaudernd und bisweilen scherzend versuchen sie, die Leserschaft mit dem wissenschaftlichen Weltbild bekannt zu machen und sie dafür zu gewinnen – mit beträchtlichem Erfolg, wie das Büchersortiment in diesem Genre anzeigt. Dabei gehen sie nicht selten dazu über, auch die „letzten Fragen" nach Gott, Geist und Materie beantworten zu wollen, und spätestens dabei regt sich der Verdacht, daß man es weniger mit Wissenschaft, als mit einer Form von Naturalismus zu tun hat.

Neben der belehrenden Unterhaltungsliteratur ist die gezielte Öffentlichkeitsarbeit ein weiterer Weg, auf dem die Wissenschaften ohne Umwege über technische Materialisierung in die Lebenswelt einsickern.[34] Ein Blick auf den Wissenschaftsjournalismus verdeutlicht die Begünstigung des Szientismus in der Informationsgesellschaft, denn Wissenschaftsjournalisten sehen sich von zweierlei externen Interessenlagen in Anspruch genommen und in ein Dilemma gedrängt.[35] Auf der einen Seite treten Wissenschaftler, sofern sie sich überhaupt für Journalisten zugänglich zeigen, diesen gegenüber mit dem Anspruch der besonderen Bedeutsamkeit der eigenen Forschung auf und bringen das Anliegen der Popularisierung, d.h. der Vermittlung von Verständnis und Akzeptanz der Wissenschaft,

---

[32] J. Brockman, Die dritte Kultur. – Brockman macht wie folgt klar: „Die dritte Kultur – das sind Wissenschaftler und andere Denker in der Welt der Empirie, die mit ihrer Arbeit und ihren schriftlichen Darlegungen den Platz der traditionellen Intellektuellen einnehmen, indem sie die tiefere Bedeutung unseres Lebens sichtbar machen und neu definieren, wer und was wir sind." (Ebd., 15) Vgl. auch A. Sentker, Schreib Dich reich. Gott, Geist und Kosmos gehen weg wie warme Semmeln, in: *Die Zeit* 33/1997, 29; vgl. ferner http://www.edge.org/3rd_culture/.

[33] Die in Brockmans Buch versammelte Prominenz vermittelt einen guten Eindruck von der illustren Gesellschaft, die sich hier in Szene setzt. Stephen Jay Gould und Richard Dawkins kommen hier ebenso zu Wort wie beispielsweise Roger Penrose, Paul Davies, Nicholas Humphrey, Steven Pinker, Marvin Minsky und Daniel Dennett.

[34] Vgl. C. Schwägerl, Das Land der offenen Elfenbeintürme. Wissenschaft für alle: In Großbritannien boomt die Idee des „Public Understanding of Science", in: *Die Zeit* 23/1997, 36. – Diese Kampagne zugunsten der Popularisierung von Wissenschaft nimmt dem Autor zufolge „fast den Charakter einer Massenpropaganda" (ebd.) an und führte bereits zur Einrichtung der ersten Lehrstühle für Wissenschaftspopularisierung, die Richard Dawkins und John Durant innehaben.

[35] Vgl. B. U. Biere, Boulevardisierungstendenzen in der Wissenschaftsberichterstattung?, 50-52; ferner W. Göpfert/H. P. Peters, Wissenschaftler und Journalisten: ein spannungsreiches Verhältnis; dagegen H. Maier-Leibnitz, Forschung popularisieren, beide in: W. Göpfert/S. Ruß-Mohl (Hg.), Wissenschaftsjournalismus. Ein Handbuch für Ausbildung und Praxis, München-Leipzig, [3]1996, 21-27 und 28-30.

vor. Dies kompetent und verantwortlich zu erfüllen, erfordert nicht nur genaue Kenntnis der Materie seitens der zumeist als Journalisten ausgebildeten Autoren, sondern wegen der Schwierigkeit, wissenschaftliche Ergebnisse zutreffend in einer den Massenmedien entsprechenden Sprache zu präsentieren, darüber hinaus außerordentliches Darstellungs- und Formulierungsgeschick. Denn auf der anderen Seite stehen, eng gebunden an die Formvorgaben durch die Informationstechnik, die Rezeptionsgewohnheiten der Konsumenten, und die erfordern Kürze, Prägnanz und Sensation sowie soziale und individuelle Alltagsrelevanz.

Zwischen Popularisierungs- und Sensationalisierungsdruck reklamiert der Wissenschaftsjournalismus eigene Interessen, etwa als „unabhängiger Beobachter“[36] der wissenschaftlich-technischen Entwicklung allein den Interessen des Publikums verpflichtet zu sein. Da aber die Medienbetreiber ihrerseits ein zumeist kommerzielles Interesse am Publikum nehmen und die Mündigkeit des Publikums nicht zuletzt durch die Wirkung der Massenmedien selbst fragwürdig gemacht wird, muß das journalistische Konzept vom autonomen Beobachter bis auf weiteres als Ideal eingestuft werden, über dem die Gefahr der Instrumentalisierung des Wissenschaftsjournalismus im Dienst von Partikularinteressen nicht vergessen werden sollte.[37]

2.4 Dimensionen des gelebten Szientismus

Nachdem die Rede von der Verwissenschaftlichung zum Begreifen der Soziobiologie hinreichend spezifiziert und die Ausbreitungsbedingungen, die der Szientismus in der Informationsgesellschaft vorfindet, benannt wurden, ist die Dringlichkeitsfrage aufzuwerfen. Die beiden folgenden Hinweise sollen dafür sensibilisieren, daß die ethische Auseinandersetzung mit der Soziobiologie nicht nur zu Einsichten in den Komplex „Theologie und Biologie“ führt, die für eine Verhältnisbestimmung relevant sind; sie berührt zudem Fragen der politischen und kulturellen Wirklichkeit, an denen interessiert zu sein Aufgabe der Sozialethik ist.

Die Rede von der Informationsgesellschaft hat, so der erste Hinweis, einen eminent politischen Sinn, insofern die Form der demokratischen Öffentlichkeit einem Wandel unterworfen wird und sich damit Funktionsverschiebungen ergeben, die zur Verwendung neuer Präfixe zur Bezeichung der politischen Wirklichkeit zu nötigen scheinen: von der parlamentarischen zur Medien-, Fernseh- oder gar Cyber-Demokratie. Der zweite Hinweis betrifft die gedankliche Auswuche-

---

[36] M. Kohring, Die Funktion des Wissenschaftsjouralismus. Ein systemtheoretischer Entwurf, Opladen 1997 (Studien zur Kommunikationswissenschaft; 22), 18.

[37] Wie die nachfolgenden Beobachtungen anzeigen, können im *Focus* Beispiele für einen Journalismus gefunden werden, der dieser Gefahr erliegt, vgl. S. 61 ff. – Vgl. hierzu auch J. Roß, Die neuen Staatsfeinde. Was für eine Republik wollen Schröder, Henkel, Westerwelle und Co.?, Berlin ²1998, 7 ff.

rung der Informationsgesellschaft zu „digitalen Weltentwürfen“[38] utopischen, aber nicht nur utopischen Gehalts.

2.4.1 Beschädigung der Öffentlichkeit

Der Wandel der dominierenden Informationsmedien stößt immer wieder Veränderungen der öffentlichen Kommunikation an und bedingt damit einen fortwährenden „Strukturwandel der Öffentlichkeit“[39]. Weil die Öffentlichkeit das „Organisationsprinzip der bürgerlichen Staaten mit parlamentarischer Regierungsform“[40] ist, darf folglich der politische Einfluß der elektronischen Massenmedien nicht übersehen werden.

Jürgen Habermas, der den Wandel der politischen Öffentlichkeit über Jahrzehnte kritisch begleitet hat, nahm ihn in seiner berühmten Habilitationsschrift zunächst als Zerfallsprozeß wahr, der von einer vernünftigen politischen Öffentlichkeit der gesellschaftlichen Selbstvermittlung über die im Parlament institutionalisierte Legitimationsinstanz von Ansprüchen bis hin zu einer durch die Massenmedien manipulierten Publizität führte. Damit folgte er weitgehend der pessimistischen Theorie der Massenkultur von Theodor W. Adorno und Max Horkheimer. „Statt öffentlicher Meinung spielt sich in der manipulierten Öffentlichkeit eine akklamationsbereite Stimmung ein, ein Meinungsklima.“[41] Das Problem der Wiederherstellung der in ihrem Begriff enthaltenen Distanz vom Marktprinzip und der Repolitisierung der Öffentlichkeit im Rahmen des Problems der Legitimierung politischer Macht versuchte er später[42] mit der Annahme einer internen Krisendynamik moderner Gesellschaften nebst daraus erwachsender kritischer Potentiale auf dem Boden der Alltagswelt sowie einer Wendung zur Sprache anzugehen. Die sich an Ungerechtigkeits- oder Entfremdungserfahrungen entzündende kritische Öffentlichkeit hat demnach einen kommunikativ-prozeduralen Charakter und bezieht ihre Argumentationsmuster vor allem aus wissenschaftlichen Ressourcen. Damit nimmt Öffentlichkeit die durch die Diskursethik vorgezeichnete Form an. Sie hat in dieser Konzeption zwar als reales Organisationsprinzip der politischen Wirklichkeit weitgehend ausgedient, aber als regulative Fiktion der bürgerlichen Demokratie bleibt sie in Geltung.

Bei seinen Analysen geht Habermas nur am Rande auf die Rolle der Massenmedien ein, obwohl er ihren fatalen Einfluß auf die Funktion der Öffentlichkeit schon früh unter dem noch stärkeren Einfluß der älteren Kritischen Theorie wahr-

---

[38] Zum Ausdruck F. Rötzer, Digitale Weltentwürfe.

[39] J. Habermas, Strukturwandel der Öffentlichkeit. Untersuchungen zu einer Kategorie der bürgerlichen Gesellschaft, Neuwied-Berlin 1962.

[40] Ebd., 95.

[41] Ebd., 258; vgl. M. Horkheimer/T. W. Adorno, Dialektik der Aufklärung. Philosophische Fragmente, Frankfurt/M. 1969, 128 ff.; N. Postman, Wir amüsieren uns zu Tode, 154 ff.

[42] Vgl. J. Habermas, Legitimationsprobleme im Spätkapitalismus, Frankfurt/M. 1973.

nimmt. Später sieht er zwar durchaus noch die Ambivalenz der durch die Massenmedien inszenierten Öffentlichkeit, doch wenn er diese durch nicht mehr als ihr autoritäres Steuerungspotential und „das Gegengewicht eines *emanzipatorischen Potentials*“[43], das in der Förderung und Verstärkung der lebensweltlichen Kommunikation besteht, bestimmt, so unterschätzt er dabei nicht nur den ideologischen Gehalt der Informationstechnik, sondern auch den, der sich an die Wissenschaften heftet. Tatsächlich sind Ideologien für ihn schon lange kein Thema mehr.[44]

Wer derart den Wissenschaften traut und die Wirkung der Medien außer acht läßt, den kann auch der Naturalismus nicht aus der Ruhe bringen: „weil er eine metaphysische Position ist, die im Allgemeinen verharrt, wo es darum ginge, ein abstrakt aufgestelltes Programm mit wissenschaftlichen Mitteln *durchzuführen*“[45]. Mit Bernhard Debatin bin ich eher geneigt, einen Befall der Öffentlichkeit von einer durch die Massenmedien der Informationsgesellschaft sich ausbreitenden formalen „Ideologie der Indifferenz“[46] zu befürchten, der die politische Kultur wirksam beeinträchtigt. „Die massenmedial fragmentierte und in Form von immer neuen Popular- und Globalsynthesen präsentierte Medienwirklichkeit erhebt die Vielfalt beliebiger und gleich-gültiger Erklärungsmöglichkeiten – und damit die Unerklärbarkeit selbst – zur Ideologie.“[47]

Wie gut die im Kielwasser eines solchen Mediums auftauchenden Popularsynthesen gedeihen, hängt nicht allein von der Bereitschaft und dem Willen ab, erhobene Geltungsansprüche einzulösen, sondern von der Anpassung an die Kommunikationsformen und Inhalte der Informationsgesellschaft. Es ist zu befürchten, daß das kritische Potential einer in derart bedrohlicher Lage befindlichen Öffentlichkeit noch unter dem ihr vom späteren Habermas zugestandenen liegt.[48] Zumindest ist zu prüfen, inwieweit sich die Strukturen der Öffentlichkeit durch die „Regeln einer gemeinsam befolgten Kommunikationspraxis“[49] konstituieren und welchen Anteil man hier den ökonomischen und technischen Gegebenheiten einzuräumen hat. Die Frage wird daher dringlich, was der von Habermas in der normativen Rekonstruktion demokratischer Öffentlichkeit ausgewiesenen „kommu-

---

[43] J. Habermas, Theorie des kommunikativen Handelns, Bd. 2, 573.

[44] Vgl. J. Habermas, Technik und Wissenschaft als 'Ideologie', in: Ders., Technik und Wissenschaft als 'Ideologie', 48-103; hier 88 f. – In diesem 1968 verfassten Text tritt an die Stelle der herkömmlichen Ideologien eine „gläserne Hintergrundideologie“ (88) des Szientismus, die nur noch uneigentlich und daher stets in Anführungszeichen von Ideologie zu sprechen erlaube. Vgl. ders., Legitimationsprobleme im Spätkapitalismus, 112-118.

[45] J. Habermas, Metaphysik nach Kant, 29.

[46] B. Debatin, Kritik und Konsens, 48.

[47] Ebd.

[48] Vgl. J. Habermas, Der philosophische Diskurs der Moderne, Frankfurt/M. 1985, 422; ders, Theorie des kommunikativen Handelns, Bd. 2, 575 ff.; ders., Zur Rolle der Zivilgesellschaft und politischer Öffentlichkeit, in: Ders., Faktizität und Geltung. Beiträge zur Diskurstheorie des Rechts und des demokratischen Rechtsstaats, Frankfurt/M. 1992, 399-467.

[49] J. Habermas, Zur Rolle der Zivilgesellschaft und politischer Öffentlichkeit, 438.

nikative[n] Macht" auf empirischer Seite entspricht.[50] In der „Fernsehdemokratie"[51] ist auch die mobilisierte Öffentlichkeit, auf die Habermas sich stützt, eine bedrohte Erscheinung.

Mit äußerster Skepsis ist von diesem Befund aus den spektakulären und euphorischen Antizipationen einer sogenannten „Cyber-Demokratie"[52] zu begegnen. Sie sind nicht nur mit guten Gründen auf die unter dem Titel „Wissenskluft" vermerkten Beobachtungen hin zurückzuweisen; darüber hinaus ist fraglich, ob die technischen Strukturen selbst, d.h. ungeachtet ökonomischer Ungleichheiten, die sich im Nutzungszugang spiegeln, hinreichend egalitär und zur Förderung einer demokratisch verfaßten Gesellschaft geeignet sind. Die Erwartung, daß sich die öffentliche Kommunikation mittels Technik der Kontrolle gesellschaftlicher Eliten entziehen und dadurch befreien könnte, übersieht, daß mit „Informationsgesellschaft" ein zunehmend kapitalintensiver, technisch-ökonomischer Komplex angesprochen ist, der seinerseits machtförmig ist und von Eliten gelenkt wird. Die von Habermas eingebrachten Voraussetzungen der politischen Öffentlichkeit: Gleichheit der Teilnehmer, Thematisierungsfreiheit und Offenheit der Diskursgemeinschaft, sollten unter den Bedingungen der elektronischen Medien daher nicht *per se* für gegeben gehalten werden.[53]

2.4.2 *„Was nicht programmierbar ist, darüber muß man schweigen"*[54]

Die elektronischen Massenmedien bestimmen unsere Wirklichkeit, darüber sind sich die Autoren einig. Strittig ist jedoch, wie weit und durchdringend diese

---

[50] Der Vorzug des habermasschen Ansatzes liegt eben darin, diese Frage stellen zu können, vgl. ebd., 400; das Zitat ebd.

[51] R. D. Precht, Wählt den Whopper! Das Fernsehen hat den Wahlkampf gewonnen. Und nun beschwert es sich auch noch darüber, in: *Die Zeit* 40/1998, 61 f.; hier 61.

[52] K. Müller, Verdoppelte Realität – virtuelle Wahrheit, in: Die politische Meinung 43 (1998) H. 7, 59-70; hier 63; vgl. weiter ebd., 63 ff.; ders., Computer machen Leute. Philosophie, Medien und Cyber-Religion, in: Renovatio 54 (1998), 149-163; hier 152-154; H. Buchstein, Bittere Bytes. Cyberbürger und Demokratietheorie, in: DZPh 44 (1996), 583-607.

[53] Optimistisch in dieser Angelegenheit lassen sich vernehmen: L. Grossman, The Electronic Republic, New York 1995; R. E. Sclove, Democracy and Technology, New York 1995; F. Hartmann, Cyber. Philosophy, 22 u.ö. – Solcher Optimismus ist ambivalent, worauf ein konservativer Einspruch einen Hinweis geben mag: „Wenn die Gaukler, Dilettanten, die leichtfüßigen Intellektuellen sich vordrängen, wenn der Wind allgemeiner Hanswursterei sich erhebt, dann lockern sich auch die uralten Institutionen und die strengen professionellen Körperschaften: das Recht wird elastisch, die Kunst nervös, die Religion sentimental." (A. Gehlen, Das Bild des Menschen im Licht der modernen Anthropologie, in: Ders., Anthropologische und sozialpsychologische Untersuchungen, Reinbek 1986, 55-68; hier 60.) Näheres für eine zurückhaltende Einschätzung in: T. Zittel, Über die Demokratie in der vernetzten Gesellschaft. Das Internet als Medium politischer Kommunikation, in: ApuZ B 42/97, 23-29; H. Buchstein, Bittere Bytes; R. Schmalz-Bruns, Internet-Politik. Zum demokratischen Potenzial der neuen Informations- und Kommunikationstechnologien, in: G. Simonis u.a. (Hg.), Politik und Technik. Analysen zum Verhältnis von technologischem, politischem und staatlichem Wandel am Anfang des 21. Jahrhunderts, Wiesbaden 2001 (PVS Sonderheft 31/2000), 108-131.

[54] J. Münchrath, Philosophische Dimensionen einer neuen 'Kulturtechnik', 130.

Bestimmung geht, ob es Entrinnen oder Widerstand gibt oder nicht. Die Bedeutung und der ontologische Rang dessen, was mit der Rede von der Informationsgesellschaft gemeint ist, bemißt sich zum einen aus der Nähe der jeweiligen Position zum erkenntnistheoretischen Konstruktivismus, zum anderen aus der Extension des verwendeten Medienbegriffes.

Florian Rötzer stellt fest: „Was nicht in die Aufmerksamkeit fällt oder gefallen ist, gibt es nicht, weil es weder wahrgenommen noch erinnert oder bewußt wird."[55] Er setzt die Möglichkeit voraus, Aufmerksamkeiten zu erregen, mithin sie zu plazieren und zu verschieben, und damit die soziale Wirklichkeit zu gestalten. In die gleiche Richtung, wenn auch kritischer, gehen die Äußerungen von Neil Postman und – im Anschluß an ihn – von Jens Münchrath, die den Verfall der öffentlichen Diskussion bzw. „Weltverlust"[56] beklagen und damit die Möglichkeit einer kritischen Haltung gegenüber der Informationsgesellschaft, d.h. ein ihr Äußeres, in Anspruch nehmen. Auch Klaus Wiegerling traut sich zu, radikale Spielarten der Rede von Informationsgesellschaft medienethisch als Mythos zu entlarven, und auf Seiten der Theologie beharrt etwa Christian Wessely hartnäckig darauf, daß die durch die Medien herbeigeführten Veränderungen „keinesfalls unbesprochen oder unhinterfragt hingenommen werden"[57] können.

Bei Frank Hartmann bleibt die Frage einstweilen offen, wohl weil wir uns ihm zufolge erst im Übergang zur Informationsgesellschaft befinden. Einerseits lotet er mit Hilfe der eigens dazu geforderten „Datenkritik"[58] die Bedingungen vernünftiger Existenz in der Informationsgesellschaft aus, andererseits sieht er in ihr eine „tendenzielle Unmöglichkeit eines kritischen Bewußtseins"[59]. Er markiert den Übergang zu denjenigen Autoren, die sich als Künder einer neuen, unüberwindlich über uns hereinbrechende Zeit verstehen, pessimistisch das Ende des Humanen voraussehend die einen, erleichtert das Humanistische – und Humane? – verabschiedend die anderen.

Norbert Bolz gehört zu den populären Vertretern derer, die die Informationsgesellschaft begrüßen und dazu aufrufen, sich ihren Anforderungen anzupassen. Ihm zufolge vollzieht sich mit der Informationstechnik die Ablösung vom Zeitalter des Buches mit seiner restriktiven Bildungs- und Gesellschaftsformation und vor allem mit seinem Erkenntniskonzept, das der neuen Komplexität nicht mehr

---

[55] F. Rötzer, Digitale Weltentwürfe, 69. Vgl. zu dieser Problematik ferner N. Postman, Wir amüsieren uns zu Tode, 34; F. Hartmann, Cyper.Philosophy, 36; N. Luhmann, Die Realität der Massenmedien, Opladen ^{2}1996, 9 ff. – Zu weiteren Positionen bzgl. der Definition der Welt durch Medien vgl. J. Münchrath, Philosophische Dimensionen einer neuen 'Kulturtechnik', 164.

[56] J. Münchrath, Philosophische Dimensionen einer neuen 'Kulturtechnik', 131.

[57] C. Wessely, Fundamentaltheologie und neue Medien, in: K. Müller (Hg.), Fundamentaltheologie, 281-298; hier 284. – Neben den bereits (Anm. 52) genannten Untersuchungen von Klaus Müller finden sich weitere Stimmen von theologischer Seite in: A. Kolb u.a. (Hg.), Cyberethik. Verantwortung in der digital vernetzten Welt, Stuttgart-Berlin-Köln 1998.

[58] F. Hartmann, Cyber.Philosophy, 27.

[59] Ebd., 36.

gerecht werde.[60] Unter dem Eindruck einer ebenso irrigen wie undifferenzierten Vorstellung, der zufolge die elektronischen Massenmedien herkömmliche Kommunikationsformen vollständig verdrängten, sieht Bolz die Erkenntnisse der Philosophie und die Errungenschaften der Aufklärung und des Humanismus als überholt an – Design und Geschwindigkeit ersetzten Argumente, Simulation ersetze die Wirklichkeit. Mit den Einsichten der Aufklärung gehe ebenfalls der Mensch, einmal mehr als Anthropomorphismus durchschaut,[61] über Bord. „Die Kultur als Großrechenanlage, Menschen als kommunizierende Black boxes, Freiheit als Trugbild der Intransparenz"[62] – das sind Thesen, die Bolz aus seinem ausdrücklich eklektizistischen Entwurf herauszieht. Wer die humanistischen Ideen noch nicht verabschiedet hat, kann sich jedoch des Eindruckes kaum erwehren, hier werde dem altbekannten *zoon politikon* nur ein pailletenbehängtes Gewand angelegt. Nicht einmal dem Minimum einer kybernetischen Naturalisierung des Menschen, der Vertreibung des, wie Gilbert Ryle formuliert hat, „(...) Gespensts, das auf unbegreifliche Art in einer Maschine verschanzt ist"[63], zeigt sich Bolz gewachsen: der Computer, der der Mensch *eigentlich* sein soll, ist allen Ernstes mit einem Bildschirm ausgestattet.[64] Daraus ergeben sich jedoch keine Skrupel oder Zweifel; in seinem eklektizistischen Entwurf wird das menschliche Individuum als Epiphänomen des Gesellschaftlichen aufgefaßt, das Humane als normatives Konzept preisgegeben und dem je individuellen Definitionsbelieben anheim gestellt, „Menschheit" ist für ihn nicht mehr als ein „Phantomkollektiv"[65]. Statt einer wenig einträglichen Kritik der unzulänglichen kybernetischen Metaphernwelt von Norbert Bolz ist an dieser Stelle lediglich der folgende Hinweis zu notieren: Seine – von mir bis auf bessere Belehrung für utopisch gehaltene – Verkündung eines neuen Zeitalters der Information ist elitär, nicht nur weil sie ihrerseits Bildungs- und Ausstattungsvoraussetzungen macht, sondern weil sie diese Voraussetzungen überdies vergessen hat. Wenn er eine massenmedial konstituierte „Weltgesellschaft"[66] für bereits realisiert hält, so ist das als Hinweis darauf zu verstehen, daß er die davon Ausgeschlossenen und Zurückgelassenen zu vergessen bereit ist; für sie gelten seine Ankündigungen nicht.[67]

---

[60] Vgl. Nicht Beethoven und Goethe, sondern MTV und Algorithmen. Adelbert Reif im Gespräch mit Norbert Bolz, in: Universitas 52 (1997), 293-303; N. Bolz, Am Ende der Gutenberg-Galaxis.
[61] Vgl. N. Bolz, Am Ende der Gutenberg-Galaxis, 37.
[62] Ebd., 38.
[63] G. Ryle, Der Begriff des Geistes, 17.
[64] Vgl. N. Bolz, Am Ende der Gutenberg-Galaxis, 39.
[65] N. Bolz, Selbsterlösung, in: Ders./W. van Reijen (Hg.), Heilsversprechen, München 1998, 209-219; hier 219.
[66] N. Bolz, Am Ende der Gutenberg-Galaxis, 112; 202.
[67] Dabei hält sich Bolz im Unterschied zu zahlreichen anderen Kündern einer neuen Informationswelt mit Versprechungen eher zurück. Er legt die Nüchternheit eines Systemtheoretikers an den Tag, und wer sich derart beim Bestehenden beruhigt, für den ist die Rede vom zukünftigen Heil in der Tat vor allem „Elendspropaganda" (N. Bolz, Vorwort, in: Ders./W. van Reijen (Hg.), Heilsversprechen, 7-9; hier 8).

Die Wahrnehmung der Wirklichkeit wird durch die Massenmedien wie durch alle Medien bestimmt, das kann für eine Ontologie nicht ohne Folgen bleiben.[68] Für sie kann allerdings weder die pessimistische noch die optimistische Antizipation einer neuen Informationswelt leitend sein, weil sie einen – zugegeben besonders wirkungsvollen – Teil der Kommunikation für das Ganze der menschlichen (Selbst-)Verständigung ausgeben. Aus sozialethischer Perspektive liegen die Dinge anders, auf den ersten Blick dramatischer: Man mag derlei Utopien für überzogen und widersprüchlich halten oder nicht, ihre Brisanz ist vorderhand nicht von ihrer argumentativen Stärke abhängig, sondern von ihrer Popularität. Nicht zufällig passen sie sich dem Informationsmedium an.

2.5 Zusammenfassende Formulierung der Untersuchungsabsicht

Dem bisher Ausgeführten entsprechend hat die Untersuchung, die zunächst die Aufklärung des Phänomens „Soziobiologie" zum Ziel hat, an der öffentlichen Thematisierung des menschlichen Selbstverständnisses anzusetzen und dort die soziobiologischen Spuren wahrzunehmen.

Das wird nach einer Vorklärung dessen, was in diesem Kontext unter Soziobiologie verstanden werden soll, im ersten Hauptteil unternommen. Dazu wurde ein überschaubares, dennoch aussagekräftiges Segment aus dem Printmedienbereich in Deutschland ausgewählt. Vier Periodika, der *Focus*, *Der Spiegel*, der *Stern* und *Die Zeit*, wurden über einen Zeitraum von fünf Jahren (1995-1999) auf Äußerungen zum menschlichen Selbstverständnis hin durchgesehen und ausgewertet. Für diese Auswahl sprechen folgende Gründe: Erstens handelt es sich bei den genannten Periodika um führende und in den öffentlichen Debatten deutlich präsente Träger; zweitens werden sie ihrem eigenen Anspruch nach und *de facto* vornehmlich von Mediennutzern gelesen, die nicht Zerstreuung suchen, sondern sich als „informierte" Zeitgenossen fundierte Meinungen zu bilden wünschen; schließlich handelt es sich bei ihnen um Informationsknoten, d.h. Nutzer werden von ihren vor allem wirtschaftlichen und politischen Interessen ausgehend auf andere, gleichwohl mit jenen verknüpfbare Themenfelder – etwa die Frage, was der Mensch sei – aufmerksam gemacht und möglicherweise dazu bewegt, sich weiter zu „informieren".

Anschließend wird die aufgenommene Spur weiter zu den Autoren verfolgt, die dem soziobiologischen Naturalismus seine Prägung bzw. ausgearbeitete Gestalt gegeben haben. Das Terrain ist zu unübersichtlich und vielfältig, als daß es hier detailliert beschrieben werden könnte. So habe ich mich auf zwei in der Sozio-

---

[68] Vgl. K. Müller, Möglich, wirklich, virtuell – oder was? Zu einer philosophischen Konsequenz der neuen Medien, in: Bertelsmann Briefe 140 (2/1998), 65-67; ders., Verdoppelte Realität – virtuelle Wahrheit, 59-62.

biologie nahezu allgegenwärtige Autoren beschränkt: Edward Osborne Wilson und Richard Dawkins. Als Endpunkt der Spurensuche wird dann auf Daniel Clement Dennett einzugehen sein. Er hat die Soziobiologie kritisch mit seiner Theorie des Geistes verbunden und ihr dadurch ein philosophisches Profil verschafft, das ihr die „klassischen" Soziobiologen nicht zu geben vermochten – oder gar nicht zu geben beabsichtigten? Insofern bei ihm ferner die für die Moraltheorie interessanten Implikationen benannt werden, bietet er sich als einschlägiger Autor für die anstehenden Überlegungen an. Bei ihm wird auch deutlich, was für die Soziobiologie insgesamt geltend gemacht werden soll: Sie ist ein medienbedürftiges Theorienprogramm.

Im zweiten Hauptteil wird die Unterscheidung zwischen Naturwissenschaft und Naturalismus aufgegriffen und der Versuch unternommen, den theoretischen Status soziobiologischer Äußerungen zu bestimmen. Abschließend wird die Frage zu stellen sein, wie ein sozialethisches Korrektiv unter den erschwerten Debattierbedingungen der Informationsgesellschaft beschaffen sein kann, das dem Phänomen „Soziobiologie" gerecht wird.

Vor allem in der durch seine Hauptrepräsentanten zum Ausdruck kommenden Form wird der biologische Naturalismus an viererlei zu erinnern sein: an die Bedingungen vernünftiger, diskursiver Auseinandersetzungen nicht zuletzt auch in den Naturwissenschaften; an unsere lebensweltlichen Orientierungen als Rahmen- und Konstitutionsbedingungen philosophischer und wissenschaftlicher Theorienbildung;[69] an den Humanitätsgehalt, mit dem die Naturwissenschaften angetreten sind und auf den sie nach wie vor verpflichtet sind;[70] schließlich – und hier wird die anamnetische Kritik zur „memoria passionis: Erinnerung des Leidens"[71] – an das Schicksal der Schwachen, Ausgeschlossenen und Zu-kurz-Kommenden.[72]

---

[69] Vgl. H. Schnädelbach, Philosophie als Wissenschaft und als Aufklärung, in: Ders., Zur Rehabilitierung des *animal rationale*. Vorträge und Abhandlungen 2, Frankfurt/M. 1992, 372-386; hier 384.

[70] Vgl. L. Schäfer, Das Bacon-Projekt, 95 f.

[71] J. B. Metz, Glaube in Geschichte und Gesellschaft. Studien zu einer praktischen Fundamentaltheologie, Mainz ^{5}1992, 112.

[72] Vgl. K. Müller, Computer machen Leute, 153 f. und 155 f.

3. Was ist eigentlich Soziobiologie?

3.1 Wider die vermeintliche politische Unschuld der Biologie

Im folgenden gilt es, gemäß der angezielten Optik zu erläutern, was in kritisch-heuristischer Absicht unter Soziobiologie zu verstehen ist. Nach dem bisher Ausgeführten und dem Verdacht folgend, daß es sich bei diesem Phänomen um mehr und anderes handelt als um eine spezielle Disziplin oder ein besonderes Forschungsprogramm innerhalb der Biologie, muß es als ungenügend angesehen werden, sie lediglich nach Maßgabe einer biologischen Lehrbuchsystematik zu bestimmen. Ein biologieexterner, aber nicht -fremder Begriff von Soziobiologie läßt sich mittels einer biologiehistorischen Herangehensweise vorbereiten, die erkennen läßt, daß die Wissenschaft vom Lebendigen kein reiner Erkenntnisprozeß *more disciplinae* ist, sondern daß sie nicht nur in Ausnahmefällen gesellschaftliche und weltanschauliche Verstrickungen unterhält. Das gilt bereits für die Zeit, bevor die Biologie zur modernen Wissenschaft avancierte, insbesondere aber für die Evolutionsbiologie nach 1859, dem Jahr des Erscheinens von Darwins *Origin of Species*.[1]

3.1.1 Biologie für Jedermann: Die Tendenz zur Popularisierung

Das Anliegen, in breiten Kreisen durch die Verbreitung naturkundlicher Beschreibungen das Interesse für Natur und Tierwelt zu erwecken, wird zumeist mit dem Namen des Zoologen und Zoodirektors Alfred E. Brehm verbunden; er gilt als der Popularisierer der Biologie schlechthin. Bis in die Gegenwart findet sich *Brehms Tierleben* in vielen privaten Bücherschränken, wenn auch in vielen Fällen durch kaum mehr als den Namen mit dem ursprünglichen Verfasser verbunden.[2] Literarisch aufwendig und gekonnt, gern sogenannte „packende“ Aktionen eindrucksvoller Tiere aufgreifend, aber auch die Possierlichkeit der kleineren nicht außer acht lassend, oftmals liebevoll und treffend beobachtet und mit Wertungen nicht

---

[1] Vgl. J. Farley, The Spontaneous Generation Controversy from Descartes to Oparin, Baltimore-London 1974; zur sozialen und politischen Einbettung des Darwinschen Denkens vgl. A. Desmond/J. Moore, Darwin, dt.v. B. Stein, Reinbek 1994.

[2] Vgl. A. E. Brehm, Illustrirtes Thierleben. Eine allgemeine Kunde des Thierreichs, 6 Bde., Hiddenburghausen 1864-1869. – Zwischen 1868 und 1916 wurden fünf zum Teil kolorierte Neuauflagen veranstaltet. Nach Ablauf der 50-jährigen Schutzfrist wurden auch stark veränderte Werke als „Brehms Tierleben“ veröffentlicht, bis hin zu speziellen Jugendangeboten in Sammelheftform (Vgl. Die schönsten Schilderungen aus Brehms Tierleben, Bad Pyrmont 1952 ff.).

sparsam: So treten Brehm und bereits vor ihm Emil A. Roßmäßler in zahlreichen Publikationen auf.[3]

Brehm wäre jedoch mißverstanden, wollte man seine Schriften als bloß erbaulich einschätzen. Er wußte sich als entschiedener Republikaner vor allem dem Interesse der Volksbelehrung und -aufklärung verpflichtet.[4] Bereits 1864 ließ er es sich nicht nehmen, in seinem ausdrücklich Tierbescheibungen gewidmeten Hauptwerk genüßlich kundzutun: „Die Naturwissenschaft kennt keine Rücksichten, wenn es gilt, die Wahrheit, die thatsächliche Wirklichkeit zu verkünden: und sollte sie auch noch so theuren, weil Jahrtausende lang gehegtem Wahn, noch so beglückende Gefühle der Eitelkeit zerstören müssen. Der Mensch ist, leiblich betrachtet und von dem Naturforscher angesehen, wirklich Nichts mehr und Nichts minder, als ein Säugethier."[5] Solches auch unter den Anhängern Darwins weit verbreitetes Freidenkertum mußte in einer sich ihrer christlichen Prägung entledigenden Gesellschaft als eminent politische Option angesehen werden.

Dennoch läßt sich einwenden, die Popularisierung bleibe in Brehms und ähnlichen Fällen der Naturkunde äußerlich. Das Theorienarrangement des Darwinismus selbst kann als vorzügliches Gegenbeispiel für die enge *interne* Verflechtung der Biologie mit ihrer Popularisierung, um die es hier gehen soll, herbeigezogen werden. Von Anfang an ist ein in der Biologiegeschichtsschreibung oftmals eigens hervorgehobener Verbreitungsaufwand getrieben worden, als deren Hauptakteure in England Thomas H. Huxley, in Deutschland Ernst Haeckel genannt werden.[6] Nicht nur innerhalb der Zunft der Biologen selbst, sondern vor allem gegenüber der interessierten Öffentlichkeit gehen – gleichwohl mit jeweils anderen sprachlichen Mitteln – biologischer Erkenntnisfortschritt und dessen Verbreitung Hand in Hand. Auch wenn als Preis popularisierender Vereinfachung erhebliche Unschärfen entstehen und nicht wenige Autoren sich mit nur zweifelhaftem Recht auf Darwin berufen, so ist ohne Verbreitungsanstrengung weder die Rezeption einer Theorie in der *scientific community* noch ein ausreichender gesellschaftlicher Rückhalt zu erwarten.

Die Evolutionsbiologie forderte aus eigener Logik heraus besonderes Engagement, weil sie das vom zeitgenössischen christlichen Menschen- und Gesellschaftsbild geprägte menschliche Selbstverständnis in sensiblen Punkten in Zweifel zog und deshalb *immanent* politisch ist. So ist es kein Zufall, daß die Popularisierung der Evolutionsbiologie ihren eigenen Ursprungsmythos zur Erzählung

---

[3] Vgl. S. Schmitz, Tiervater Brehm. Seine Reisen, sein Leben, sein Werk, München 1984, 102 f. – Bereits vor dem „Thierleben" hat Brehm in der Familienzeitschrift „Die Gartenlaube" Tierbeschreibungen veröffentlicht. 1864 erschien *Die Tiere des Waldes*, ein Gemeinschaftswerk von Brehm und Roßmäßler.

[4] Vgl. S. Schmitz. Tiervater Brehm, 103; 269.

[5] A. E. Brehm, Illustrirtes Thierleben, Bd. 1, IX.

[6] Vgl. P. Shipman, Die Evolution des Rassismus. Gebrauch und Mißbrauch von Wissenschaft, dt. v. S. Vogel, Frankfurt/M. 1995, 95 ff.

vom vorgeblich revolutionären Siegeszug des Darwinismus hervorgebracht hat, namentlich die Diskussion zwischen Huxley und Bischof Samuel Wilberforce auf der Tagung der *British Association for the Advancement of Science* 1860.[7] Entsprechende identitätsstiftende Erinnerungen haben ihren festen Platz nicht nur in der Historiographie der Biologie, sondern in den Überblicksdarstellungen von Evolutionsbiologen selbst.

Im Dienste der Glaubwürdigkeit der Biologie und mit dem Modell einer „reinen Wissenschaft" auf der einen Seite, deren Popularisierung auf der anderen, sehen Biologen sich bisweilen genötigt und imstande, den popularisierenden Teil abzusondern und sich seiner unter der Bezichtigung der Entgleisung oder des Mißbrauchs zu entledigen.[8] Die Biologiegeschichte bestätigt die befürchtete Gefahr für die Glaubwürdigkeit der Biologie und des in ihr obwaltenden wissenschaftlichen Ethos, zugleich mahnt sie jedoch zur Zurückhaltung bezüglich einer vorschnellen Verdammung der Popularisierung unter der wissenschaftstheoretisch zunehmend fragwürdigen Fiktion einer reinen Wissenschaft.[9] Sie kann ferner nicht dahingehend beruhigen, daß diese Gefahr von außen oder von Apostaten ausgeht. Es handelt sich bei der für sich genommen legitimen Tendenz zur Popularisierung[10] um ein Gefahrenpotential, das der Wissenschaft innewohnt und nicht von ihr abzulösen ist, insofern sie ein gesellschaftliches Unterfangen und für ihren eigenen Fortgang von der öffentlichen Meinung abhängig ist. Aber nicht die Popularisierung selbst ist gefährlich, sondern die Verführung, von einer Sach- zu

---

[7] Vgl. ebd., 77 ff. – Hier wird die genannte Auseinandersetzung zur „Entscheidungsschlacht" (ebd., 80) hochstilisert. Franz M. Wuketits sieht eine Parallele zum Galilei-Prozeß und macht die Wilberforce-Diskussion zur Entscheidung um konservative Kirchlichkeit oder Fortschritt, vgl. ders., Charles Darwin. Der stille Revolutionär, München 1987, 72; 74; ders., Evolutionstheorien. Historische Voraussetzungen, Positionen, Kritik, Darmstadt 1988, 33 f.; ähnlich D. C. Dennett, Darwins gefährliches Erbe. Die Evolution und der Sinn des Lebens, dt v. S. Vogel, Hamburg 1997, 82; 466. – Ein Rehabilitationsversuch zugunsten des Oxforder Bischofs liegt vor in: P. Kitcher, The Advancement of Science. Science without Legend, Objectivity without Illusions, New York-Oxford 1993, 180-182. – Daß die Akzeptanz des Darwinismus zur Zuschreibung des Prädikates „rational" nicht notwendig vorausgesetzt werden muß, wird allein hier zur Kenntnis genommen.

[8] Ein Bild der reinen Biologie und einer harmonischen *scientific community* entwirft E. Mayr, Das ist Biologie, 71-74; vgl. auch H. Mohr, Natur und Moral. Ethik in der Biologie, Darmstadt 1987 (Dimensionen der modernen Biologie; 4), 59.

[9] Vgl. W. Detel, Wissenschaft, in: E. Martens/H. Schnädelbach (Hg.), Philosophie. Ein Grundkurs, Bd. 1, Reinbek 1991, 172-216; hier 206. – Aufschlußreich auch K. Bayertz, Wissenschaft als historischer Prozeß. Die antipositivistische Wende in der Wissenschaftstheorie, München 1980, 7-10; 139 ff. – Hier werden die Verwissenschaftlichung der Lebenswelt und eine „Vergesellschaftung der Wissenschaft" (ebd., 8) als zwei Seiten eines Prozesses vorgestellt. Zu einer kulturalistischen Wissenschaftstheorie der Biologie vgl. P. Janich/M. Weingarten, Wissenschaftstheorie der Biologie. Methodische Wissenschaftstheorie und die Begründung der Wissenschaften, München und Paderborn 1999, 21 ff.

[10] Vgl. dazu H. Plessner, Ein Volk der Dichter und Denker? Zu einem Wort der Madame de Staël (Gesammelte Schriften, hg. v. G. Dux u.a., Bd. VI, Frankfurt/M. 1982), 281-291; hier 290; U. Pörksen, Das Demokratisierungsproblem.

einer Publikumsorientierung überzugehen und der Nachfrage nach Sensationen an falscher Stelle nachzugeben.[11]

3.1.2 Biologie geht aufs Ganze: Die Tendenz zur Weltanschauung

An die Hinweise auf die Wirklichkeit und die Notwendigkeit von Popularisierung in der Biologie ist die Erinnerung an deren Möglichkeiten anzuschließen. Denn neben dem zu erwartenden wissenschaftlichen Rezeptions- und gesellschaftlichen Akzeptanzunwillen, der dem Darwinismus *qua* „Kränkung“[12] entgegenschlug und einen Popularisierungsdruck erwirkte, ist auf der anderen Seite der oben bereits genannte gelebte Szientismus wahrzunehmen. Er führte zu einem Popularisierungssog, der der Biologie einen immensen Entfaltungsraum eröffnete, wofür die Karriere Ernst Haeckels als Beispiel dienen mag.

Die im Verlauf des 19. Jahrhunderts rasch voranschreitende Verwissenschaftlichung der Lebenswelt mittels zunehmend industrieller Technik ist nur ein Aspekt der Vorgänge, die die Bezeichnung „Jahrhundert der Wissenschaft“[13] angelegen sein läßt. Das wachsende und sich verselbständigende Vertrauen gesellschaftlicher Akteure in wissenschaftliche Lösungen nicht nur technischer, sondern auch sozialer Fragen markiert ein weiteres Moment. In unternehmerischer Aufbruchstimmung wurden immer weitere Lebensbereiche für so weit erschlossen gehalten, daß man sich bereitfand, die empirischen Wissenschaften für kompetent zu erachten und ihren Auskünften zu folgen.

Den naheliegenden Schritt, kurzerhand *alle* theoretischen und praktischen Bedürfnisse, *alle* weltanschaulichen und philosophischen Fragen zu wissenschaftlichen Obliegenheiten zu erklären, hat u.a. Haeckel unternehmen können. Sein „reiner Monismus”[14] schickte sich an, nunmehr sämtliche „Welträtsel“ zu lösen, und das gleichnamige Werk fand begeisterte Aufnahme: über 500 000 verkaufte Exemplare, Übersetzungen in 25 Sprachen.[15] Haeckels Propagierung der monistischen Weltanschauung und deren Institutionalisierung im 1906 gegründeten „Monistenbund“ ermöglichte ihm nicht nur den Aufstieg zum einflußreichsten Biologen in Deutschland und zu einer der kulturell tonangebenden Figuren, sie

---

[11] Vgl. U. Pörksen, Populäre Sachprosa und naturwissenschaftliche Sprache, in: Ders., Deutsche Naturwissenschaftssprachen, 182-199; hier 185.

[12] Der rhetorische Topos der „Kränkungen“, die dem menschlichen Bewußtsein durch die Wissenschaften zugefügt worden seien, wird in der Soziobiologie gern bemüht. Er wurde von Sigmund Freud übernommen, vgl. S. Freud, Eine Schwierigkeit der Psychoanalyse (Gesammelte Werke, hg. v. A. Freud u.a., Bd. XII, Frankfurt/M. ^{3}1966), 7-11; vgl. S. 146.

[13] H. Schnädelbach, Philosophie in Deutschland, 88.

[14] E. Haeckel, Die Welträtsel (Gemeinverständliche Werke, hg. v. H. Schmidt-Jena, Bd. 3, Leipzig-Berlin 1924), 27.

[15] Vgl. P. Shipman, Die Evolution des Rassismus, 136. – Neben *Die Welträtsel* von 1899 und dem ergänzenden Band *Die Lebenswunder* von 1904 publizierte Haeckel noch eine Reihe weiterer „gemeinverständlicher Studien“, vgl. die sechs von H. Schmidt-Jena herausgegebenen Bände: Ernst Haeckel. Gemeinverständliche Werke.

ließ ihn überdies zum Begründer einer quasi-religiösen Weltanschauung derer werden, die zu Zeiten des NS-Regimes „paradoxerweise 'gottgläubig' genannt und als 'Dritte Konfession' neben den Katholiken und Evangelischen anerkannt"[16] wurden.

Die Neigung zur Weltanschauung ist nicht der Evolutionsbiologie anzulasten, vielmehr ist sie eine von einem szientistisch verfassten Zeitgeist ausgehende Versuchung, der Biologen erliegen können oder auch nicht. Das zeigt das Beispiel Haeckels ebenfalls, näherhin sein weniger der Biologie als eben dem nationalistischen Zeitgeist geschuldeter Rassebegriff. Daß gerade die Biologie einem derartigen Sog ausgesetzt ist, läßt sich damit erklären, daß sie besonders gut zur Selbstbeschreibung des Menschen geeignet scheint.[17]

3.1.3 Zerrissen zwischen Mensch und Tier: Die Tendenz zur Projektion

Auch beim Thema „Vermenschlichung in der Biologie" ist zunächst an Brehm zu denken, dessen Rolle in der Biologiegeschichte unverdienterweise nur selten darüber hinausgeht, eben diesen Vorwurf auf sich zu ziehen. Er schrieb etwa: „Ein kleiner, kugelrunder Bursch (...) arbeitet sich aus dem Laub hervor (...). Das ist (...) mein lieber Gartenfreund, der Igel, ein gemüthlicher, ehrlicher, treuherziger, aber etwas dummer Gesell."[18] Bei der Beschreibung von Affen, die unter darwinistischem Vorzeichen besonders für Projektionen herhalten mußten, verließ Brehm sich auf mitunter phantastische Berichte von Kapitänen und Jägern.[19] Seine Ausführungen haben jedoch vor allem pädagogischen Charakter, so daß sie sich – gängigen Klischees zum Trotz – nur bedingt als aussagekräftige Beispiele für die Art von Projektionen eignen, die im vorliegenden Kontext interessant sind.

Die theoretisch gehaltvollere Geschichte der Projektionen vom Menschen auf das Tierreich ist bereits bei Darwin nachzuweisen mit den oftmals erwogenen Fragen nach Anleihen, die er bei der zeitgenössischen Nationalökonomie genommen hat, ferner nach dem Verhältnis seines Entwurfs zur soziologischen Theorie des Bevölkerungswachstums von Thomas R. Malthus sowie nach der Rolle der Einsichten, die er von Taubenzüchtern bezog und in seinen Theorienkomplex

---

[16] H. Schnädelbach, Philosophie in Deutschland, 124; vgl. zum Monismus als Religionsersatz: D. Sobczyńska/E. Czerwińska, Szientismus in der Praxis. Das Wirken Wilhelm Ostwalds im Deutschen Monistenbund, in: PhJ 105 (1998), 178-194.

[17] Vgl. unten Anm. 28.

[18] A. E. Brehm, Illustrirtes Thierleben, Bd. 2, 648.

[19] Seemannsgarn (ebd., Bd. 1, 26) und Räuberpistolen (ebd., Bd. 1, 17 f.) machen neben sorgfältigen Beobachtungen einen nicht geringen Teil der Ausführungen Brehms aus. Die Übernahme der Berichte von Reisenden oder erfahrenen Leuten galt in der Naturforschung nicht als anstößig, auch Aristoteles und Darwin sind so vorgegangen – freilich zeigt sich Brehm besonders großzügig gegenüber solchen Berichten.

einbrachte.[20] Sie zieht sich durch bis in den Neovitalismus und die Tierpsychologie und ist als zumindest latentes Problem der semantischen Ressourcen ständiger Begleiter der Biologie.

Mehr oder weniger radikale Sozialingenieure wie Sozialdarwinisten, Rassentheoretiker und Eugeniker waren dagegen konstant mit dem Vorwurf der reduktionistischen Projektion in entgegengesetzter Richtung, vom Tier und der organischen Evolution auf den Menschen, konfrontiert.

Die ganze mißliche Lage der Evolutionsbiologie besteht jedoch in dem Zusammenspiel der Abbildungen vom Menschen auf das Tier und zurück. Friedrich Engels formulierte den Einwand bereits 1875 in seiner Notiz *Struggle for life*: „Die ganze Darwinsche Lehre vom Kampf ums Dasein ist einfach die Übertragung der Hobbesschen Lehre vom bellum omnium contra omnes und der bürgerlichen ökonomischen von der Konkurrenz, sowie der Malthusschen Bevölkerungstheorie aus der Gesellschaft in die belebte Natur. Nachdem man dieses Kunststück fertiggebracht (...), ist es sehr leicht, diese Lehren aus der Naturgeschichte wieder in die Geschichte der Gesellschaft zurückzuübertragen, und eine gar zu starke Naivität, zu behaupten, man habe damit diese Behauptung als ewige Naturgesetze der Gesellschaft nachgewiesen."[21]

An dieser Stelle ist es verfrüht, nach der Unhintergehbarkeit anthropomorpher Rede zu fragen, um daraus Einsichten in die Logik der Biologie zu gewinnen.[22] Statt dessen soll darauf hingewiesen werden, daß das Ansinnen, auch Aussagen über den Menschen zu treffen – und damit in die Projektionsproblematik einzutreten –, aus dem Konzept der Evolutionsbiologie selbst hervorgetrieben wurde und sie von Anfang an begleitete.

So schreibt Darwin am Ende der *Origins* mit Blick auf Herbert Spencer: „Licht wird auf den Ursprung der Menschheit und ihre Geschichte fallen."[23] 1871 ringt er sich dann – nachdem Huxley, Haeckel und Spencer bereits öffentlichkeitswirksam den Bogen hinüber zur Anthropologie und zu den Sozialwissenschaften gespannt hatten – zu weniger nebulösen evolutionsbiologischen Aussagen über den

---

[20] Vgl. dazu E. Mayr, Und Darwin hat doch recht, 103; 116. – Daß die bloße Abhängigkeit der Theorien Darwins von Malthus im Entdeckungszusammenhang, die Mayr verneint (vgl. ebd., 116), nicht das Entscheidende in dieser Sache ist, zeigen die wissenschaftstheoretischen Überlegungen in P. Janich/M. Weingarten, Wissenschaftstheorie der Biologie, 224 ff.; vgl. insbesondere zum Verhältnis Darwins zur ökonomischen Theorie der Arbeitsteilung: A. Desmond/J. Moore, Darwin, 475 f.; A. Wittkau-Horgby, Materialismus. Entstehung und Wirkung in den Wissenschaften des 19. Jahrhunderts, Göttingen 1998, 130 f.

[21] F. Engels, Notiz „Struggle for life", in: MEW 20, 564-566; hier 565. – Das gleiche Argument richtete Erich Fromm gegen Konrad Lorenz' *Das sogenannte Böse*, vgl. E. Fromm, Ananomie der menschlichen Destruktivität, Reinbek 1977, 38.

[22] Vgl. G. Keil, Kritik des Naturalismus, 107 ff.

[23] C. Darwin, Über die Entstehung der Arten durch natürliche Zuchtwahl oder die Erhaltung der begünstigten Rassen im Kampfe um's Dasein, dt. v. V. Carus, Stuttgart ^{8}1899, 564.

Menschen durch.[24] Die Theorie der Artenentstehung legte die Übertragung auf den Menschen unabweislich nahe, und das Interesse nicht weniger ihrer Vertreter war ebenso vornehmlich hierauf gerichtet wie das des interessierten Publikums. Die grundsätzliche, sich aus der Zugehörigkeit des Menschen zum Reich des Lebendigen ergebende Berechtigung zu diesem Übergang wurde bald kaum mehr ernsthaft bestritten, dennoch blieb die Biologie unter dem Titel „Sonderstellung des Menschen" dauernd und unter der ständigen Bedrohung des Abgleitens in den Naturalismus sowie ohne abschließende biologische Ergebnisse mit den Details befaßt.[25]

3.1.4 Verlust der politischen Unschuld: Die Tendenz zur politischen Biologie

Wenn nicht wenige der führenden Biologen von Thomas H. Huxley und Rudolf Virchow bis zu Jens Reich sich politisch für die Humanisierung des menschlichen Zusammenlebens engagieren, so ist das durchweg zu begrüßen. Dabei bringen sie ihren zunehmend unverzichtbaren Sachverstand und ihre spezifische Sensibilität glaubhaft in öffentliche Debatten ein, mitunter sogar unter Inkaufnahme von persönlichen Nachteilen.[26]

Die Frage, welche Rolle der biologische Sachverstand bei derlei Engagement spielt, kann zu Einsichten in den politischen Charakter der Biologie selbst führen. Es läßt sich zunächst erhellend unterscheiden zwischen der Autorität eines Wissenschaftlers, der sich inspiriert, aber unabhängig vom eigenen Fach oder gar *gegen* einen vorwitzigen Rückgriff auf dieses äußert, einerseits[27] und der direkten politischen Inanspruchnahme wissenschaftlicher Autorität andererseits.

Die politische Relevanz biologischer Erkenntnisse, sogar die Schaffung politischer Probleme durch ihre Forschung ist unbestritten, die Ökologiedebatte und die Gentechnik mögen das als aktuelle Beispiele illustrieren. Mit der Tendenz zur politischen Biologie soll jedoch vor allem ein anderer Sachverhalt angesprochen werden: die Existenz eines den Prinzipien eines biologischen Weltbildes folgen-

---

[24] Vgl. C. Darwin, Die Abstammung des Menschen und die geschlechtliche Zuchtwahl, dt. v. V. Carus, Stuttgart [5]1899. – Zu Darwins zögerlicher Haltung in dieser Frage vgl. P. Shipman, Die Evolution des Rassismus, 28-30. – Für Haeckel hingegen waren bereits 1868 die Abstammung des Menschen und die Rassenunterschiede wissenschaftlich ausgemachte Tatsachen, vgl. ders., Natürliche Schöpfungsgeschichte. Zweiter Teil (Gemeinverständliche Werke Bd. 2), Vorträge 27 und 28. Vgl. C. Darwin, Die Abstammung des Menschen und die geschlechtliche Zuchtwahl, 3.

[25] Vgl. die Darstellung der zentralen Kontroversen der Ethologie in F. M. Wuketits, Die Entdeckung des Verhaltens. Eine Geschichte der Verhaltensforschung, Darmstadt 1995, 86; 94 ff. – Der Naturalismus gibt sich dadurch zu erkennen, daß er die Sonderstellung einfachhin und restlos leugnet, vgl. etwa E. Voland, Grundriß der Soziobiologie, Stuttgart-Jena 1993, VI.

[26] Vgl. J. Reich, Menschenzüchtung? Gegenwart und Zukunft der Anthropotechnik, in: Blätter für deutsche und internationale Politik 44 (1999), 1353-1364; zu Virchow vgl. H. Schipperges, Rudolf Virchow, Reinbek 1994, 11 ff.

[27] Die von Ashley Montagu verfaßte Verlautbarung der UNESCO über die Rassen der Menschen kann als einschlägiges Beispiel dienen, vgl. P. Shipman, Die Evolution des Rassismus, 215 ff.

den politischen Gestaltungswillens, der wissenschaftliche Autorität unmittelbar in politische umzumünzen sucht. Vornehmliches Anliegen solcher Positionen war es zumeist, nationale bzw. gesellschaftliche Differenzierungen zu bestätigen und zu betonen sowie deren politischen Niederschlag zu legitimieren. Geschlechtsspezifische Rollenunterschiede, Unterschiede im Blick auf Moral und Intelligenz werden fortgesetzt thematisiert, Chancengleichheit bis hin zur Gleichheit vor dem Gesetz wird auf „natürlich“ genannte Grundlagen hin problematisiert.

Der Rassebegriff, wie er vom berüchtigten Grafen de Gobineau und Houston S. Chamberlain, von Ernst Haeckel, Alfred Rosenberg und anderen erdacht wurde, ist nichts anderes als ein politisch-biologisches Amalgam, das sich in Verbindung mit ausgewählten Brocken aus den Evolutionstheorien für Nationalismus und aggressiven Chauvinismus bestens verwenden ließ.[28] Der gleiche evolutionsbiologische Bodensatz wurde unter anderen von Herbert Spencer und Francis Galton vorschnell mit Versatzstücken umstrittener Vererbungslehren zu Theorien gesellschaftlicher Entwicklung mit erheblicher politischer Wirkung verbunden.[29] Sie antworteten bedürfnisgerecht auf Irritationen, die auf die Entdeckung ungeahnter kultureller Vielfalt hin entstanden, und auf die Furcht der Begüterten vor Wohlstandseinbußen angesichts fortschreitender Pauperisierung und wachsender gesellschaftlicher Spannungen.

Man kann nun einwenden, daß derlei Großtheorien über Gesellschaft, Geschichte und Kultur keine Sache der Biologie und deren Vertreter zumeist keine Biologen seien. In der Tat lassen sich in der Frage, inwieweit jeweils die Biologie für politische Zwecke instrumentalisiert wurde oder ihrerseits Politik machte, selbst bei Einzelfallbetrachtung unübersehbare Schwierigkeiten nicht leugnen und Beurteilungsspielräume nicht gänzlich ausräumen. Die Auffassung, der zufolge die Biologie politisch nicht unschuldig sei, bezieht sich jedoch gerade auf ihre Verwendbarkeit, die auch in diesem Einwand zutage liegt. Es ist dabei unerheblich, ob Biologen selbst es sind, die als Agenten einer Polit-Biologie antreten.

Die unerquickliche Situation der Biologie, die im Blick auf Aussagen über den Menschen konstatiert wurde, wiederholt sich auf der Ebene des menschlichen Zusammenlebens: Hier, wo das Interesse – mithin auch der Argwohn – der Öffentlichkeit besonders groß ist und wo es deshalb besonders reizvoll erscheint, etwas Wissenschaftliches zu äußern, eben hier ist die Sachmaterie besonders

---

[28] 1825 wurde von Augustin Thierry die Verbindung von biologischem Rassebegriff und Germanenbegeisterung in die Vorstellungswelt der Historiker und Geschichtsphilosophen eingebracht (vgl. E. J. Young, Gobineau und der Rassismus. Eine Kritik der anthropologischen Geschichtstheorie, Meisenheim 1968, 39). Weitere Wegmarken des biologistischen Nationalismus sind Joseph Arthur Graf de Gobineaus *Essai sur l'inégalité des races humaines* (1854), Ernst Haeckels *Natürliche Schöpfungsgeschichte* (1868; vgl. ebd., 396; 406), weiter: H. S. Chamberlain, Politische Ideale, München 1915; A. Rosenberg, Der Mythus des 20. Jahrhunderts. Eine Wertung der seelisch-geistigen Gestaltungskämpfe unserer Zeit, München 1930.

[29] Vgl. zu diesem Komplex P. Shipman, Die Evolution des Rassismus, 141 ff.; S. J. Gould, Der falsch vermessene Mensch.

kompliziert und sind die Forschungsmöglichkeiten spezifisch begrenzt. Und just hier sind auch, wie Philip Kitcher anmerkt, die sozialen Folgen schwerwiegend: „(...) [I]f we are wrong about the basis of human social behavior, if we abandon the goal of a fair distribution of the benefits and burdens of society because we accept faulty hypotheses about ourselves and our evolutionary history, then the consequences of a scientific mistake may be grave indeed.“[30]

Die soeben skizzierte biologiehistorische Erinnerung verdeutlicht die – im Vergleich zu anderen Naturwissenschaften deutlich hervortretende – prekäre Lage, in der sich die (Human-)Biologie befindet. Sie markiert darüber hinaus das Biologie-Biologismus-Übergangsfeld, auf dem unbedachte Vertreter oder wissenschaftliche Hasardeure ausgemacht, wo Szientismus und *scientia* voneinander geschieden werden können.

3.2 Eine vorläufige Charakterisierung der Soziobiologie

Die Charakterisierung des Terminus „Soziobiologie“, die nun vorgeschlagen wird, macht zum einen die Beobachtungen zur Verwissenschaftlichung der Lebenswelt und die Wahrnehmung der Erscheinungen am Rande der Biologie fruchtbar, zum anderen verschafft sie einem spezifisch sozialethischen Interesse Ausdruck. Die entscheidende Einsicht, die dieser Bestimmung zugrunde gelegt ist, findet sich bei Philip Kitcher, einem der renommierten Kritiker der Soziobiologie, bereits formuliert.

3.2.1 Die Soziobiologie als politisch-moralisches Propagandaprogramm

In der soziobiologischen Literatur besteht an Definitionen der Soziobiologie kein Mangel, sie variieren zumeist die lapidare Auskunft, die Wilson an den Anfang seines Gründungsdokumentes *Sociobiology. The New Synthesis* stellt: „Sociobiology is defined as the systematic study of the biological basis of all social behavior.“[31] Philip Kitcher hat gezeigt, daß diese Definition ungenügend ist und einer Modifikation bedarf, die sich an dem orientiert, was die Hauptvertreter der betreffenden Bewegung – Kitcher nennt neben Wilson Richard Dawkins, Robert Trivers, Richard Alexander, Michael Ruse, Pierre van den Berghe und David Barash – tatsächlich tun. Sein Verfahren sowie die Einschränkungen und Klärun-

---

[30] P. Kitcher, Vaulting Ambition. Sociobiology and the Quest for Human Nature, Cambridge/Mass.-London 1985, 9.

[31] E. O. Wilson, Sociobiology. The New Synthesis, Cambridge/Mass.-London 1975, 4; vgl. ders., Biologie als Schicksal. Die soziobiologischen Grundlagen des menschlichen Verhaltens, dt. v. F. Griese, Frankfurt/M.-Berlin-Wien 1980, 21 f.; weitere Definitionsversuche F. M. Wuketits, Soziobiologie. Die Macht der Gene und die Evolution sozialen Verhaltens, Heidelberg-Berlin-Oxford 1997, 9ff., bes. 21; E. Voland, Grundriß der Soziobiologie, 1.

gen, die in der Herausstellung dessen gipfeln, was er dann „Pop sociobiology“[32] nennt, können hier übernommen werden, wenngleich als Konsequenz der oben eingespurten hermeneutischen Vorgaben und heuristischen Absicht erneut Akzentverschiebungen anstehen.

Das soziobiologische Programm, um das es hier geht, ist nicht so sehr am tierischen, sondern letztlich am menschlichen Sozialverhalten nebst dessen sozialen Institutionalisierungen interessiert. Ihre Vertreter geben sich ferner – auch das unterscheidet sie von anderen Soziobiologen – exklusiv auf die Darwins Evolutionsbiologie verpflichtet, „insisting that those who are not for them are against Darwin“[33]. Damit sind viele Arbeiten der Soziobiologie, verstanden als „Feld“[34] innerhalb der Biologie, aus dem hier zu bestimmenden Programm ausgeschlossen. Man könnte deshalb terminologisch zwischen „Soziobiologie“ und einem „soziobiologischen Programm“ unterscheiden. Weil es jedoch in den vorliegenden Überlegungen ausschließlich um das Programm geht und ferner der Ausdruck „Soziobiologie“ in Philosophie und Theologie herkömmlich zur Bezeichnung eben dieses Programmes dient, wird diese terminologische Unterscheidung nachfolgend unterlassen.

Weder kann die Soziobiologie als eine Theorie noch als eine „Synthese“ gefaßt werden, denn das theoretische Werkzeug, mit dem ihre Protagonisten gegen die Phänomene menschlichen Tuns anrücken und schließlich die Natur des Menschen enthüllen wollen, ist in sich uneinheitlich und enthält keine Elemente, welche die allgemeine Evolutionsbiologie an Verfeinerungen der Populationsgenetik nicht schon kennen würde. Das gilt für William D. Hamiltons *kin selection*-Konzept, ebenso für die Rezeption der Spieltheorie durch John Maynard Smith und mathematische Optimierungsmodelle, die Wilson selbst als Entomologe in die Zoologie eingebracht hat.[35]

Als Proprium der Soziobiologie etwa gegenüber der Tierpsychologie und der Verhaltensforschung ist ihr Vorhaben hervorzuheben, mit bewährten Mitteln der *Populationsgenetik* einen aus verschiedenen Gründen besonders sperrigen Gegenstandsbereich zu erschließen, eben das menschliche Tun. Als vordringliches und, was die Moraltheorie betrifft, für viele Soziobiologen offenbar einziges Problem steht die Erklärung altruistischer Verhaltensweisen an, die dem Evolutionsprinzip vorderhand widerstreben. Zusammenfassend kann als erstes Merkmal notiert werden:

---

[32] P. Kitcher, Vaulting Ambition, 14.

[33] Ebd., 118. – Entscheidend bei dieser spezifischen Berufung auf Darwin ist, daß sie nicht lediglich zur Selbsteinordnung vorgenommen wird, sondern als Argument widerlegende Kraft zugesprochen bekommt.

[34] Vgl. ebd., 113: „Fields of science (...) are constituted by families of questions.“

[35] Vgl. E. O. Wilson, Einführung in die Populationsbiologie, Berlin 1973.

(1) Soziobiologie ist eine Strömung innerhalb der Biologie, in der mit Mitteln der evolutionären Populationsgenetik das menschliche Tun erklärt werden soll.

Gemessen an ihren äußerst optimistischen Ankündigungen sind die tatsächlichen Erfolge der Soziobiologie bislang eher bescheiden ausgefallen und zudem umstritten. Kitcher betont weniger den darin enthaltenen antizipativen Aspekt, der jedoch an dieser Stelle nachgetragen werden soll, zusammen mit dem Hinweis, daß die Soziobiologie damit den dringenden Verdacht aufkommen läßt, dem eliminativen Materialismus nahezustehen.[36] Die Ankündigungen der Soziobiologen veranlassen ihn vielmehr zu der aufschlußreichen Feststellung, daß ihr Streben vornehmlich auf öffentliche Aufmerksamkeit zielt, daß sie eben Pop-Soziobiologen sind. Schließlich, und im engen Zusammenhang damit stehend, hebt Kitcher den politischen Charakter der Soziobiologie nebst der sich daraus für sie ergebenden Erschwernis in Form besonders hoher Evidenzanforderungen hervor.

Die Popularisierung der Naturwissenschaften ist ein begrüßenswertes Geschäft und keineswegs unzulässig oder *per se* mit dem Ethos der Wissenschaft unvereinbar. Im Blick auf die Soziobiologie, wie sie unter dem hier vorgelegten Zugriff verstanden wird, sind jedoch zwei gar nicht harmlose Verschärfungen zu notieren: Ihre Popularisierung bedient die Bedürfnisse des Publikums und richtet sich nicht nach dem Fortgang der Wissenschaft. Deshalb ist der Anteil der Schriften mit popularisierenden Ambitionen in der Soziobiologie außerordentlich hoch und kann man die Soziobiologie als ganze als einen popularisierenden Arm der Evolutionsbiologie ansehen. Zweitens ist zu beobachten, daß die Form der Verbreitung den oben beschriebenen Vorgaben der Massenmedien angepaßt ist. Unter dem Diktat der Aufmerksamkeitsknappheit kommt es neben den genannten Ankündigungen zur verstärkten Erzeugung von Dramatik, Betroffenheit und Selbststilisierung des Soziobiologen, während die Treue zum wissenschaftlichen Substrat, wie auch das Substrat selbst, in den Hintergrund tritt. Statt von Popularisierung ist daher treffender von Sensationalisierung zu sprechen. Als zweites Merkmal ist festzuhalten:

---

[36] Eliminativen Positionen zufolge existieren die Entitäten, von denen die Alltagspsychologie spricht, deshalb nicht, weil diese – aus vorgeblich wissenschaftlicher Sicht – keine befriedigende empirische Theorie ist. Der eliminiative Materialismus kann als die auf die Einsicht in die Schwierigkeiten des Reduktionismus einsetzende Flucht des Naturalismus nach vorn angesehen werden. Der Versprechenscharakter bezieht sich nicht mehr auf zukünftige erfolgreiche Reduktionen, sondern auf die erfolgreiche Ersetzung des alltagspsychologischen Idioms als ganzem durch eine kognistionswissenschaftliche Theorie. – Zur Auseinandersetzung mit solchen Positionen vgl. G. Keil, Kritik des Naturalismus, 68-82; J. R. Searle, Die Wiederentdeckung des Geistes, dt. v. H. P. Gavagai, Frankfurt/M. 1996, 62-65; G. Brüntrup, Das Leib-Seele-Problem. Eine Einführung, Stuttgart-Berlin-Köln 1996, 120-130. – Als gegenwärtig prominenter Vertreter kann Paul M. Churchland angesehen werden, vgl. ders., Die Seelenmaschine. Eine philosophische Reise ins Gehirn, dt.v. M. Numberger, Heidelberg-Berlin-Oxford 1997.

(2) Die Soziobiologie ist ein auf Öffentlichkeit und Sensation ausgerichtetes Programm.

Ihre Ausrichtung an den Publikumswünschen bringt die Soziobiologie in eine zusätzliche Abhängigkeit neben den Erfordernissen der Wissenschaftlichkeit. Die Wahrnehmung, daß ihre bevorzugten Inhalte bzw. Ankündigungen eine externe Bindung aufweisen, macht die Erforschung ihrer gesellschaftlichen Auftritts- und Konjunkturbedingungen ebenso zur Aufgabe einer ethischen Kritik der Soziobiologie, wie ihre – immer auch politisch auszudeutenden – moraltheoretischen Inhalte selbst. Die deutliche Markierung der Soziobiologie als publikumsbezogen kann ferner ein Licht auf die merkwürdige, fast durchgängige Argumentationsunlust der Soziobiologen werfen, die weder einem auffälligen Mißverhältnis von Behauptung und Begründung in ihren Schriften abzuhelfen, noch auf die Debatten um ihre Sache zu reagieren geneigt scheinen.[37]

Kitcher hat herausgearbeitet, daß die Soziobiologie keine spezifischen, von der allgemeinen Evolutionsbiologie abweichenden Theoriebildungen entwickelt hat. Zudem machte er bereits deutlich, daß der empirische Aufweis, der die Anwendung soziobiologischer Konzepte rechtfertigen könnte, ausbleibt und mit den derzeit zur Verfügung stehenden theoretischen Mitteln überdies aussichtslos erscheint.[38] Weil aufgrund dieser Lücke eine Erklärung menschlichen Tuns nicht zu erwarten steht, ist die Soziobiologie daher bis auf bessere Belehrung treffend als der Versuch einer Beschreibung des Menschen in einer von der Biologie übernommenen und, gemessen am lebensweltlichen Sprachempfinden, kontraintuitiven Diktion zu erfassen.[39] Das dritte Merkmal zur Bestimmung der Soziobiologie lautet:

---

[37] Vgl. M. Funken, Die wertlose Natur. Eine Bilanz der Diskussion um die 'Evolutionäre Ethik', in: PhN 33 (1996), 119-141; T. Mohrs, Einleitung: Evolutionäre Ethik zwischen Naturalismus und Idealismus – ein fruchtbarer Streit?, in: W. Lütterfelds (Hg. unter Mitarbeit von T. Mohrs), Evolutionäre Ethik zwischen Naturalismus und Idealismus. Beiträge zu einer modernen Theorie der Moral, Darmstadt 1993, 1-17. – Die Vertreter der Soziobiologie treten fortgesetzt mit lehrbuchartigen (Wuketits, Dawkins, Wilson) oder programmatisch-thesenhaften (Vollmer) Texten hervor. Auseinandersetzungen mit Einwänden sind herkömmlich nicht zu finden. Zu möglichen Gründen vgl. S. 176 ff.

[38] Vgl. P. Kitcher, Vaulting Ambition, 119 ff. – Kitcher zieht ebenfalls in Betracht, daß die Soziobiologie sich als nur vermeintlicher Teil der Evolutionsbiologie herausstellen könnte: „Narrow sociobiology is a legitimate part of evolutionary theory only if the explanations that its proponents offer are as well supported by the evidence as those in evolutionary theory generally." (ebd., 121)

[39] Im Kern geht es darum, moralische Verhaltensweisen als Formen von Egoismus zu beschreiben. Der Versuch, lebensweltliche bzw. alltagspsychologische Redeweisen durch „wissenschaftliche" zu ersetzen, weist die Soziobiologie erneut als eliminative Position aus. Die Erklärungsmuster, die sie aus der gleichen Quelle übernimmt, sind dem hier ausdrücklich vorgeschlagenen Verständnis der Soziobiologie zufolge zweitrangig. Das scheinbar paradoxe Herausnehmen der Soziobiologie aus der Biologie mag als Anmaßung eines Urteils erscheinen, das sich einer biologischen Sachkenntnis entschlagen will. Es ist jedoch sachlich durch die Notwendigkeit einer Aufklärungsperspektive gerechtfertigt, die einem biologischen Diskurs um die Soziobiologie nicht das letzte Wort läßt.

(3) Soziobiologie ist ein semantisches Strategieprogramm.

Die Soziobiologie verbindet ihre Diktion mit einem Erklärungsanspruch zugunsten der Biologie, der sich auf den Menschen und sein Zusammenleben, letztlich auf „die menschliche Natur"[40] erstreckt. Verschärfend zu diesem im Ansatz angelegten naturalistischen Deutungsmonopol kommt hinzu, daß die Soziobiologie in den oben beschriebenen Bereich wissenschaftlicher Randerscheinungen hinein gehört und viel stärker als die Biologie selbst den dort konstatierten Gefahren des Abgleitens in Naturalismus und Weltanschauung ausgesetzt ist. Damit ist als vierter Punkt zu notieren:

(4) Die Soziobiologie ist ein im Ansatz naturalistisches Programm.

Schließlich wird ein sozialethischer Verständniszugang die praktische Seite der Soziobiologie, auf die Kitcher ebenfalls hingewiesen hat, aufmerksam zur Kenntnis nehmen. Dabei soll nicht nur gewürdigt werden, daß die Soziobiologen sich des Altruismus annehmen und sich – was jedoch zu prüfen bleibt – dem Humanen verpflichten. Eine naturalistische Anthropologie zieht darüber hinaus unweigerlich moraltheoretische Konsequenzen nach sich, d.h. in den Aufmerksamkeit heischenden Fragmenten, in denen sich die Soziobiologie feilbietet, wird eine moraltheoretische Universalsynthese transportiert, die es aufzuspüren gilt. Die hitzigen politischen Debatten um die Soziobiologie sind daher nicht überraschend, sondern haben einen sachlichen Hintergrund, und man kann sagen, daß die Soziobiologie politisch *ist*. Unschuldsbeteuerungen oder gar Schuldzuweisungen an die wache *Sociobiology Study Group of Science for the People* sind daher als verschleiernd zurückzuweisen, unbeschadet der kritikwürdigen Form und Strategie des Einspruches der *Study Group*.[41] Abschließend ist daher festzuhalten:

(5) Soziobiologie ist eine Theorie der Moral.

3.2.2 Die Einheit des soziobiologischen Programms

Nach der für notwendig erachteten Betonung von Sensationalisierung und Naturalismus ist der Ausdruck „Soziobiologie" unversehens zum Kampfbegriff geworden – *wieder* zum Kampfbegriff geworden, denn wegen der unvorteilhaften Konnotationen, die der Ausdruck nach den Auseinandersetzungen um Wilsons Programm davontrug, sind einige Vertreter ohnehin zurückhaltend gegenüber einer

---

[40] Vgl. den viel versprechenden Originaltitel von Wilsons *Biologie als Schicksal*: „On Human Nature"; ferner E. O. Wilson, Die Einheit des Wissens, dt. v. Y. Badal, Berlin 1998, 221.

[41] Vgl. A. L. Caplan (Hg.), The Sociobiology Debate. Readings on Ethical and Scientific Issues, New York 1978; zur Sicht Wilsons in dieser Sache vgl. ders., Naturalist, London u.a. 1996, 337 ff.

(Selbst-)Bezeichnung als Soziobiologe geworden.[42] Vor allem im deutschen Sprachraum wird ihre Rezeption gern schamhaft unter dem weitläufigen, wegen Unschärfen aber auch umstrittenen Titel einer „evolutionären Ethik" verborgen, verstanden als das Unternehmen „einer evolutionären Betrachtungsweise der Moral"[43]. Mit Kurt Bayertz verstehe ich die Soziobiologie als aktuelle Auftrittsform einer evolutionären Ethik, d.h. ein evolutionärer Ethiker kann, muß aber nicht zugleich auch Soziobiologe sein. Als Unterscheidungskriterien bieten sich neben dem gemeinsamen Auftritt Methode und Forschungsinteressen an – der Rückgriff auf Gen-Konzepte à la Wilson oder Dawkins ist ein untrügliches Zeichen, die Befassung mit biologischer Anthropologie für sich genommen hingegen nicht.

Soziobiologie wird hier als Programm zu erfassen versucht, das durch die genannten Merkmale bestimmt ist und von seinen Vertretern in unterschiedlicher Schärfe vorgetragen werden kann. Das bestätigt teilweise die Sichtweise einiger ihrer Matadore, es handle sich bei der Soziobiologie um eine einheitliche Doktrin, die nach Maß der Fähigkeit zur Konsistenzerzeugung und des intellektuellen Mutes von manchen Nachfolgern entschiedener, von anderen zögerlicher umgesetzt werde.[44] Die Bereitschaft zur Nachfolge wird m.E. jedoch eher durch Skrupel und Vorsichtserwägungen in theoretischer wie praktischer Hinsicht begrenzt. Die Einheit der Soziobiologie verdankt sich dem zufolge vornehmlich dem biologischen Feld und dem gemeinsamen Auftritt, weniger einem benennbaren theoretischen Kern.

3.3 Von skrupulösen und vorwitzigen Soziobiologen

Eine interne Differenzierung nach moraltheoretischen Konzepten kann zum einen die unterschiedliche Nachfolgebereitschaft der Soziobiologen gegenüber ihrem Programm offenlegen, zum anderen dient sie der Ermittlung der entscheidenden Grundoption im soziobiologischen Rahmen sowie einer etwaigen Drift, der diese unterliegen könnten. Gemäß der ethischen Untersuchungsabsicht werden nachfolgend einschlägige soziobiologische Äußerungen nach dem in ihnen jeweils ange-

---

[42] Vgl. R. D. Alexander, The Biology of moral systems, New York 1987, 4-6; R. A. Hinde, Ethology. Its Nature and Relations with other Sciences, New York-Oxford 1982, 151-153.

[43] K. Bayertz, Evolution und Ethik. Größe und Grenzen eines philosophischen Forschungsprogramms, in: Ders. (Hg.), Evolution und Ethik, Stuttgart 1993, 7-36; hier 10. – Umstritten ist dieser Term, weil der Verdacht auf „Etikettenschwindel" besteht, vgl. W. Loh, Evolutionäre Ethik, in: A. Pieper (Hg.), Geschichte der neueren Ethik, Bd. 2: Gegenwart, Tübingen-Basel 1992, 260-280; hier 260 f.

[44] Vgl. P. Kitcher, Vaulting Ambition, 16; M. Ruse, Sociobiology. Sense or Nonsense?, Dordrecht 1979, 147.

nommenen Verhältnis von biologischer Anthropologie und Ethik typologisch angeordnet.[45]

3.3.1 Soziobiologie als empirische Sittenlehre

Diese Position, als deren Vorläufer Thomas H. Huxley angesehen werden kann,[46] bescheidet sich damit, Wirklichkeit und Entstehung moralischen Verhaltens, das in ethischen Systemen reflektiert wird, nach Maßgabe der Evolutionstheorie zu rekonstruieren. Damit geht zwar der ausdrückliche Anspruch einher, die Rahmenbedingungen menschlicher Moralität zu klären, ansonsten wird jedoch dem Menschen, dem die Evolution die Fähigkeit zu lernen angedeihen ließ, die Möglichkeit eingeräumt, sich im Namen der Moral gegen die Evolution aufzulehnen. Damit bleiben zwei Prinzipien zur Beschreibung des Menschen in Kraft, eine vollständige Reduktion wird nicht in Aussicht genommen.

So führt Hans Mohr seine Leser zunächst ins Pleistozän, wo vor 30 000 oder mehr Jahren der Mensch sich „physisch herausgebildet"[47] habe. Die Menschen findet er in konkurrierenden Kleingruppen lebend vor, deren Verhaltensnotwendigkeiten – Altruismus im Nahbereich und Feindschaft nach außen – zum genetischen Erbe geronnen seien. Das globale Zusammenleben des heutigen Menschen erscheint ihm *dadurch* beeinträchtigt, und er sieht ihn genötigt, unter Anstrengung seiner praktischen Vernunft „die moralischen Defizite unserer *biologischen* Natur zu kompensieren"[48]. In einem zweiten Schritt kommt Mohr auf „[d]ie Lebenslüge des modernen Menschen"[49] zu sprechen, die darin bestehe, daß er der Wissenschaft nicht vertraue. „Wenn wir uns auf ein *Ziel* (...), z.B. auf die Wohlfahrt möglichst vieler Menschen oder auf die Vermeidung unseres Unterganges geeinigt haben, kann wissenschaftliche Erkenntnis die *instrumentalen* Werte aufzeigen, die man befolgen muß, um den anvisierten terminalen Wert zu erreichen. (...) Die instrumentalen Werte liegen logisch und sachlich fest, sobald wir uns auf die

---

45 Vergleichbare Typologien finden sich in: B. Gräfrath, Evolutionäre Ethik? Philosophische Programme, Probleme und Perspektiven der Soziobiologie, Berlin-New York 1997 (Philosophie und Wissenschaft. Transdisziplinäre Studien; 14), 77 ff.; K. Bayertz, Evolution und Ethik, 24 ff.; P. Kitcher, Vier Arten, die Ethik zu 'biologisieren', in: K. Bayertz (Hg.), Evolution und Ethik, 221-242; hier 222 f.; F. M. Wuketits, Verdammt zur Unmoral? Zur Naturgeschichte von Gut und Böse, München 1993, 212; C. Junker, Zur immer tieferen Erschließung des Menschenmöglichen, 98 f. – Sie erscheinen ergänzungsbedürftig, weil sie dem unten S. 58 f. beschriebenen Projekttyp nicht gerecht werden. Das kann als Hinweis auf eine weitere „Drehung der Naturalisierungsschraube" gewertet werden.

46 Vgl. T. H. Huxley, Evolution und Ethik, dt. v. A. Tille, in: K. Bayertz (Hg.), Evolution und Ethik, 67-74.

47 H. Mohr, Natur und Moral, 79.

48 Ebd., 87.

49 H. Mohr, Biologische Wurzeln der Ethik?, Heidelberg 1983 (Juristische Studiengesellschaft Karlsruhe; 157), 25; vgl. ders., Natur und Moral, Kap. 9.

terminalen Werte geeinigt haben."[50] Dieser Glaube an die reine Wissenschaft ist, wie inzwischen hinreichend deutlich ist, naiv und zugleich gefährlich. Einem Anhänger der evolutionären Erkenntnistheorie müßte er eigentlich zudem suspekt sein, dennoch vereinigt dieser Optimismus weitgehend die Vertreter dieses Typs von Soziobiologie und entlarvt ihn als einen *de facto* oftmals nur vermeintlich bescheidenen.[51] Damit geht er, der Selbstaufwertung der Naturwissenschaften seit Huxley folgend, über ihren Vorläufer benennbar hinaus.

3.3.2 Normativer Biologismus

Franz M. Wuketits hat die Bescheidenheit einer empirischen Sittenlehre in aller Ausdrücklichkeit aufgegeben und reagiert damit auf die von ihm als ärgerlich empfundene hartnäckige Nichtbefolgung von Normen seitens des modernen Menschen: „Ich behaupte, daß die biologische Evolutionstheorie nicht bei der Beschreibung und Erklärung der (biologischen) Voraussetzungen unseres Handelns stehenbleiben muß, sondern *normative* Ansprüche erheben darf."[52] Die modernen Massengesellschaften würden das Böse im Menschen zur Entfaltung bringen, deshalb, so fordert Wuketits dringlich auf, sei Moral als „biologische Kategorie"[53] anzuerkennen und auf eine „Ethik der positiven Lebensgefühle"[54] zu folgern. Die Befolgung einer solchen Ethik, die die Neigungen des Menschen zum Prinzip macht, ist – auf den ersten Blick – tatsächlich erwartbar.

Sie traut sich zu, auf einer nicht ersichtlichen biologischen Basis zwischen dem „sogenannten" und dem „wirklich Bösen"[55] zu unterscheiden, ansonsten aber ausdrücklich relativistisch zu sein.[56] Auch in der Deutung der Evolutionstheorie ergeben sich erhebliche Spannungen, denn einerseits seien Menschen „(...) gene-

---

[50] H. Mohr, Biologische Wurzeln der Ethik?, 26 f.

[51] Wie schwer es Hans Mohr fällt, an dieser Position festzuhalten, wird deutlich in seinem Aufsatz: Gleichheit und Ungleichheit – biologisch gesehen, in: G.-K. Kaltenbrunner (Hg.), Wir sind Evolution. Die Kopernikanische Wende der Biologie, Freiburg-Basel-Wien 1981, 112-130. – In ihrer Haltung ähnlich prätentiös zeigen sich „der frühe" Franz M. Wuketits und Gerhard Vollmer, wobei die Zuordnung des letzteren nicht eindeutig erfolgen kann. Eine zurückhaltendere Variante dieser Position bietet G. Vollmer, Wollen – Können – Dürfen. Aspekte einer evolutionären Ethik, in: D. Neumann u.a. (Hg.): Die Natur der Moral. Evolutionäre Ethik und Erziehung, Stuttgart-Leipzig 1999, 211-227; hier 224 ff.; zurückhaltend auch C. Vogel, Vom Töten zum Mord; ders., Gibt es eine natürliche Moral? Oder: wie widernatürlich ist unsere Ethik?, in: H. Meier (Hg.), Die Herausforderung der Evolutionsbiologie, München-Zürich 1988, 193-219.

[52] F. M. Wuketits, Verdammt zur Unmoral?, 9; vgl. ders., Sind wir zur Unmoral verdammt?, in: D. Neumann u.a. (Hg.), Die Natur der Moral, 51-59; hier 56.

[53] F. M. Wuketits, Verdammt zur Unmoral?, 21.

[54] Ebd., 241.

[55] Ebd., 194. – Die nämliche Unterscheidung findet sich in H. Mohr, Natur und Moral, 105, hier lediglich zur Kennzeichnung des Moralischen, das erst mit dem Menschen in die Welt gekommen sei.

[56] Vgl. F. M. Wuketits. Verdammt zur Unmoral?, 186: „Ich halte daran fest, daß Werte und Normen etwas Relatives sind und gruppenbezogen entstehen sowie von spezifischen Lebensbedingungen der einzelnen Gruppen und Völker abhängen."

tisch für den Ethnozentrismus prädestiniert"[57], andererseits rechnet Wuketits zwecks Lösung moralischer Menschheitsprobleme mit einem „Prinzip der globalen Kooperation" als „sozusagen eine positive Anwendung der evolutionären Ethik"[58]. Weniger nachgiebig als gegenüber den Konsistenzansprüchen seiner eigenen Gedanken, zeigt sich Wuketits im operativen Umgang mit dem positiven Lebensgefühl, denn dieses wird unversehens zum Kriterium für die Zuerkennung von Lebensrecht umgemünzt.[59] Der Eindruck drängt sich auf, daß der normative Biologismus seit den Tagen Spencers und Galtons an Schärfe nichts eingebüßt hat.

3.3.3 Funktionaler Naturalismus der Moral und metaethischer Skeptizismus

Michael Ruse hat in Absetzung von Wilsons vieldeutig schillernder Moraltheorie, die Ruse emotivistisch deutet,[60] eine eigene soziobiologische Position erarbeitet, die gegenüber den bisher benannten Varianten eine weitere Reflexionsstufe in zweierlei Hinsicht darstellt: Sie macht Ernst mit der darwinistischen Vorstellung, daß die Evolution keine Richtung hat, und erkennt an, daß deshalb auch keine Normen aus ihr zu entwickeln seien. „Natural selection cares only about winners, not about the best."[61] Zweitens zieht Ruse aus dem Ungenügen des normativen Biologismus die Konsequenz, auf die Ebene der Metaethik überzuwechseln, um hier zu Schlußfolgerungen aus der Evolutionstheorie für die Moraltheorie zu kommen. David Hume wird von ihm wiederholt als Wahlahne seiner im Blick auf die Begründung moralischer Normen skeptischen Theorie aufgerufen.

Ausgehend von dem Umstand, daß Wilsons Ansatz lediglich eine emotivistische, die Moral auf subjektive Gefühle gründende Moraltheorie freisetzt, geht Ruse über zu der Aussage: „(...) there is no foundation of ethics at all! (...) Morality is no more than a collective illusion fobbed off on us by our genes for

---

[57] Ebd., 189; vgl. ebd., 174.

[58] Ebd., 194. – Vgl. dasselbe Schillern auch in ders., Sind wir zur Unmoral verurteilt?, 58.

[59] An dieser sensiblen Stelle ist Wuketits selber zu Wort zu bringen: „Wie aber ist es nun in Fällen, wo wir positive Lebensgefühle nicht erwarten können, wo sie erloschen sind? Stichwort *Euthanasie*." (Verdammt zur Unmoral?, 223) Der Leser fragt sich zunächst, wer mit „wir" gemeint sein kann. Es folgt darauf ein Zitat aus Peter Singers *Praktische Ethik* nebst Hinweis, daß Singer Entrüstung geerntet habe, dann: „Gewiß wollte Singer nicht die Gaskammern rechtfertigen, aber vielleicht sind wir noch nicht so weit, über *alles* einmal zu reden." (ebd., 224) Weiter heißt es: „Ich schließe mich hier jenen an, die (...) davor warnen, Euthanasie unter allen Umständen und in jedem Falle als unmoralisch abzuqualifizieren. Es kommt sicher auf den Einzelfall an, und jeder einzelne Fall bedarf einer sorgfältigen Prüfung. Es sollte keiner Diskussion bedürfen, daß jedes Individuum ein Recht auf Leben hat und auf seine Weise glücklich werden soll. Wir haben aber auch Grenzfälle zu berücksichtigen: den Lustmörder, der seine Lust auf Kosten anderer Menschenleben gewinnt; den Schwerkranken, der keine Lust auf Leben mehr hat." (225 f.)

[60] Vgl. M. Ruse, The Morality of the Gene, in: The Monist 67 (1984), 167-199; hier 182. – Zum Emotivismus Wilsons vgl. S. 192 f.

[61] M. Ruse, The Significance of Evolution, in: P. Singer (Hg.), A Companion to Ethics, Oxford-Cambridge/Mass. 1991, 500-510; hier 501; vgl. ders., Noch einmal: Die Ethik der Evolution, dt. v. U. Lenk, in: K. Bayertz (Hg.), Evolution und Ethik, 153-167; hier 158.

repoductive ends."[62] Moralität wird zum Epiphänomen erklärt, sie wurzele nicht nur in adaptiven Selektionsprozessen zwischen konkurrierenden frühmenschlichen Gruppen, sondern sie sei bis heute nichts anderes als Evolution *at work*. Hinter dem Rücken des moralisch Handelnden gehe die Evolution ihren eigenen, ganz anderen Zwecken nach.[63]

3.3.4 Selbstnaturalisierung der Soziobiologie

Bereits in den Schriften von Dawkins, andeutungsweise auch bei Wilson und Lumsden, beginnt den Betreibern einer funktionalistischen „Genealogie der Moral" das Ausmaß ihres Unternehmens zu dämmern. Daniel C. Dennett faßt schließlich die Evolution als universalen Algorithmus, dem nicht nur Entstehung, Veränderung und Funktion lebendiger Organismen, sondern auch sämtlicher geistiger Fähigkeiten des Menschen einschließlich der Moral zuzuschreiben sind. Darwins Entdeckung der Evolution bleibt nicht auf die Biologie beschränkt, sondern wird zum Prinzip der Wirklichkeit gemacht. Sie „(...) frißt sich so ungefähr durch alle hergebrachten Vorstellungen und läßt hinter sich eine umgekrempelte Weltanschauung zurück, in der die meisten alten Orientierungspunkte noch erkennbar, aber grundlegend verwandelt sind."[64]

Hier geht die Soziobiologie wacker auf Ganze, es wird nicht nur die Moral naturalisiert, sondern zwangsläufig auch die Wissenschaften, von denen die Soziobiologen von Mohr bis Ruse noch Halt erhofften, und schließlich der eigene Auftritt selbst. Auch Argumentieren ist demnach nicht das, als was es sich dem Menschen darbietet. Um alle „hergebrachten Vorstellungen" erleichtert, stellt Dennett es uns als Evolution der „Meme"[65] vor. Der Mensch selbst wird in Gene und Meme hinein aufgelöst, auch er hört auf, wirklich zu sein, denn *eigentlich*, so will Dennett dem Leser aufnötigen, sei die Wirklichkeit, auch die geistige, nichts als Evolution der Information. Solch eine „Metaphysik des Irrationalen"[66], verbunden mit der auftrumpfenden Form des Auftritts, läßt an Friedrich Nietzsches

---

[62] M. Ruse, The Significane of Evolution, 506.

[63] Dieser Schluß ist nicht nur ungenügend, weil er nicht-emotivistische Ethikbegründungen unterschlägt und weil ihm ein zu enger Begriff von Objektivität unterliegt (vgl. B. Gräfrath, Evolutionäre Ethik?, 145). Er zeigt darüber hinaus an, mit welcher Radikaltät hier der Naturalismus ins Werk gesetzt wird: Weil Normen nicht naturwissenschaftlich ausgewiesen werden können, gebe es keine Normen. Daß hier ein Fehlschluß vorliegt, der am Sein-Sollen-Übergang scheitert, hat Elliott Sober gezeigt, vgl. E. Sober, Prospects for an evolutionary ethics, in: Ders., From a biological point of view. Essays in evolutionary philosophy, Cambridge-New York. 1994, 93-113; hier 107.

[64] D. C. Dennett, Darwins gefährliches Erbe, 83.

[65] Unter Memen verstand vor Dennett bereits Richard Dawkins die Einheiten einer in Analogie zur organischen Evolution erdachten geistigen Evolution, vgl. dazu S. 100 f.

[66] H. Schnädelbach, Philosophie in Deutschland, 174. – Eine sehr ähnliche Position findet sich in einer späteren Schrift von Richard Dawkins: Und es entsprang ein Fluß in Eden. Das Uhrwerk der Evolution, dt. v. S. Vogel, München 1996.

Philosophie als Parallele zur avancierten Soziobiologie denken, Dennett selbst gibt ausdrücklich diese Interpretationshilfe.[67]

3.4 Sind die einzelnen Typen der Soziobiologie stabil?

Was könnte es rechtfertigen, die phantastischen Ausführungen Daniel Dennetts in das Zentrum der Auseinandersetzung um die Soziobiologie zu stellen? Um Mißverständnissen vorzubeugen, sei angemerkt, daß im folgenden nicht die Widerlegung der Soziobiologie im Vordergrund steht und folglich kein Strohmann für ein solches Unterfangen gesucht wird. Dieses Geschäft halte ich für im Wesentlichen erledigt und überdies ist es kein sozialethisches. Dem Augenschein widersprechend dürfte sich Dennetts Konzept ohnehin gerade wegen seines totalen Anspruches, der es so unwahrscheinlich erscheinen läßt, als Einwänden gegenüber besonders zählebig erweisen.

Wie deutlich geworden ist, wird zunächst die Etablierung einer problemorientierten Verständnisweise der Soziobiologie angestrebt, um zur Klärung des Verhältnisses zwischen Theologie und Naturwissenschaften beizutragen. Dazu ist es unerläßlich, so etwas wie den Kern und Fluchtpunkt dieser Bewegung zu ermitteln, und dazu will mir Dennetts avancierter Naturalismus aufschlußreich erscheinen.

Der öffentliche und theoretische Druck macht die soziobiologische Position der empirischen Sittenlehre unattraktiv und drängt sie in die Nähe des normativen Biologismus. Während einige ihrer Vertreter noch um ethische Relevanz ringen,[68] wurde dieses ihr Ansinnen von den Kritikern bereits überzeugend abschlägig beschieden.[69] Zugleich wird zunehmend deutlich, daß Aussagen über vorhistorische Menschen, Affen oder gar Fische für sich genommen nicht auf öffentliches Gehör hoffen können. Sie werden daher mit einem anthropologischen Subtext versehen,[70] und auf diese Weise geraten Aussagen über die Grenzen menschlichen Verhaltens, ausgestattet mit der Autorität des Wissenschaftlichen, zu normativen Aussagen.

Als normativer Biologismus kann die Soziobiologie zwar in dem Maße von einem aufnahmebereiten Publikum zehren, wie sie sich vom Sozialdarwinismus zu

---

[67] D. C. Dennett, Darwins gefährliches Erbe, 250.

[68] Vgl. G. Vollmer, Über die Möglichkeiten einer evolutionären Ethik, in: Conceptus 20 (1986), 51-68; ders., Über die Möglichkeiten und Grenzen einer evolutionären Ethik, in: K. Bayertz (Hg.), Evolution und Ethik, 103-130; hier 128 f.; ders., Sein und Sollen, 182 ff.

[69] Neben dem Wegweisenden, das Kitcher in *Vaulting Ambition* vorgebracht hat, vgl. B. Gräfrath, Evolutionäre Ethik?, 206-211; K. Bayertz, Evolution und Ethik, 30-32; M. Funken, Die wertlose Natur, 138.

[70] Als einschlägige Autoren hierfür sind Volker Sommer (Heilige Egoisten. Die Soziobiologie indischer Tempelaffen, München 1996) und Frans de Waal (Der gute Affe. Der Ursprung von Recht und Unrecht bei Menschen und anderen Tieren, dt. v. I. Leipold, Wien-München 1997) zu nennen.

distanzieren versteht, doch stellen sich ihren Vertretern nicht nur die bekannten theoretischen Barrieren in den Weg, sondern auch ihre eigene Unkenntnis in Sachen Ethik. Wuketits' hilfloser Versuch, eine Moral aus dem Hut der Evolution zu zaubern, belegt das ebenso wie der zentrale Topos des normativen Biologismus, der gegen „idealistisch" genannte Moraltheorien gerichtete Ruf nach einer „realistischen" Ethik.[71]

Das mit dem Anspruch, über moralisches Handeln mittels Rekonstruktion tierischen oder frühmenschlichen Verhaltens aufzuklären, auf den Weg gebrachte Forschungsinteresse führt zu unliebsamen Folgefragen, die die Soziobiologie zu einer anthropologischen Grundentscheidung, d.h. zu einer Stellungnahme zur oftmals sogenannten Doppelnatur des Menschen zwingen. Es sind dies das Problem der Differenz zwischen den Verhaltensregeln des vorhistorischen und des gegenwärtigen Menschen und die ungeklärte Frage danach, welches menschliche Tun denn evolutionär bedingt sei und welches nicht. Das Evolutionsparadigma nötigt den Soziobiologen die Ausdehnung des biologischen auf einen allgemeinen Funktionalismus auf, der erst bei Dennett einen konsequenten Ausdruck findet. Er ist deshalb kein Exot oder Phantast unter den Soziobiologen, sondern deren Pionier.[72]

---

[71] Vgl. G. Vollmer, Sein und Sollen, 166; 173 f. – Zu diesem in der Soziobiologie beliebten Gegensatzpaar vgl. S. 193-195.
[72] Vgl. die Einschätzung von Steven Rose, in: S. Rose, Darwins gefährliche Erben, 11.

4. Der Komplex soziobiologischer Theorien

4.1 Beobachtungen zum öffentlichen Diskurs

Im folgenden werden der *Focus*, *Der Spiegel*, der *Stern* und *Die Zeit* im Hinblick auf die Frage untersucht, was sie zum öffentlichen Diskurs über das Selbstverständnis des Menschen beitragen. Zunächst mag es gewagt erscheinen, vier derart in Konzept und Stoßrichtung divergierende Periodika in einem Darstellungsgang gemeinsam zu thematisieren. Was den Inhalt der zum vorliegenden Thema erschienenen Artikel[1] angeht, so ist dieses Vorgehen jedoch angezeigt, wie die Analyse zeigen wird.

Gleichwohl sind erhebliche Unterschiede in der Darstellungsform zwischen Popularisierung und Sensationalisierung der Wissenschaften zu verzeichnen, die Erwägungen eigens zu den in den Artikeln gewählten Darstellungsmitteln angezeigt erscheinen lassen. Eine scharfe Profilierung der wichtigsten Aspekte läßt sich erzielen, indem die Form des Umgangs mit der anstehenden Thematik im *Focus* aufgezeigt wird. Zwar ist es *Die Zeit*, die sich mit ihren gegenüber den Naturalisierungsbestrebungen positiv zurückhaltenden und abwägenden Beiträgen von den zumeist mehr oder weniger euphorisch begrüßenden Äußerungen ihrer Konkurrenten inhaltlich absetzt. Dennoch erweist sich der Blick auf den *Focus* als besonders ergiebig, weil sich hier die Aufdringlichkeit des Naturalismus am deutlichsten Bahn bricht und zugleich ein Trendschub in der Printmedienlandschaft vorangetrieben wird, der auf die Einpassung der politischen Blätter in das Medienumfeld einer heraufziehenden Informationsgesellschaft zielt.

4.1.1 Focus: Ein journalistisches Novum

Die Bundesregierung berichtete 1994 über die Medienlandschaft: „Auffälligste Veränderung auf dem im Berichtszeitraum stark in Bewegung geratenen Markt war die Neueinführung des Nachrichtenmagazins 'Focus' am 18. Januar 1993."[2] Bis zu diesem Zeitpunkt konnte *Der Spiegel* trotz zahlreicher Versuche anderer Anbieter, Konkurrenzprodukte zu etablieren, eine unbestrittene Marktposition auf dem Gebiet der Nachrichtenmagazine behaupten. Auch der erfolgreiche, zu den

---

[1] Vgl. den Anhang S. 247-251.

[2] Presse- und Informationsamt der Bundesregierung (Hg.), Bericht der Bundesregierung über die Lage der Medien in der Bundesrepublik Deutschland 1994, Bonn 1994, 114; vgl. auch S. Schaefer-Dieterle, Informativ, selektiv, erfolgreich. Der Markt der Wochenzeitschriften/Nachrichtenmagazine ein Jahr nach 'Focus', 'Die Woche' und die 'Wochenpost', in: Media Spectrum 32 (1994) H. 2, 28-30.

politischeren Publikumszeitschriften zählende *Stern* wurde ihm nicht wirklich bedrohlich. Mit dem Markteintritt des *Focus* zum Beginn des Jahres 1993 änderte sich diese bis dahin verhältnismäßig stabile Lage rasch, wie die steil ansteigenden Verkaufszahlen des Neulings ahnen lassen. Im vierten Quartal 1993 stiegen sie bereits auf knapp eine halbe Million gegenüber dem *Spiegel* mit nur noch 1,06 Millionen – das ist ein Minus von 10,2 % – , und bereits im ersten Quartal 1996 konnten über 780 000 Exemplare des *Focus* verkauft werden.[3] Er erwies sich, wenn es auch nur zum Teil zu einem direkten Überschneidungswettbewerb kam, dem *Spiegel* gegenüber insofern nachdrücklich als ernster Konkurrent, als er ihm aufgrund seines neuartigen Konzeptes in Gestaltung und politischer Tendenz viele Kunden auf dem Anzeigenmarkt abwerben und an sich ziehen konnte. Im Anzeigenaufkommen hatte *Der Spiegel* im Laufe des Jahres 1993 einen Rückgang von gut 15 % hinzunehmen. Der Erfolg des *Focus* veranlaßte schließlich direkte Konkurrenten zeitweilig dazu, sich dessen Auftreten anzupassen.[4]

Ferner, und das ist im folgenden wichtig, hatte der *Focus* mithin begonnen, einen starken Einfluß auf die öffentliche Meinungsbildung in Deutschland zu nehmen. Waren schon die Konzepte von *Stern* und *Der Spiegel* seit ihren Anfängen in bezug auf die Form der Berichterstattung und das Layout an US-amerikanischen Vorbildern ihrer Zeit, d.h. der späten vierziger Jahre, orientiert, so gilt entsprechendes verschärft für den *Focus* im Blick auf die Mediensituation unter der Vorherrschaft der Schnittstelle Bildschirm. Während *Die Zeit* auf kritisch-ausgewogene und eingehende Darstellung politischer und wirtschaftlicher Sachlagen abzielt, *Stern* und *Der Spiegel* sich mit sorgfältigen, aber bisweilen auch spektakulären Recherchen in kritischer Absicht vorzugsweise gegen politische und wirtschaftliche Machtträger wenden, richtet der *Focus* seine Aufmerksamkeit vor allem auf diejenige Kundschaft, die in den gegenwärtigen gesellschaftlichen Zuständen sich einzurichten gewillt ist. Seine Beiträge auf politischem und wirtschaftlichem Feld verhalten sich gegenüber dem Status quo auffällig affirmativ und suchen das Glänzende darin auf, ja sie neigen dazu, Ressentiments gegen diejenigen zu schüren, die sich nicht damit abfinden wollen.[5] Dabei werden zuweilen auch die Grenzen zum unseriösen Journalismus überschritten. Diese Art „Gute-Laune-Journalismus"[6] neigt neben dem Zementierungseffekt dazu – und dies wird in politisch schwierigen Zeiten in besonderer Weise gelten –, einer positivistischen Entpolitisierung der politischen Magazine Vorschub zu leisten und diese voranzutreiben. So zeigt sich der *Focus* nicht nur stark an Themen der

---

[3] Vgl. S. Schaefer-Dieterle, Informativ, selektiv, erfolgreich, 28; Media Perspektiven 6/1996, 316. – Für das erste Quartal 1998 weisen die *Media Perspektiven* für den *Focus* knapp 760 000 Exemplare aus, für den *Spiegel* knapp 1 040 000.

[4] Vgl. S. Schaefer-Dieterle, Informativ, selektiv, erfolgreich, 28.

[5] Vgl. J. Roß, Staatsfeindschaft. Anmerkungen zum neuen Vulgärliberalismus, in: Merkur 51 (1997), 91-104; hier 93.

[6] W. Winkler, Unsere Presse. Schöne bunte Welt, in: Merkur 48 (1994), 544-548; hier 545.

Regenbogenpresse, am Leben und Treiben der Reichen und Schönen interessiert, sondern auch an dem des menschlichen Selbstverständnisses. 35 Artikel auf knapp 200 Seiten der fünf untersuchten Jahrgänge im *Focus* sind hier als einschlägig zu qualifizieren, immerhin knapp die Hälfte davon, 16, wurden als Titelstory verwendet.[7] Gemessen an dem Anspruch, ein „moderne(s) Nachrichtenmagazin“[8] zu sein, ist dieses Interesse auffällig. Auf der Suche nach dem Grund für dieses Phänomen braucht man nicht lange zu spekulieren. Der genannte Themenkreis gibt der Redaktion einen willkommenen Anlaß her, attraktive Menschen – bald erotisch, bald heroisch[9] – werbend und zum Kauf einladend auf der Titelseite des Magazins abzubilden. Ferner bietet diese Thematik, besonders die Übernahme soziobiologischer Ansichten, Raum für eine unterschwellige Steuerung politischer Meinung.

In zweifelhafter Avantgardeposition befindet sich der *Focus* hinsichtlich der Anbiederung an den Informationskult in der Darstellungsform. Zum Zwecke ihrer Vorstellung verwende ich die Unterscheidung zwischen Design und Schein, die Jost Springensguth in diesem Zusammenhang eingebracht hat. Er bestimmt Design als die „Verbindung von gefälligem Aussehen mit der Erleichterung in der Handhabung des jeweiligen Produktes“[10]. Das Design eines Nachrichtenmagazines ist an den Zweck gebunden, die mündige Leserschaft durch Darstellung und nachvollziehbar interpretierende Aufbereitung des gesellschaftlichen Geschehens zu einer begründeten Meinung über diese Geschehnisse zu verhelfen. Auswahl der Themen und der sie konstituierenden Vorkommnisse, übersichtliche Darstellung, rasche Zugriffsmöglichkeit und klare, zutreffende und auch zuspitzende Sprache können als Elemente von Design in diesem Sinn angesprochen werden. Anhand der drei Komponenten der Darstellungsform Bildmotive, Kastentechnik und Überschriften/Hervorhebungen, möchte ich die Beiträge im *Focus* der verdächtigenden Fragestellung: Design oder Schein? aussetzen. Abschließend sind einige Beobachtungen zur verwendeten Sprache anzufügen.

---

[7] *Der Spiegel* ließ 31, zumeist erheblich kürzere Beiträge erscheinen (davon 7 Titelbeiträge), der *Stern* nur 16 (davon 6 im Titel). *Die Zeit* brachte dagegen 54 Beiträge heraus, wobei lediglich ein „Wissen Spezial“ auf der obersten Zeile der Titelseite angekündigt wird.

[8] So die Selbstbezeichnung im Logo des *Focus*. Tatsächlich ist das Interesse der *Focus*-Redaktion breiter gefächert, vgl. Helmut Markworts Ausführungen im Interview: K. Rosenfeld, „News to use“. Focus macht mobil – eine Bilanz mit Weitblick, in: Media Spectrum 32 (1994) H. 2, 31-34.

[9] Während erotische Darstellungen auf den Titelseiten gang und gäbe sind, fallen die heroischen des *Focus* durchaus auf, vgl. *Focus* 1/1996 (Titel: „Erfolgsmodell Mensch“) und *Focus* 5/1996 (Titel: „Ewig jung“). Über sich einstellende Assoziationen zu erschrecken, sei der Betrachterin/dem Betrachter überlassen.

[10] J. Springensguth, Design mehr als Schein, in: G. Facius (Hg.), Aufgabe und Verantwortung (FS Rolf Terheyden), Berlin 1996, 76-82; hier 77.

Der Gesamtbildanteil der Beiträge beträgt im *Focus* knapp 42 %,[11] doch ist diese Zahl für sich genommen nicht aussagekräftig. Was wird, so ist weiterzufragen, denn dargestellt? Zahlenmäßig ist die Porträtdarstellung dominant; kaum ein Beitrag kommt ohne kleine Darstellungen der im Text erwähnten oder darüber hinaus selbst zu Wort kommenden Größen der Forschung aus. Sie lockern den Beitrag auf und mögen kurzfristig die Aufmerksamkeit auf sich ziehen, der Nutzen zum Verständnis und zur Aufnahme des Geschriebenen ist aber gering, ebenso der Schaden. Das gilt auch für PET-Darstellungen und Mikroskopaufnahmen, die kaum mehr als diffuse Eindrücke vermitteln. Anders verhält es sich bei schematischen Darstellungen, die Zellen, Synapsen, Gehirne etc. zeigen. Sie sind bisweilen informativ, wenn z. B. die Lage der unterschiedlichen Gehirnregionen gezeigt wird,[12] aber sie sind bisweilen auch irreführend. Dies gilt beispielsweise für eine im Artikel *Die Suche nach der Seele*[13] aufgebotene Schnittdarstellung eines menschlichen Gehirns. Die Wahrnehmungen eines Menschen werden darin den verschiedenen Sinnen nach neben der Bewegungswahrnehmung als Teilbilder im Neokortex angedeutet und per Pfeil einem Ort im Zentrum des Gehirns zugewiesen, an dem „die Welt in unseren Köpfen"[14] angesiedelt wird und das Bild des wahrgenommenen Objektes sich zusammengesetzt wiederfindet. Diese Form der Visualisierung des Bewußtseins ist nicht nur für sich genommen unzulässig, sondern erschwert zudem das Verständnis des Textes, in dem Bewußtsein nach einem anderen Modell, nämlich als Sache des „Feuerns"[15] von Nervenzellen, dargeboten wird. Das Motiv taugt deshalb lediglich zur Dekoration, und tatsächlich ist nicht immer leicht zu entscheiden, ob eine solche Darstellung dem Verständnis dienen oder ausschließlich die Aufmerksamkeit binden soll. Im Artikel *Warum Sex Spaß macht*[16] wird der Leserschaft eine verwirrende Darstellung zweier sich zärtlich Begegnender angeboten, auf die Zahlenverweise, Organdarstellungen sowie Hormon- und Botenstoffflüsse aufgetragen sind. Angesichts solcher Motive drängt sich der Verdacht auf, daß nur der Schein einer Erläuterung zum Text erzeugt werden soll. Die Frage nach Design oder Schein erweist sich dort als besonders ergiebig, wo es um Bildmotive geht, die in einem offensichtlich nur lockeren Verhältnis zum Thema des Beitrages stehen, um nur das mindeste zu sagen. Niedliche Tiere, imposante Landschaften und vor allem berühmte und hübsche Menschen zeigen an, daß diese Arrangements nicht redlich darauf angelegt sind, verstehend ange-

---

[11] Damit läßt, wie die Durchsicht der Beiträge ergibt, der *Focus* sowohl den *Spiegel* (28 %) als auch *Die Zeit* (32 %) deutlich hinter sich. Der *Stern* liegt mit über 48 % Bildanteil allerdings noch vor dem *Focus*.

[12] So etwa in: *Focus* 31/1995, Das Geheimnis des Glücks, 94 f. – Eher verwirrend sind dagegen die Darstellungen in: *Focus* 49/1995, Das mörderische Gehirn, 176 f.

[13] *Focus* 16/1995; vgl. für ein weiteres Beispiel *Focus* 39/1996, Jeder kann kreativ werden, 161.

[14] *Focus* 16/1995, Die Suche nach der Seele, 147.

[15] Ebd., 146.

[16] *Focus* 43/1997, 216.

eignet zu werden, sondern darauf, auf verschiedenen und kaum kontrollierbaren Ebenen Bindungen zwischen Leser/Leserin und Text einzurichten.

Dem *Focus* wird nachgesagt, in ihm seien nur kurze Beiträge zu finden, die vor allem verhindern sollen, die Leserschaft zu überfordern.[17] Nach meinem Dafürhalten trifft dies für das hier untersuchte thematische Segment nicht zu. So erstrecken sich die *Focus*-Texte auf durchschnittlich knapp 5,4 Seiten, während *Der Spiegel* nur auf 3,2 Seiten im Schnitt kommt.[18] Dies mag zum einen in dem stärkeren Interesse an nichtpolitischen Themen beim *Focus* begründet sein,[19] vor allem ist aber in diesem Zusammenhang auf eine redaktionelle Gepflogenheit einzugehen, die ich „Kastentechnik" nennen möchte. Die Beiträge bestehen dabei aus einem Grundtext, in den eine Reihe von Bausteinen textlicher oder bildlicher Art eingebettet ist. Die Arrangements folgen ersichtlich nicht einer Zusammensetzung aus Text und korrespondierender Erläuterung zu didaktischem Vorteil, sondern sind lediglich dem Stil der *Windows*-Oberfläche als Gesamtgraphik nachempfunden. Zu „öffnen" gibt es hier freilich nichts, keine „*links*", die weiterem Nachfragen Raum geben würden. Bisweilen finden sich im Hauptduktus Verweise auf diese zusätzlichen Einheiten, doch oft bleibt es der Leserin/dem Leser überlassen, ob und wann der gerade gelesene Zusammenhang verlassen wird. Zwar sind die einzelnen Texte tatsächlich eher kurz, doch lassen sie sich nur gemeinsam als Komplex nach Art eines angedeuteten Hypertextes zutreffend erfassen. Im Schnitt ergeben sich über drei Einheiten pro Beitrag,[20] wobei zwei Vermerke zu notieren sind: Die Übergänge zwischen Textbaustein und Bildunterschrift sind nicht immer leicht zu bestimmen; bei entsprechender Festlegung ließen sich die Zahlen der Texteinheiten erheblich vergrößern. Zweitens wird die Kastentechnik unterschiedlich ausgiebig verwendet, insbesondere bei kürzeren Texten lassen sich nur schwer mehrere Einheiten einrichten; anders bei längeren Beiträgen, in denen sich bis zu acht Texteinheiten miteinander verwoben finden lassen.[21]

Hier wie bei den Bildmotiven ist jedoch weiterzufragen, will man zu aufschlußreichen Einsichten kommen. Um dem Zweck der Kastentechnik beim *Focus* auf die Spur zu kommen, kann man dessen Vorgehen dem der *Zeit* gegenüberstellen. *Die Zeit* verwendet deutlich weniger Beitragselemente, es wird zumeist lediglich

---

[17] So W. Winkler, Unsere Presse, 544.

[18] Die einbezogenen Artikel im *Stern* haben eine durchschnittliche Länge von 5,2 Seiten, während *Die Zeit* Texte von durchschnittlich gut 0,6 Seiten aufweist. Hier ist jedoch das Größenverhältnis von etwa 4 : 1 gegenüber den kleinformatigen Magazinen zu berücksichtigen, so daß für *Die Zeit* umgerechnet eine durchschnittliche Textlänge von 2,4 Seiten angesetzt werden kann.

[19] Immerhin verwendet der *Focus* in den fünf Jahrgängen 189 Seiten auf den Themenkomplex eines wissenschaftlichen Selbstverständnisses des Menschen, *Der Spiegel* bietet dagegen lediglich 98 Seiten auf, der *Stern* 83 und *Die Zeit* umgerechnet 141.

[20] Es sind durchschnittlich knapp 3,5 Einheiten pro Text im *Focus* gegenüber 1,5 im *Spiegel*, 1,7 im *Stern* und 1,3 in der *Zeit*.

[21] Vgl. *Focus* 48/1999, Auf der Suche nach dem verlorenen Glück; *Focus* 50/1998, Das Geheimnis der Lüge.

ein Text mit einem Bild verbunden. Falls mehrere Texteinheiten zusammenstehen, so sind sie von mehreren Autoren verfaßt, die zuweilen durchaus kontrovers zu einem Thema Stellung beziehen.[22] Im *Focus* sind demgegenüber zwar die Texteinheiten voneinander abgehoben und erwecken den Anschein, als lägen hier jeweils eigenständige Texte vor. Tatsächlich handelt es sich jedoch um ein einziges, teilweise redundantes Textkonglomerat, das so organisiert und dargestellt ist, daß ein sachlicher Verweisungs- und Bestätigungszusammenhang von mehreren Texten vorgetäuscht wird. Der Leserin/dem Leser wird vorgespiegelt, hier würden Informationen aus verschiedenen Quellen zusammengetragen, die einen Sachverhalt von verschiedenen Seiten beleuchten. Inhaltliche Übereinstimmungen unter den Einheiten stiften einen übergreifenden Zusammenhang, stützen sich gegenseitig und scheinen den Grundtext zu bewähren. So wird der Eindruck umfänglicher Informiertheit erschlichen und der „Info-Elite"[23] das Bewußtsein vermittelt, über eine durch eine Reihe sogenannter Fakten gestützte und daher bewährte Auffassung zu verfügen.

Die Einpassung in den Prozeß der Informationsproduktion und der Verdacht der Irreführung, der sich angesichts der geübten Kastentechnik regt, lassen sich bestätigen und illustrieren durch einem Blick auf das Überschreibungs- und Hervorhebungsgebaren in den Magazinen, wo der *Focus* ebenfalls mit aufschlußreichem Beispiel vorangeht. Weil die Redaktion davon ausgehen kann, daß ihre Leserschaft in steter Eile ist und die Botschaften vor allem rasch aufnehmen will, bietet sie mehrteilige Überschriften und Hervorhebungen im Text an. Eine schnelle Orientierung über den Inhalt des Artikels ist auch deshalb angezeigt, weil die Leserin/der Leser dieser Periodika unterstellungsgemäß vor allem an Wirtschaft und Politik interessiert ist.[24] Dieses Instrument ist legitim, kann aber auch zur Erzeugung von Schein mißbraucht werden, und das ist im *Focus* nicht selten der Fall. Die Überschrift des Artikels *Lebenslanger Nervenkitzel. Neurowissenschaftler können jetzt erklären, warum Umweltreize die Leistungen unseres Denkorgans massiv fördern oder beschränken*[25] verspricht beispielsweise eine gültige Erklärung, wo schließlich doch nur konkurrierende Erklärungsansätze geboten werden, deren Vorstellung mit dem Resümee zu enden gezwungen ist: „Die Suche

---

[22] Vgl. die Beiträge im „Wissen Spezial" in *Die Zeit* 8/1995. – Kontrovers zu Gerhard Roths Beitrag folgte Ansgar Beckermann (*Die Zeit* 24/1995, Die Physik des Geistes. Können Neurobiologen das Bewußtsein bald erklären? Ein Philosoph warnt vor Euphorie), eine weitere Reaktion findet sich in einem Interview mit Oliver Sacks (*Die Zeit* 25/1995, Ein Orchester im Gehirn). Vgl auch die vier Beiträge „Auf der Suche nach dem Geist" in: *Die Zeit* 28/1998.

[23] Der Ausdruck ist für das *Focus*-Konzept zentral, vgl. K. Rosenfeld, „News to use", 34; W. Winkler, Unsere Presse, 544.

[24] Die Beiträge zum menschlichen Selbstverständnis finden sich fast ausschließlich in den nachgeordneten Rubriken „Forschung und Technik" (*Focus, Der Spiegel*), „Wissen" (*Die Zeit*), „Wissenschaft" (*Stern*).

[25] *Focus* 7/1997, 116.

geht weiter"[26]. Es ist zu notieren, daß derlei zukünftige Erkenntnisse in Aussicht stellende Behauptungen auf Ziel nicht allein dem irreführenden Journalismus des *Focus* anzulasten sind, sondern darüber hinaus in schriftlichen Äußerungen von Soziobiologen immer wieder auftreten und zur Auftrittsform ihrer Präsenz zu rechnen sind. Solche Anleihen bei den zukünftigen Erfolgen der Naturwissenschaften gehören zum strategischen Standardinstrumentar reduktiver und eliminativer Positionen. Der antizipierte Ausgang der Kontroverse um das Selbstverständnis des Menschen wird in Anspruch genommen, um bereits in der Gegenwart, in der die entscheidenden Einsichten noch ausstehen, Gewißheiten zu erzeugen, die wiederum die Kontroverse mitbestimmen sollen.[27] Eben diese Funktion übernehmen die in den Überschriften und Titeln häufig vorkommenden Ausdrücke „erklären", „entschlüsseln" und „enträtseln".[28] Es wird unterstellt, daß die Evolutions- und Neurobiologen nicht nur weitere Einzelerkenntnisse über den Menschen erarbeiten, sondern darüber hinaus auch in der Lage sind, das Rätselhafte, das der Mensch für sich selbst darstellt, zum Verschwinden zu bringen. Unabhängig von der Frage, ab welchem Grad des Schon-gefunden-habens die Rede vom „enträtseln" gerechtfertigt erscheine, ist die in solchen Formulierungen eingelassene Voraussetzung namhaft zu machen, daß der Modus der Suche des Menschen nach seinem Selbstverständnis feststehe: Allein die Naturwissenschaften seien in der Lage, in dieser Sache Auskunft zu geben. Tatsächlich steht das aber keineswegs fest, und deshalb ist in diesen Wendungen noch einmal die Figur der ungerechtfertigten Antizipation auszumachen. Wer also die *Focus*-Artikel nur anhand der hervorgehobenen Passagen überfliegt, wird sich in nur vermeintlicher Gewißheit wiegen.

Dieser Effekt läßt sich noch schärfer mit einem Blick auf die insgesamt verwendete Sprache ausweisen. Sie ist nicht allein oft unpräzise, sondern an vielen Punkten irreführend und widersprüchlich. Im April 1995 verkündete der *Focus*: „Heute weiß man: Die Informationsverarbeitung im Gehirn erfolgt parallel."[29] Zwei Jahre später wird dagegen festgestellt, daß der Vergleich des Gehirns mit dem Computer zwar naheliege, aber nicht funktioniere.[30] Immer wieder wird

---

[26] Ebd., 120.

[27] Vgl. H. Tetens, Geist, Gehirn, Maschine. Philosophische Versuche über ihren Zusammenhang, Stuttgart 1994, 135, wo der Verfolg dieser Strategie offengelegt wird.

[28] Als Beispiele seien genannt: *Focus* 1/1997 (Titelblatt); *Focus* 3/1997 (Titelblatt), 105; *Focus* 7/1997, Gehirnforschung: Lebenslanger Nervenkitzel, 116; *Der Spiegel* 16/1995, Urknall der Hormone, 176; *Der Spiegel* 16/1996, Die Suche nach dem Ich, 190; *Stern* 18/1997 (Titelblatt).

[29] *Focus* 16/1995, Die Suche nach der Seele, 147.

[30] *Focus* 23/1997, Was denkt, was lenkt?, 136. – Die Computermetapher wird nach dieser Einsicht allerdings nicht preisgegeben. Ein anderer Widerspruch, mit dem operiert wird, ist die für die Soziobiologie bedeutende Erklärung der Sexualität: Genreplikation (*Focus* 32/1996, Ewig lockt das andere Weib) einerseits, Arterhaltung und Lust andererseits (*Focus* 43/1997, Warum Sex Spaß macht) stehen unvermittelt mit jeweiligem Anspruch auf Gewißheit nebeneinander.

falsche Gewißheit erzeugt, indem der programmatischen Euphorie der Neurobiologen gefolgt und auf noch zu erarbeitende Erkenntnisse gesetzt wird.

Treffende, zuspitzende und zugleich gewagte Formulierungen gehören zum legitimen Repertoire der Zeitungen und Magazine und machen einen Teil ihrer Attraktivität und gesellschaftlichen Funktion der Sprachgebung aus. In den untersuchten Artikeln ließen sich jedoch viele Beispiele für unzulässig vereinfachende bzw. irreführende Formulierungen finden. So kennt man beim *Focus* ein „Happy-Gen", das zur „emotionale(n) Grundausstattung"[31] des Menschen gehöre, und ein „neuronales Belohnungszentrum im Gehirn"[32], oder man spricht vom „Schöpfungsknall"[33].

Neben derlei Wortschöpfungen sind abschließend zwei Darstellungselemente wenigstens zu benennen, die geeignet sind, einer redlichen Berichterstattung zuwiderzulaufen: Mehrfach trifft die Leserin/der Leser auf das Vorher-Nachher-Schema, mit dessen Hilfe philosophische Reflexion als hilfloses Spekulieren denunziert wird, das durch die stets mit neuen Erkenntnissen aufwartende Arbeit der Forscher überwunden und obsolet gemacht werde.[34] Ein Ausspruch von Francis Crick illustriert diese Figur treffend: „Die Bilanz der Philosophen in den letzten 2000 Jahren ist so armselig, daß ihnen eine gewisse Bescheidenheit besser anstünde."[35] Schließlich werden die Forscher mit Eigenschaften belegt, die sie als heldenhafte Retter und Träger überlegenen Wissens auszeichnen: Sie gelten als ausgesprochen nüchtern, unaufhaltsam in ihrem Forschungsstreben, und sie lassen sich durch nichts beirren bei ihrem oftmals schwierigen Geschäft, das so hartnäckigen Widerstand bei vielen – ihre Führungsrolle immer noch nicht akzeptierenden – Menschen erzeugt.

Dem eigenen Anspruch nach geht der *Focus* der bundesdeutschen Gesellschaft voran in das Informationszeitalter, ihr paßt er sich vorauseilend an und will glauben machen, mit seiner Gemeinde jetzt schon dort zu sein, wo weniger hellsichtige Gesellschaftsteile unweigerlich auch eintreffen werden. Er preist sich selbst damit an, seine Leserschaft mit „Fakten, Fakten, Fakten"[36] zu versorgen, und ihr damit einen Startvorteil in der neuen Zeit zu verschaffen. So kommt es, daß ein dem eigenen Verständnis zufolge politisches Magazin immer wieder Ratschläge erteilt

---

[31] *Focus* 41/1996, Das Geheimnis der guten Laune, 197.
[32] *Focus* 43/1997, Warum Sex Spaß macht, 218.
[33] *Focus* 52/1996, Gott und die Wissenschaft. Was ist die Seele?, 142.
[34] Das Vorher-Nachher-Schema wird vornehmlich in Beiträgen verwendet, die einen Überblick über den Wissensstand zu geben versprechen. Als Beispiele seien erwähnt: *Focus* 31/1995, Das Geheimnis des Glücks, 93; *Focus* 49/1995, Das mörderische Gehirn, 175. – Auf der Vorher-Seite des gescheiterten Nachdenkens finden sich die Philosophen von Epikur bis Arthur Schopenhauer, die Neurobiologen stehen triumphierend auf der Nachher-Seite. Nebenbei sei angemerkt, daß die Allzuständigkeit der Forscher mit zum Teil skurrilen Wortschöpfung zum Ausdruck gebracht wird. Da gibt es Glücks-, Sexual-, Attraktivitäts-, Haar-, Liebes-, Seelen-, Intelligenz-, Kreativitäts-, Alter(n)s-, Berührungs- und Schmerzforscher.
[35] *Focus* 16/1995, Die Suche nach dem Ich, 145; 146.
[36] So der bekannte *Focus*-Werbeslogan.

und Hinweise gibt, damit ihre Leserschaft das Leben erfolgreicher gestalten und schließlich in die „Info-Elite" einrücken kann.[37] Die aus den im zweiten Kapitel genannten Gründen zurückhaltende Einschätzung dessen, was gegenwärtig unter dem Signum „Informationsgesellschaft" heraufzieht, wird angesichts eines Journalismus vom Schlage des *Focus* verschärft: Visualisierung und Kürze der Darstellung dienen zur Erzeugung von Schein; daß die besungenen Fakten in Wirklichkeit Interpretationen sind, wird unterschlagen; persönlicher Nutzen tritt wie selbstverständlich als oberster Wert auf. Mit dem Ruf nach Fakten will sich der *Focus* demonstrativ die Wissenschaften zu Verbündeten machen – nach der oben vorgelegten Skizze zur Verwissenschaftlichung der Lebenswelt ist eine solche Koalition zu erwarten.

4.1.2 Biologistische Existenzerhellung

Das menschliche Dasein ist bekanntlich von vielfältigen kleinen und größeren Sorgen begleitet. Nachrichtenmagazine gehen darauf ein, auch wenn diese Sorgen sich nicht auf gesellschaftliche Entwicklungen und Zustände beziehen. Von 38 Beiträgen, die sich diesem Feld zuordnen lassen, sind 14 im *Focus* zu finden, während *Der Spiegel* und besonders der *Stern* sich weniger interessiert zeigen. *Die Zeit* ist mit 12 Beiträgen überraschend stark vertreten, wobei jedoch dahingehend einzuschränken ist, daß diese Beiträge skeptisch und ironisch gehalten sind.

Der Ansatz im Alltag ist der Ort, an dem soziobiologisches Gedankengut mit harmlosem Anschein in das alltägliche Bewußtsein einsickern kann, wofür *Das Ende der Glatze*[38] als mustergültiges Beispiel dienen kann. Nicht wenige Menschen werden morgens vor dem Spiegel den Haaransatz prüfen und immer wieder neu erschrocken einen Rückgang feststellen müssen. Sie werden auch nicht zögern, natürliche, organische Vorgänge als für den Haarausfall ursächlich anzunehmen und finden im *Focus* die Erklärung: „ein genetischer Schalter für das Haarwachstum"[39]. Der Artikel klärt weiter über den Haarausfall auf und raubt zugleich nüchtern die Illusionen, der Mann mit Glatze sei der bessere Liebhaber oder auch intelligenter als der Mann mit Haarschopf. Haarausfall sei, so der *Focus* weiter, für Männer ärgerlich, für Frauen „dagegen immer eine Katastrophe"[40], Depressionen, dem *Stern* zufolge gar Selbstmord, seien wahrscheinliche Folgen. Für die nun doch unerwartete Gravität dieser Problemlage wird eine soziobiologische Erklärung geliefert: „Wer jung und fit wirken will, benötigt einen ansehnlichen Schopf – dieses archaische Attraktivitätsmuster gilt bis heute." Er ist

[37] Vgl. K. Rosenfeld, „News to use", 31.
[38] *Focus* 28/1995; vgl. dazu im *Stern* 10/1997 den ebenfalls als Titelstory verwendeten Artikel: Hauptsache Haar. Das Ende der Glatze; *Die Zeit* 3/1999, Geld oder Glatze.
[39] *Focus* 28/1995, Das Ende der Glatze, 116.
[40] Ebd., 115.

ein „Sexsignal erster Güte“[41]. Weil der Reproduktionserfolg berührt sei, müsse Haarausfall als „Katastrophe“ eingeschätzt werden – folglich sei auf Abhilfe zu drängen. Ein „pralle(r) Geldbeutel“[42] vermag diesen Makel auszugleichen, und wer über diesen nicht verfügt, dem bleibt die Hoffnung auf den Experten in Sachen Haaren, der die Funktionen der zuständigen Gene und Hormone zu entschlüsseln weiß. Diese Hoffnung ist dem *Focus* zufolge nicht unbegründet, denn Forscher in den USA haben bereits hilfreiche Entdeckungen gemacht, aber man wird freilich noch etwas warten müssen.[43]

In diesem Artikel lassen sich bereits die wichtigsten journalistischen Instrumente nachweisen, mit denen im *Focus*, aber auch im *Stern* und im *Spiegel* gern gearbeitet wird, um aussichtsreich auf das wirkliche Selbstverständnis des Menschen einzuwirken: Herausstellung und Dramatisierung einer konkreten Problemlage, Rückführung auf soziobiologische oder speziell neurophysiologische Erklärungsmuster und Begrifflichkeit, Benennung von Forschern als Retterfiguren, die mit dem Problem umzugehen lehren. Im Blick auf die verwendete Sprache ist zu notieren, daß der Mensch hier als „Zweibeiner“[44] angesprochen wird. Auch wenn man hier die gern provozierenden Sprachgepflogenheiten im Journalismus namhaft macht, bleibt der Ausdruck verdächtig zoologisch. Es verdient zudem hervorgehoben zu werden, daß besonders die Beiträge im *Focus* dazu neigen, den persönlichen wirtschaftlichen Erfolg in die soziobiologischen Erklärungen einzubringen, worauf unten noch einzugehen ist.

Zwar werden neben der Glatzenbildung weitere alltägliche Problemlagen wie Übergewicht und Krankheit thematisiert, doch bringen diese Beiträge keine neuen Einsichten in das Vorgehen der Periodika ein, so daß sogleich zu einem der zentralen Themen der Soziobiologie übergegangen werden kann: Sexualität, hier vor allem das alltägliche Problem der Untreue.

Drei jeweils zur Titelstory erhobene Beiträge, zwei im *Focus* und einer im *Spiegel*, sind hier zu verzeichnen. Hier wird auf *Urknall der Hormone*[45] als dem aufschlußreichsten unter ihnen einzugehen sein. Bezeichnenderweise wird der Artikel mit Ausführungen zum Sexualverhalten der Bonobos, einer Zwergschimpansenart, eingeleitet, um dann zum Menschen überzugehen mit folgender Behauptung: „So mag die Illusion gewachsen sein, der Mensch stehe über den Zwängen der Natur (...). Alle neuen Forschungsergebnisse weisen in die entgegengesetzte Richtung: Viel stärker als angenommen, ist der Mensch offenbar fest-

---

[41] Ebd. – Etwas weniger pointiert, aber in der Richtung ähnlich formuliert der *Stern*. Ihm zufolge signalisiert volles Haar „Individualität, Lebensgefühl, sozialen Status und Erotik – heute mehr denn je.“ (*Stern* 10/1997, Hauptsache Haar, 41.) In der *Zeit* schätzt man das Problem lediglich als „für manchen bedrückend( )“ (*Die Zeit* 3/1999, Geld oder Glatze, 43.) ein.

[42] *Focus* 28/1995, Das Ende der Glatze, 115.

[43] *Focus* und *Stern* kommen beide zu diesem Ergebnis, beide auch unter Verweis auf den „Haar-forscher" Colin Jahoda, vgl. ebd., 116; *Stern* 10/1997, Hauptsache Haar, 46.

[44] *Stern* 10/1997, Hauptsache Haar, 39; 46; vgl. *Der Spiegel* 12/1997, Zweibeiner mit wehem Rücken.

[45] *Der Spiegel* 16/1995, Urknall der Hormone.

gezurrt durch Erbgut und Hormone."[46] In klassisch soziobiologischer Manier, verbunden mit einem offenen genetischen Determinismus, wird dann die menschliche Sexualität in reduktionistischer Absicht erklärt: Sie steht demnach ausschließlich im Dienst der Neukombination von Genen, so daß „Fortpflanzungsaufwand"[47] für die nachfolgenden Gedanken als Leitkategorie geeignet ist. Treue wird im Anschluß an Edward O. Wilson[48] als biologisch unwahrscheinlich entlarvt, vielmehr gelte: „Untreue ist das Programm der Natur."[49] Eine biologisch ausgeklügelte, und d.h. über den Fortpflanzungsaufwand kalkulierende Doppelmoral sei – allen christlichen Vorstellungen zum Trotz – dem Menschen unausweichlich vorgegeben. Weil die Frauen das höhere Risiko der Vorausinvestition (Produktion der Eizelle, Schwangerschaft) trügen, suchten sie nach bindungsfähigen Männern, die willens und in der Lage sind, die Nachkommen zu versorgen. Soziale Dominanz, auch Geld, gelten hier als Ausweis. Das bedeute jedoch nicht, daß der Versorger auch der Vater sein müsse, denn um für ihre Nachkommen die besten Gene zu sichern, veranstalte die Frau „gelegentlich einen Spermienwettbewerb"[50]. Ebenso verfolgten die Männer eine Doppelstrategie: Sie seien einerseits daran interessiert, ihre Gene möglichst weit zu verbreiten, doch um eine Frau für sich geneigt zu machen, müßten sie sich als bindungsfähig erweisen. Doppelmoral und Eifersucht werden so erklärt, und es kommt ein weiteres hinzu: Die physiologische Ausstattung des Gehirns, des – so *Der Spiegel* – „größten Sexualorgans"[51] des Menschen und seinerseits Ergebnis evolutionärer Vorgänge, steuere über Hormone die Beziehungen so, daß sie den Beteiligten unattraktiv erscheinen, sobald der Nachwuchs „aus dem Gröbsten heraus"[52] sei. Aus biologischer Sicht muß folglich eine Trennung angezeigt erscheinen. Der offenbar stärker an dauerhafter Partnerschaft interessierte *Focus* fragt hier weiter und kommt über die Behauptung, daß „Seitensprung" und Trennung ein „biographie-förderndes Ereignis"[53] sein könne, am Ende überraschend zu einem vagen Plädoyer für die monogame Beziehung.

Dieser Abschluß ist sogleich für die Fortführung der Bestandsaufnahme journalistischer Figuren zu notieren: Die Beiträge zur Sexualität warten mit radikalen und schwerwiegenden Behauptungen über die Freiheit des Menschen und über das

---

[46] Ebd., 180.
[47] Ebd., – Damit greift der Beitrag eine zentrale Kategorie der Soziobiologie auf, die jedoch herkömmlich mit dem Ausdruck „Elternaufwand" belegt ist. Zur Funktionsbestimmung der Sexualität vgl. auch *Focus* 32/1996, Ewig lockt das andere Weib, 91; anders allerdings *Focus* 43/1997, Warum Sex Spaß macht, 217.
[48] *Der Spiegel* 16/1995, Urknall der Hormone, 182; ebenso *Focus* 32/1996, Ewig lockt das andere Weib, 91.
[49] *Der Spiegel* 16/1995, Urknall der Hormone, 182.
[50] Ebd., 185.
[51] Ebd., 177.
[52] Ebd., 191. – Der Zeitpunkt der biologisch angezeigten Trennung wird nach dem Erreichen des vierten Lebensjahres des Nachwuchses angesetzt.
[53] *Focus* 32/1996, Ewig lockt das andere Weib, 92.

Wesen menschlicher Beziehungen auf, um sie anschließend sprachlich abzuschwächen und damit abzuwiegeln. Aufmerksamen Leserinnen und Lesern drängt sich der Verdacht auf, daß es hier etwas zu verschleiern gibt. Erstmals zu verzeichnen ist hier ferner eine Attacke gegen das Christentum, dessen Bestehen auf Monogamie belächelt und gegen das der bekannte Vorwurf der Doppelmoral in ironischer Wendung erhoben wird.[54]

Auf der Ebene der Wortwahl erhärtet sich der Verdacht, der oben im Zusammenhang mit dem Wort „Zweibeiner" geäußert wurde. In diesen Beiträgen nun ist die Rede von der „Menschin", vom „menschlichen Männchen" und der „Primatin Mensch"[55], ferner wird von der „Chemie der Treue" und von „Liebesmolekülen"[56] gesprochen. Zoologie und Molekularbiologie stellen diesen Provokationen zufolge die geeigneten sprachlichen Ressourcen zur Verfügung, um den Menschen zu beschreiben.

Wegen der Bedeutung des differenzierten Elternaufwandes in soziobiologischen Erklärungsversuchen von menschlichem Zusammenleben spielt auch die Geschlechterdifferenz eine beträchtliche Rolle. Sie markiert die einzige theoretisch bedeutsame Unterscheidung zwischen Menschengruppen, die in der Soziobiologie angesichts der Verdächtigungen auf Sozialdarwinismus derzeit namhaft gemacht wird. In den durchgesehenen Periodika fanden sich zur Geschlechterdifferenz sechs, nur wenig engagierte Beiträge – wenngleich der *Focus* auch hier eine Titelstory aufbietet.[57] Inhaltlich folgen die Texte der Sexualitätsthematik und ventilieren hier gängige Vorurteile, die mit Visualisierungen per PET und Aussagen der Hirnphysiologie untermauert werden. Einzig die behauptete Gefühlsarmut der Männer wird darüber hinaus im *Focus* evolutionsbiologisch erklärt. Weitere Hinweise auf die Vorgehensweise in den Zeitschriften lassen sich aus diesen Beiträgen nicht erheben.

Die Maxime, daß der Mensch „gut drauf" zu sein habe, hat sich allenthalben den Rang einer sozialen Norm erschlichen. Es ist einmal mehr der *Focus*, der seine Leserschaft darauf aufmerksam macht und in dieser Sache informativ weiterhilft, wenn sich dort „(d)as Geheimnis der guten Laune"[58] „entschlüsselt" findet. Menschen mit guter Laune seien erfolgreicher, ein Lächeln beeinflusse die

---

[54] *Der Spiegel* 16/1995, Urknall der Hormone, 182; vgl. *Die Zeit* 30/1999, Sprich mit doppelter Zunge.

[55] *Der Spiegel* 16/1995, Urknall der Hormone, 185 und 186.

[56] *Focus* 32/1996, Ewig lockt das andere Weib, 90 und 92.

[57] *Focus* 14/1995, Warum Frauen anders denken als Männer; vgl. *Der Spiegel* 14/1995, Klasse statt Masse. Männer und Frauen ticken verschieden. – Beide Artikel sind nicht nur zeitgleich erschienen, sondern sie beziehen sich z.T. auf dieselben Forscher und verwenden Bilder gleicher Herkunft, gar identische Darstellungen. Ferner zu diesem Thema: *Der Spiegel* 9/1998, Mars schlägt Venus; *Der Spiegel* 17/1998, Schwaches starkes Geschlecht; *Die Zeit* 8/1996, Der Kampf der Geschlechter findet im Kopf statt; *Die Zeit* 18/1999, Jajaja papperlapapp. Frauen quasseln, Männer schweigen.

[58] *Focus* 41/1996. – Ein weiterer Artikel zum Thema „gute Laune" ist zu finden im *Stern* 31/1996, Das Virus, das traurig macht. – Er befaßt sich mit der Suche nach einem Virus, das die manisch-depressive Krankheit auslösen könnte.

Umwelt günstig. Jeder kann, so wird zunächst versprochen, durch positives Denken zum erfolgreichen „Manager seiner Emotionen“ und „Manipulator seiner Gefühle“[59] werden. Der *Focus* bietet sofort einige Strategien an: Fitsein sei hilfreich, „fetzige“ Musik, telefonieren gar. Besonders aber das Lachen sei entscheidend, z.B. über Mr. Bean und Monty Python. Doch Verwirrung und Ernüchterung folgen auf dem Fuß, denn es heißt weiter: „Ob wir gut oder schlecht gestimmt durchs Leben gehen, ist eine Art Lotterie. Die Ziehung findet im Mutterleib statt.“[60] Die „Gefühlsmanager“[61] sind, so erfährt man jetzt, chemischer Art, Dopamin und Serotonin, zwei Neurotransmitter. Auf deren Produktion komme es an und auf die Ausstattung mit den entsprechenden Rezeptoren, deren Zahl genetisch bestimmt sei, der *Focus* spricht an dieser Stelle vom „Happy-Gen“[62]. Sodann wird dieser Befund in Überlegungen zu einer „Evolution des Lachens“[63] auf seine Genese hin untersucht, wo Spiel, Kitzel und Unterwerfung als die Situationen genannt werden, aus denen das Lachen bzw. das Lächeln entstanden sei.

Dieser Beitrag führt neben den bekannten soziobiologischen Reduktionen zu der weiteren Beobachtung, daß erhebliche Spannungen und Verwirrungen anzutreffen sind. So bleibt das Angebot an Strategien zur Steigerung der Laune dichotomisch neben der Behauptung genetischen Festgelegtseins des Befindens bestehen. Sehr deutlich kommt diese unvermittelte Spannung dadurch zum Ausdruck, daß beidemal von Gefühlsmanagern gesprochen wird. Unklar bleibt außerdem, worüber genau die Rede sein soll. Die gute Laune ist zunächst das Thema, dann wird zum Lachen übergegangen, dazwischen finden sich Einwürfe zum Glücklichsein.[64] Dabei wird deutlich, daß es diesem Beitrag weder auf die Fixierung seines Gegenstandes ankommt, noch gar auf sprachliche Präzision. Zudem ist der Verdacht zu notieren, daß menschliche Regungen in behavioristischer Manier auf Oberflächenphänomene reduziert werden. Es zeigt sich an diesem Beitrag abermals, daß persönlicher Erfolg im *Focus* immer wieder als thematische Unterströmung mitspielt. Dem ist im Blick auf die letzten in Alltagssituationen ansetzenden Beiträge nachzugehen.

Dem Thema „Erfolg“ lassen sich vier Beiträge im *Focus* zuordnen, drei davon titelgebend, z.B.: *Jeder kann kreativer werden! Wie Sie ihre geistigen Fähigkeiten besser nutzen. Wie Einfallsreichtum Ihre Karriere beflügelt.*[65] Dabei wird die Leserin/der Leser von Bill Gates, dem Symbol des Motivwechsels von der Tellerwäscher- zur Garagenkarriere, aufmunternd angelächelt. Aber es wird nicht nur

---

[59] *Focus* 41/1996, Das Geheimnis der guten Laune, 196.
[60] Ebd., 197.
[61] Ebd.
[62] Ebd.
[63] Ebd., 200.
[64] Vgl. ebd., 197 und 202. – Geld mache nicht glücklich, so die dort mehrfach mitgeteilte Botschaft.
[65] *Focus* 39/1996. – Ein weiterer Titel: *Focus* 4/1995, IQ. Mehr Erfolg durch Gehirntraining; ferner zum Thema Erfolg: *Focus* 31/1996, Fit im Kopf; *Focus* 26/1995, Die Macht der Schönheit; *Stern* 19/1998, Stress kann auch in Hochform bringen.

Erfolg in Aussicht gestellt, auch an die Möglichkeit des Scheiterns wird mahnend erinnert: „Wer ein schlechtes Gedächtnis hat, dem droht die soziale Ächtung."[66] Erfolg ist nach diesen Beiträgen abhängig von zwei Faktoren, von schlauer Kreativität und von Schönheit. Während der zweite uns an die ehernen Gesetze der Evolution kette, werden im Blick auf den ersten, entgegen den sonstigen Gepflogenheiten im *Focus*, Freiräume menschlichen Handelns eröffnet. Erfolg, so heißt es da, sei eine Sache gesteigerter „Neuro-Fitneß"[67] und daher durch Training herbeizuführen, hilfreiche Tricks werden sogleich mitgeliefert. Dieser dem aktuellen Sprachgebrauch angeglichene Kunstausdruck ist wörtlich zu verstehen, nicht als Metapher: Das Gehirn wird als Muskel angesehen, der sich trainieren läßt, unerläßlich ist daher auch die Empfehlung geeigneter Speisen. Die nicht ganz einfache und für das Selbstverständnis des Menschen bedeutsame Frage, wer diesen „Muskel" trainiert, wird nicht eigens gestellt. Aufschlußreich, aber irritierend im Blick auf die in dem Beitrag unterstellte Handlungsfähigeit des Menschen ist es, wenn fortgesetzt die Computermetapher des Geistes aufgenommen wird.[68]

Bezüglich der Schönheit, dem zweiten Erfolgsfaktor, sind die Möglichkeiten unserer Einflußnahme geklärt: Es regiere das Gesetz der Evolution nicht nur in der Wirtschaft (wer schöner ist, macht die prachtvollere Karriere und bekommt ein höheres Anfangsgehalt angeboten), sondern auch in den persönlichen Beziehungen (ab 35 Jahren ist eine Frau „auf dem 'Heiratsmarkt'" nur noch „schwer vermittelbar"[69]) – der *Focus* räumt einmal mehr mit liebgewonnenen Illusionen auf. Ferner wird eine Logik der positiven Korrelation von Häßlichkeit und Bosheit aufgedeckt: Wer häßlich ist, dem schlage das Leben seelische Wunden, deshalb werde er schließlich böse, weshalb das gängige Klischee gerechtfertigt sei. Dem wird die Krone aufgesetzt durch einen dem Beitrag angeschlossenen Auszug aus Bernd Guggenbergers Buch mit dem Titel: *Einfach schön.*[70] Schönheit rechtfertige, so der vorgebrachte Grundgedanke, soziale Diskriminierung und beschränke alle gesellschaftlichen Gleichheitsbestrebungen, die nicht mehr seien als hilflose „Emanzipationsrhetorik"[71], weil gegen das Natürliche sich auflehnend. Unverschuldetes Übel sei anzuerkennen und nicht weiterhin zu „soziologisieren"[72], wie die Kulturkritiker der sechziger Jahre es getan hätten. In diesem Beitrag treten einmal mehr klassisch soziobiologische Denk- und Sprachfiguren nebst Nieder-

---

[66] *Focus* 31/1996, Fit im Kopf, 89.

[67] *Focus* 4/1995, Mehr Kraft im Kopf, 114; vgl. auch *Focus* 31/1996, Fit im Kopf, 88; *Focus* 39/1996, Jeder kann kreativ werden. 160. – Hier wird die Freiheit zum Erfolg aufschlußreich mit der Kritik an zu hoher Regulierungsdichte verbunden.

[68] Da wird das Kurzzeitgedächtnis als „Kurzzeitspeicher" (*Focus* 4/1995, Mehr Kraft im Kopf, 117) oder auch als „Arbeitsspeicher" angesprochen (*Focus* 31/1996, Fit im Kopf, 90), es ist ferner die Rede von „Zeitfenstern", vom Speichern und Verkabeln.

[69] *Focus* 26/1995, Die Macht der Schönheit, 138.

[70] Vgl. ebd., 142 f.

[71] Ebd., 143.

[72] Ebd.

schlägen der „Sexualisierung der Welt“[73] auf. Neu zu vermerken ist dagegen, daß hier die gefährliche Nähe zum Sozialdarwinismus anschaulich wird, die über das in der Soziobiologie herkömmliche Maß hinausgeht.

Nach dem Erkundungsgang in der Phänomenologie des Alltags bietet sich ein Abstecher hin zu Themenfeldern von existentieller Weite an. Es sind hier diejenigen Beiträge angesprochen, die sich mit den großen Fragen der Menschheit befassen, mit Tod und Leben, mit dem Glück und dem Bösen. Neben dem *Focus* erweist sich hier auch der *Stern* als verhältnismäßig stark interessiert. Beide Magazine liefern sieben bzw. acht Artikel, *Der Spiegel* läßt sich hierzu fünfmal, *Die Zeit* lediglich dreimal vernehmen.

Sechs Beiträge gehen auf die Frage nach Leben und Tod ein, wenngleich hier sofort folgende Kautele in Geltung gesetzt werden muß: Die Frage nach dem Tod steuert die Texte oft nur untergründig, sie wird verdeckt durch typisch soziobiologische Leitausdrücke wie „ewige Jugend“, „Fitneß“, „Unsterblichkeit“, „Leben ohne Ende“, wobei zudem gern die Verbindung zur Sexualitätsthematik gesucht wird. Ein Buch des Mediziners Michael Fossel, in dem die spektakuläre Entdekkung eines „Unsterblichkeits-Enzym[s]“ verkündet wird, veranlaßte den *Spiegel* und den *Stern* zu Einlassungen auf die Frage nach dem Tod.[74] Fossel meint, die Erklärung für das Altern und das Sterben in der durch Zellteilung verursachten Verkürzung der Chromosomen-Endabschnitte, der Telomere, entdeckt zu haben. Während *Der Spiegel* eher skeptisch bleibt und die geweckten Hoffnungen auf mögliche Krebstherapien zu beschränken sucht, stimmt der *Stern* in die auch Fossels Buch bestimmende Wissenschaftseuphorie ein und beteiligt sich an der Verheißung einer „schönen neuen Welt der Menschen-Methusalems“[75]. Weitere Erkenntnisse der Alternsforschung werden hinzugefügt: Die Entdeckung der von den Mitochondrien gebildeten sogenannten freien Radikalen, sowie die Entdekkung der Gene, die für rasches Altern ursächlich sind. Evolutionsbiologische Erklärungen unterbleiben hingegen. Die Angst vor diesen unablässig in uns wirksamen Prozessen wird dadurch gedämpft, daß mögliche Abhilfestrategien sofort in Aussicht gestellt werden. Neben Gentherapien werden Einfrieren und die Einnahme bestimmter Hormone erwogen[76] sowie die Verbindung zu körperlicher Fitneß herausgestellt. Die Artikel *Leben ohne Ende* und *Ewig jung* zeigen sich den Hoffnungen auf Abhilfestrategien gegenüber ebenso offen, wie sie ein Verwirr-

---

[73] Der Ausdruck von J. Baudrillard, Le Pen hat die Macht des Bösen, in: *Die Zeit* 22/1997, 40.

[74] Vgl. *Stern* 18/1997, Leben ohne Ende; *Der Spiegel* 4/1996, Faustischer Pakt; *Focus* 5/1996, Ewig jung, 111. – Vgl. M. Fossel, Das Unsterblichkeits-Enzym. Die Umkehrung des Alterungsprozesses ist möglich, dt. v. A. Bischoff und B. Stein, München 1996.

[75] *Stern* 18/1997, Der Traum vom ewigen Leben, 50.

[76] *Der Spiegel* verweist auf „Telomerase“ (*Der Spiegel* 4/1996, Faustischer Pakt, 140.), *Die Zeit* und der *Stern* dagegen auf „Melatonin“ (*Die Zeit* 4/1995, Jugend zum Schlucken; *Stern* 40/1995, Eine Pille für den Traum von der ewigen Jugend; *Stern* 39/1998, Volle Kanne für die Jugend). In *Zündschnur des Todes* (*Der Spiegel* 4/1998) werden verstärkt Hinweise auf einen gentechnischen Ausweg aus dem Alterungsprozeß gegeben.

spiel um die behandelte Thematik treiben. Beide gehen auch auf die möglichen Folgen einer Gesellschaft der Altwerdenden ein, die ihnen durchaus nicht wünschenswert erscheint, denn sie erkennen für ein solches Szenario auf Angst vor Straftaten und Unfällen, Langeweile und „Rachegesellschaft“[77]. Schwanken zwischen Skepsis und Euphorie läßt sich beobachten, sowohl was die Möglichkeiten der realen Todesverdrängung, als auch deren mögliche Folgen angeht.

Folgende Beobachtung des Sprachgebrauchs muß an dieser Stelle den bislang gemachten hinzugefügt werden: Eine Passage im Artikel *Leben ohne Ende* weist eine merkwürdige Äquivokation des Ausdrucks „Fitneß“ auf.[78] Hier wird deutlich, daß die Rede von Fitneß nicht allein eine soziale Strömung der Auszeichnung körperlicher Attraktivität und sexueller Aktivität transportiert, sondern darüber hinaus in ihrer Funktion als darwinistische Leitterminologie verwendet wird.[79]

Als Inbegriff dessen, was ein gelungenes Leben ausmacht und was das menschliche Streben orientiert, ist das Glück anzusprechen. Seit jeher arbeiten Philosophen an einer über dieses formale Charakteristikum hinausgehenden Bestimmung des Glücks – ohne Erfolg, wie in *Stern* und *Focus*[80] nachzulesen ist. Ihre Ratlosigkeit führe diese Denker zu der resignierten Einsicht Freuds: „[D]ie Absicht, daß der Mensch glücklich sei, ist im Plan der Schöpfung nicht enthalten.“[81] Erst die Neurobiologie vermag, so diese Artikel, dem Menschen dieses grundlegende Streben weiter zu erhellen. Durchgehende Merkmale des vielfältigen Phänomens „Glück“ seien seine Körperbezogenheit, Privatheit und die Kürze seiner Dauer. Solch ein „Hochgefühl“[82] lasse sich herbeiführen, indem man sich offen und angstfrei auf neue Situationen einlasse und den Körper an die Grenzen seiner Möglichkeiten führe. Zur evolutionsbiologischen Erklärung wird in beiden Blättern der „Glücksforscher“ Gerhard Roth bemüht:[83] Die Evolution habe solche Individuen begünstigt, die nicht träge, sondern bereit zu neuen Entdeckungen

---

[77] *Focus* 5/1996, Ewig jung, 114; *Stern* 18/1997, Der Traum vom ewigen Leben, 52. – Hier wird zudem ein Kasten, betitelt mit: „Wir würden uns selbst vernichten", zur Mahnung beigefügt, der ein Interview mit Sherwin Nuland wiedergibt. Als Gedankenspiele mag man das hinnehmen; bedenkt man jedoch, daß bereits heute allenthalben die Klage der Überalterung geht, so kann man sich nur schwer des Verdachtes erwehren, hier würden aus soziobiologischer Perspektive Ressentiments geschürt. Erinnert sei in diesem Zusammenhang daran, daß 1995 das Wort „Altenplage“ in die engere Auswahl zum „Unwort des Jahres“ gelangt ist, vgl. Harenberg Lexikon der Gegenwart 13, Dortmund 1997, 370.

[78] *Stern* 18/1997, Der Traum vom ewigen Leben, 50.

[79] Vgl. zum Schillern der Ausdrücke Anm. 9 und 67. Eine ähnliche Beobachtung läßt sich zum Ausdruck „Erfolg“, wie er im *Focus* Verwendung findet, machen.

[80] *Stern* 2/1997, Glück: Das schönste Gefühl wird entschlüsselt; *Focus* 31/1995, Das Geheimnis des Glücks. – Eine freundlichere Einschätzung philosophischen Nachdenkens über das Glück in: *Focus* 9/1999, Anleitung zum Glücklichsein, 173 f.

[81] *Stern* 2/1997, Glück: Das schönste Gefühl wird entschlüsselt, 30; *Focus* 31/1995, Das Geheimnis des Glücks, 93. – Vgl. S. Freud, Das Unbehagen in der Kultur (Gesammelte Werke, Bd. XIV), 434.

[82] *Stern* 2/1997, Glück: Das schönste Gefühl wird entschlüsselt, 30. – Dieses Hochgefühl wird auch gern als „Flow“ bezeichnet, vgl. etwa *Focus* 9/1999, Anleitung zum Glücklichsein, 176 f.

[83] Vgl. *Stern* 2/1997, Glück: Das schönste Gefühl wird entschlüsselt, 33; *Focus* 31/1995, Das Geheimnis des Glücks, 99.

waren. Weil das Lernen jedoch mit dem Anlegen neuer Nervennetze verbunden und deswegen aufwendig sei, müsse einer Neigung zur Trägheit entgegengewirkt werden, wozu ein neuronales Belohnungssystem evoluiert sei, mit dem nun auch der Mensch ausgestattet sei. Es operiere mit dem Botenstoff Dopamin, der unter bestimmten Bedingungen ausgeschüttet werde und das Hochgefühl, Glück genannt, wecke. In der weiteren Folgerung gehen *Focus* und *Stern* getrennte Wege. Im *Stern* heißt es in einer Hervorhebung: „Jeder Mensch erbt von den Eltern einen bestimmten Pegel an Zufriedenheit."[84] Es spielt demnach keine große Rolle, was man zur Erlangung des Glückszustandes unternimmt, früher oder spätere pendele sich das Lebensgefühl immer auf einem genetisch fixierten Niveau ein. Dieses sei abhängig von der Länge eines – erst noch zu erforschenden – Gens. Immerhin wird dieser fatalistischen Sicht noch eine positive Seite, ja Trost, abgewonnen: Sie „kann uns davor bewahren, Selbstmord oder andere dramatische Handlungen zu begehen, wenn wir uns in einem tiefen Loch befinden, den Job oder einen geliebten Menschen verlieren. Wir können uns sicher sein, daß das Glück irgendwann zurückkehrt und das genetisch festgelegte Niveau erreicht."[85] Laut *Focus* ist dagegen Glück „mehr als ein Feuerwerk der Botenstoffe"[86], denn Glück lasse sich nicht allein im limbischen System verorten, sondern auch im Neokortex, und müsse deshalb als der bewußten Einflußnahme geöffnet angesehen werden. Statt zu Fatalismus führt diese Auffassung zu der Empfehlung, mit fortgesetzter Lebenssteigerung und dem Gang an die körperlichen Grenzen nach immer neuen Glücksmomenten zu streben. Glück wird damit zugleich zum liberalistischen Politikum, denn „einer Gesellschaft mit egalitären Zügen fehle es an der Dynamik, die es den Tüchtigen erlaube, sich glücklich zu fühlen"[87].

Übereinstimmend gehen die Artikel gegen die Gewohnheit vor, sich den erwünschten „Flow" per Fernsehen, Drogen oder Technopartys zu verschaffen, weil es sich hier nur um virtuelle Erlebnisse handele. Das ist vor dem Hintergrund der Auffassung, Dopaminausschüttungen seien die Wirklichkeit des Glücks, nur schwer einzusehen, denn diese sind echt, ob jemand LSD raucht oder, wie empfohlen, sich sexuell betätigt oder am Bungeeseil in die Tiefe springt. Nach der evolutionsbiologischen Erklärung belohnt die Evolution sich selbst, und die ist bekanntermaßen zielblind.

Mit ihrer Beschränkung auf die „glücklichen Momente" nehmen die Artikel eine Bedeutungsnuance der Rede vom Glück für das Ganze und verkleinern das menschliche Streben auf eine soziobiologisch handhabbare Dimension. Damit folgen sie selbst dem Freudschen Pessimismus und zeigen eine Verarmung an, die ein soziobiologisch orientiertes Selbstverständnis des Menschen mit sich führt.

---

[84] *Stern* 2/1997, Glück: Das schönste Gefühl wird entschlüsselt, 32 f.
[85] Ebd., 33.
[86] *Focus* 31/1995, Das Geheimnis des Glücks, 94.
[87] *Focus* 9/1999, Anleitung zum Glücklichsein, 180.

Tatsächlich werden unter den vielversprechenden Titeln nur Oberflächenphänomene reduziert, während das Glück als Inbegriff gelingenden Lebens[88] mit Stillschweigen übergangen wird. Indem die Rede von Glück auf diese Weise enggeführt wird, werden zudem sittliche und interpersonale Konnotationen unterdrückt.[89]

Der dritte in diesem Gang zu betrachtende Komplex betrifft das Böse: Die Angst davor, vor Gewalt und Aggression, wird in den Artikeln Zum *Bösen geboren?* und *Das mörderische Gehirn*[90] einschlägig thematisiert. Es wird hier zunächst von immer häufigeren und immer schlimmeren Verbrechen ausgehend ein Szenario fortgesetzt eskalierender Gewalttätigkeit aufgebaut, um dann nach den Ursachen zu fragen. Grundlegend ist erwartungsgemäß der evolutionstheoretische Erklärungsansatz: „Aggression und Erfolg sind womöglich ebenso schwer zu trennen wie die zwei Seiten einer Münze. Im evolutionären Kampf überlebten nur diejenigen, die sich zu wehren wußten. Vielleicht ist es dieses biologische Erbe, das die Entwicklung eines besonders aggressiven Typs geprägt hat – des Mannes."[91] In dieser aufschlußreichen Passage findet sich zum einen die suggestive Verknüpfung der soziobiologisch leitenden Fragen nach Gewalt, Erfolg und Geschlechterdifferenz. Das Überthema Sexualität findet dagegen überraschend nur am Rande Erwähnung. Mit der pauschalen Verdächtigung des Mannes wird eine differenzierende Bedeutungsverschiebung des Ausdruckes „Aggression" eingebracht, der nun mit der Konnotation des Nützlichen versehen wird. Demnach gibt es die „gute", d.h. natürliche Aggression des erfolgreichen Mannes und die „böse" des Amokläufers, die durch genetische und neuronale Defekte verursacht ist. Damit begibt sich der Erklärungsansatz auf die neurobiologische Ebene und ruft die hier üblichen Ursachen auf: Neurotransmitter, Biokatalysatoren (Hormone) und „Verschaltungen". Die herkömmlich konkurrierende Perspektive, die Gewalttätigkeit psychologisch auf erlittene Gewalt und biographische Faktoren zurückführt, wird durch die Behauptung in das neurobiologische Gefüge gezogen, der zufolge solcherlei Umwelteinflüsse Schädigungen der Neuronenbahnen, auch „Nervenschaltkreise"[92] genannt, nach sich zögen. Die beklagte und für die Eska-

---

[88] Vgl. Aristoteles, Nikomachische Ethik, dt. v. F. Dirlmeier, Stuttgart 1969, I, 6; X, 6-9; O. Höffe, Art. „Glück", in: Ders. (Hg.), Lexikon der Ethik, München ³1986, 90-93; hier 91.

[89] Vgl. *Focus* 3/1997, Hautsache Liebe. – Obwohl die Artikel über Glück auch Erwägungen zur Liebe erwarten lassen, ist dieser der einzige Beitrag, der einen solchen Bezug herstellt. Liebe wird darin zur „Hautsache" erklärt und nicht, wie zunächst gemutmaßt werden könnte, auf Sexualität, sondern auf Berührung und Massage reduziert. Dieses Verständnis von Liebe ermöglicht auch hier einen Ausschluß der interpersonalen Dimension. Der Artikel schließt mit einem Zitat von Sherry Cohen folgendermaßen: „Massieren Sie sich selbst! 'Warum sollten Sie, wenn gerade keine gute Seele zur Stelle ist, auf die Massage verzichten?'" (Ebd., 111.)

[90] *Stern* 19/1996, Zum Bösen geboren?; *Focus* 49/1995, Das mörderische Gehirn. – Zu diesem Thema vgl. *Der Spiegel* 27/1998, „Bungee-Springen ohne Seil", wo ein aufweniger Bezug zur gesellschaftlichen Wirklichkeit namentlich über verstärkt auftretende Hooligans hergestellt wird.

[91] *Focus* 49/1995, Das mörderische Gehirn, 177.

[92] Ebd., 182. Vgl. *Stern* 19/1996, Zum Bösen geboren, 36.

lation der Gewalt in der Gesellschaft verantwortliche Spirale der Gewalt sei demnach allein durch die Arbeit der Neurobiologen, nicht der Politiker, Pädagogen und Eltern zu durchbrechen. Wer in Ungläubigkeit verharrt und nicht bereit ist anzuerkennen, daß die Spirale der Gewalt ein Naturprozess ist, wird diffamiert. Im *Stern* werden sie wahlweise als Linke oder Rechte, im *Focus* als „Aktivisten" oder „wütende Demonstranten"[93] apostrophiert. Beide Artikel bringen eine an den Psychologen Adrian Raine anschließende Drohung ins Spiel: „Das Blut zukünftiger Gewaltopfer klebt an den Händen derjenigen, die heute unsere Arbeit behindern."[94] Die häufig wiederkehrende Figur: „Problem – Erklärung – Retter" wird hier der Thematik angepaßt variiert. Die Retterfiguren empfehlen nicht etwas, was zum eigenen Glück führt, sondern sie führen einen moralischen Appell – verbunden mit der ansonsten verpönten Gebärde der Drohung.

Neben Überlegungen, die gesellschaftliche Fragen nach Rechtsprechung und Angst vor Mißbrauch von Forschungsergebnissen betreffen und die bereits im Kontext der Fragen nach Jungsein und Lebensspanne auftraten, führt die kausale Reduktion der Aggression weiter zur Frage nach dem anthropologisch verantworteten Selbstverständnis des Menschen. Ein Kasten im *Stern*-Artikel spitzt den neurobiologischen Erklärungsansatz entsprechend auf die Alternative Freiheit versus Determinismus zu. Der Psychologe Hans Jürgen Eysenck behauptet in einem Interview, menschliches Verhalten sei zu 60% von den Erbanlagen und zu 40% durch Konditionierung bestimmt.[95] Die Annahme von Freiheit und Verantwortlichkeit wird folgerichtig ausdrücklich abgelehnt, doch zugleich behauptet er, wir seien nicht einem „unabwendbaren Schicksal"[96] ausgeliefert. Der Wunsch, dieser Folge zu entgehen oder sie wenigstens zu verschleiern, ist weit verbreitet. Gern versteckt man sich dann hinter der Komplexität des Gehirns,[97] doch wird dadurch der generell in Stellung gebrachte Erklärungsanspruch unterlaufen.

4.1.3 Forschungsberichte der besonderen Art

Die Themen der verbleibenden Beiträge richten sich nicht unmittelbar auf das menschliche Dasein, sondern auf dessen wissenschaftliche Erforschung. Dazu ist eine größere Anzahl von Beiträgen erschienen, die Darstellungen zum philosophischen und naturwissenschaftlichen Ringen um das menschliche Selbstverständnis bieten. Schließlich gibt es eine Reihe von Texten, die den direkten evolutionsbiologischen Zugang wählen und die Abstammung des Menschen vom Affen thematisieren.

---

[93] *Focus* 49/1995, Das mörderische Gehirn, 182; vgl. *Stern* 19/1996, Zum Bösen geboren, 34.
[94] Das Zitat findet sich als Hervorhebung in: *Focus* 49/1995, Das mörderische Gehirn, 183; vgl. *Stern* 19/1996, Zum Bösen geboren, 34.
[95] Vgl. *Stern* 19/1996, Zum Bösen geboren, 42.
[96] Ebd.
[97] So auch der Haupttext im vorliegenden Fall, vgl. ebd.

Der in den Zeitschriften geübte Umgang mit dem Alltag, den Sehnsüchten und Ängsten ihrer Leserinnen und Leser wird diesen möglicherweise gewöhnungsbedürftig vorkommen und die Frage nach der Rechtertigung einer solchen Sichtweise aufwerfen. Im *Focus* und im *Spiegel* finden sich hierzu Überblicksdarstellungen, die über den Forschungsverlauf zu belehren suchen, insbesondere von der Ablösung der herkömmlich philosophischen Erwägungen zum menschlichen Selbstverständnis durch die neuro- und evolutionsbiologischen – gern als bahnbrechend oder spektakulär bezeichneten – Neuansätze.

Insgesamt muß die Information über die derzeitige Forschungslage als Domäne der *Zeit* angesehen werden, dennoch ist wegen der in *Focus*, *Stern* und *Der Spiegel* ganz andersartigen und aufdringlicheren Vorgehensweise ein gesonderter Blick auf deren Beiträge zu werfen.

Die Titelstory des *Focus Gott und die Wissenschaft. Physiker und Biologen enträtseln die Geheimnisse der Religion und fragen: Wo ist die Seele?*[98] beginnt mit der Rehabilitation Darwins durch die katholische Kirche und nimmt dies zum Anlaß, herauszustellen, daß all die von der Kirche – die auch schon mal mit Gott identifiziert wird[99] – zurückgewiesenen Theorien über den Menschen sich schließlich durchgesetzt hätten und das Refugium des Menschen als Krone der Schöpfung durch wissenschaftliche Fortschritte in seiner Existenz bedroht werde. Mit Darwin sei jedoch nicht auch die Soziobiologie rehabilitiert, denn die Seele, die sie zu naturalisieren gedenke, werde immer noch als unmittelbar von Gott geschaffen angesehen. Der Artikel läßt diese Sache unentschieden und beläßt es bei der Gegenüberstellung der Äußerung Papst Johannes Pauls II. einerseits mit dem Soziobiologen Richard Dawkins und seiner Erklärung, die Lehre der katholischen Kirche sei eine Geisteskrankheit,[100] andererseits.

Zwei weitere Artikel[101] fragen nach der Seele und bringen dabei das oben bereits angesprochene Vorher-Nachher-Schema zur Anwendung, dem gemäß die Neurobiologen dort Klärung bringen, wo Religionen und Philosophien seit Jahrtausenden scheiterten. Im *Spiegel* werden die berühmten „Kränkungen der Menschheit" von Galilei bis Freud erwähnt, um dann die letzte, größte sogenannte Kränkung in Aussicht zu stellen: „Die Unsterblichkeit der Seele, selbst die Freiheit des Willens sind in Gefahr, wissenschaftlich wegerklärt zu werden"[102], Ausflüchte über den Dualismus (John Eccles) oder über die Quantentheorie (Roger Penrose) werden als Spekulationen abgetan. Tatsächlich herrsche unter den Neurobiologen – auch wenn Großtheorien á la Gerald Edelman und Francis Crick noch übereilt erscheinen – Aufbruchstimmung, denn es gebe nur noch wenige

---

[98] *Focus* 52/1996.
[99] Vgl. ebd., 141.
[100] Vgl. ebd., 145. – Vgl. R. Dawkins, Das egoistische Gen, dt. v. K. de Sousa Ferreira, Reinbek ²1996, 528.
[101] *Focus* 16/1995, Die Suche nach der Seele; *Der Spiegel* 16/1996, Die Suche nach dem Ich.
[102] *Der Spiegel* 16/1996, Die Suche nach dem Ich, 191.

Fragen zu klären, um zu einer umfassenden, neurobiologischen Theorie des Bewußtseins alias Seele vorzustoßen. Der *Focus* verweist an dieser Stelle auf die ungeheure Komplexität des Gehirns, die ein erklärendes Durchdringen schier unmöglich mache. Anders im *Spiegel*, hier werden Deutungen der Neurobiologen referiert, die das Bewußtsein als eine erstaunlich wenig leistungsfähige Funktionseinheit des Computers Gehirn auffassen: geringe Speicherkapazität, geringe Arbeitsgeschwindigkeit, Nachzeitigkeit. Dem *Spiegel* zufolge fragen die Neurobiologen betont nüchtern angesichts erschreckender Einsichten, „wie es diesem geschockten Gaukler namens Gehirn gelingt, das Ich im Glauben an seine Allmacht zu wiegen“[103]. Diese Frage wird mit Tor Nørretranders dahingehend beantwortet, daß das Bewußtsein eine Art Datenfilter sei.[104] Damit bleibe nur noch die Frage nach den subjektiven Empfindungen, der „letzte[n] Bastion der Geisteswissenschaft“[105], offen. Im *Spiegel* folgen, ebenso wie im *Focus*, Hinweise auf die Arbeiten von Petra Stoerig zum Blindsehen, d.h. zur Entkoppelung von Wahrnehmung und Bewußtsein, sowie auf Antonio Damasio, der mit evolutionsbiologischen Erklärungen und seiner vielzitierten Datei von Gehirnläsionen arbeitet, doch Antworten auf die Frage nach der subjektiven Empfindung finden sich bei diesen Forschern nicht. Die Schlußgedanken der beiden Artikel fallen gänzlich verschieden aus: Während *Der Spiegel* meint, Damasio sei der Lösung des Rätsels auf der Spur und stehe an der Schwelle zur „großen Synthese der Erkenntnisse über das Gehirn“[106], zitiert der *Focus* erstaunlicherweise einen eher resigniert klingenden Damasio: „‘Mögen sich doch die Philosophen, nicht die Ärzte damit abplagen, die Bedeutungen jener Windungen des Gehirns zu erforschen.’“[107] Beide Aussagen umreißen die Auffassung des Autors, der der Neurobiologie prinzipiell eine Antwort auf die Frage nach dem Geist zutraut, die aber angesichts der Fülle neuer Fakten und der Komplexität des Gegenstandes auf absehbare Zeit nicht zu erwarten sei.[108]

Diese Zurückhaltung, dasselbe Schwanken, mit dem auch der Artikel „Gott und die Wissenschaft“ die Leserschaft zurückläßt, hängt möglicherweise damit zusammen, daß der *Focus* das Zerbrechen „unseres christlichen Wertesystems“[109] als Folge neurobiologischer Erfolge befürchtet. Angesichts des ansonsten im *Focus* unbeschwert vertretenen Naturalismus muß dies freilich zunächst überra-

---

[103] Ebd., 195.

[104] Vgl. ebd., 196. – Vgl. dazu T. Nørretranders, Spüre die Welt. Die Wissenschaft des Bewußtseins, dt. v. A. Bruns, Reinbek 1994, 414; 417.

[105] *Der Spiegel* 16/1996, Die Suche nach dem Ich, 199.

[106] Ebd., 201.

[107] *Focus* 16/1995, Die Suche nach der Seele, 155.

[108] „Natürlich wünschte ich, ich könnte sagen, daß wir mit Gewißheit wissen, wie das Gehirn es anstellt, den Geist hervorzubringen, aber ich kann es nicht - ich fürchte, niemand kann es“, so A. R. Damasio, Descartes' Irrtum. Fühlen, Denken und das menschliche Gehirn, dt. v. H. Kober, München [2]1997, 340.

[109] *Focus* 16/1995, Die Suche nach der Seele, 145 f.

schen. Die zögerliche Haltung läßt sich aus dem doppelten Interesse des *Focus* erhellen: Auf der einen Seite geht es ihm um ein individualistisches Menschenbild, auf der anderen soll am gesellschaftlichen Status quo festgehalten werden, um der als Leserschaft angezielten Elite ein stabiles Aktionsfeld zur Selbstverwirklichung zu sichern. Die Fraglichkeit, beides zugleich haben zu können, spiegelt sich im Zögern des *Focus*. Doch auch bei unterschiedlicher Einschätzung der bislang erreichten Ergebnisse stimmen *Focus* und *Der Spiegel* darin überein, daß – wenn überhaupt jemand – Neuro- und Evolutionsbiologen die Antwort auf das Rätsel, das das menschliche Bewußtsein darstellt, geben können.

An dieser für das menschliche Selbstverständnis entscheidenden Frage arbeitet sich der Großteil der in der *Zeit* veröffentlichten Beiträge ab, die an dieser Stelle zu würdigen sind, weil sie durchweg, falls nicht ironischen Charakters, detaillierte Forschungsberichterstattung darstellen. Am Beispiel des Beitrages *Der Wille als Vorstellung*[110] lassen sich Übereinstimmungen und Unterschiede zwischen der *Zeit* und den drei anderen Periodika im Hinblick auf eine Position in Sachen menschlichen Selbstverständnisses feststellen. Die Leserschaft wird hier über die Experimente Benjamin Libets in Kenntnis gesetzt in einer Weise, die zwar einiges mehr an Aufmerksamkeit für einen begrenzten Gedankengang erfordert, dafür jedoch – etwa im Gegensatz zur Erwähnung der Arbeiten Libets im *Spiegel*[111] – gut verstehbar ist. Der Neurophysiologe konnte über die unmittelbare Reizung des Neokortex bzw. über die Überwachung der Neuronenaktivitäten bei willentlichen Handlungen eine Nachzeitigkeit des bewußten Empfindens feststellen und mit diesen empirischen Daten Fragen bezüglich des Wesens des Bewußtseins und des Willens aufwerfen. Während im *Spiegel*-Artikel sofort geschlossen wird, der Glaube an einen freien Willen überhaupt sei durch diese Experimente ins Wanken geraten und das Ich als „Gaukler" demaskiert, ist man in der *Zeit* vorsichtiger. Hier werden nicht nur Libets eigene, differenziertere Bewertungen, die etwa die Möglichkeit des freien Willens als Suspensionsvermögen in Erwägung ziehen, vorgestellt, sondern darüber hinaus unterschiedliche Reaktionen auf diese Daten angesprochen. Daß Libets Experimente überdies nicht einhellig und in stets gleicher Stoßrichtung rezipiert wurden, wird im *Spiegel* unterschlagen, während in der *Zeit* nicht nur Karl Popper und John Eccles erwähnt werden, die Libets Erkenntnisse im Sinne des Dualismus auszulegen suchten, sondern auch Patricia Churchland, die sich aus der Sicht eines eliminativen Materialismus gegen Libets Überlegungen richtete. An diesem Beispiel wird deutlich, daß *Die Zeit* ihren Leserinnen und Lesern nicht nur mehr Lese- und Denkanstrengung zumutet, sondern ihnen auch ein Urteil zutraut, das im *Spiegel*-Artikel – und der mag hier für einen verbreiteten journalistischen Stil stehen – gleich mitgeliefert wird. So sind die *Zeit*-Artikel allgemein aufwendiger zu lesen, detaillierter und mithin bescheidener

---

[110] *Die Zeit* 51/1996.
[111] *Der Spiegel* 16/1996, Die Suche nach dem Ich, 195.

im Bezug. Das ganze Gebiet der im Blick auf den Alltag und die Sehnsüchte bzw. Ängste der Leserschaft bereits schlußfolgernden Artikel, wie sie vor allem in *Focus* und *Stern* zu finden sind, ist in der *Zeit* so gut wie nicht vorhanden. Selbst auf die soziobiologischen Theorieansätze, die ebenfalls den Charakter von Schlußfolgerungen aus einem antizipierten Ergebnis der Mind-Brain-Debatte tragen, wird weitgehend verzichtet,[112] statt dessen befassen sich die Beiträge der *Zeit* zumeist mit eben dieser Debatte als der für das menschliche Selbstverständnis grundlegenden.

Die Neigung zu einer reduktionistischen Auffassung ist jedoch auch in der *Zeit* nicht zu verkennen, und in dieser Tendenz stimmen sie mit den anderen Zeitschriften überein. Neurobiologische Erklärungsversuche mentaler Leistungen werden durchweg positiv beurteilt, wobei die ansonsten begrüßenswerte thematische Begrenzung der Artikel sich dahingehend nachteilig auswirkt, daß nötiges Weiterfragen, etwa nach ethischen und moralischen Konsequenzen der Erklärungsversuche, oft unterbleibt. Die Tendenz wird ferner anhand der Namen bevorzugter Gastautoren deutlich, die ihre Beiträge in der *Zeit* plazieren. Zu nennen sind etwa Hans Flohr, Gerhard Roth, Daniel Dennett und Gerhard Vollmer, insbesondere aber Thomas Metzinger, für dessen Denken die Wissenschaftsredaktion der *Zeit* erkennbare Sympathien hegt.[113] Schließlich läßt sich die genannte Neigung daran ablesen, wie solche Theoretiker dargestellt werden, die sich ausdrücklich gegen naturwissenschaftlichen Reduktionismus wenden. Deren Abwertung erfolgt bereits in den Überschriften, so wenn Colin McGinn als „Mysteriker"[114] oder John C. Eccles als „der letzte Neurophysiologe, der noch an die Seele glaubt"[115] angesprochen werden.

In den bisher untersuchten Beiträgen ließ sich immer wieder die Soziobiologie als stichwortgebende und orientierende Hintergrundtheorie namhaft machen. So ist es nicht verwunderlich, wenn eine ganze Reihe von Artikeln – es sind 22 Stück – den Menschen und seine kulturellen Leistungen direkt im evolutionsbiologischen Rahmen verorten. Die wichtigsten aus dem *Spiegel* und dem *Focus* verteilen sich auf zwei Fragestellungen, wie sie von den beiden Eminenzen der Soziobiologie, dem schon erwähnten Edward O. Wilson und dem hier verstärkt auftretenden

---

[112] Eine Ausnahme bildet ein Beitrag von Gerhard Vollmer (*Die Zeit* 35/1997, Denker und Sammler. Die Philosophie ist die Vorratshaltung des Geistes).

[113] Vgl. U. Schnabel/A. Sentker, Wie kommt die Welt in den Kopf? Reise durch die Werkstätten der Bewußtseinsforscher, Reinbek 1997, 272-282; hier 291 f. – Auch kommt Thomas Metzinger in der *Zeit* bevorzugt zu Wort, vgl. die Beiträge von ihm: Wenn die Seele verlorengeht, *Die Zeit* 45/1996; Jahrmarkt des Bewußtseins, *Die Zeit* 21/1998; Der Begriff des Begreifens, *Die Zeit* 21/1998; Nichts-anderes-als-Reflex, *Die Zeit* 4/1999.

[114] *Die Zeit* 36/1997, Die Seele des Mysterikers, 43. – Dieser Ausdruck, aus „Mystiker" und „Hysteriker" zusammengesetzt, stammt von Owen Flanagan und ist wahrlich keine Auszeichnung.

[115] *Die Zeit* 21/1997, Wanderer zwischen den Welten. Mit John C. Eccles starb der letzte Neurophysiologe, der noch an die Seele glaubte, 34.

Richard Dawkins, aufgeworfen werden. Zudem wird auf den Beitrag *Es geht auch ohne Gott und Geist* von Daniel C. Dennett[116] in der *Zeit* einzugehen sein.

Seit den frühen achtziger Jahren beschäftigt sich Wilson mit der Frage nach der Biodiversität und der Rolle des Menschen in der Evolution. Im *Spiegel* wie im *Focus* avanciert Wilsons Anliegen zur Titelstory. Eher nachdenklich titelt *Der Spiegel*: *Das große Artensterben. Abschied von der Tierwelt*[117] und spricht alle diejenigen an, die von Artensterben und Umweltzerstörung aufgerüttelt sind. Anders der *Focus*, der auch dieser Problematik eine zuversichtliche Seite abzugewinnen vermag. *Erfolgsmodell Mensch*[118] lautet der Titel von Heft und Artikel, und der Ausdruck des abgebildeten jungen Mannes verbreitet Zuversicht, die Angst macht. Beide Beiträge befassen sich mit Wilsons Appell, der Mensch solle als „Manager der Artenvielfalt"[119] den Gang der Evolution in seine Verantwortung nehmen. Der *Focus* läßt auf den ersten Blick kaum Zweifel am Gelingen solch einer Aufgabe aufkommen, stellt er doch den Menschen als das „Erfolgsmodell" der Evolution dar, das seit der Hominisation durch Intelligenz und kluge Verwendung von Technik allen Konkurrenten und Katastrophen zu trotzen wußte. Vor allem technischer Art sollen auch die Instrumente des zu leistenden Managements sein. Neben der durch die moderne Mobilität verbesserten Rekombination der Gene stünden derzeit pränatale Diagnostik plus Abtreibung sowie Gentechnik zur Verfügung. „Sobald unsere Gene entschlüsselt sind, werden wir in der Lage sein, unsere evolutionäre Zukunft selbst zu bestimmen"[120], verspricht Wilson, und der Biologe Stephen J. Gould sekundiert beschwichtigend: Die Vernunft des Menschen werde ihn vor falschen Eingriffen, etwa in die Keimbahn des Menschen, bewahren. Im *Spiegel* wird die drängende Frage nach der Biodiversität nicht so leichtfertig mit dem Verweis auf Versprechungen erledigt. Tatsächlich findet hier sogar eine Kontroverse zwischen dem Biologen Hubert Markl, der Wilsons Optimismus bezüglich der Übernahme der Evolution durch den Menschen teilt, einerseits und dem ihm aus der Perspektive eines Physikers widersprechenden Hans-Peter Dürr andererseits statt.[121] Weil die Kulturgeschichte nichts anderes sei als ein Naturprozess, sei Gentechnik, so folgert Markl, als schützende Maßnahme gegenüber der Natur notwendig. Dürr entlarvt diese Auffassung mit dem Hinweis

---

[116] *Die Zeit* 8/1996. – Dieser Beitrag beinhaltet die Grundthese von Dennetts *Darwins Dangerous Idea* von 1995 und steht im Zusammenhang mit der Veröffentlichung der deutschen Übersetzung.

[117] *Der Spiegel* 48/1995. – Zu dem Thema findet sich ein Interview mit Wilson unter dem Titel „Wir werden einsam sein". In diesen Themenkomplex kann auch der Spiegel-Titel *Der göttliche Funke* (*Der Spiegel* 10/1998) eingeordnet werden, vgl. ebd. die Beiträge *Lotterie im Garten Eden* und *„Wir sehnen uns nach einem Sinn"*, der ein Gespräch mit Stephen J. Gould wiedergibt.

[118] *Focus* 1/1996. – Das Wort „Erfolgsmodell" findet sich auch im *Spiegel*-Artikel, vgl. *Der Spiegel* 48/1995, Wir werden einsam sein, 198.

[119] *Der Spiegel* 48/1995, Wir werden einsam sein, 203 u. ö.

[120] *Focus* 1/1996, Erfolgsmodell Mensch, 86.

[121] H. Markl, in: *Der Spiegel* 48/1995, Pflicht zur Widernatürlichkeit; H.-P. Dürr, in: *Der Spiegel* 5/1996, Pflicht zur Mitnatürlichkeit.

auf die Grenzen des von den Wissenschaften Gewußten und überhaupt nur Wißbaren als technokratisch und anmaßend. Zu den Ausnahmeerscheinungen unter den diesen Beobachtungen zum öffentlichen Diskurs zugrundeliegenden Beiträgen wird diese Erwiderung vollends, wenn die Vernunft, die „ihren Ausdruck in den historisch gewachsenen Formen von Ethik und Moral“[122] findet, zur Geltung gebracht wird.

Nicht nur als Manager der Evolution, sondern auch als ihr Ergebnis wird der Mensch thematisiert. In einem im *Focus* veröffentlichten Interview stellt Richard Dawkins *in nuce* seine in dem viel beachteten Buch *The Selfish Gene* entwickelte Theorie vor, die hier mit Hilfe zweier Thesen, über deren Vereinbarkeit noch nachzudenken sein wird, zusammengefaßt wird:[123] Der Mensch sei nicht mehr als eine „Überlebensmaschine“[124] seiner Gene; er könne sich über das Diktat seiner Gene erheben. In Sachen Partnersuche wird die Rede von der gänzlich im Rahmen des durch die Evolution Vorgegebenen verbleibenden „Überlebensmaschine“ Mensch neben den bereits genannten durch zwei weitere Artikel im *Focus* unterstützt.[125] Während hier offenbar kein Interesse daran besteht, daß der Mensch sich über seine Gene hinwegsetzen kann, beschwört Dawkins im Blick auf das moralische Verhalten einen Ausweg. Zunächst gilt: „Darwinismus kennt nur einfache Formeln der Moral: Unterstütze Verwandten [sic!], oder hilf demjenigen, der später etwas für dich tun kann.“[126] Aber da viele Menschen „netter“ seien, als die Theorie erwarten lasse, so müsse mit einem Fehler in der Evolution – wohlgemerkt nicht in der Theorie – gerechnet werden. Die Selektion der menschlichen Verhaltensweisen habe unter den Bedingungen der Kleingruppen früher Menschheit stattgefunden, in denen Hilfeleistung und Mitleid wegen des starken genetischen Zusammenhaltes theoriegemäß angezeigt war. Dieses Erbe des Mitleids nebst der erworbenen Fähigkeit der bewußten Antizipation ermögliche es nun dem Menschen, sich über die Gesetze der Evolution hinwegzusetzen. Dawkins gibt allerdings zu, daß diese darwinistische Begründung moralischen Verhaltens „nicht unbedingt gut“[127] sei.

Zwei provozierende Artikel im *Spiegel* sind dazu geeignet, Dawkins' eher hilflose Rettung des Moralischen im Darwinismus in Zweifel zu ziehen. In *Reich des Bösen*[128] zeigt sich bereits verbal an, daß man über Dawkins hinauszugehen bereit ist, denn statt als „Überlebensmaschinen“ werden Organismen als „Kampfmaschinen ihrer Gene“[129] bezeichnet. Hatten noch der „Tiervater“ Brehm und

---

[122] *Der Spiegel* 5/1996, Pflicht zur Mitnatürlichkeit, 155.
[123] Vgl. *Focus* 39/1996, Gefangene im Fluß der Gene.
[124] Ebd., 184.
[125] Vgl. *Focus* 5/1995, Spieglein, Spieglein an der Wand; *Focus* 17/1995, Der Dandy gewinnt. – Vgl. auch *Der Spiegel* 5/1999, Frauen in freier Wildbahn.
[126] *Focus* 39/1996, Gefangene im Fluß der Gene, 184.
[127] Ebd., 186.
[128] *Der Spiegel* 29/1996. – Der Artikel nimmt Bezug auf Volker Sommers *Heilige Egoisten*.
[129] *Der Spiegel* 29/1996, Reich des Bösen, 158.

andere das Klischee vom Affen als „putziges Kerlchen“ verbreitet, so wird damit nun gründlich aufgeräumt. Volker Sommers Beobachtungen indischer Tempelaffen zufolge handelt es sich bei diesen um Bestien, die, um ihre Gene zu verbreiten, vor Instrumentalisierung, Psychoterror, Vergewaltigung und Kindesmord nicht zurückschrecken. Freilich führe die beobachtete Population der verehrten Affen ein „Leben in Luxus“[130] unter Sonderbedingungen ohne natürliche Feindschaft. Gerade dieser besondere Umstand legt den Bezug der allgemeinen Schlußfolgerung: „Egoismus ist die Triebfeder aller Lebensregungen“[131] insbesondere auf den Menschen nahe. Die Möglichkeit, dem Diktat der Gene zu entgehen, wird hier nicht erwogen.

Der zweite Artikel mit dem Titel *Schuld und Sühne*[132] beginnt mit der Feststellung, „daß Moral und Ethik (...) älter seien als der Mensch – tugendhaftes Verhalten (...) fuße auf einem genetischen Fundament, das in Grundzügen bereits bei Affen angelegt ist“[133]. Die Beobachtungen Frans de Waals zeigten diesem Beitrag zufolge, daß Bonobos und Schimpansen zur Harmonisierung ihres Gruppenlebens Formen moralischen Verhaltens im Interesse des Gemeinwohls übten, die die „Urform eines Gesellschaftsvertrages“[134] darstellten. Anstatt sofortiger Vergeltung einer jeden Verfehlung würden „Gefälligkeitskonten“[135] geführt, was nicht nur die Fähigkeit des Wiedererkennens voraussetze, sondern auch die Bereitschaft zur Versöhnung anzeige. Blieben derartige Konten jedoch auf längere Zeit unausgeglichen, werde nach dem „‘Wie-du-mir-so-ich-dir’-Prinzip“[136] abgestraft, bisweilen auch darüber hinaus. Die Führung in einer Gruppe werde trotz alledem per Tötung des Vorgängers übernommen, hier habe die Moral der Affen ihre Grenze. Der Beitrag resümiert: „Damit ist klar: Erst kommt die Macht, und dann kommt die Moral.“[137]

Aufschlußreich ist dieser Artikel, weil er mit Hilfe einer Untersuchung über Affen die menschliche Moral – nebst ihrer als nur unwesentlich davon unterschieden angesehenen Vorformen – zu erhellen sucht. Vorausgesetzt wird die genetische Bedingtheit der Moral, womit die von Dawkins zaghaft insinuierte Möglichkeit einer genuin menschlichen Moral von vornherein ausgeschlossen wird. Nachdem eine Reihe moraltheoretischer Ausdrücke – „Tugend“, „Altruismus“, „Ge-

---

[130] Ebd.
[131] Ebd., 159. – Zum Rückschluß vom „egoistisch“ genannten Verhalten der Affen auf das von Menschen vgl. V. Sommer, Heilige Egoisten, 211 f.; ders., Lob der Lüge. Täuschung und Selbstbetrug bei Tier und Mensch, München 1994, 183 ff.
[132] *Der Spiegel* 9/1996. – Der Untertitel: „Moral ist keine Erfindung des Menschen: Ein Primatenforscher hat bei Affen ethische Verhaltensweisen angetroffen.“ Mit dem Primatenforscher ist Frans de Waal gemeint, auf dessen Buch *Der gute Affe* der Beitrag sich bezieht.
[133] *Der Spiegel* 9/1996, Schuld und Sühne, 248.
[134] Ebd., 249.
[135] Ebd., 248.
[136] Ebd., 249.
[137] Ebd.

meinwohl", „Gesellschaftsvertrag" – naiv, d.h. ohne einen Projektionsverdacht zu gewärtigen, zur Anwendung gebracht wird, schließt der Beitrag mit der Belehrung über die Wirklichkeit hinter all diesen Vorstellungen und über den adäquaten Begriff von Moral: Moral sei abhängig von Machtverhältnissen.

In gewisser Weise schließt der in der *Zeit* veröffentlichte Beitrag von Daniel C. Dennett an Dawkins' Vorstellung vom Fluß der Gene an. Hierbei wird deutlich, daß sie zur gänzlichen Auflösung menschlicher Kultur im Prozeß der Evolution führt: „Die Biosphäre ist das Ergebnis einer Kaskade algorithmischer Prozesse, die sich vom Zufall nähren. (...) Und wenn die seelenlose Evolution für die atemberaubend geschickten Artefakte der Biosphäre verantwortlich war, konnten die Produkte unseres eigenen Geistes von einer evolutionären Erklärung nicht ausgenommen werden."[138] Doch wie Dawkins nimmt auch Dennett mitten im Gefüge genetischer Determination eine Differenzierung vor, durch die genuin menschliche Kulturleistungen einen Sonderstatuts zugesprochen bekommen. Er macht die Leserschaft mit einer Infektion bekannt, die einen biologischen Organismus zur Person macht: der Befall durch sogenannte Meme. Die Bedeutung dieser erstmals von Dawkins in die Diskussion eingebrachten Einheiten bleibt weitgehend unklar, denn Dennett geht lediglich dazu über, Vorbehalte gegen den universalen Darwinismus zurückzuweisen und den Glauben an Gott zu einer Geisteskrankheit zu erklären.[139] Die Konsequenzen des Memkonzeptes für das menschliche Selbstverständnis werden nicht näher angesprochen.

Freilich lassen sich in der *Zeit* und vereinzelt im *Spiegel* auch deutliche Widerstände gegen einen allzu forschen Naturalismus finden, die sich zuletzt an Wilsons Publikation *Die Einheit des Wissens* entzündeten. Kritische Gespräche mit dem Autor waren zunächst die Reaktion,[140] in der *Zeit* gefolgt von zwei Beiträgen, die die Wissenschaftlichkeit von Wilsons Vorstoß in Abrede stellten und einen Ideologievorwurf formulierten.[141] *Der Spiegel* ließ sich erst anläßlich der Veröffentlichung von Susan Blackmores *The Meme Machine* zu einer deutlichen Stellungnahme bewegen, die auch Wilson, Dawkins und Dennett trifft. Die Memtheorie gehört dem Beitrag *Feuchtbiotop im Schädel* zufolge in den „Small talk auf Cocktailpartys"[142], mit ihr könne man alles erklären, ohne sich der Gefahr einer Widerlegung auszusetzen. Eine solche Zurückhaltung gegenüber naturalistischen Ansprüchen ist im *Spiegel* jedoch alles andere als habituell.

---

[138] *Die Zeit* 8/1996, Es geht auch ohne Gott und Geist, 30.
[139] Vgl. ebd., 31.
[140] Vgl. *Die Zeit* 36/1998, Die Biosoziotheologie; schärfer noch *Der Spiegel* 46/1998, „Auch Affen haben Moral".
[141] Vgl. Die Zeit 45/1998, Die Gegenzauberer; ebd., Der Biologe als Metaphysiker.
[142] *Der Spiegel* 21/1999, Feuchtbiotop im Schädel, 243.

4.1.4 Ein Blick hinter die Kulissen: die „big three" der Soziobiologie

Die durchgesehenen Artikel lassen, wie nicht anders zu erwarten stand, kein zusammenhängendes, gemeinsames Bild einer konsistenten und konsequent durchdachten Auffassung zum Selbstverständnis des Menschen erkennen. Dennoch läßt sich an ihnen ein an Deutlichkeit kaum Wünsche offen lassender Trend zu reduktionistischen Vorstellungen ablesen, von dem so viel gesagt werden kann, daß er einen einseitigen Einblick in die durchaus noch unentschiedene Debatte um das Verhältnis von Geist und Leib gibt. Leicht abzulesen ist dies auch an der Mehrzahl der in den Artikeln besprochenen Bücher, die mitunter ebenso reißerisch sind wie ihre Besprechungen. Tatsächlich ist es dieser von vornherein populärwissenschaftliche Diskurs, der in die Zeitschriften Eingang findet und hier zumeist zu Sensationen zerstückelt und aufgearbeitet wird, nicht der wissenschaftliche oder philosophische. Auch dort, wo sich angesichts der moralischen Folgen der präsentierten Vorstellungen Unbehagen Ausdruck verschafft und sich Anlaß zu neuerlichem Überdenken böte, wird das Recht der subjektiven Perspektive nicht in Erwägung gezogen.

Näherem Hinsehen zeigt sich ein charakteristisches Oszillieren des Selbstverständnisses zwischen einer individualistischen Sicht einerseits und der neuro- und evolutionsbiologischen Auflösung des Individuums und seiner Entscheidungen andererseits. Ohne Bedeutung bleiben dagegen zwischenmenschliche und gesellschaftliche Faktoren, deren Ausschluß beim „Enträtseln" von Glück, Liebe und Aggression auffällig ist. Man wird hinter diesem Reduktionismus nicht vorschnell Propaganda irgendeiner Provenienz vermuten dürfen,[143] sondern auch in Betracht ziehen müssen, daß die Periodika die Bedürfnisse ihrer Leserschaft zu bedienen haben, um am Markt zu bestehen. Indem sie die Befindlichkeiten des Menschen in der postmodern genannten Gesellschaft widerspiegeln und – bisweilen angestrengt – sprachgebend sind, erzeugen die Zeitschriften positives *feedback* und damit eine „Navigationsleistung in der Informationsflut".

Moraltheoretisch unmittelbar Verwertbares läßt sich in den Beiträgen kaum finden, einzig auffällig ist die Unterstellung der Abwesenheit von Moral. Die Moral der Macht hintanzustellen[144] oder umstandslos als Doppelmoral zu verstehen[145] ist gleichbedeutend mit der Erklärung, Moralität sei für das Selbstverständnis des Menschen nicht ausschlaggebend, die Rede vom Menschen als moralischem Wesen komme nicht in Frage. Statt normativer Sätze, deren Vorkommen in Anbetracht der reduktionistischen Grundtendenz überraschend wäre, lassen sich lediglich unterströmige Appelle ausmachen, die die Leserschaft dazu anhalten, sich wesensgemäß, d. h. klug eigennützig zu verhalten.

---

[143] Die enge Verknüpfung des menschlichen Selbstverständnisses mit der Frage des persönlichen Erfolgs beim *Focus* läßt jedoch eine solche Beurteilung zu, vgl. J. Roß, Staatsfeindschaft, 93-96.

[144] Vgl. *Der Spiegel* 9/1996, Schuld und Sühne, 249.

[145] Vgl. *Der Spiegel* 16/1995, Urknall der Hormone, 182.

Im folgenden wende ich mich den Fragen danach zu, welche theoretischen Optionen den im öffentlichen Diskurs angebotenen soziobiologischen Fragmenten zugrunde liegen und zu welchen Vorstellungen ihre mit philosophischem Anspruch durchgeführte Ausarbeitung führt. Die moraltheoretische Spurensuche wird bei dem ansetzen müssen, was in der Soziobiologie die Idee moralischen Verhaltens markiert: beim Altruismus. Zu dessen Naturalisierung ist in den siebziger Jahren eine Umstellung des darwinistisch-ethologischen Theoriearrangementes vorgenommen worden, mit dem die Soziobiologie im engeren Sinn anhebt. Die Grundzüge können nach wie vor dem Buch *The Selfish Gene* von Richard Dawkins entnommen werden, das im soziobiologisch fachinternen Diskurs ebenso erheblichen Einfluß entfaltet hat, wie im öffentlichen und, sofern soziobiologisch interessiert, im philosophischen. Gleiches läßt sich von den Äußerungen Edward O. Wilsons sagen, der stärker als Dawkins die Kulturentwicklung in die soziobiologische Semantik einbezog sowie einen Status der Soziobiologie als kulturprägende Kraft in Aussicht nimmt. Doch evolutionsbiologische Verfeinerungen, mathematische Formalisierungen sowie spieltheoretische und neurobiologische Ergänzungen können nicht darüber hinwegtäuschen, daß dieses Konzept zu große Lücken und Unentschiedenheiten aufweist, um zu moraltheoretisch klar faßbaren Ergebnissen zu führen. Dawkins schweigt sich zumeist aus, während Wilson sich unentschlossen zeigt.

Erst in der philosophischen Ausarbeitung und Fortführung bekennt die Soziobiologie Farbe, so daß es für ihre moraltheoretische Beurteilung unumgänglich ist, solch eine Ausarbeitung herbeizuziehen. Aus mehreren Gründen bietet sich hierfür das Werk Daniel C. Dennetts an, wobei unter der vorliegenden Fragestellung sein Buch *Darwin's Dangerous Idea* zentral ist.

4.2. Richard Dawkins, der Stichwortgeber

Die Popularität, die der Zoologe Richard Dawkins mit seiner Rede vom „egoistischen Gen“ erzielt hat, läßt sich auf zwei Umstände zurückführen: Mit seinem Buch *The Selfish Gene* von 1976 ist ihm eine Synthese gelungen, die mehrere aussichtsreiche Theorieansätze der Ethologie aufgreift und zu einem Paradigma bündelt, das fortan das Forschungsprogramm einer erneuerten Disziplin anleitet. Er kann neben Wilson, der kurz zuvor seine programmatisch-provozierende Schrift *Sociobiology. The New Synthesis* veröffentlichte, als Gründerfigur der Soziobiologie angesehen werden.

Die grundlegenden Optionen, die das Proprium der Soziobiologie abgeben sollen, finden sich bei Dawkins deutlicher und eingängiger herausgearbeitet, wohingegen Wilson vor allem Visionen und Versprechungen offeriert.

4.2.1 Der Abstieg auf die Ebene der Gene

Die Erklärung altruistischen Verhaltens ist eine der zentralen Herausforderungen für die Soziobiologie und zugleich ein geeigneter Ansatzpunkt, um eine moraltheoretisch motivierte Untersuchung zu beginnen. Darwinistische Theorien sind darauf festgelegt, den sich in einer permanenten Konkurrenzsituation gegenüberstehenden Einheiten der Selektion Eigennutz, d.h. genauer das Streben nach Überleben unter den Bedingungen knapper Ressourcen, zuzuschreiben. Altruistisches Verhalten muß angesichts dessen als erklärungsbedürftig erscheinen. Damit wird jedwedes moralische Verhalten erklärungsbedürftig, insofern es voraussetzt, daß der Bestimmungsgrund einer Handlung sich von den Interessen des Akteurs an seinem eigenen Wohlergehen löst.

Ausgehend von einer intuitiv einleuchtenden Bestimmung dessen, was Altruismus ist, lassen sich drei Merkmale erheben, die den soziobiologischen Begriff auszeichnen. Thomas Nagel notiert: „Unter ‘Altruismus’ ist hier allerdings keineswegs Selbstaufopferung zu verstehen, sondern ich meine damit nichts weiter als die Bereitschaft, ohne jede Nebenabsicht auf die Interessen anderer Rücksicht zu nehmen.“[146] Altruismus qualifiziert, ebenso wie der psychologische Egoismus als sein Gegenbegriff, eine Handlung im Blick darauf, wessen Interessen für die Motivation des Akteurs leitend sind. Von psychologischem Egoismus spricht man, wenn es ausschließlich die eigenen Interessen sind. Altruistisch, uneigennützig, soll eine Handlungsweise immer dann genannt werden, wenn sie nicht egoistisch ist, d.h. wenn der Akteur sich von seinen eigenen Interessen löst und die Interessen anderer in seine Handlungserwägung einbezieht. Dawkins nennt einen Organismus altruistisch, „wenn er sich so verhält, daß er das Wohlergehen eines anderen, gleichartigen Organismus auf Kosten seines eigenen Wohlergehens steigert. (...) Wohlergehen ist definiert als Überlebenschancen“[147]. Gegenüber der ersten Bestimmung werden hier Kosten erwähnt, mit denen altruistisches Verhalten verbunden sei. Auch wenn die Beispiele der Soziobiologen oft die Selbstaufopferung des Altruisten insinuieren – der Stechapparat der Arbeiterin der Honigbiene ist ein oft herbeigezogenes Beispiel –, so können die Kosten des Altruismus auch minimal sein. Tatsächlich ist der Altruismus, wie insbesondere anhand seiner reziproken Form einleuchtet, ein Instrument, das dazu dient, ein Plus an Überlebenschancen der Beteiligten einzuspielen, was voraussetzt, daß die Kosten gegenüber dem Ertrag verhältnismäßig gering sein können.[148] Abgesehen von der befremdlichen Reaktion, auf die Frage nach Altruismus mit Kosten-Nutzen-Kalkülen einzugehen, ist das Ergebnis zumindest nicht gänzlich kontraintuitiv. Deutlichere Unterschiede gegenüber dem intuitiven Begriff markieren dagegen die

---

[146] T. Nagel, Die Möglichkeit des Altruismus, dt. v. M. Gebauer und H.-P. Schütt, Bodenheim 1998, 111.

[147] R. Dawkins, Das egoistische Gen, 27 f.

[148] R. L. Trivers, The Evolution of Reciprocal Altruism, in: QRB 46 (1971), 35-57; hier 36.

folgenden Züge des soziobiologischen Altruismusbegriffs: Zum einen wird die Handlungsmaterie auf Überlebenschancen beschränkt. Dawkins zwingt jedwedes ursprüngliche Streben – das, wie sogleich gezeigt wird, zunächst nicht das Streben von Organismen oder bewußt Handelnden ist – unter ein einziges Motiv, namentlich den Drang zu überdauern. Folglich wird auch der Altruismus im alleinigen Dienst des Überdauerns stehen. Schließlich blendet Dawkins in seiner Definition die Intentionen des Akteurs ausdrücklich aus.[149] Dennoch ist damit zu rechnen, und eine moraltheoretische Durchsicht der Soziobiologie hat darauf aufmerksam zu sein, daß Dawkins Entscheidungen in Sachen Intentionen trifft. Der darwinistische Erklärungsansatz mit seinem definitorischen Egoismus läßt hier drei Möglichkeiten zu, je nach Bestimmung der grundlegenden Einheit der Selektion: echten Altruismus, d.h. altruistisches Verhalten aus altruistischen Motiven; psychologischen Egoismus, dem zufolge ein Akteur durch seine Motive zu Handlungen veranlaßt wird, sich aber altruistisch erscheinende Motive bei genauer Analyse als verdeckt egoistisch erweisen; genetischer Determinismus als die Behauptung der Unabhängigkeit des Verhaltens von den Intentionen, wobei diese zugleich den Status von Epiphänomenen erhalten.

4.2.2 Die Theorie vom egoistischen Gen

Darwin selbst hielt das Verhalten von Tieren für ein wenig geeignetes Feld, auf dem sich sein evolutionstheoretischer Komplex erläutern ließe. Als er sich dennoch in *The Descent of Man* zum Thema Moralität äußerte, schien er entgegen seinen Gepflogeneiten die Gruppenselektion zu favorisieren.[150] Vero C. Wynne-Edwards arbeitete das Konzept der Gruppenselektion aus, um den Anpassungswert des Sozialverhaltens zu erheben. Kooperative Gruppen, so sein Resümee, haben gegenüber egoistisch verfaßten einen Selektionsvorteil.[151] Die darwinistische Verhaltensforschung hatte in den sechziger Jahre mit dem Konzept der Gruppenselektion operiert, um auf Gebieten wie Aggressionsforschung und Territorialverhalten zu Einsichten zu gelangen. Einer ihrer tonangebenden Vertreter, Konrad Lorenz, sah Konflikte innerhalb einer Spezies unter physiologischen Mechanismen ablaufen, „die beschädigende Angriffsbewegungen hemmen“[152] und im Dienst der Arterhaltung stehen. Dieser Annahme liegt die Vorstellung

---

[149] Vgl. R. Dawkins, Das egoistische Gen, 28; ders., In Defence of Selfish Genes, in: Phil. 56 (1981), 556-573; hier 557: „We *define* altruism and selfishness in purely behaviouristic ways.“

[150] Vgl. C. Darwin, Die Abstammung des Menschen, 146: „Es darf nicht vergessen werden, daß, wenn auch eine hohe Stufe der Moralität nur einen geringen oder gar keinen Vortheil für jeden individuellen Menschen und seine Kinder über die anderen Menschen in einem und demselben Stamme darbietet, doch eine Zunahme in der Zahl gut begabter Menschen und ein Fortschritt in dem allgemeinen Maßstab der Moralität sicher dem einen Stamme einen unendlichen Vortheil über einen anderen verleiht.“

[151] Vgl. V. C. Wynne-Edwards, Animal-Dispersion in Relation to Social Behavior, Edingburgh-London 1962.

[152] K. Lorenz, Das sogenannte Böse. Zur Naturgeschichte der Aggression, Wien 1963, 158.

zugrunde, daß die Gruppe als die evolvierende Einheit anzusehen sei, auch wenn, was schwer zu leugnen ist, die Selektion unmittelbar am Individuum ansetze. Dieser Ansatz erwies sich in der Folge als erklärungsschwach, zudem häuften sich die empirischen Erkenntnisse, die der Rede von der intraspezifischen Tötungshemmung widersprechen. Besonders schwerwiegend war, daß Lorenz nicht in der Lage war, einen Selektionsmechanismus für seine Annahmen anzugeben.

Mit der Gruppenselektion geht, trotz mancher Wiederbelebungsversuche,[153] ein Erklärungsmuster verloren, das echten Altruismus innerhalb der Gruppe zwanglos zuläßt. Neben dem mangelnden empirischen Rückhalt werden weitere theoretische Überlegungen gegen das Konzept der Gruppenselektion vorgebracht: Gruppen und Individuen sind, weil sie stark veränderlich sind bzw. nach kurzer Zeit sterben, zu instabil in ihrem Bestand, „wie Wolken am Himmel oder Sandstürme in der Wüste"[154], als daß sie als Grundeinheiten der Selektion fungieren könnten. Der Rückgang auf die Gene wurde deshalb fällig, und Dawkins kann als Stichwortgeber und Mitinitiator dieses neuen Forschungsansatzes gelten, der Aspekte der Indivdual- mit denen der Gruppenselektion verbinden kann.

Als Programm stellt er *The Selfish Gene* voran: „Dieses Buch wird zeigen, wie sich sowohl individueller Egoismus als auch individueller Altruismus durch das fundamentale Gesetz erklären lassen, das ich den *Gen-Egoismus* nenne."[155]

Der Rückgang auf die Ebene der Gene macht sofort die auch unter Biologen umstrittene Frage nach einer angemessenen Definition dessen akut, was unter einem Gen zu verstehen sei.[156] Dawkins schreibt: „Ein Gen ist definiert als jedes beliebige Stück Chromosomenmaterial, welches potentiell so viele Generationen überdauert, daß es als eine Einheit der natürlichen Auslese dienen kann."[157] Die Bestimmung, Einheit der natürlichen Auslese zu sein, beinhaltet zwei Aspekte: Es liegt die konventionelle Auffassung zugrunde, wonach Gene als Einheiten aufgefaßt werden, die zu solchen phänotypischen Differenzen führen, die für die Selektion relevant sind. Es gibt kein Gen ohne phänotypische Alternative, und das heißt auch: ohne Allele am gleichen Locus. Die Rede vom Gen „für etwas" wird

---

[153] Vgl. den mit dem „multilevel-selection"-Konzept arbeitenden Ansatz in: D. S. Wilson, Human Groups as Units of Selection, in: Science 276 (1997), 1816-1817; das Zitat 1816; E. Sober/D. S. Wilson, Unto Others. The Evolution and Psychology of Unselfish Behavior, Cambridge/Mass. 1998. – Vgl. auch H. Bloom, Global Brain. Die Evolution sozialer Intelligenz, dt. v. F. Rötzer, Stuttgart 1999. 10 ff. – Blooms Vorstellungen kommen denen der Soziobiologie sehr nahe, bis hin zur Übernahme charakteristischer Elemente wie der noch zu erörternden Memtheorie (vgl. ebd., 54 ff.). Die Betonung der Gruppenselektion und eine Fixierung auf die Computermetapher des Geistes und des Verhaltens lassen jedoch eher eine Zuordnung zur Cyberideologie angezeigt erscheinen.

[154] R. Dawkins, Das egoistische Gen, 72. – Zur Gruppenselektion vgl. auch ebd., 32-38; zur Individualselektion: Ders., Replicator Selection and the Extended Phenotype, in: ZTierpsychol. 47 (1978), 61-76; hier 64 ff.

[155] R. Dawkins, Das egoistische Gen, 31.

[156] Vgl. E. A. Carlson, The Gene: A Critical History, Philadelphia 1966; P. Kitcher, Genes, in: BJPS 33 (1982), 337-359.

[157] R. Dawkins, Das egoistische Gen, 63.

allerdings mißverstanden, wenn man dahinter eine Eins-zu-eins-Relation von DNA-Stücken zu phänotypischen Eigenschaften unterstellt.[158] Es regelt unmittelbar chemische Prozesse in der Zelle, speziell die Produktion von Proteinen, die mittelbaren Wirkungen auf Eigenschaften des Organismus sind dagegen diffus. Ein Gen für ein Verhalten ist so bestimmt, daß es eine Veränderung für die Wahrscheinlichkeit eines Verhaltens in einem bereits vorhandenen komplexen Verhaltensmuster bewirkt.[159] Neben der funktionalen Relevanz muß ein Gen eine so lange Lebensdauer aufweisen, die es als Einheit der Selektion geeignet macht. Je länger der DNA-Abschnitt ist, der als genetische Einheit angenommen wird, desto wahrscheinlicher ist es, daß er bei Vorgängen der Meiose zertrennt (*crossing over*, Inversion) oder verändert (Punktmutation) wird und als Einheit zu existieren aufhört. Daher ist das Gen als zureichend kurz zu bestimmen, um viele Generationen von Individuen zu überdauern.

Solche Gene können, wie Mary Midgley richtig feststellt, nicht egoistisch sein,[160] und tatsächlich muß Dawkins über die biologische Definition hinausgehen, weil er die Rede vom Egoismus der Gene ausdrücklich nicht als metaphorisch anzusehen bereit ist.[161] Hier sind zwei weitere Aspekte zu beachten, die in der genannten Definition nicht zum Ausdruck kommen: Ein Chromosomenabschnitt kann für sich genommen wegen seiner kurzen Bestandsdauer ebensowenig als fundamentale Selektionseinheit angesehen werden wie ein Organismus oder eine Gruppe. Dawkins schwankt daher zwischen einer materiellen Auffassung der Grundeinheit und einer immateriellen, der zufolge das Gen als Inbegriff oder als codierte Informationseinheit verstanden wird.[162] Diese Unsicherheit ist einer der Gründe für die Einführung der etwas formaleren Rede vom „Replikator"[163] als Grundeinheit der Selektion. Dawkins' Verwendung dieses Ausdrucks ist zwar ebenfalls uneinheitlich, doch läßt er sich mit Hilfe der Unterscheidung von Replikator und Replikat dahingehend klären, daß „Replikator" die Information bezeichnet, „Replikat" dessen Exemplifizierung im Chromosomenmaterial. Dieses formal erscheinende Etikett verbirgt ein im vorkantischen Sinn metaphysisches Konstrukt, denn der Replikator ist eine Entität, die hinter ihren Replikaten – den materiellen Chromosomenstücken mit übereinstimmender Basenabfolge an einem

---

[158] Vgl. M. Midgley, Gene-juggling, in: Phil. 54 (1979), 439-458; hier 449.

[159] Vgl. R. Dawkins, Das egoistische Gen, 445. – In *In Defence of Selfish Genes* gibt Dawkins einen anschaulichen Vergleich, nach dem das Genom nicht wie eine Blaupause für einen Organismus sei, sondern wie ein Backrezept (R. Dawkins, In Defence of Selfish Genes, 567).

[160] Vgl. M. Midgley, Gene-juggling, 439.

[161] Vgl. R. Dawkins, In Defence of Selfish Genes, 572.

[162] Vgl. R. Dawkins, Das egoistische Gen, 63; zum materiellen Verständnis vgl. ders., In Defence of Selfish Genes, 569; zum Gen als Inbegriff aller Kopien vgl. ders., Das egoistische Gen, 154; zum Gen als Informationseinheit vgl. ders., Und es entsprang ein Fluß in Eden, 31.

[163] R. Dawkins, Das egoistische Gen, 44. – Ein weiterer Grund liegt in dem Interesse, einen universalen Darwinismus zu formulieren, der für geistige Phänomene einen weiteren Replikatorentyp zu postulieren erlaubt.

bestimmten Locus – eben jene Abfolge ist. Er allein vermag die Identität über evolutionsbiologisch relevante Zeiträume zu stiften, die die Replikate nur weitertragen, um selbst alsbald wieder unterzugehen, d.h. er muß im strengen Sinn des Wortes existieren. Diese Entität wird, so ein weiteres Bestimmungsmerkmal des Begriffes vom Gen, definitionsgemäß ausgestattet mit der Tendenz, das eigene Überdauern zu fördern – *alias* Egoismus. Das Überdauern des Replikators ist abhängig vom Überleben und der Fruchtbarkeit seiner Replikate, deren Wahrscheinlichkeit positiv korreliert ist mit der Häufigkeit ihres Auftretens. Der Replikationsvorgang muß einerseits möglichst genau sein, um das Funktionieren des Replikates zu sichern, andererseits darf er nicht gänzlich fehlerlos sein, da ohne geringe Variation ein Selektionsnachteil im Falle sich verändernder Umweltbedingungen entsteht. Es ergeben sich die Parameter des Überdauerns: Langlebigkeit und Fruchtbarkeit der Replikate, sowie Kopiergenauigkeit der Replikation.

Es ist zu beachten, daß der Evolutionsprozeß ohne das der metaphysischen Entität unterstellte Streben nicht in Gang kommt.[164] Wenn Moleküle in der Lage sind, frei in einem Medium befindliche Bausteine anzulagern, sich von dem angelagerten, neu zusammengefügten Molekül zu lösen und auf diese Weise Kopien von ihrer Struktur entstehen, so ist daraus nicht zu ersehen, warum dieser Prozeß nicht einfach aufhören sollte, sobald die freien Bausteine verbraucht sind. Dawkins bringt ganz unvermittelt den Gedanken der Konkurrenz und mit ihm sogleich den Darwinistischen Gemeinplatz vom Kampf ums Dasein ins Spiel.[165] Er nennt als Bedingungen für dieses Szenario lediglich die Replikatvariation, die aus Kopierungenauigkeiten entsteht, und die Knappheit der Ressourcen als Umweltbedingung. Tatsächlich ist das postulierte Streben hinzuzufügen, um aus unterschiedlich angepaßten unterschiedlich erfolgreiche Replikate zu machen.

Sind diese Entscheidungen einmal getroffen, läßt sich der Übergang von der Ebene der Gene zu der der Organismen leicht über die Annahme einer Eskalation des Kampfes ums Dasein bewältigen. Der Genpool füllt sich zunehmend mit Replikaten, die sich zu Trupps zusammenschließen, Schutzvorkehrungen z.B. in Form einer Membranumhüllung treffen, schließlich mit solchen, die „Überlebensmaschinen“ um sich errichten, „gigantische Roboter“, die von den Genen „ferngesteuert“ werden.[166] Der Kampf aller Gene gegen alle Gene hat damit ein Ende, denn zum einen wäre eine Rivalität innerhalb eines solchen Trupps letal, weshalb hier eine Kooperation angenommen werden muß, zum anderen wird das Kampfgeschehen in eine für die Gene mittelbare Form transformiert. Der Organismus ist vor allem Träger von Replikaten, er ist nicht nur ein Produkt, das sich

---

[164] Dawkins legt seinen Überlegungen, ebenso wie Dennett, einen abstrakten und substratneutralen, vom Neodarwinismus in der Biologie abgelösten Evolutionsbegriff zugrunde, wonach der Evolutionsprozeß lediglich auf Variation, Vererbung und Eignung beruht, vgl. D. C. Dennett, Darwins gefährliches Erbe, 65; 476.

[165] Vgl. R. Dawkins, Das egoistische Gen, 49 f.

[166] Ebd., 51.

dem Egoismus der Replikatoren verdankt, er ist darüber hinaus das Vehikel, mit dem die Replikatoren ihre Rivalität zum Austrag bringen. Weil die Selektion unmittelbar an Eigenschaften der Organismen ansetzt, müssen die unterschiedlichen Gene derselben Loci als die direkten Rivalen angesehen werden. Weil ein Gen aber weder materiell noch funktional isoliert auftritt, ist der ganze Organismus betroffen.

Was aus diesem Modell einer konventionellen Evolutionstheorie plus metaphysischem Überbau für das Verhalten der Überlebensmaschinen, näherhin der Menschen, nebst dessen Motivation und dem Nachdenken darüber, folgt, ist nicht sofort klar. Es sind daher einige Details über den Kampf ums Dasein zwischen Organismen, wie Dawkins ihn versteht, zu erheben.

4.2.3 Nepotismus und reziproker Altruismus

Zur Erklärung von Altruismusphänomenen zieht Dawkins zwei bereits bewährte Ansätze heran, die jedoch beide im Paradigma der Individualselektion formuliert wurden und deshalb von ihm modifiziert werden. Es handelt sich um die Konzepte der Verwandtschaftsselektion, vor allem von William D. Hamilton ausgearbeitet,[167] und des reziproken Altruismus von Robert L. Trivers.[168] Beide versuchen eine Antwort auf die Frage zu geben: Unter welchen Bedingungen kann sich ein Gen für Altruismus im Genpool ausbreiten?

Organismen einer sich sexuell fortpflanzenden Spezies sind Träger weitgehend der gleichen Gene, Dawkins beziffert diese Übereinstimmung zwischen Menschen auf über 90 %. Das Gen für Altruismus gehört nach Dawkins' Annahme zu den ursprünglich seltenen der verbleibenden 10 % – wie läßt sich dessen Erfolg erklären? Mit Hamilton setzt er bei der genetischen Verwandtschaft an, die eine über das Maß der intraspezifischen hinausgehende Übereinstimmung im verbleibenden Anteil der Gene bezeichnet. Die Wahrscheinlichkeit, mit der zwei genetisch Verwandte Träger eines gleichen seltenen Gens sind, wird als Verwandtschaftsgrad bezeichnet und läßt sich, das hat Hamilton vorgeführt, mathematisch aus dem Mechanismus der Fortpflanzung ableiten.[169] Er fungiert als Grundlage für das Maß an Altruismus, das zwischen Verwandten zu erwarten ist. Der Genpool füllt sich mit Genen, die ihren Träger gemäß der folgenden Kosten-Nutzen-Analyse agieren lassen: Die Minderung der eigenen Überlebenschancen des Altruisten wird den nach Verwandtschaftsgrad gewichteten Verbesserungen der Überlebenschancen der Geförderten gegenübergestellt. Leicht nachvollziehbar ist dies im Falle der

---

[167] W. D. Hamilton, The Genetical Evolution of Social Behaviour (I und II), in: JTB 7 (1964), 1-52.

[168] Vgl. R. L. Trivers, The Evolution of Reciprocal Altruism.

[169] Aus dem Sachverhalt, daß Nachkommen ihre Gene zu je 50 % von den Elternteilen haben, läßt sich der Verwandtschaftsgrad (V) über den Generationenabstand (G) und die Anzahl der gemeinsamen Vorfahren (A) berechnen. Die Formel lautet: $V = A\ (0{,}5)^G$. Für den Verwandtschaftsgrad zwischen einem Elternteil und seinem Nachkommen oder zwischen Geschwistern ergibt sich 0,5.

Lebensrettung unter Einsatz des eigenen Lebens. Damit sich eine solche Tat „lohnt", muß ein Altruist alternativ zwei Geschwister, beide Elternteile, zwei Nachkommen, vier Cousinen oder Vettern retten. Die Analyse wird freilich erschwert durch weitere Erwägungen im Blick auf die verbleibende Lebensdauer der Beteiligten, auf deren Reproduktionserwartungen, sowie auf die Irrtumswahrscheinlichkeiten bezüglich der Verwandtschaft. Diese Unwägbarkeiten mit der möglichen Folge, ausgenutzt zu werden, mindern den Selektionsdruck, der zugunsten des Altruismus wirkt. Allerdings müssen für eine vollständige Analyse derart detaillierte Erwägungen auch für den Altruisten selbst angestellt werden. Sein Nutzen für die Replikatoren mindert sich ebenfalls mit steigendem Alter und abnehmender Reproduktionsfähigkeit. Allein die Irrtumswahrscheinlichkeit ist ausgeschlossen.[170] Außerhalb der Verwandtschaft ist die Wahrscheinlichkeit, daß zwei Träger des altruistischen Gens aufeinandertreffen, deutlich geringer, so daß Altruisten ausgenutzt würden und einen Selektionsnachteil in Kauf nehmen müßten. Eine Verbreitung ist hier diesem Ansatz gemäß nicht zu erwarten.

Altruismus zwischen genetisch Verwandten läßt sich im Rahmen der Genselektion deuten und plausibilisieren als Maximierung der Gesamt-Überdauerungschancen des Replikators für Altruismus.[171] Phänomene wie elterlicher, besonders mütterlicher Altruismus, die weniger stark ausgeprägte Neigung zu geschwisterlichem Altruismus lassen sich auf diese Weise soziobiologisch erklären. Auch wenn man diese Phänomene als gegeben hinzunehmen gewillt ist, bleibt fraglich, ob mit diesem Konzept der verwandtschaftliche Altruismus vollständig erfaßt werden kann oder ob nicht Lücken bleiben. Tatsächlich gibt die Soziobiologie hier Anlaß zu moralisch heiklen Fragen, z.B. wie es um den Altruismus gegenüber Verwandten steht, die alt sind bzw. keine Aussichten auf weitere Fortpflanzung haben – kurz: die für den Altruismusreplikator nicht mehr nützlich sind.[172]

Weitere Einsichten in Sachen Uneigennützigkeit, wie die Soziobiologie sie versteht, ergeben sich aus Überlegungen zum reziproken Altruismus, mit denen – erstmals ausdrücklich bei Robert Trivers – spieltheoretische Elemente in die Soziobiologie eingehen.[173] Wenn man der Frage nachgeht, wie Altruismus in einem Milieu von Egoisten entstehen und sich etablieren kann, wird man mit Hilfe eines

---

[170] Dawkins unterläßt diese Erwägung und läßt die Chancen des Altruismus verhältnismäßig geringer ausfallen, vgl. ders., Das egoistische Gen, 180 f.

[171] Das ist eine Umdeutung des Hamiltonschen Konzeptes der „inclusive fitness", vgl. R. Dawkins, Replicator Selection and the Extended Phenotype, 63.

[172] Vgl. A. Sentker, Lob der Großmama. Warum leben Frauen eigentlich nach der Menopause weiter?, in: *Die Zeit* 25/1997, 33.

[173] Die folgende Darstellung hält sich an die ebenso klaren wie einflußreichen Ausführungen in: R. Axelrod, Die Evolution der Kooperation, München ^{2}1991. – Weder in Trivers' Pionierarbeit, noch in *The Selfish Gene* wird das Herzstück der Spieltheorie, das Gefangenendilemma, hinreichend präzise entfaltet, vgl. R. Dawkins, Das egoistische Gen, 297-303. – Abhilfe schafft erst die zweite Auflage, vgl. ebd., 323 ff., die eng an Axelrods Ausführungen anschließt.

formalisierten Modells des iterierten Gefangenendilemmas[174] zu dem Ergebnis kommen, daß die Strategie „Tit For Tat“[175], die der Maxime „Wie du mir, so ich dir“ folgt, Fuß fassen und sich durchsetzen kann.

Diese Strategie ist dadurch gekennzeichnet, daß sie kooperationsbereit ist und nicht von sich aus defektiert, eine Verweigerung seitens des Gegners durch einmaliges Verweigern abstraft, um dann wieder kooperationsbereit zu sein. Voraussetzung für ihren Erfolg ist jedoch, daß die Aussicht auf zukünftige Interaktionen und deren Kooperationsvorteile einen hinreichend großen Einfluß auf die gegenwärtige Entscheidung nehmen. Ohne Rücksicht auf die Zukunft erhielte man die Situation eines einfachen Gefangenendilemmas, und hier lautet die einzig vorteilhafte Strategie: defektieren. Nun ist der Egoismus, hier verstanden als Strategie, die immer defektiert, eine „evolutionär stabile Strategie“[176], was bedeutet, daß ein einzelner Eindringling, der im egoistischen Milieu eine andere Strategie verwendet, sich nicht durchsetzen wird. Die Initiierung der Kooperation wird daher nicht von einem einzelnen Individuum ausgehen können, sondern nur von Gruppen. Damit wird die Wahrscheinlichkeit, auf ein kooperierendes Gegenüber zu treffen, hinreichend groß, um Nachteile gegenüber Egoisten auszugleichen, die daraus entstehen, daß diese bereits in der ersten Interaktion defektieren und die entsprechend höhere Auszahlung einstreichen. Axelrod und Hamilton verbinden an dieser Stelle die Konzepte von reziprokem Altruismus und Verwandtschaftsselektion: Wenn das Gen für Altruismus gehäuft auftritt, dann wahrscheinlich in einer Gruppe genetisch miteinander verwandter Individuen.[177] Ist „Tit For Tat“ etabliert, wird sie konkurrierende Strategien vermutlich verdrängen, weil sie „robust“[178] ist, und wird schließlich, weil sie ihrerseits evolutionär stabil ist, die Population

---

[174] Vgl. R. Axelrod, Die Evolution der Kooperation, 7 f. – Zwei Egoisten stehen sich in einer Entscheidungssituation gegenüber und haben die Wahl zwischen Kooperation und Defektion, d. h. der Verweigerung von Kooperation. Das Dilemma besteht in folgender Situation: Selbst zu defektieren ist vorteilhaft, falls der Gegner kooperiert, denn er ließe sich ausnutzen; selbst zu defektieren ist auch dann vorteilhaft, falls der Gegner ebenfalls defektiert, denn so kann man sich davor schützen, ausgenutzt zu werden. Es ist aber davon auszugehen, daß der Gegner dasselbe denkt, zumal er sich in der gleichen Entscheidungssituation befindet. Defektieren aber beide, so geht der Vorteil gegenseitiger Kooperation verloren, d. h. die individuelle Überlegung führt zu einem unteroptimalen Ergebnis. Die Situation läßt sich wie folgt übersichtlich darstellen, vgl. ebd.:

A / B	A kooperiert	A defektiert
B kooperiert	R / R	T / S
B defektiert	S / T	P / P

Nebenbedingungen: T>R>P>S; R> (S + T) : 2 (Kein Nullsummenspiel).

[175] Ebd., 12.

[176] Das Konzept der evolutionär stabilen Strategie (ESS) stammt von J. Maynard Smith. Es ist ursprünglich im Kontext der Aggressionsthematik entwickelt worden, wird von Axelrod mit einer kleinen Modifikation versehen (ebd., 51 und 62 f.) und spieltheoretisch im Auszahlungsschema reformuliert.

[177] Vgl. ebd., 87 f.

[178] Ebd., 48.

bestimmen. Das Eindringen egoistischer Strategien in eine von „Tit For Tat" geprägte Population halten Axelrod und Hamilton für ausgeschlossen, „die Zahnräder der sozialen Evolution haben eine Sperre"[179].

Diese Einschätzung stützt sich auf Vereinfachungen, die für die Formalisierung zwar hilfreich sind, aber dieser weitenteils einleuchtenden und lebensweltlich gedeckten Idee der reziproken Kooperation Schwächen eintragen. Die Theorie ist mit ihrer Egoist-Altruist-Dichotomie zu simpel, um aus dem sehr speziellen theoretischen Kontext einfach auf die soziale Wirklichkeit als solche übertragen zu werden, ja sie fällt hinter Trivers zurück, der diesbezüglich erheblich differenziertere Vorstellungen entfaltet.[180] Während man für die genannte Dichotomie einen heuristischen Wert reklamieren kann, muß als echter Mangel dieses Konzeptes der Umstand namhaft gemacht werden, daß die Auszahlungen fix sind. Damit werden, wie Otfried Höffe zu recht kritisiert, Machtverhältnisse ausgeblendet,[181] was im Rahmen der Soziobiologie ebenso unstatthaft ist wie in der politischen Theorie. Kooperation wird im Gefangenendilemma deshalb angeboten, weil sich dies lohnt ($R > P$), folglich wird keine angeboten, falls es sich nicht lohnt.

Insgesamt ist dieses Konzept erheblich optimistischer, was die Möglichkeit des Altruismus angeht, als das der Verwandtschaftsselektion, an dem es partizipiert. Eine Übereinstimmung ist jedoch zu vermerken: Die Stärke von „Tit For Tat" ist unter anderem von geistigen Leistungen wie Wiedererkennung, Erinnerung und Diskrimination abhängig; unterlaufen hier zu viele Fehler, wird sich die Strategie nicht durchsetzen. So wäre es ein Fehler, die Wahrscheinlichkeit zukünftiger Interaktionen zu überschätzen. Es steht daher zu erwarten, daß sich der Genpool mit Strategien füllt, die einen Wechsel von Kooperation zu Defektion vornehmen, sobald es Anzeichen dafür gibt, daß die Zahl zukünftiger Interaktionen gering ist. Das ist der Fall, wenn das Gegenüber wahrnehmbar alt ist oder krank.[182]

4.2.4 Die Meme und das Problem des Akteurs

Nachdem die Grundfiguren skizziert sind, mit deren Hilfe die Soziobiologie den Phänomenen des Altruismus gerecht zu werden sucht, kann nun eine Entscheidung darüber getroffen werden, ob Dawkins einen psychologischen Egoismus oder einen genetischen Determinismus vertritt bzw. zu vertreten genötigt ist. Wie Elliott Sober überzeugend herausgearbeitet hat, nötigt die Evolutionstheorie weder zu genetischem Determinismus noch zu psychologischem Egoismus; zugleich sieht er enge Grenzen, die das Ansinnen, auf evolutionstheoretischer Basis etwas

---

[179] Ebd., 89. Vgl. dazu als Beleg ebd., 60.
[180] Vgl. R. Trivers, The Evolution of Reciprocal Altruism, 47 ff.
[181] Vgl. O. Höffe, Kategorische Rechtsprinzipien. Ein Kontrapunkt der Moderne, Frankfurt/M. 1995, 303.
[182] Vgl. R. Axelrod, Die Evolution der Kooperation, 93.

Normatives auf den Weg zu bringen, beschränken.[183] Daß Dawkins die Grenze von der Biologie zur Metaphysik bedenkenlos überschreitet, dürfte jedoch klar geworden sein, und deshalb ist die Frage in bezug auf ihn mit Sobers Argumentation noch nicht beantwortet.

Daß altruistisches Verhalten auf eigennütziges Streben reduziert würde, überrascht angesichts der darwinistischen Grundoption nicht, ebenso erscheint es naheliegend, den altruistischen Anschein in Kosten-Nutzen-Analysen aufzulösen. Anlaß zu Verwirrungen bietet dagegen Dawkins' leichtfertiges und vorgeblich zweckmäßiges Wechseln der Diktionen mit der Folge, daß in einigen Passagen die Gene, in anderen dagegen ihre Überlebensmaschinen, die Individuen, als egoistische Akteure auftreten. Midgleys von zahlreichen Mißverständnissen gezeichnete Polemik spiegelt diese Lage, wobei sie insgesamt dazu neigt, Dawkins einen psychologischen Egoismus zuzuschreiben, um dann zu monieren, daß Individuen die notwendigen Kalkulationen nicht durchführen können.[184]

Eine sorgfältige und den Kerngehalt der Theorie im Blick behaltende Lektüre von *The Selfish Gene* läßt dagegen eher den Schluß auf einen Determinismus zu, so wenn dort bemerkt wird: „[D]ie DNA ist heute unbestritten an der Macht, es sei denn, wir stehen gerade jetzt (...) am Beginn einer neuen Machtübernahme."[185] Was bedeutet es, daß die DNA an der Macht ist, und wer oder was ist im Begriff, die Macht zu übernehmen?

In *The Selfish Gene* unterscheidet Dawkins passive Überlebensmaschinen von aktiven Varianten, deren Entwicklung begünstigt wurde durch den Umstand, daß die Möglichkeit des Genvehikels zu schneller und gezielter Bewegung einen Überlebensvorteil gegenüber Konkurrenten erbringt.[186] Hohe Geschwindigkeit läßt sich jedoch mit dem Mittel, das den Replikaten zu direkter Steuerung ihrer Überlebensmaschinen zu Gebote steht – die Synthese von Eiweißmolekülen –, nicht erreichen. Dawkins spekuliert nun von dieser Grundannahme aus weiter über die Tendenz des Selektionsdrucks, solche Überlebensmaschinen zu fördern, die von ihren Replikaten aus der direkten in eine indirekte Kontrolle entlassen wurden, an deren „logische[m] Abschluß" der allgemeine Steuerungsbefehl steht: „Tu das, was auch immer es sein mag, von dem du meinst, daß es für unseren Fortbestand am besten ist."[187] So wird nicht nur die Koordination von Körperbewegungen in die unmittelbare Kontrolle des Vehikels gestellt, sondern auch die Entscheidung über die opportunerweise auszuführenden Bewegungen selbst. Weil

[183] Vgl. E. Sober, Did Evolution make us psychological egoists?, in: Ders., From a biological point of view, 8-27; ders., Prospects for an evolutionary ethics.
[184] Vgl. M. Midgley, Gene-juggling, 441. – Dagegen R. Dawkins, Das egoistische Gen, 28 f.; ders., In Defence of Selfish Genes, 557.
[185] R. Dawkins, Das egoistische Gen, 53, 320. – Spätere Arbeiten von Dawkins bestätigen diese Lesart, vgl. ders., In Defence of Selfish Genes, 558; ders., Und es entsprang ein Fluß in Eden, 151.
[186] Vgl. R. Dawkins, Das egoistische Gen, 92.
[187] Ebd., 111.

Erinnerung und Antizipation hier einen zusätzlichen Überlebensvorteil bieten, setzt Dawkins die Entstehung des Bewußtseins als „Höhepunkt eines evolutionären Trends zur Emanzipation der Überlebensmaschinen als der ausführenden Entscheidungsträger von ihren heimlichen Gebietern, den Genen“[188] an.

Der allgemeine Steuerungsbefehl bleibt jedoch bestehen, und es ist bis auf bessere Belehrung nicht einzusehen, wie seine determinierende Kraft durch Einführung von untergeordneten Kontrollinstanzen aufgehoben werden kann, so lange nicht ein zweites Prinzip angenommen wird, das der Determination durch die Replikate nicht untersteht und zugleich als Grundlage von unabhängigen Bestimmungsgründen für Handlungen dienen kann.

Die von Dawkins angedeutete Machtübernahme geschieht durch einen neuen Replikatortyp, durch die von ihm so genannten Meme. Es handelt sich um die Grundeinheit der „kulturellen Evolution“ – so der von Soziobiologen bevorzugte Term für die Bezeichnung der Phänomene des kulturellen Wandels –, um Gehalte wie beispielsweise „Melodien, Gedanken, Schlagworte, Kleidermoden, die Art, Töpfe zu machen oder Bögen zu bauen“[189]. Die Namengebung zeigt bereits an, daß das Mem in enger Analogie zum Gen verstanden wird, wobei weniger die spezielleren Übertragungen wie die Rede von Mempool und Koadaption, sowie die Individuierung von Memen Aufmerksamkeit verdienen, als vielmehr die Folgen aus der Bestimmung des Mems als Replikator. Meme unterliegen, wie die Gene, einem evolutionären Prozeß, und als dessen Grundeinheiten sind sie mit demselben Streben ausgestattet wie die Gene, d. h. sie sind ebenfalls egoistisch im genannten Sinn. Sie existieren als Replikate in Form von neuronalen Strukturen in Gehirnen und konkurrieren bei ihrer Replikation um die knappen Ressourcen Aufmerksamkeit und Erinnerung.

Insofern die Meme in Widerspruch zum Streben der Gene, mit denen sie die Träger teilen, treten können, könnten sie das gesuchte zweite Prinzip repräsentieren, mit dem der genetische Determinismus vermieden werden kann,[190] wobei hier speziell an ein Mem für echten Altruismus zu denken ist. Dessen Existenz ließe sich im Rahmen dieser „Gedankenspiele“[191] ebenso umstandslos annehmen, wie auch ein Mem für Moral – aber was wäre mit solcherlei Annahmen im Blick auf moraltheoretische Fragestellungen gewonnen? Nicht mehr als weitere okkulte Agenzien, mit deren Hilfe das Zustandekommen von Verhalten erklärt werden soll, die jedoch den Menschen als Akteur ausschließen. Die Erweiterung eines

---

[188] Ebd. – Einen weiteren Versuch, dem gegen den genetischen Determinismus erhobenen Fatalismusvorwurf zu entgehen, unternimmt Dawkins, indem er ein probabilistisches Verständnis der Steuerung durch die Gene in Anspruch nimmt, vgl. ebd., 421 f. und 528-530; ders., The Extended Phenotype. The Gene as the Unit of Selection, Oxford 1982, Kapitel 2. – Für die Beurteilung im Interesse der Moraltheorie ergeben sich aus dieser Variation jedoch keine zusätzlichen Aspekte.

[189] R. Dawkins, Das egoistische Gen, 309.

[190] Vgl. ebd., 318.

[191] Ebd., 53.

genetischen Determinismus zu einem genetisch-memetischen Determinismus ist moraltheoretisch belanglos.[192] Was in jedem Falle bleibt, ist Dawkins' Anspruch, uns zu sagen, daß moralisches Handeln *eigentlich* etwas anderes ist, als wir intuitiv durch Selbstwahrnehmung anzunehmen geneigt sind, und daß die Evolutionstheorie über dieses Verborgene Auskunft geben kann.

Für viel Verwirrung hat in diesem Zusammenhang die Tatsache gesorgt, daß Dawkins an mehreren Stellen von *The Selfish Gene*, besonders am Schluß, die Möglichkeit beschwört, daß „wir" dem Diktat der Gene und Meme zu entgehen vermögen.[193] Einige Kritiker haben daraufhin den Vorwurf des Dualismus erhoben, andere haben diese überraschende Wendung als wenig schwerwiegenden Fehler verzeichnet und ihn übergangen – sei es, weil er den Grundgedanken der Theorie nicht betreffe, sei es, weil ohnehin die ganze Theorie fehlerhaft sei.[194] Beide Reaktionen haben ihr Recht, greifen aber zu kurz, denn sie nehmen nicht den ganzen Dawkins in den Blick.

Ich erlaube mir, die unvermittelte Einführung der ersten Person als Versuch anzusehen, die Theorie nachträglich mit einem menschlichen Gesicht zu versehen, um die Chancen ihrer Akzeptanz zu erhöhen. Sie gehört nicht in den theoretischen Duktus dieser biologischen Anthropologie, der sie gänzlich fremd bleibt und auf die sie keinen Einfluß nimmt, sondern in den Bereich strategischer Vorkehrungen, die das komplexe Phänomen Soziobiologie mit ausmachen.[195] In Dawkins einen Biologen zu sehen, dem die Popularität seiner Wissenschaft am Herzen liegt und der deshalb einen eigens für ihn eingerichteten Lehrstuhl für Wissenschaftsvermittlung innehat, läßt Entscheidendes außer Betracht. Während sich bereits in *The Selfish Gene* seine Neigung abzeichnet, über Methoden und Fragestellungen der (Human-)Ethologie hinauszugehen, so wird in späteren Schriften deutlich, daß er eine naturalistische Universaltheorie des Lebendigen zu vertreten gewillt ist. 1978 schreibt er: „We see the world as a melting pot of replicators, selected for their own power to manipulate the world of their own long-term advantage. Individuals

[192] Dessen ungeachtet mag es anderweitige Vorteile geben, die aus den Überlegungen zum Replikator Mem zu ziehen sind. Mit ihnen kann man beispielsweise solchen Ideen zu begegnen versuchen, denen im Rahmen der biologischen Evolution keine Funktion abzugewinnen ist (z.B. dem Zölibat, vgl. ebd., 318). Mit ihnen kann man auch versuchen, der Beschleunigung des kulturellen Wandels gerecht zu werden. Auf der anderen Seite tragen diese Überlegungen der Theorie vom egoistischen Gen Spannungen ein, insofern ein dem Konzept vom erweiterten Phänotyp konkurrierender Erklärungsansatz eingebracht wird. Die Gefahr des Lamarckismus kann jedoch nicht als gegeben angesehen werden.

[193] Vgl. ebd., 26; 321 f.

[194] Den Dualismusvorwurf erheben R. C. Lewontin u.a., Die Gene sind es nicht, 233. – Übergangen wird dieser Punkt bei D. C. Dennett, Darwins gefährliches Erbe, 510; M. Midgley, Gene-juggling, 456; J. L. Mackie, The Law of the Jungle, in: Phil. 53 (1978), 455-464; hier 463

[195] Weitere Vorkehrungen dieser Art sind: die direkte, appellative Wendung an die Leserschaft (R. Dawkins, Das egoistische Gen, 26), das Bekenntnis (ebd., 423), anschaulicher Stil und eingängige Sprache, die Dawkins zum Stichwortgeber machte.

and societies are by-products."[196] Nicht zufällig zeigen seine Einlassungen gegen Religionen an, daß er sich in einem Kampf der Weltanschauungen wähnt, und eine Reihe von Soziobiologen streiten an seiner Seite.[197]

Der Vorwurf eines genetisch-memetischen Determinismus braucht gegen Dawkins nicht erhoben zu werden, um ihn moraltheoretisch treffend zu beurteilen. Ein solcher Vorwurf verfängt sich erfahrungsgemäß in Unklarheiten und wird zumal standardmäßig mit der Betonung darauf zurückgewiesen, daß es doch nur um statistische Aussagen gehe.[198] Der hier vertretene Vorwurf des Epiphänomenalismus zieht sich auf den entscheidenden Tatbestand zurück, daß Dawkins die moralische Vernunft aus der Moral austreiben will. Die Erklärung der Moral stützt sich positiv auf einen funktional-adaptionistischen Egoismus metaphysischer Entitäten, nicht auf einen psychologischen, d.h. die Ebene des Individuums wird bei der Frage nach dem Akteur ausgeschaltet. Dennoch bleibt auf einer weniger theoretischen als vielmehr propagandistischen Ebene das Lob des Egoismus in der Nachfolge Nietzsches, und man kann sagen, daß Dawkins nicht wenig dazu beigetragen hat, den Egoismus und das Bekenntnis zu ihm hoffähig zu machen.[199] Dabei sieht er sich in der bequemen Lage, im Bedarfsfalle auf die Vorhaltung, er würde den Egoismus begünstigen oder gar für den Sozialdarwinismus eintreten, zu antworten, man habe ihn falsch verstanden.

4.3 Edward Osborne Wilson, der Visionär

Wilson hatte bereits eine Reihe solider und vielbeachteter Schriften zur Entomologie und zur Populationsgenetik vorgelegt und war als Autorität auf diesen Gebieten anerkannt, als 1975 sein Auftritt als Soziobiologe inszeniert wurde. Von Anfang an war dieses Unternehmen auf öffentliche Wirkung hin angelegt, wie bereits die Einführung seiner opulenten, gleichwohl programmatischen *Sociobiology. The New Synthesis* zeigt: ganzseitige Anzeigen in den *New York Times*, Vorausbesprechungen und Interviews in Radio, Fernsehen und Presse, Cocktail-

---

[196] R. Dawkins, Replicator Selection and the Extended Phenotype, 73; vgl. ders., Und es entsprang ein Fluß in Eden, 153 ff.

[197] Neben R. Dawkins, Das egoistische Gen, 318, 527 f. vgl. D. C. Dennett, Darwins gefährliches Erbe, 726; G. Vollmer, Bin ich Atheist? Orientierungshilfen für ernsthafte Zweifler, in: Ders., Auf der Suche nach der Ordnung. Beiträge zu einem naturalistischen Welt- und Menschenbild, Stuttgart 1995, 168-184; E. O. Wilson, Biologie als Schicksal, 188; V. Sommer, Die Vergangenheit einer Illusion. Religion aus evolutionsbiologischer Sicht, in: E. Voland (Hg.), Evolution und Anpassung. Warum die Vergangenheit die Gegenwart erklärt (FS Christian Vogel), Stuttgart 1993, 229-248; F. M. Wuketits, Zustand und Bewußtsein. Leben als biophilosophische Synthese, Hamburg 1985, 112; 269 ff.

[198] Vgl. R. Dawkins, Das egoistische Gen, 422.

[199] Als Beleg für die Hoffähigkeit des Egoismus sei noch einmal der *Focus* in Erinnerung gerufen. Daß die Schamgrenzen aufweichen, zeigen beispielsweise folgende Buchveröffentlichungen: W. Wickler/ U. Seibt, Das Prinzip Eigennutz. Ursachen und Konsequenzen sozialen Verhaltens, Hamburg 1977; T. L. Heck (Hg.), Das Prinzip Egoismus, Tübingen 1994.

parties mit Wilson selbst.[200] Die Wirkung dieses spektakulären Auftaktes wurde nicht verfehlt, wie das sogleich darauf einsetzende tumulthafte Treiben um Wilsons Äußerungen zeigt.

4.3.1 Als Ouvertüre ein politisches Spektakel

Im 27. Kapitel der *Sociobiology* geht Wilson dazu über, das menschliche Zusammenleben in den Kategorien der zuvor entworfenen Soziobiologie zu beschreiben und zu behaupten, bestimmte soziale Institutionen und Grundzüge seien im menschlichen Wesen genetisch verankert und stünden deshalb nicht zur Disposition, wenn es darum ginge, die Gesellschaft zu gestalten. Hierarchie- und Elitenbildung zählt er ebenso zu diesen unabänderlich-natürlichen Merkmalen, wie die zentrale gesellschaftliche Bedeutung der Familie, feste Rollenzuweisungen an Frau und Mann sowie einen Polygamievorbehalt für den Mann,[201] ferner hegemoniales Territorial- und konformes Gruppenverhalten.[202]

Widerstand regte sich umgehend in feministischen Kreisen sowie in der bereits genannten *Sociobiology Study Group*, einer dem Sozialismus verschriebenen Gruppe von Biologen. Ihre später detailliert ausgearbeitete Kritik richtete sich im Wesentlichen gegen Wilsons genetischen Determinismus, der nichts anderes sei als eine „Biologie der sozialen Klassen"[203]. Sie stehe im Dienste des *Status quo* und mithin der bürgerlichen Ideologie, denn wenn auch keine autoritäre Vorstellung von einer organischen Gesellschaft am Werke sei, so werde doch eine wissenschaftliche Herleitung und Exkulpation des Individualismus, Herzstück der Neuen Rechten, geliefert.[204] Bis in die gegenwärtigen Ausläufer der Debatten um Wilson lassen sich Nachklänge auf den politbiologischen Auftakt vernehmen, so einerseits wenn Wilson bei Gräfrath als Reaktionär eingeführt wird[205] und Jörg Mey andererseits in finsteren Biologismus zurückfällt, sobald es um die politisch motivierte Kritik an der Soziobiologie geht.[206]

Wilson bestritt indessen die politischen Vorhaltungen gegen ihn wahlweise mit Nichtwissen, mit Gegenvorwürfen, die den Kritikern fehlendes Verständnis des Determinismus bzw. mangelnden intellektuellen Mut bescheinigten, oder mit der

---

[200] Vgl. R. C. Lewontin u.a., Die Gene sind es nicht, 190.
[201] Vgl. E. O. Wilson, Sociobiology, 548-554; ders., Biologie als Schicksal, 87-90; ders. Die Einheit des Wissens, 228.
[202] Vgl. E. O. Wilson, Sociobiology, 562; 564 f., wo zu lesen steht: „Xenophobia becomes a political virtue." (565) Vgl. ders., Biologie als Schicksal, 91; ders., Die Einheit des Wissens, 229 f.
[203] R. C. Lewontin u.a., Die Gene sind es nicht, 20.
[204] Vgl. ebd., 2.
[205] Vgl. B. Gräfrath, Evolutionäre Ethik?, 105.
[206] J. Mey, Soziobiologie - die jüngste Blüte des Neodarwinismus, in: Ders. u.a. (Hg.), Streitfall Evolution. Kontroverse Beiträge zum Neodarwinismus, Stuttgart 1995, 167-184; hier 179: „Derart [durch die Soziobiologie; A.H.] angegriffen, verteidigen viele Sozialwissenschaftler verbissen ihr Territorium, wobei sich Existenzängste vor biologischer Konkurrenz mit einem latenten Minderwertigkeitsgefühl gegenüber naturwissenschaftlichen Methoden verbinden."

Erwiderung des Ideologievorwurfs.[207] Neuerdings geht er nonchalant und selbstgefällig über solche und andere Kritik hinweg: „Ich höre schon ihre Anklage: *Konfluenz, Simplizität, ontologischer Reduktionismus, Szientismus* und andere sündige Ismen mehr. Darauf kann ich mich nur schuldig, schuldig, schuldig bekennen! Also lassen wir das und gehen wir weiter."[208]

Diesen Reaktionen Wilsons zum Trotz ist an der von der frühen Kritik vorgenommen Grobeinstellung festzuhalten, die sich seine Soziobiologie als politisches Programm vornimmt; sie ist politisch, und sie ist politisch gemeint.[209] Dem Verfahren nach läuft die genannte Kritik darauf hinaus, entweder einen Zusammenprall der Ideologien herbeizuführen und auf dem Wege der metaphysischen Frontstellung „Freiheit versus Determinismus" eine Entscheidung zu erzwingen oder Wilsons Scheitern auf dem Boden der Biologie bzw. der Wissenschaftsphilosophie zu erweisen und anschließend zu fragen, welche politischen Absichten Wilson verfolgt.[210] Der nachfolgende Gang durch Wilsons Werk will demgegenüber deutlicher die Aspekte der Darstellungsform aufgreifen, um seine Soziobiologie von dort aufzuschlüsseln, und die Fragen nach dem Vorliegen einer Ideologie und ihrer inhaltlichen Bestimmung ebenso einstweilen in den Hintergrund rücken, wie die Frage nach den wissenschaftlichen Gründen für sein Scheitern.

4.3.2 Wilsons Traum von der Einheit des Wissens

Die Synthese allen Wissens ist eines der von *Sociobiology* bis zu *Die Einheit des Wissens* immer wieder thematisierten Anliegen von Wilson, wobei die Präsentationsformen und die zugrundegelegten Modelle variieren, nicht aber sein Anspruch: die kulturelle Führungsmacht der Biologie herbeizuschreiben.

Das in *Sociobiology* insinuierte Modell ist nicht eben freundlich und macht die aufruhrartigen Reaktionen plausibel: „It may not be too much to say that sociology and the other social sciences as well as the humanities, are at last branches of biology waiting to be included in the Modern Synthesis."[211] Das unabweisliche Wissen der Biologie steht demnach einfacher empirischer Beschreibung plus „unaided intuition"[212] in den Sozialwissenschaften gegenüber und wird diese buchstäblich ausschlachten und sich einverleiben.[213] Es handelt sich hier um ein

---

[207] C. J. Lumsden/E. O. Wilson, Das Feuer des Prometheus. Wie das menschliche Denken entstand, dt. v. H. J. Baron von Koskull, München 1984, 67-69; 72; zum Nichtwissen vgl. ebd., 45; 48.
[208] E. O. Wilson. Die Einheit des Wissens, 19.
[209] Vgl. C. J. Lumsden/E. O. Wilson, Das Feuer des Prometheus, 22; 235; E. O. Wilson, Biologie als Schicksal, 188.
[210] Die erste Strategie findet sich ausgeprägt in *Die Gene sind es nicht*, Philip Kitcher hat in *Vaulting Ambition* die zweite detailliert ausgeführt, vgl. auch Bernd Gräfraths *Evolutionäre Ethik?*.
[211] E. O. Wilson, Sociobiology, 4.
[212] Ebd.
[213] Vgl. ebd., 575: „Having cannibalized psychology, the new neurobiology will yield an enduring set of the first principles for sociology."

aggressiv reduktionistisches Programm, das die Gesellschaft als Summe der Individuen und die individuellen Entscheidungen schließlich als Summe der Neuronenaktivitäten im Gehirn auffaßt – und keine methodische Alternative neben sich duldet.

Diesen kruden Reduktionismus behält Wilson in *On human nature* bei,[214] wenngleich er sich bereitfindet, die Vereinnahmungsabsicht gefälliger zu formulieren. Er verspricht nun, „der Bruch, der immer noch zwischen den Naturwissenschaften auf der einen und den Sozial- und Geisteswissenschaften auf der anderen Seite besteht, könnte geheilt werden“[215], und führt dazu eine Vorstellung von wissenschaftlichen Disziplinen und ihren „Antidsziplinen“[216] an. Die unterschiedlichen Wissenschaften vom Menschen würden sich danach zunächst durch ihre verschiedenen Zugriffe gegenseitig befruchten, um schließlich immer weitgehender „komplementär“[217] zu werden. Damit ist gemeint, daß in den Wissenschaften vom Menschen – darunter fallen laut Wilson alle methodischen Anstrengungen von der Neuro- und Soziobiologie über Anthropologie, Soziologie und Ökonomie bis hin zu den Geschichtswissenschaften, der Philosophie und der Theologie – die empirischen Ergebnisse einen unaufhaltsamen Progress der Reduktion in Gang halten und alle Ansätze letztlich bei der letzten Reduktionsstufe, die mit kleinsten Partikeln wie Genen oder Atomen operiert, anlangen. Im Ergebnis stimmt diese Formulierung des Traumes von der Einheit des Wissens mit der in *Sociobiology* überein: Unterwerfung allen Wissens vom Menschen unter ein Methodenideal. Im Unterschied zu dieser ist es jedoch ein friedliches Modell – das allerdings allem Nachdenken über den Menschen wennschon nicht den heimlichen Wunsch, so doch das verborgene Telos der Reduktion auf die Ebene der Gene unterstellt.[218] Glaubhaft ist Wilsons heilende Attitüde auch deswegen nicht, weil er trotz augenfälligen Unwissens, wie es sich vor allem in seiner Moraltheorie zeigt, sich her-

---

[214] Vgl. E. O. Wilson, Biologie als Schicksal, 78: „Der kulturelle Wandel ist vielmehr das statistische Ergebnis der individuellen Verhaltensreaktionen einer großen Zahl von Menschen“. Und: „Das Bewußtsein besteht aus einer Unzahl von gleichzeitigen und koordinierten symbolischen Repräsentationen durch die beteiligten Neuronen der Großhirnrinde. Das Bewußtsein in dieser Weise als Wirkung einer organischen Maschinerie einzustufen, heißt jedoch keineswegs, seine Potenz zu unterschätzen.“ (ebd., 74) – An diesen Passagen ist auch der gänzlich unoriginelle Versuch abzulesen, sich durch Verweis auf Statistik und Komplexität ein Hintertürchen zum Abwiegeln offenzuhalten. Der metaphysische Reduktionismus wird dadurch jedoch nicht ernsthaft eingeschränkt. Gleiches läßt sich auch zu *Das Feuer des Prometheus* sagen, vgl. dort 167.

[215] E. O. Wilson, Biologie als Schicksal, 183.

[216] Ebd., 15. – Zur Soziobiologie als „Antidisziplin der Sozial- und der Geisteswissenschaften vgl. ebd., 191 f.

[217] Ebd., 16.

[218] Ein bedeutender Unterschied sei vermerkt: Während empirische Wissenschaften vom Menschen diesem Modell zufolge mit ihrem eigenen Fortschritt von selbst den reduktionistischen Weg beschreiten, steht hinsichtlich der Geschichtswissenschaften, der Philosophie und der Theologie die Beseitigung an. Zur Theologie vgl. ebd., 160 ff.

ausnimmt, die Gegenseite zu belehren, ja diese Ignoranz bisweilen zu zelebrieren scheint.[219]

Neuerdings versucht Wilson seinen Einheitstraum mit dem Wort „Consilience“ zu umschreiben. Hinter diesem ungewöhnlichen Etikett, das mit „Einheit“, „Vereinigung“ oder „Vernetzung“ übersetzt wird,[220] verbirgt sich der Sache nach einmal mehr nichts Neues. Seine Rede von konzentrischen Kreisen des Wissens, mit der er den Anschein erweckt, verschiedene methodische Ansätze würden auf ihrem je eigenen Weg der Mitte – d.i. dort, wo die Wahrheit liegt – zustreben, ist nichts als Blendwerk. Der naturalistische Reduktionismus ist keineswegs aufgegeben, und immer noch wird in Aussicht gestellt, daß er alles frißt, was sich ihm nicht anpaßt.[221] Dennoch bietet Wilsons *Consilience*-Gedanke gegenüber vorherigen Präsentationen einen neuen Aspekt. Hatte er im Verein mit Charles J. Lumsden vor allem in *Genes, Mind, and Culture* zur Darstellung der Soziobiologie noch auf die Mathematik gesetzt, so lehnt er nun jeden „in mathematischer Abstraktion erstarrten Versuch“[222] zur Förderung der Einheit des Wissens ab und stützt sich stattdessen auf die Metaphysik: „Die Naturwissenschaften bieten in der Tat die kühnste Metaphysik unseres Zeitalters“[223], so verkündet Wilson. Gleichwohl sind metaphysische Reflexionen oder wenigstes Erläuterungen bezüglich des Inhaltes dieser kühnen Metaphysik und des Vorteils, der sich aus der Kühnheit ergeben soll, für ihn kein Thema. Mit dem Verweis auf den biologistischen Reduktionismus ist für ihn alles gesagt, zudem spreche dessen Erfolg für sich.[224]

4.3.3 Die Kultur am langen Band der Gene

Die Tatsache, daß Wilson nun als Metaphysiker zu sprechen anhebt, erscheint zunächst überraschend und legt die Frage nahe, *wie* er denn die Einheit des Wissens nicht nur zu beschwören, sondern auch zu befördern gedenkt. Er beschreitet zwei Wege, den der Wissenschaft und den eines kulturstiftenden Epos.

Der erste zentrale Gedanke von Wilsons Strategie zur Überbrückung der Kluft zwischen den Wissensgebieten besteht darin, sämtliche Phänomene aus dem Bereich der Kultur möglichst eng an die Evolution der Gene zu binden. „Die Gene

---

[219] Vgl. ebd., 13; E. O. Wilson, Die Einheit des Wissens, 331 f.

[220] „Consilience. The Unity of Knowledge“ lautet der Originaltitel des 1998er Buches von Wilson, das im gleichen Jahr unter dem Titel „Die Einheit des Wissens“ auf den deutschsprachigen Büchermarkt kam. – Die Zitate ebd., 15.

[221] Vgl. beispielsweise ebd., 21 f.; bezüglich der Sozialwissenschaften ebd., 252-257; bezüglich der Ethik ebd., 339-341.

[222] Ebd., 16.

[223] Ebd., 20.

[224] Vgl. ebd., 11. – Wilson räumt hier zwar die Falsifizierarkeit des Einheitstraumes ein, doch geht dieses scheinbare Zugeständnis ins Leere, handelt es sich hierbei doch nicht um einen Satz der empirischen Wissenschaften, sondern um einen metaphysischen. Daß Wilson weit davon entfernt ist, die Möglichkeit der Falsifikation hier in Betracht zu ziehen, zeigt der Fortgang seines Buches.

halten die Kultur im Zaum"[225], so lautet seine Metapher für dieses Anliegen, und die nun anstehende Frage ist die, wie lang das Zaumzeug sein muß, damit auf der einen Seite kein offener Determinismus entsteht, auf der anderen Seite aber die kulturprägende Kraft der organischen Natur des Menschen als erwiesen angesehen werden kann. Wilson tritt an, um denjenigen entgegenzutreten, die sagen: „The system of inheritance of ideas is independent of the system of inheritance of genes"[226] und damit meinen, daß die Evolution zwar die organische Basis für mentale und kulturelle Entwicklungen bereitstellt, ohne sie jedoch im einzelnen oder kanalisierend zu kontrollieren.

Im Kern besteht Wilsons Konzept aus der Behauptung, das menschliche Sozialverhalten sei durch die genetische Basis kanalisiert in dem Sinn, daß es genetisch fixierte Verhaltensdispositionen gibt und Gesellschaften auf Dauer nicht existieren können, wenn sie diese Dispositionen mißachteten. Seine erste, in *Sociobiology* und *On Human Nature* vorgetragene Variante geht über das Aufstellen dieser Behauptung kaum hinaus; sie läßt sich durch folgende vier Argumentationsschritte rekonstruieren:[227] (1) Die Evolutionsbiologie stützt die Hypothese, daß die Mitglieder einer Gruppe ihre Fitneß durch ein bestimmtes Verhalten in einer typischen Umwelt maximieren. (2) Läßt sich das Verhalten bei allen Mitgliedern der Gruppe aufweisen, so ist der Schluß gerechtfertigt, daß es einen Überlebensvorteil einträgt und durch die natürliche Selektion hervorgebracht und stabilisiert wurde. (3) Weil sich die Selektion auf der Basis von Gendifferenzen vollzieht, kann man weiter schließen, daß es genetische Unterschiede zwischen den Mitgliedern der Gruppe und deren Vorgängern gibt, die das besagte Verhalten nicht gezeigt haben. (4) Auf Grund der Gendifferenzen und der Adaptivität des Verhaltens läßt sich zeigen, daß Verhalten durch Umweltveränderungen nicht beliebig variiert werden kann.

Daß es sich bei Wilsons Ausführungen – abgesehen davon, daß notwendige Klärungen ausbleiben[228] – nur um die Entfaltung seiner Behauptung handelt, wird am vierten Schritt deutlich, der eben die Behauptung eines nicht weiter bestimmten genetischen Determinismus beinhaltet, die aber durch die vorangehenden Schritte nicht gestützt wird. Welche Rolle die Gendifferenzen *genau* spielen und um welches Verhalten es *genau* geht, bleibt Wilsons Geheimnis. Hinweise wie den, Menschen könnten artfremde Verhaltensweisen auf Dauer nicht übernehmen, denn „das wäre ein Theaterspiel, das tiefsitzenden emotionalen Reaktionen zuwiderlaufen und keine Chance haben würde, sich auch nur eine Generation hindurch

---

[225] E. O. Wilson, Biologie als Schicksal, 159.

[226] H. Rolston, Genes, Genesis and God. Values and Their Origins in Natural and Human History. Cambridge-New York 1999, 136.

[227] Vgl. dazu P. Kitcher, Vaulting Ambition, 126 f.

[228] Wilson belehrt z.B. nicht darüber, was mit der Rede von einem Gen „für ein Verhalten" gemeint ist, noch zeigt er, wie eine Verhaltensweise sich identifizieren läßt, welche Verhaltensweisen genetisch bedingt sind und wie sich Umwelten benennen lassen.

zu behaupten“ und das im Ergebnis auf „ein lebensunfähiges Chaos“[229] hinausliefe, helfen nur wenig weiter. Sie bestätigen nur, daß Wilson das limbische System, seinen Auffassungen zufolge Sitz der Emotionen, als Platzhalter für die Behauptung des Determinismus bevorzugt.[230] Aber wie er diesen formulieren will, ohne in offenen Widerspruch zu den Phänomenen und zur biologischen Doktrin zu geraten, nach der der Phänotyp durch Gene *und* Umwelt geformt wird, das bleibt dunkel.

Mit der zweiten, zusammen mit Charles J. Lumsden in *Genes, Mind, and Culture* ausgearbeiteten und bis zu *Die Einheit des Wissens*[231] wiederholte Position versucht Wilson, die Unklarheiten aus der Welt zu schaffen. Dieses Konzept firmiert als Gen-Kultur-Koevolution, die definiert wird als „any change in the epigenetic rules due to shifts in gene frequency, or in culturgen frequencies due to the epigenetic rules, or in both jointly“[232]. Epigenetische Regeln werden dabei verstanden als genetische Vorgaben von Verhaltensdispositionen in neuronalen Manifestierungen, die ein Verhalten nicht determinieren, sondern lediglich Entscheidungstendenzen festlegen.[233] Unter Kulturgenen verstehen Lumsden und Wilson im Anschluß an Dawkins’ Meme und ähnliche Konstruktionen die grundlegenden Einheiten der sogenannten kulturellen Evolution.[234]

Die kulturelle Entwicklung wird diesem Arrangement zufolge nicht einseitig von den Genen – wie detailliert auch immer – bestimmt, sondern sie wirkt ihrerseits als Umwelt, die Überlebens- und Reproduktionschancen mitbestimmt, auf den Genpool ein und nimmt Einfluß auf den Verlauf der Evolution. Sie spiegelt nicht einfach ein Set epigenetischer Regeln nebst den nach deren Maßgabe erfolgenden Entscheidungen zugunsten bestimmter Kulturgene, sondern führt ein bescheidenes Eigenleben. Weil die epigenetischen Regeln nur Tendenzen vorgeben, ist die konkrete Wahl für ein Kulturgen auch anderen Einflußgrößen gegenüber offen. Lumsden und Wilson führen hier eine Rückkopplungsschleife innerhalb des Kulturbereiches ein, d.h. die Wahrscheinlichkeit, daß ein Individuum ein Kulturgen seiner Alternative vorzieht, ist auch davon abhängig, wie andere Individuen in der Gruppe wählen.

Nicht erst genauerem Hinsehen erweisen sich die Spekulationen über epigenetische Regeln und Kulturgene als Finte, die vom genetischen Determinismus nur unzulänglich ablenkt. Auch wenn Lumsden und Wilson überraschend aus ihrem Konzept ableiten, „daß die Menschen sich von einem unerbittlichen Fatum zur

---

[229] E. O. Wilson, Biologie als Schicksal, 29.
[230] So etwa E. O. Wilson, Sociobiology, 3; ders., Biologie als Schicksal, 13.
[231] Vgl. E. O. Wilson, Die Einheit des Wissens, 169 ff.
[232] C. J. Lumsden/E. O. Wilson, Genes, Mind, and Culture. The Coevolutionary Process, Cambridge/Mass-London. 1981, 11; vgl. E. O. Wilson, Die Einheit des Wissens, 171 f.
[233] Zum Begriff der epigenetischen Regel vgl. E. O. Wilson, Die Einheit des Wissens, 202 f.
[234] Vgl. C. J. Lumsden/E. O. Wilson, Genes, Mind, and Culture, 7.

freien Willensentscheidung hin entwickelt haben"[235], macht der von ihnen in Anspruch genommene neurobiologische Unterbau alle Hoffnungen auf eine autonome kulturelle Entwicklung zunichte. „Die exakte Konfiguration der Gehirnzellen und die Art, in der sie von den Hormonen beeinflußt werden, bestimmen in erster Linie die epigenetischen Regeln. Diese Regeln bestimmen ihrerseits die endgültigen Formen der Kultur."[236]

Der gegen die erste Variante vorgebrachten Kritik begegnet Wilson lediglich mit Blendwerk: Einerseits wird in *Genes, Mind, and Culture* eine Fülle mathematischer Ableitungen in Szene gesetzt, die den Eindruck von Präzision und wissenschaftlicher Nachvollziehbarkeit erwecken soll, aber im Ergebnis nur Prämissen verschleiert und die Dinge unnötig verkompliziert oder gar verfälscht.[237] Zum anderen bringen die neu eingeführten Konzepte keine sachhaltige Veränderung des Ansatzes, sondern sie sorgen lediglich dafür, daß die Determination in Rückkopplungsschleifen unauffindbar wird und der Determinismus mit einem epistemischen Indeterminismus kaschiert wird.[238] Die epigenetischen Regeln erweitern lediglich den in Ansatz gebrachten neuronalen Apparat, mit dem die gesellschaftliche Entwicklung erklärt werden soll. Weitere, zum Teil gravierende Probleme kommen hinzu,[239] so daß man sagen muß, daß Wilsons wissenschaftsnahes Projekt, die gesellschaftliche Entwicklung an die Gene zu binden, gescheitert ist.

Ist der Traum von der Einheit des Wissens damit ausgeträumt? Nachdem die epistemische Kluft zwischen den Natur- und den Geisteswissenschaften auch nach Wilson noch als bestehend hingenommen werden muß und man zur Kenntnis genommen hat, daß zudem seine Ausführungen zur Einheit innerhalb der Naturwissenschaften unrealistisch sind,[240] wird man eingestehen müssen, daß hier noch erhebliche Probleme einer glaubhaften Verkündung einer Einheit des Wissens entgegenstehen. Wilson deutet diese Lage allerdings so, daß nicht der Gedanke einer Einheit des Wissens gescheitert ist, sondern die in der westlichen Kultur vorausgesetzen Selbstverständlichkeiten insofern unzulänglich sind, als sie nicht

---

[235] C. J. Lumsden/E. O. Wilson, Das Feuer des Prometheus, 88; vgl. ebd., 243.
[236] Ebd., 110.
[237] Vgl. P. Kitcher, Vaulting Ambition, 393 f.
[238] Vgl. E. O. Wilson, Biologie als Schicksal, 71; parallel dazu D. C. Dennett, Ellenbogenfreiheit. Die wünschenswerten Formen von freiem Willen, dt. v. U. Müller-Koch, Frankfurt/M. 1986 (Philosophie. Analyse und Grundlegung; 12), 25 f.; 45.
[239] Vgl. P. Kitcher, Vaulting Ambition, 344-349; H. Rolston, Genes, Genesis and God, 127-130. – Die Kritikpunkte beziehen sich vor allem auf sozialen und kulturellen Atomismus. So werden von Lumsden und Wilson weder soziale Institutionen und Interdependenzen berücksichtigt, noch wird eine Theorie der Kulturgene entwickelt, die eine Isolierung kultureller Partikel plausibel erscheinen läßt. Ferner macht die Differenz der anzunehmenden Evolutionsgeschwindigkeit der organischen und der kulturellen Evolution notorische Schwierigkeiten.
[240] Vgl. E. O. Wilson, Die Einheit des Wissens, 11: „Sie [die Vorstellung von der Einheit allen Wissens; A. H.] wurde in den Säurebädern von Experiment und Logik getestet und konnte wiederholt verteidigt werden. Eine entscheidende Niederlage hat sie dabei noch nicht erfahren". – Daß dieser Optimismus fehl am Platz ist, zeigt G. Keil, Kritik des Naturalismus, 30-33; vgl. E. Mayr, Das ist Biologie, 59.

mit der Evolutionstheorie zur Deckung gebracht werden können. *Hier* sei demnach Abhilfe zu schaffen, d.h. der Evolutionsgedanke müsse zu einem kulturstiftenden Epos ausgebaut werden.

„Human beings are absurdly easy to indoctrinate – they *seek* it“[241], so lautet eine der Einsichten Wilsons, die er sich ersatzweise zunutze macht, so lange sich die Menschheit verstockt zeigt und sich der Soziobiologie verschließt. Er sieht, daß die Widerstände mit den argumentativen Mitteln, die ihm zur Verfügung stehen, nicht gebrochen werden können. Weil er dennoch von der Wahrheit der Evolutionstheorie und der von ihm angestellten Interpretationen überzeugt ist, hält er es für notwendig, das gesellschaftliche Feld, auf dem die Soziobiologie gedeihen und Entscheidungen bestimmen soll, vorzubehandeln. Hatten die Aufkärungsphilosphie und in deren Gefolge die Naturwissenschaften den Religionen den Kampf angesagt und die Welt erfolgreich „entzaubert“, so sei ihnen doch ein Problem entgangen: „[Es] kann die Religion nicht von denen besiegt werden, die sie lediglich niederwerfen. Die spirituelle Schwäche des wissenschaftlichen Naturalismus beruht darauf, daß er nicht eine solche ursprüngliche Kraftquelle besitzt.“[242] Wilson stellt den Naturalismus neben den Marxismus und die Religionen als mythenbildende Kraft hin, die jenen zwar besiegt habe, gegen diese jedoch einen Mythos vom Entstehen und Funktionieren der menschlichen Wirklichkeit formulieren müsse, wobei das Kernmotiv fraglos feststeht: „Den Kern des wissenschaftlichen Materialismus bildet das Evolutionsepos.“[243] Evolution als „die wichtigste Offenbarung“[244] sei den Religionen überlegen, deren Mythen die Welt gar nicht richtig erklärten. Während religiöse Weltbilder beständig widerlegt würden, feiere die Evolutionstheorie fortwährend Triumphe, überdies sei sie geeignet, die religiösen Gefühle, um die sie mit den Religionen konkurriere, zu befriedigen. Religion habe nicht nur zu viele Niederlagen nebst damit einhergehenden Vertrauensverlusten hinnehmen müssen, sie habe im Gegensatz zu ihrem materialistischen Konkurrenten auch keine Antwort für eine Menschheit, die „unmittelbar vor einem neuen und entscheidenden Wendepunkt in ihrer Evolution zu stehen [scheint]“[245].

Mit dieser Vorstellung gedenkt Wilson der Soziobiologie ein weiteres Feld zu erschließen, auf dem sie die kulturelle Hegemonie anstreben kann, und stimmt in seinen Ambitionen mit der von John Brockman verkündeten „dritten Kultur“ überein.[246] Die Erwartung, daß Wilson nun eine literarische Dichte erreichen würde, die an die religiösen Ursprungserzählungen oder Bekenntnisse heranrei-

---

[241] E. O. Wilson, Sociobiology, 562. Vgl. ders., Biologie als Schicksal, 161; 174.
[242] E. O. Wilson, Biologie als Schicksal, 182; vgl. ders., Die Einheit des Wissens, 348.
[243] E. O. Wilson, Biologie als Schicksal, 188.
[244] E. O. Wilson, Die Einheit des Wissens, 13.
[245] C. J. Lumsden/E. O. Wilson, Das Feuer des Prometheus, 36.
[246] Vgl. E. O. Wilson, Biologie als Schicksal, 189.

chen würde, wird allerdings herb enttäuscht.[247] Gleichwohl sind viele von Wilsons Buchveröffentlichungen darauf angelegt, öffentliche Wirkung außerhalb der *scientific community* zu erzielen. Auf seine *Sociobiology* wurde diesbezüglich schon eingegangen, *Das Feuer des Prometheus* stellt die Popularisierung von *Genes, Mind, and Culture* in persönlichem Ambiente dar, *Die Einheit des Wissens* versteht sich nicht zuletzt als Einladung zu einem Abenteuer des Denkens, und *Naturalist* schließlich läßt ein betont persönliches Bild des Naturforschers entstehen.

Indem Wilson zusätzlich diesen zweiten Weg beschreitet, wird sein Tun selbstbezüglich, d.h. er nimmt die Theorie von der Gen-Kultur-Koevolution selbst als Kulturgen auf, das sich gegen sein „Allel", die Religion, deshalb durchsetze, weil es wahr sei und im Rahmen der Gen-Kultur-Koevolution Überlebensvorteile verschaffe. Die widersprüchliche Spannung all der Theorien, die derart die Vernunft und damit sich selbst bestreiten, löst er nicht durch Rücknahme des epistemischen Anspruchs und Ausweichen ins Pragmatische,[248] sondern er trägt diesen Widerspruch unbearbeitet vor sich her.

4.3.4 Das Profil einer autoritären Gesellschaftsform

Wilson macht sich die Beschreibung des Menschen ausdrücklich zum Thema, und seine Ansichten sind hier eindeutig: „[D]as Gehirn existiert, weil es das Überleben und die Vermehrung jener Gene fördert, die seinen Aufbau steuern. Der menschliche Geist ist ein Mittel des Überlebens und der Reproduktion, und die Vernunft ist nur eine seiner vielfältigen Techniken."[249] Die Übereinstimmung mit den Genmaschinen von Dawkins ist perfekt.

Mit diesem evolutionären Funktionalismus ausgerüstet macht Wilson sich daran, eine Moraltheorie zu entwerfen, d.h. die Ethik zu biologisieren. Daß ihm das Terrain unbekannt ist,[250] stört ihn nicht, denn die philosophische Ethik sei

---

[247] Man ziehe etwa das dreigliedrige Credo des biologischen Materialismus in *Das Feuer des Prometheus*, 39 f. herbei: „Wir glauben, daß das Geheimnis der plötzlichen Entstehung des Geistes in der Aktivierung eines Mechanismus liegt, der physikalischen Gesetzen gehorcht und allein bei der Species *Homo* anzutreffen ist (...). Wir glauben, die Gen-Kultur-Koevolution habe allein und ohne äußere Hilfe den Menschen geschaffen, und wir sind überzeugt, daß die Wirkungsweise dieses Mechanismus mit Hilfe einer Kombination von Techniken aus Natur- und Sozialwissenschaften erkannt werden kann." – Dafür, daß dieser Text die Selbsterfahrung und die Sehnsüchte der Menschen aufschlußreich zu bündeln und eine Gemeinschaft zusammenzuhalten vermag, besteht m.E. eher wenig Aussicht.

[248] Vgl. dazu H. Schnädelbach, Zur Rehabilitierung des *animal rationale*, in: Ders., Zur Rehabilitierung des *animal rationale*, 13-37; hier 26 f.

[249] E. O. Wilson, Biologie als Schicksal, 10. – Wilson sagt im Blick auf die KI-Forschung weiter: „Was sich wie ein Mensch verhält, *ist* ein Mensch" (ebd., 24), andererseits zeigt er sich auf seine Weise angerührt vom Anblick eines Säuglings: „ein wundervolle[r] Roboter" (ebd., 56).

[250] So z.B. in seiner *Sociobiology*, 562, wo er die Gesamtheit der ethischen Theorien allzu einfach in Intuitionismus (J. Locke, J.-J. Rousseau, I. Kant, J. Rawls) und ethischen Behaviorismus (J. F. Scott) einteilt.

ohnehin nur fauler Zauber: „Wie jeder andere beurteilen die Philosophen ihre persönlichen gefühlsmäßigen Antworten auf verschiedene Alternativen so, als würden sie ein verborgenes Orakel befragen. Dieses Orakel sitzt in den tiefen emotionalen Zentren des Gehirns, höchstwahrscheinlich innerhalb des limbischen Systems, eines verwickelten Komplexes von Neuronen und Hormone ausschüttenden Zellen."[251] Auch wenn sich hier ein metaethischer Emotivismus andeutet, kämpfen die Interpreten vor allem mit der Unklarheit der Wilsonschen Ethik.[252]

Zunächst liegt es auf der Hand, daß Wilson moralisches Verhalten *qua* Adaption in den Dienst von Überleben und Reproduktion stellt, was sich mit dem emotivistischen Verweis auf die lenkende Funktion des limbischen Systems in moralischen Angelegenheiten deckt. In den Emotionen verschaffen sich neuronale, letztlich genetische Strukturen Ausdruck, und es überrascht durchaus nicht, daß auch die Moral der genetischen Kontrolle unterworfen ist. Von Wahrheit moralischer Normen läßt sich in einem solchen Theorierahmen freilich nicht sprechen, und folgerichtig gibt Wilson sich an vielen Stellen als metaethischer Skeptizist.[253]

Aber noch einmal scheint sich Wilsons soziobiologisches Sendungsbewußtsein von den argumentativen Beschränkungen befreien zu wollen, denn trotz der durch den Skeptizismus erzwungenen Abstinenz von aller wissenschaftlichen Normenverkündung geht er dazu über, vor seiner Leserschaft moralische Orientierungen zu entfalten. Seine materiale Ethik enthält drei primäre Werte: die Bewahrung des menschlichen Genpools, Förderung der Vielfalt im menschlichen Genpool unter besonderer Beachtung sogenannter „Sisyphus-Genotypen"[254] sowie eine funktionalistische Abart der Menschenrechte. Als sekundäre Werte bzw. Empfindungen treten durch unmittelbare emotionale Stützung hinzu: „Begeisterung und Schärfung der Sinne bei der Erkundung des Unbekannten; Jubel über eine Entdeckung; Triumph in der Schlacht und im Kampfsport; stille Zufriedenheit über eine altruistische Handlung am rechten Ort; Rührung aus ethnischem oder nationalem Stolz; Stärkung durch Familienbande; und die gelassene Freude am Lebendigen durch die Nähe von Tieren und wachsenden Pflanzen."[255]

Es ließen sich an diese Aufstellung Fragen danach richten, ob sie sich aus der soziobiologischen Theorie ableiten lasse, ob man überhaupt von Werten sprechen könne, und man könnte zu recht einen naturalistischen Fehlschluß reklamieren.[256]

---

[251] E. O. Wilson, Biologie als Schicksal, 13; vgl. ders., Sociobiology, 3; 563.
[252] Vgl. P. Kitcher, Vier Arten, die Ethik zu 'biologisieren'; ders., Vaulting Ambition, 420; B. Gräfrath, Evolutionäre Ethik, 106; E. Sober, Prospects for an evolutionary ethics, 102 f.
[253] Vgl. M. Ruse/E. O. Wilson, Moral Philosophy as Applied Science, in: Phil. 61 (1986), 173-192; E. O. Wilson, Biologie als Schicksal, 159; 188.
[254] E. O. Wilson, Biologie als Schicksal, 185. – Der Ausdruck stammt von George C. Williams und bezeichnet den Sachverhalt, daß auch überlegene Genotypen, wenn sie relativ selten im Genpool vorkommen, in der Rekombination untergehen.
[255] Ebd., 187.
[256] So etwa B. Gräfrath, Evolutionäre Ethik?, 112 f.; ähnlich E. Sober, Prospects for an evolutionary ethics, 102.

Nach den Beobachtungen zu Wilsons Liebäugelei mit dem Mythos und allgemein zum Umgang vieler Soziobiologen, Wilson inklusive, mit Gegenargumenten sowie zur Popularisierungstendenz der Soziobiologie drängt sich die Deutung auf, daß Wilson die argumentative Lücke wohl sehen muß, sich aber einfach nicht davon abhalten läßt, sein Anliegen in Verbindung mit einer wissenschaftlichen Diktion an die Öffentlichekeit zu bringen. Daher ist es angeraten, Wilsons Ethik nicht aus der Argumentlage für erledigt zu halten, sondern einstweilen lediglich eine solche Lücke zu konstatieren und zunächst sein Anliegen näher zu untersuchen.

Es muß also auf die eingangs aufgesuchte politische Ebene zurückgegangen werden, denn hier sind die eigentlichen Visionen Wilsons zu finden. Sein Menschenbild ist pessimistisch, er mißtraut der Kultur – damit ist hier der Versuch gemeint, menschliches Zusammenleben nach Vernunftgründen zu gestalten – grundsätzlich und setzt daher auf die Natur des Menschen, um dessen Destruktivität zu kanalisieren. Sein Mißtrauen verschafft sich zuweilen in dumpfer Polemik Ausdruck,[257] läßt sich aber am deutlichsten an der Entscheidung ablesen, Zivilisation „als Hypertrophie zu deuten, als extremes Wachstum von bereits vorhandenen Strukturen“[258]. Kultur ist demnach *per se* chaotischer Wildwuchs, Orientierungslosigkeit und Identitätsverlust sieht er als Krisensymptome einer auf einen endzeitlichen Abgrund zutaumelnden Welt um sich greifen: „[W]ir leben in der gefährlichsten aller Zeiten. Die Schlüsselereignisse dieser Übergangsphase sind aus dem Takt geraten. Wir sind noch zu unwissend, um frei zu sein, zu gefährlich, um Sklaven unserer Erbanlagen zu bleiben, und vielleicht zu eitel und zu furchtsam, um einen Ausweg zu finden.“[259] Angesichts der von ihm so wahrgenommenen Weltlage ist es nicht überraschend und keineswegs unbedeutend, daß er die Marxisten als Verteidiger einer autonomen Kultur und die Religion als Verführerin der Menschen zu Chaosmächten hochstilisiert, um seinerseits zum Propheten des erlösenden Mythos zu werden. In der Biologie sucht er das Heil der Menschheit, wobei die der menschlichen Entwicklung auferlegten Schranken, die er glaubt ausmachen zu können, ihm nicht ausreichend erscheinen. Der Mensch darf seiner Überzeugung nach nicht ahnungslos in den genetischen Schranken sich selbst überlassen werden, sondern muß die Evolution selbst in die Hand nehmen. Um die Grundübel der Welt zu verhindern, ist ihm zufolge das Wissen der Biologie unabdingbar.

---

[257] So liest man in *Das Feuer des Prometheus*, am Ende könne „*Homo* sich selbst mit Hilfe von Kernwaffen vernichten und damit in schlüssiger und überraschender Weise beweisen (...), daß die Kultur tatsächlich stärker ist als das Angeborene“ (ebd., 139).

[258] E. O. Wilson, Biologie als Schicksal, 88. – An anderer Stelle spricht er diese Hypertrophie an als „die kulturelle Inflation menschlicher Eigenschaften“ (ebd., 156). Aus der Hypertrophie erfolgt das „Umkippen“ eines Ökosystems, und aus der Inflation der Zusammenbruch einer Volkswirtschaft – keine schmeichelhaften Metaphern für die Kultur.

[259] C. J. Lumsden/E. O. Wilson, Das Feuer des Prometheus, 230.

Während Wilson einen evolutionären Kampf zwischen den Kulturen nur andeutet,[260] sind seine Visionen von einer biologisch imprägnierten Kultur recht deutlich profiliert. Die von ihm in Aussicht gestellte „planned society"[261], die er zunächst unweigerlich heraufziehen sieht, später gegen Widerstände durchgesetzt sehen will, läßt sich aufschlußreich durch folgende Elemente kennzeichnen: (a) Es sind die oben genannten Institutionen in Kraft, deren Propagierung Wilson die heftige politische Kritik eingetragen hat: Eliten- und Hierarchiebildung, Nationalismus usw.. (b) Die Gesellschaft ist ausreichend aggressiv, um destabilisierenden, aggressiven Elementen keine Chance zu lassen, das System zu gefährden. (c) Die biologische Gesellschaft ist von Eigennutz und einem „sich ständig erneuernden, optimistischen Zynismus"[262] geprägt. (d) Die Gesellschaft wird ihr biologisches Wissen so einsetzen, daß sie die Evolution in die eigene Hand nimmt. „Zumindest wird auf dem Wege der konventionellen Eugenik ein allmählicher evolutionärer Wandel machbar sein."[263] Dieser wird nicht nur die menschlichen Emotionen genauer kanalisieren, sondern auch den oben genannten „Sisyphus-Genotypen" die angemahnte Förderung zukommen lassen. (e) Die neue Gesellschaft wird schließlich dem Problem der Überbevölkerung Herr werden.

Richard Lewontin u.a. haben Wilsons politische Vision im Sinne eines Individualismus gedeutet und den Verdacht auf Propagierung einer organischen, d.h. auch autoritären Gesellschaft nicht erhoben. Die Durchsicht der Elemente des politischen Biologismus Wilsons zeigt, daß Individualismuns und autoritäre Unterdrückung des Individuums zusammen in einem Konzept untergebracht werden können. Tatsächlich sind neben dem konservativen Element (a) zwei zur Betonung des Individuums gegenüber der sozialen Umwelt, (b) und (c), und zwei eugenische, d.h. das Individuum bedrohende Elemente zu verzeichnen, (d) und (e). Insgesamt läßt sich soviel festhalten, daß Wilsons spannungsreiche Vorstellungen einer Gesellschaft unter biologischer Vorherrschaft starke autoritäre Züge enthalten, die die Menschen unter das Joch einer Theorie zu zwingen geeignet ist.

---

[260] So etwa in E. O. Wilson, Biologie als Schicksal, 79; 102; 149; 194.

[261] E. O. Wilson, Sociobiology, 575; vgl. C. J. Lumsden/E. O. Wilson, Das Feuer des Prometheus, 249; 253.

[262] E. O. Wilson, Biologie als Schicksal, 156. – Zum Altruismus und zu Wilsons Unterscheidung zwischen „strengem" und „mildem" Altruisms vgl. ebd., 149 f. und 156.

[263] Ebd., 195. – Dort fährt Wilson fort: „Die menschliche Spezies kann ihre eigene Natur verändern: Wofür wird sie sich entscheiden? Wird sie dieselbe bleiben, schwankend auf einer unsoliden Grundlage von teilweise überholten eiszeitlichen Anpassungen? Oder wird sie sich weiterentwickeln zu einer noch höheren Intelligenz und Kreativität, begleitet von einer stärkeren – oder auch geringeren – Fähigkeit zur emotionalen Reaktion?" – An andere Stelle wiegelt Wilson ebenso halbherzig wie aufschlußreich ab, indem er von einer „*demokratisch* durchzuführenden Eugenik" (ebd., 186; Hervorhebung A.H.) spricht.

4.4 Daniel Clement Dennett, der Vollender

Es wäre falsch, wollte man behaupten, Dennett ließe sich nur dann recht verstehen, wenn man ihn als Soziobiologen liest. Tatsächlich ist sein Metier die Philosophie des Geistes, in der er – in den von Gilbert Ryle und Willard v. Orman Quine vorgegebenen Bahnen fortschreitend – vom Primat der Intentionalität ausgehend eine naturalistische Theorie des Geistes entwickelt. Dieses bis in diverse Verästelungen und benachbarte Themenfelder hinein entfaltete Projekt bestimmt sein Werk von *Content and Consciousness* (1969) bis zu *Brainchildren* (1998). Gleichwohl ist zu notieren, daß sein Ansatz in der Evolutionstheorie verankert ist. Deutlich wird dies bereits in der Rechtfertigung des zentralen Konzeptes der „intentionalen Einstellung“[264], die für die notwendige Rationalitätsunterstellung auf die Annahme eines Prozesses der natürlichen Auslese rekurriert. Auch das Themenfeld menschlicher Handlungen ist als Handlungstheorie bei Dennett durchgehend präsent, wohingegen die Ethik zu den Disziplinen gehört, die er nicht nur über lange Zeit vernachlässigt hat,[265] sondern denen er darüber hinaus mit deutlicher Skepsis begegnet.[266]

Das Buch *Darwin's Dangerous Idea* nimmt in Dennetts Werk unter mehreren Hinsichten eine Sonderstellung ein und unterhält, wie der folgende, aus fünf Punkten bestehende Zusammenhang zeigt, eine intime Nähe zur Soziobiologie: (1) In diesem Buch kehrt sich die Optik und damit das Verhältnis von Evolutionstheorie und Philosophie des Geistes um. Statt als Hintergrundtheorie zu fungieren, wird die Evolution hier direkt thematisiert, wodurch Dennetts eigentliche Arbeitsfelder den Charakter von bloßen Anwendungsfällen annehmen. (2) Im Unterschied zu anderen Publikationen aus seiner Feder wird Moral als zentrales Thema im Denken über die Leistungen des menschlichen Geistes angesprochen. Das betrifft sowohl die Ausführlichkeit der Darstellung als auch das Engagement. (3) Während Dennetts Philosophie des Geistes in früheren wie in späteren Arbeiten vom vergleichsweise zurückhaltenden Konzept der intentionalen Einstellung gesteuert wird, tritt in *Darwin's Dangerous Idea* der von Dawkins eingebrachte Begriff des Mems an diese prominente Stelle.[267] (4) Dennetts bekannter, pointier-

---

[264] D. C. Dennett, Intentionale Systeme, in: P. Bieri (Hg.), Analytische Philosophie des Geistes, Bodenheim ²1993, 162-183; hier 167 f.; der zitierte Ausdruck 165.

[265] Vgl. D. C. Dennett, Art. „Dennett“, in: S. Guttenplan (Hg.), A Companion to the Philosophy of Mind, 236-244; hier 238.

[266] Vgl. D. C. Dennett, The Moral First Aid Manual, in: S. M. McMurrin (Hg.), The Tanner Lectures on Human Values VIII, Cambridge-Salt Lake City 1988, 121-147; hier 121. – Seine Skepsis hindert Dennett jedoch nicht daran, moraltheoretische Fragestellungen anzugehen, vgl.: Ders., Kinds of Minds. Towards an Understanding of Consciousness, New York 1996, 3 ff.; 14 f.; 161 ff.

[267] Die Rezeption des Mem-Begriffes nimmt ansonsten keinen breiten Raum in Dennetts Werk ein. Lediglich der Aufsatz *Memes and the Exploitation of Imagination* (JAAC 48 [1990], 127-135) und eine Passage in *Philosophie des menschlichen Bewußtseins* (dt. v. F. M. Wuketits, Hamburg 1991, 263-298) sind ihr gewidmet. Nach *Darwin's Dangerous Idea* findet sich die Rede vom Mem in einem kurzen Verweis in: Brainchildren. Essays on Designing Minds, Cambridge/Mass. 1998, 378.

ter und essayistischer, bisweilen ausgesprochen kurzweiliger Schreibstil tritt zurück zugunsten aggressiver Ausfälle und persönlicher Bekenntnisse. Zudem zielt er im Kontrast zu früheren Arbeiten, in denen er außerphilosophische Konzepte in fachphilosophische Diskussion einbringen wollte,[268] ausdrücklich auf eine über die Fachwelt hinausgehende Popularität.[269] (5) *Darwin's Dangerous Idea* ist eine „streitbare Summe", in der Dennett nicht nur seine Ansichten über Intentionalität, Bewußtsein, Kultur und Moral mit einer Theorie des organisch Lebendigen zu einer allgemeinen Evolutionstheorie verbindet, sondern damit zugleich in den Kampf der Weltanschauungen eintritt. Darwinismus oder Okkultismus, „Kräne" oder „Himmelshaken"[270], das ist die Alternative, die er als entscheidend aufbaut.

Da das Thema der vorliegenden Überlegungen nicht die Philosophie Dennetts ist, sondern die Soziobiologie, wird vornehmlich *Darwin's Dangerous Idea* der folgenden Darstellung zugrunde gelegt.

4.4.1 Der Mensch als Kampfplatz von Genen und Memen

Jede Ethik operiert mit anthropologischen Annahmen, die sicherstellen, daß es überhaupt vernünftige, speziell moralische Handlungen geben kann. Während Dawkins und Wilson den Menschen als bloßen Anwendungsfall ethologischer, genetischer und neurobiologischer Modelle behandelt und sich von ihnen um einen klaren Begriff des Handelnden bringen lassen, bietet Dennetts Theorieansatz so viel Klarheit, daß die entscheidenden Fragen nach einer Minimalanthropologie gestellt werden können: Gibt es Mentales, und kann es über den Willen eines Handelnden als Bestimmungsgrund kausal in die Welt eingreifen?

Quine hatte die Unübersetzbarkeit des mentalistischen Idioms in das naturalistische akzeptiert und seine Schüler vor eine entscheidende Frage gestellt: Sind Meinungen und Wünsche heuristische Fiktionen, die lediglich eine wissenschaftliche Erklärung menschlichen Verhaltens stützen, oder muß ihnen Realität unabhängig vom Beobachter zugesprochen werden? Die Frage, ob er bezüglich der Intentionalität einen Instrumentalismus oder einen Realismus vertrete, hält Dennett beharrlich offen. Dies zum einen, weil er sich metaphysischer Aussagen vorgeblich zu enthalten gedenkt, zum anderen weil er seine Zwischenposition, einen

---

[268] Vgl. D. C. Dennett, The Message is: There is no *Me*dium, in: PPR 53 (1993), 919-931; hier 919.

[269] Vgl. D. C. Dennett, Darwins gefährliches Erbe, 9 f. – Um die Leserschaft anzusprechen, verschmäht Dennett auch direkte Anreden, Interjektionen (vgl. ebd., 40) und die Zuhilfenahme eines Liedes (vgl. ebd., 17; Anhang) nicht.

[270] Ebd., 97; zum Begriff „Himmelshaken" vgl. ebd., 99 ff. – Daß man die Moral nicht an den Himmel hängen kann, hat bereits Kant gesehen. Ihm zufolge läßt sie sich aber auch nicht an die Erde – oder an Kräne – hängen: „Hier sehen wir nun die Philosophie in der Tat auf einen mißlichen Standpunkt gestellet, der fest sein soll, unerachtet er weder im Himmel, noch auf der Erde, an etwas gehängt oder woran gestützt wird." (I. Kant, Grundlegung zur Metaphysik der Sitten, BA 60.)

„milden Realismus", für klarer hält als die beiden herkömmlich als einander exhaustiv ausschließend angenommenen Optionen.[271]

In seinen Arbeiten ist eine Tendenz vom ursprünglich deutlich instrumentalistischen Ausgangspunkt[272] in Richtung auf einen funktionalen Realismus zu verzeichnen. In *True Believer* und *Real Patterns* unternimmt es Dennett zu verdeutlichen, in welcher Hinsicht mentalen Entitäten Realität zuzusprechen sei, dabei jedoch mit nicht mehr als der Erklärungskraft und Vorhersagestärke der intentionalen Strategie bei gleichzeitiger Handhabbarkeit argumentierend. Dies und die Tatsache, daß er, anders als etwa Donald Davidson, auch mehrere konkurrierende Zuschreibungen von intentionalen Einstellungen für gleichberechtigt anzuerkennen bereit ist,[273] lassen keinen Zweifel daran, daß Dennett nach wie vor die physikalische Erklärung menschlichen Verhaltens als Ideal akzeptiert und instrumentalistisch denkt.

Was ihn dennoch zur Einnahme einer Zwischenposition veranlaßt, ist, daß intentionale Denk- und Verhaltensmuster als solche in die Interaktionen zwischen Menschen eingehen und nicht deren physikalische Basis. Wünsche und Meinungen sind deshalb keine bloßen Epiphänomene, weil sie in Kausalzusammenhänge eingebunden sind, die von einer endlichen Physik nicht rekonstruiert werden können und sich so der physikalischen Vorhersagbarkeit entziehen. Sie sind daher nicht nur, wie der Fiktionalismus behauptet, falsche, wenn auch heuristisch brauchbare Fiktionen, sondern unvermeidbare, stabile und hilfreiche Illusionen, die in der Lebenswelt wie in der Wissenschaft ihren Dienst tun.

Daß Dennett zufolge der das intentionale Idiom verwendenden *folk psychology* ein – wenn auch nur abgeschwächter – Realitätsbezug einzuräumen ist, wird durch die Rezeption des Dawkinsschen Konzeptes vom Mem als mentaler Entität in einem evolutionistischen Weltbild bestätigt, die als ein Schritt in Richtung auf Dennetts methodisches Ideal anzusehen ist. Hier verläßt er die intentionale Strategie und nimmt den reduktionistischen Schritt zur funktionalen Strategie vor, indem er mit Hilfe der Methode des „reverse engeneering"[274] die Kultur und alle mentalen Leistungen in den funktionalen Rahmen eines abstrakten Evolutionsprozesses einspannt und so die Naturgesetze aufdecken will, denen die intentionalen Einstellungen unterliegen. Mentales ist demnach zwar als real anzunehmen, doch geht dessen Einschätzung durch die *folk psychology* fehl, insbesondere

---

[271] Der Ausdruck: D. C. Dennett, Art. „Dennett", 242; vgl. ders, Real Patterns, in: JPh 87 (1991), 27-51; hier 29; zur Klarheitsbehauptung vgl. ebd., 51.
[272] Vgl. D. C. Dennett, Intentionale Systeme, 162.
[273] D. C. Dennett, Real Patterns, 49; vgl. ders., True Believers. The Intentional Strategy and Why It Works, in: Ders., The Intentional Stance, Cambridge/Mass.-London 1987, 13-35; hier 29.
[274] D. C. Dennett, Art. „Dennett", 239; vgl. dazu ders., Darwins gefährliches Erbe, 256 ff. – Die Methode besteht darin, ein vorgefundenes Ergebnis einer kulturellen Leistung unter der heuristischen Annahme eines bestimmten Zweckes zu analysieren. Als anzunehmender Zweck kommt dabei das Überdauern von Genen oder von Memen in Frage. Vgl. dazu auch: R. Dawkins, Und es entsprang ein Fluß in Eden, 119.

bezüglich der Zusammenhänge zwischen den Memen. Sie werden Dennett zufolge nicht durch Gesichtspunkte der Begründung oder Verständigung, sondern letztlich durch Replikationserfolge hergestellt. Die Existenz rationaler Diskurse wird durch diese Auffassung zwar nicht negiert, doch bezüglich der Geltungsansprüche um ihre Pointe gebracht, indem bewußte Rationalität adaptionistisch naturalisiert wird. Das Konzept der Meme erlaubt es – und das ist als Verschärfung im Denken Dennetts anzusehen –, das Haben von intentionalen Zuständen selbst zu naturalisieren. Der weitere Übergang zur physikalischen Strategie bei der Erklärung menschlichen Verhaltens ist Dennett zufolge zwar möglich, aber nicht nur angesichts der Forschungslage in der Neurophysiologie voreilig, sondern für endliche Wissenschaft prinzipiell nicht handhabbar, weil zu komplex – so sein Vorwurf gegen den eliminativen Materialismus Paul Churchlands.[275]

Die Argumente zugunsten des Realismus im Blick auf das Mentale sind bei Dennett wissenschaftspragmatischer Art, so daß seine Aussage, er vertrete einen Funktionalismus, dahingehend zu spezifizieren ist, daß ihm ein instrumentalistischer Funktionalismus zugesprochen wird, d. h. streng genommen und ontologisch gefragt gibt es Wünsche und Meinungen *sui generis* seiner Auffassung nach nicht.[276]

Wenn die Wahrheit des Mentalen die Evolution der Meme ist, intentionale Einstellungen und Zustände zwar nicht eliminiert, aber denselben Gesetzen unterstellt werden wie die Gene, was folgt daraus für ein Konzept des Handelnden und des weiteren für eine Moraltheorie? Die durch die Grundoption zugunsten des objektiven Standpunktes der Naturwissenschaften gefallene und durch die in der idealen Norm der physikalischen Strategie sich Ausdruck verschaffende Voraussetzung eines durchgängigen Determinismus einerseits, die Einsicht in die Unmöglichkeit der vollständigen Selbstrepräsentation eines endlichen Systems mit der Folge, „that we, as persons, cannot adopt exclusive mechanism“[277], andererseits, legen für Dennett die Position des epistemischen Indeterminismus nahe, die er in *Elbow Room. The Varieties of Free Will Worth Wanting* detailliert ausführt. Nach der von ihm vertretenen Version sind Handlungen zwar nicht grundsätzlich, wohl aber für die handelnde Person unvorhersagbar.

Sein Versuch, Determinismus und Verantwortung zusammenzudenken, stützt sich auf zwei Behauptungen bezüglich der Debatte über die Willensfreiheit: Sie sei erstens nicht nur von Ängsten geprägt, sondern identisch mit einem Angstkomplex, den die Inkompatibilisten aufbauten und für sich auszubeuten

---

[275] Vgl. D. C. Dennett, Real Patterns, 50 f.

[276] Dennett spricht sich selbst einen Funktionalismus zu in: Art. „Dennett“, 239. – Daß sein Reduktionsproramm an den Memen nicht endet und zur Neurophysiologie weiterdrängt, deutet er an in: Darwins gefährliches Erbe, 501.

[277] D. C. Dennett, Mechanism and Responsibility, in: T. Honderich (Hg.), Essays on Freedom of Action, London-Boston 1973, 159-184; hier 181.

suchten.[278] Das Unbehagen am Determinismus speise sich aus der Vorstellung verborgener Akteure, die unsere Handlungen kontrollierten, in Verbindung mit einem zu simplen Bild der Verursachung. Es löse sich auf, sobald sich die Einsicht durchsetze, daß die Determinierung ein anonymer Prozeß sei, der zudem derart komplex sei, daß er bestimmte Freiheitsgrade der Selbstkontrolle, sogenannte „Ellenbogenfreiheit", offenhalte. Zweitens sei kaum jemand an einer metaphysischen Willensfreiheit interessiert, sondern im wirklichen Leben gehe es lediglich um folgende Fragen: ob die eigenen Interessen befriedigt werden und ob die eigenen Handlungen fremdkontrolliert seien, mithin Fatalismus die einzig angemessene Lebenseinstellung wäre oder nicht. Aus dieser Sicht ergibt sich das zweistufige Programm zum Aufweis der „wünschenswerten Formen von freiem Willen"[279] in einem deterministischen Rahmen. Es muß zunächst den Ängsten durch Erweis ihrer Grundlosigkeit entgegengetreten werden, sodann muß ein positiver Begriff von Freiheit entwickelt werden, wozu Dennett die Rede von Selbstkontrolle in das Zentrum seiner Überlegungen rückt.

Wie Dennett die genannten Ängste zu zerstreuen gedenkt, ist bereits angeklungen; es handelt sich genauerhin um folgende Schritte: (1) Kontrolle setzt unterschiedliche Zustände beim Kontrollierten B und Interessen beim Kontrollierenden A voraus. A kontrolliert B, falls A seinen Interessen gemäß den B in bestimmte Zustände versetzen kann. Von blinden Prozessen, die keine Interessen haben und deshalb die Rolle des Kontrollierenden nicht spielen können, kann folglich niemand kontrolliert werden; die Natur kontrolliert nicht, sie determiniert. Aus diesem Grund seien diejenigen, die auf einer metaphysischen Willensfreiheit insistierten, dazu gezwungen, die Angst vor der Möglichkeit des Determinismus mit Hilfe von personifizierten, „schreckenerregenden Gespenstern"[280] zu schüren. (2) Die Determination der Handlungen durch die Natur sei – im Großen und Ganzen wenigstens – freundlich, d.h. die Interessen der Organismen entsprechen zumeist denen der Gene und Meme,[281] deren Diktat uns deshalb nicht ängstigen müsse. (3) Wenn wir die Mechanismen, die unsere Handlungen festlegen, durchschauen und verfolgen könnten, würden wir Überlegungen darüber, was wir tun sollen, für unnütz halten und den Fatalismus akzeptieren. Vertreter der Willensfreiheit stützten sich deshalb gerne auf zu simple Vorstellungen von Kausalität einerseits und auf den unhaltbaren epistemischen Standpunkt Gottes andererseits, um diese Durchschaubarkeit zu suggerieren. Tatsächlich bleibe dem Menschen seine eigene Determinierung prinzipiell verborgen, dies nicht nur wegen der unabsehbaren Komplexität der Verursachung, sondern auch wegen der bereits von Ryle angesprochenen „Flüchtigkeit von 'Ich'", der zufolge „Selbstbesprechung, Selbstver-

---

[278] Vgl. D. C. Dennett, Ellenbogenfreiheit, 32.
[279] So im Untertitel von Dennetts *Ellenbogenfreiheit*.
[280] Ebd., 11.
[281] Vgl. D. C. Dennett, Darwins gefährliches Erbe, 507.

spottung und Selbstermahnung logisch verdammt [sind], immer die vorletzten zu sein."[282]

Den positiven Aufweis der wünschenswerten Form des freien Willens knüpft Dennett in zwei weiteren Schritten an das Konzept der Selbstkontrolle: (4) Ein selbstkontrolliertes System benötigt Kenntnis von sich selbst, wozu es eine zentrale Kontrollinstanz geben muß, in denen die eigenen Interessen zur Gegebenheit kommen. Die Entstehung eines solchen Zentrums wird mit wachsender Komplexität, größerer Vielfalt der Einpassung in die Umwelt und damit einhergehender steigender Anzahl der zur Verfügung stehenden Aktionsparameter einem System aufgenötigt. Wenn der Evolutionsdruck für die Entstehung dieser zentralen Instanz, auch „Bewußtsein" genannt, als ursächlich namhaft gemacht wird, so wird deutlich, daß sie zugleich mit der Koordination der Aktionen des Systems die Entlastungsfunktion eines Filters übernimmt.[283] (5) Die Selbstkontrolle ist die „Kontrollplanung und -aktivität auf der Metaebene"[284], d.h das System nimmt reflexiv auf seine eigenen Interessen Bezug und bildet Interessen zweiter Stufe aus. Die Funktion dieses aufgestuften Vermögens ist es, dem System Spielräume zu verschaffen und es vor dem „lokalen Fatalismus"[285] und anderen Situationen zu bewahren, in denen ihm trotz prinzipieller Verhaltenskompetenz keine Optionen offenstehen. Damit gewährleistet effektive Selbstkontrolle einen Aktionsraum für das System, den Dennett „Ellenbogenfreiheit" nennt. Die Funktionsfähigkeit der Selbstkontrolle wird durch die Sprache gesteigert, mit deren Hilfe sich Interessen nicht nur fixieren und konstituieren,[286] sondern in einem Prozeß der Memevolution auch intersubjektiv regulieren lassen. Die Selbstkontrolle vollzieht sich im Lichte unserer Erfahrungen, Meinungen und Wünsche auf der Ebene der intentionalen Einstellungen, d.h. in der Welt der stabilen Illusionen und nützlichen Abstraktionen. Die Annahme der Freiheit gehört unabdingbar zum Inventar dieser Welt, ist einerseits selber ein Produkt entlastender Abstraktionen, die vom Organismus geleistet werden, andererseits ist sie konstitutiv für ein außerorganisches, nützliches System abstraktiver Sprechweise und den damit verbunden „reaktiven Haltungen"[287].

Wenn als Kernfunktion der Ellenbogenfreiheit herausgestellt wird, „Handlungsabläufe zu entscheiden"[288], so ist deutlich, daß Dennett als wünschenswerte Form der Freiheit eine Variante der Handlungsfreiheit anbietet. Der Versuch, die Frage nach der Freiheit mit einem Reflexionsvermögen und Interessen zweiter

---

[282] G. Ryle, Der Begriff des Geistes, 264; vgl. D. C. Dennett, Ellenbogenfreiheit, 175 f.
[283] Dennett macht dies an der Unterscheidung zwischen Darwin-, Skinner-, Popper- und Gregory-Maschinen deutlich, vgl. ders., Darwins gefährliches Erbe, 520 ff.; ders., Kinds of Minds, 83 ff.
[284] D. C. Dennett, Ellenbogenfreiheit, 85.
[285] Ebd., 136.
[286] Vgl. Ebd., 64.
[287] Der Ausdruck von P. F. Strawson, Freiheit und Übelnehmen, dt. v. C. Taul, in: U. Pothast (Hg.), Seminar: Freies Handeln und Determinismus, Frankfurt/M. [2]1988, 201-233; hier 207.
[288] D. C. Dennett, Ellenbogenfreiheit, 214.

Stufe zu beantworten, ist unter „weichen Deterministen"[289] durchaus üblich. Doch Dennett ist „harter Determinist", d.h. während viele Vertreter der Handlungsfreiheit herkömmlich die für Auslotungen in Sachen Freiheit klassische Frage, ob jemand auch anders hätte handeln können, bejahen und weitergehende Fragen unterdrücken, sagt er: „I could not have done otherwise – so what?"[290] Sein Ansatz ist demnach nicht dem kompatibilistischen Lager zuzurechnen, sondern er folgt einem instrumentalistischen Sprachendualismus. Der Vorrang der funktionalen vor der intentionalen Strategie läßt dabei erwarten, daß dieser Dualismus auf Kosten der letzteren lebt und die Moraltheorie in funktionalistisches Fahrwasser gerät, dies um so mehr, als das soziale Gewebe intentionaler Einstellungen selbst durch das Konzept der Memevolution naturalisiert wird.

Dennett hält die Frage nach der Willensfreiheit nicht für eine metaphysische, folglich tut er die Warnungen der Metaphysiker vor einer metaphysischen Bedrohung der Freiheit als Angstmacherei ab. Das bedeutet jedoch nicht, daß die Ellenbogenfreiheit garantiert sei, denn es gibt ein Mehr und Weniger bis hin zur gänzlichen Unterdrückung in Fällen des lokalen Fatalismus. Politische Knechtschaft und Armut bedrohen die Ellenbogenfreiheit ebenso wie „Zwang und Manipulation, die sich von der Verbreitung falscher Information herleitet" und „die seltsame Art selbstauferlegter Knechtschaft, die wir gerade bei der Ausübung unserer Freiheit und bei der Anerkennung unserer Verantwortlichkeit erzeugen"[291]. Die beiden zuletzt genannten Quellen der Freiheitsbeschränkung weisen auf aufschlußreiche Spezifika des Dennett'schen Freiheitsdenken hin: Erstens ist es die Freiheit informationsverarbeitender Systeme, die Daten erfassen und mit ihnen operieren, denen aber keine weitergehende rationale Interpretation zugetraut wird. Diese aus der Unterlegung des Memkonzeptes resultierende Einschätzung läßt Dennett betont die *Verbreitung* von Falschinformation als Bedrohung erscheinen.[292] Zweitens erweist sich sein Freiheitsdenken als Pflichten und Bindungen gegenüber zurückweisend. Deren Anerkennung reduziere die Aktionsmöglichkeiten des Systems und könne der Verfolgung aktueller Interessen widerstreiten. Das Ideal der Selbstkontrolle im Dienst eines größtmöglichen Aktionsspielraumes spiegelt einen ausschließlich negativen Freiheitsbegriff und eine Moral des Optionen Offenhaltens, anpassungssschlau und klug, aber ohne normative Verankerung.

Zur Explikation der Ellenbogenfreiheit verwendet Dennett die Grammatik der ersten Person, aber – und hier ist an die Unklarheit zu erinnern, mit der Dawkins sein *The Selfish Gene* schließt – wer oder was bin „ich" und sind „wir"? Dennett sagt dazu ohne sich, wie Dawkins, von Skrupeln beirren zu lassen: „Dieses 'wir',

---

[289] Zum Ausdruck vgl. P. Edwards, Hard and Soft Determinism, in: S. Hook (Hg.), Determinism and Freedom in the Age of Modern Science. A Philosophical Symposium, New York 1958, 104-113.

[290] D. C. Dennett, I could not have done otherwise - so what?, in: JPh 80 (1984), 553-565.

[291] D. C. Dennett, Ellenbogenfreiheit, 215.

[292] Unliebsame Meme wie etwa Religionen müssen daher Dennett zufolge zum Schutz der Gesellschaft präventiv „hinter Gitter", vgl. D. C. Dennett, Darwins gefährliches Erbe, 726.

das nicht nur über die genetischen, sondern auch über die memetischen Schöpfer hinauswächst, ist (...) ein Mythos."[293] Als „zentraler Bedeutungserzeuger" und „Benutzerillusion"[294] gehört es als ein organisierendes Prinzip in die Welt der stabilen und nützlichen Abstraktionen. Genese und Funktionsweise werden nach dem Modell des Parasitenbefalls erklärt, demzufolge Meme es sind, die geeignete, mit ausreichendem Gehirn und Sprechvermögen ausgestattete Tiere befielen und sie zu Personen machten. Der Widerstreit zwischen möglichen Akteuren – Genen, Memen und „uns" – ist damit auf Kosten der naturalisierten ersten Person so aufgelöst, daß die sogenannte Auflehnung des „ich" gegen die Meme als ein Kampf zwischen einem Mem(-Komplex) und der differenzierten und spannungsreichen Funktionseinheit aus Genen und Memen reformuliert wird.

In *Darwin's Dangerous Idea* definiert Dennett: „[D]as grundlegend neue Gebilde, das entsteht, wenn ein Tier ausreichend mit Memen ausgestattet ist – oder von ihnen besiedelt wird –, nennt man allgemein *Person*."[295] Entgegen früheren und auch späteren Bemühungen um den Personenbegriff[296] stellt Dennett hier den Evolutionsprozeß in den Vordergrund – mit Folgen für eine Moraltheorie, von denen zwei näher anzusehen sind: Was haben wir uns unter einem rational Handelnden vorzustellen und was unter einem für sein Handeln Verantwortlichen, jeweils im Licht der Bedingung, daß der Mensch nichts anderes ist, als eine Kampfarena von Replikatoren?

Mit der Unterscheidung zwischen Situationen, die dem Überleben eines Organismus abträglich sind und denen, die ihm zuträglich sind, kommen Gründe in die Welt. Das Überdauerungsinteresse der Replikatoren diktiert sie im Rahmen eines Nützlichkeitskalküls, um bestimmte Situationen zu meiden und andere herbeizuführen. Die daraus resultierenden Verhaltensdispositionen berechtigen Dennett zu der Unterstellung einer operationalen Rationalität, die für den Einsatz der intentionalen Strategie erforderlich ist. Ob diese am Überlebenserfolg orientierte Rationalität bewußt ist oder nicht, macht keinen wesentlichen Unterschied, auch wenn in selbstkontrollierenden Gen-Mem-Maschinen komplexere Interessenlagen anzutreffen sind als in einfachen Genmaschinen. Rationalität ist stets abgeleitete und verdankt sich Ausleseprozessen der Evolution.[297] Eine Distanznahme gegenüber den Memen derart, wie Personen den Interessen ihrer Gene widersprechen können, ist wegen der Identifikation der Personalität mit dem Membefall des Men-

---

[293] Ebd., 510., vgl. D. C. Dennett, Philosophie des menschlichen Bewußtseins, 277 f .

[294] D. C. Dennett, Philosophie des menschlichen Bewußtseins, 301; 285.

[295] D. C. Dennett, Darwins gefährliches Erbe, 473.

[296] Vgl. D. C. Dennett, Bedingungen der Personalität, in: P. Bieri (Hg.), Analytische Philosophie des Geistes, 303-324; ders., Get Real, in: PTop 22 (1994), 505-568; hier 560 ff.

[297] Vgl. D. C. Dennett, Darwins gefährliches Erbe, 595; ders., Ellenbogenfreiheit, 38; 90; ders., Kinds of Minds, 54. – Bisweilen scheint es, als gedenke Dennett, die menschliche Rationalität von „Mutter Natur" abzuleiten, vgl. ders., Darwins gefährliches Erbe, 590; ders., Kinds of Minds, 53. – Doch wäre dies der Griff nach einem „Himmelshaken", den er sich schließlich doch nicht erlaubt, vgl. ders., Darwins gefährliches Erbe, 720.

schen nicht möglich. Wenn wir Gründe plausibel und Argumente stichhaltig finden, so sind dies Wirkungen von Metamemen, die zumeist – nicht aber notwendig – einen Überlebenswert für den Organismus haben. Eine Person ist Dennett zufolge das Feld, auf dem sich das Überdauern der Meme im Kontext der Selbstkontrolle von Systemen vorzugsweise organisiert. Zwar können Meme auch ausgelagert werden und in schriftlicher oder sonstwie aufgezeichneter Form sowie in Artefakten überdauern, ihre potentielle Unsterblichkeit[298] ist aber von der Rezeption durch Personen abhängig.

Mit der Rede vom rationalen Handeln ist in der Moraltheorie herkömmlich jedoch nicht dieser schwache, von der Evolution diktierte Rationalitätsbegriff angezielt, sondern das Handeln aus vernünftiger Einsicht. Rationalität in diesem normativen Sinn ist, so Dennett, gegenüber derjenigen der Evolution sekundär, ein Mem unter anderen. Nur wenn es unter den gegebenen Umweltbedingungen einen positiven Überlebenswert bei sich führt, wird es sich verbreiten und die Aufmerksamkeit vieler Personen auf sich ziehen. Nicht nur hinsichtlich der einfachen logischen Urteile und der Erkenntnisse der Ingenieurs- und Naturwissenschaften schätzt Dennett die Überdauerungschancen der normativen Rationalität positiv ein, sondern auch im Blick auf moralisches Verhalten.[299] Eine *unbedingte* Verpflichtung auf die Moral läßt sich aus diesem Ansatz jedoch nicht begründen, denn auch wenn das Mem einer unbedingten moralischen Verpflichtung existiert, so ist es zwar wirksam, aber nicht verpflichtend. Nur wer von diesem Mem befallen ist, wird sich als jemand erfahren, der unter dem Anspruch der moralischen Vernunft steht. Aus der Perspektive des evolutionären Opportunismus wird man solch einen Zustand bedauern, denn der Infizierte ist in seiner Ellenbogenfreiheit beschränkt.

Die Rede von der Verantwortung des Handelnden wird von Dennett ebenfalls einer entschärfenden Revision unterzogen. Naheliegend und unter den Vertretern der Handlungsfreiheit üblich ist der Verweis auf „die soziale Nützlichkeit des Mythos vom freien Willen“[300], wonach Handelnde für ihr Tun verantwortlich gemacht werden, um ein soziales Steuerungssystem von Bestrafung und Abschreckung zu rechtfertigen.[301] Mit dieser Nützlichkeitserwägung ist aber bekanntermaßen der moralische Diskurs nicht hinreichend gewürdigt, das System der Zuschreibung von Handlungen und des Verantwortlichmachens geht über juristische Praktiken hinaus, die nicht einmal dessen Kernbestand ausmachen. Dennett antwortet darauf mit einer weiteren Nützlichkeitserwägung, nach der die Annahme der Willensfreiheit „zu der vertrauten Klasse von Illusionen gehört, die das Leben ermöglichen oder bereichern“[302]. Die Eigenschaften, das Leben der

[298] Vgl. D. C. Dennett, Darwins gefährliches Erbe, 483 f.
[299] Vgl. ebd., 733 f.
[300] D. C. Dennett, Ellenbogenfreiheit, 211.
[301] Vgl. ebd., 203. – Hier findet sich auch eine aufschlußreiche Grenznutzenanalyse dieses Systems.
[302] Ebd., 213 f.; vgl. P. F. Strawson, Freiheit und Übelnehmen, 217.

Menschen zu bereichern und deren Wohlbefinden zu fördern sind unmittelbar Selektionsvorteile für Meme. Das Mem für Verantwortung hat sich tief in die Interaktionsformen eingeprägt und erweist sich als dermaßen stabil, daß es sogar die Koppelung an das Mem der Bestrafung aushält. Auf der Seite des Individuums treten diese Nützlichkeiten als Umweltbedingungen auf und erzeugen auf dem Wege positiver Rückkoppelung komplementäre Opportunitäten. Wer die Verantwortung übernimmt und die Reflexion über sein vergangenes Tun in die Selbstkontrollprozesse einbezieht, wird zukünftig Bestrafungen entgehen, er wird an seinem Charakter arbeiten und sein Leben bereichern. Fragen danach, warum Menschen ihre schlechten Gewohnheiten nicht ablegen oder wiederholt Straftaten begehen, dürften jedoch Zweifel an solch einer evolutionären Psychologie aufkommen lassen.

An zwei Aspekten dieses Arrangements läßt sich ablesen, daß Dennett hier lediglich eine Schwundstufe der Verantwortlichkeit aufbietet. Die Verantwortung zu übernehmen, dient ausschließlich der Optimierung der Selbstkontrolle, die Person ist Dennett zufolge nur an zukünftigen Handlungen und deren Folgen interessiert, während die Vergangenheit zynisch als eben vergangen abgetan wird – Reue und Gewissensbisse gehören zu einem „unattraktive[n] Charakterzug (...) auf den man in einer moralischen Welt gut verzichten könnte“[303]. Zweitens lehnt Dennett eine absolute Verantwortung, etwa in der Form des Schuldigseins vor Gott, als „absolutistisch“[304] und unsinnig ab. Die Verantwortung für seine Handlungen zu übernehmen heißt bei ihm nicht mehr, als die Memorganisation an den Umweltbedingungen abzuschleifen – und das ist nichts anderes als die Evolution der Meme im individuellen Geist.[305] Auch hier sind Zweifel anzumelden, denn einer ernstzunehmenden Phänomenologie der Schulderfahrung hält dieses Konzept kaum stand.

Dennetts unter dem Eindruck der Evolutionstheorie stehenden Ausführungen über das menschliche Selbstverständnis reformulieren die gängigen Topoi der Philosophischen Anthropologie „Mängelwesen“, „Reizüberflutung“ und insbesondere „Entlastung“[306] und vollziehen damit die fundamentale Wende zur Natur der Gegenwartsanthropologie mit.[307] Seine Begriffsbildung läßt die Person zu einer *Quantité négligeable* in der Moral verkommen, die ontologisch von den Memen abkünftig und letztlich verzichtbar ist. Sie trifft keine Entscheidungen, sondern läßt lediglich Meme und andere Daten durch ein kompliziertes Kontroll-

---

303 D. C. Dennett, Ellenbogenfreiheit, 212.
304 Ebd., 211.
305 Vgl. D. C. Dennett, Darwins gefährliches Erbe, 510 ff.
306 A. Gehlen, Der Mensch, 19 f. und 36. – Entlastung spielt in Gehlens Denken die Rolle einer „fundamentale Kategorie“ (ebd., 19), was auch für Dennetts Anthropologie zutrifft.
307 Vgl. O. Marquard, Zur Geschichte des philosophischen Begriffs ‘Anthropologie’ seit dem Ende des achtzehnten Jahrhunderts, in: Ders., Schwierigkeiten mit der Geschichtsphilosophie. Aufsätze, Frankfurt/M. 1982, 122-144; hier 136.

system laufen, reduziert Komplexität und bereitet Meme so zur Verbreitung auf – die Person ist nicht mehr als ein Memvehikel, ein Feld natürlicher Prozesse.

4.4.2 Eine funktionalistische Moraltheorie: Entscheiden unter Zeitdruck

In der Ethik hat Dennett keine gegenüber seiner Philosophie des Geistes eigenständigen Grundlagen erarbeitet; tatsächlich lehnt er die Autonomie des moralischen Diskurses ab,[308] setzt die Moraltheorie in ein einseitiges Abhängigkeitsverhältnis zur naturalistischen Anthropologie und erweist sich dadurch als moraltheoretischer Reduktionist. Wie Dennett mit Rekurs auf Peter F. Strawsons einflußreichen Aufsatz *Freedom and Resentment* festhält, beeinträchtigt der Determinismus den moralischen Diskurs nicht grundlegend,[309] doch ist nun zu fragen, was aus dem moraltheoretischen Diskurs wird, sobald der illusionäre Charakter der Moral erst einmal aufgedeckt ist.

Seine diesbezügliche Auffassung läßt sich in einem ersten Schritt konturieren, indem sie von denjenigen soziobiologischen Theorien abgesetzt wird, die Dennett unter den von ihm so genannten „gefräßigen ethischen Reduktionsimus"[310] subsummiert. Danach wird dem nachzugehen sein, was er selbst als Moraltheorie anbietet.

Aus der Option für den objektiven Standpunkt ergibt sich für Dennett die Verpflichtung auf den Reduktionismus, doch will er diese von ihm vertretene Position deutlich unterschieden wissen von einer „gefräßigen" Spielart, dessen Verfehlung er wie folgt charakterisiert: „Gefräßige Reduktionisten glauben, man könne alles ohne Kräne erklären; gute Reduktionisten glauben, daß man alles ohne Himmelshaken erklären kann."[311] Beide Formen des Reduktionismus lehnen „Himmelshaken" ab, Prinzipien, die außerhalb geistloser Gesetzmäßigkeiten in Anschlag gebracht werden, um Phänomene wie die Moral zu verstehen. Die „gefräßigen" unter den Reduktionisten lehnen nun auch die Kräne ab, worunter Dennett Elemente des Evolutionsprozesses versteht, die „nachweislich auf lokaler Ebene den grundlegenden, langsamen Vorgang der natürlichen Selektion beschleunig[en] *und* (...) nachweislich selbst das vorhersehbare (oder im Nachhinein erklärbare) Produkt des grundlegenden Vorgangs"[312] sind. Gegen die soziobiologischen Ansätze Wilsons und Ruses erhebt er den Vorwurf der Gefräßigkeit in einem vierteiligen Argument. Was bedeutet es, wenn Soziobiologen meinen, auf Kräne verzichten zu können?

---

308 Vgl. D. C. Dennett, Darwins gefährliches Erbe, 656.

309 Vgl. D. C. Dennett, Ellenbogenfreiheit, 66, der hier P. F. Strawson (Freiheit und Übelnehmen, 214.) zitiert.

310 D. C. Dennett, Darwins gefährliches Erbe, 655.

311 Ebd., 110.

312 Ebd., 102.

Der erste Vorwurf gegen die gefräßige Soziobiologie lautet auf Vereinfachung; Wilson und Ruse erklärten ohne weiteres den Genpool zum höchsten Wert, allein weil die Moral eine Anpassung zur Optimierung der Fortpflanzungsmöglichkeiten der Menschen sei. Diese zu simple Sicht der Dinge lasse sie in die Falle des naturalistischen Fehlschlusses tappen. Die „kulturelle Evolution", zu deren Momenten Moral und Ethik zählten, basiere jedoch auf Anpassungsbedingungen, deren Kriterien nicht ausschließlich auf die somatische Fortpflanzung bezogen sind. Die Meme stehen Dennett zufolge in einem Evolutionsprozeß, der aufgrund seiner erheblich höheren Ablaufgeschwindigkeit von der genetischen Evolution zu trennen ist. Die genetische Evolution stelle lediglich notwendige Bedingungen für kulturelle Entwicklungen, dies auch nur auf lange Sicht. Keinesfalls ließen sich aus ihr allein hinreichende Bedingungen zur Bestimmung eines Moralprinzips ableiten. Damit ist der zweite Vorwurf eng verbunden, dem zufolge voreilige Soziobiologen unzulässigerweise die tatsächlichen Funktionen von Verhaltensweisen aus deren Entstehungsursachen ableiten, so daß jedwedes menschliche Handeln in letzter Instanz in den Dienst der egoistischen Gene gestellt wird. Dennett zufolge begeht, wer so vorgeht, einen „'genetischen' Trugschluß"[313]. Auch hier würden die Meme allzu sehr vereinfachend übergangen, die Besonderheiten der memetischen Evolution außer Betracht gelassen. Doch die Moral könnte sich auch dem Nutzen für Meme und Memkomplexe verdanken. Mit einem weitergehenden Vorwurf, den man „adaptionistischen Trugschluß" nennen kann, bestreitet Dennett nicht nur der Genetik, sondern auch einer für Soziobiologen verlockenden Memetik[314] die Kompetenz, als Grund für eine naturalistische Ethik zu fungieren. Je naheliegender eine Verhaltensweise, je dringender ihre funktionale Nötigung ist, desto größer ist die Wahrscheinlichkeit, daß „konvergente kulturelle Evolution"[315] vorliegt. Dennett spricht in solchen Fällen von „erzwungenen Zügen"[316], die einen Nachweis der Homologie, der in der Zoologie oftmals schwierig genug ist, unmöglich machen. In diesen Vorbehalten gegen das Vorgehen einiger Soziobiologen verschafft sich Dennetts Modell vom Geist als Träger des kulturellen Wandels Wirkung, dem zufolge das menschliche Kontrollsystem kein funktionaler Monolith ist, sondern ein Konglomerat von Steuerungsprozessen, die ineinandergreifen und darüber hinaus – das ist hier entscheidend – in ihren Funktionen nicht fixiert sind. Die Selbststeuerung ist daher flexibler, als von vielen Soziobiologen angenommen, und an kein Ziel gebunden, das von einer Evolutionstheorie angegeben und moraltheoretisch ausgebeutet werden könnte. Der vierte Vorwurf bezichtigt die Soziobiologen der „Unfähigkeit, in ihren Kritikern etwas anderes als religiöse Fanatiker oder wissenschaftlich ungebildtete Mystiker

---

[313] Ebd., 660.
[314] Der Vorwurf des adaptionistischen Trugschlusses ist darüber hinaus ein zentrales Argument gegen die Möglichkeit der Memetik als Wissenschaft überhaupt, vgl. ebd., 686 und 490 ff.
[315] Ebd., 686.
[316] Ebd., 175; 686.

zu sehen“[317]. Hierbei geht es um mehr, als um eine einfache Stilfrage, um mehr auch, als um die Gefräßigkeit dieser Soziobiologen, die mit ihren vorschnellen Schlüssen ärgerlich diejenigen denunzieren, die sich noch mit Detailfragen befassen, bevor sie sich genötigt sehen, dem soziobiologischen Naturalisierungsprogramm zuzustimmen. Dennett will hier auf die Geschmeidigkeit der Präsenz hinaus, ein integraler Bestandteil dieses Theorienprogrammes, wie ich behauptet habe, der eingehenderer Untersuchung bedarf.

Zuvor ist jedoch die Spur der Dennett'schen Moraltheorie weiter zu verfolgen. In der Auseinandersetzung mit anderen Soziobiologen erweist sie sich als geeignet, sich einer genetisch-biologistischen Engführung zu entziehen. Aus dem Überdauerungsinteresse der Gene läßt sich kein materiales Moralprinzip ableiten. Wilson und Ruse – andere ließen sich hinzufügen[318] – haben dies übersehen, weil sie die Bedeutung der Meme für den kulturellen Wandel weder ausreichend gewürdigt noch überhaupt erkannt haben, *wie* die Evolution der Meme die genuin menschlichen Leistungen steuert. Daher zeigen sie sich geneigt, das Tun des Menschen ausschließlich unter das Diktat der Gene zu stellen.

Dennett verbindet den gegen diese Soziobiologen erhobenen Vorwurf der Vereinfachung mit dem naturalistischen Fehlschluß, den er andererseits nicht für ein Argument gegen eine naturalisierte Moral hält.[319] Damit meint er nicht, daß die Gültigkeit des Schlusses von Sein auf Sollen abhängig ist von der Komplexität der deskriptiven Basis, vielmehr belehre die Vielschichtigkeit der Naturprozesse, die den Menschen ausmachten, nicht über Normen, sondern über den Status von Normen. An dieser Stelle wird deutlich, daß Dennett am Übergang von der Anthropologie zur Moraltheorie vor der Alternative steht, normativ oder funktional weiterzudenken. Als betont universaler Darwinist entscheidet er sich für den funktionalen Weg und verpflichtet sich damit auch in der Moraltheorie auf das Entlastungstheorem aus der Anthropologie.

Dennett ist, so wurde oben erwähnt, skeptisch in bezug auf das Unternehmen einer Ethik. Entsprechend kursorisch – und ungenügend – ist sein Eingehen auf die einflußreichsten ethischen Strömungen der Gegenwart, auf den Utilitarismus und die Ethik Kantischer Prägung.[320] Er hat die Absicht, sie aus dem Felde zu schlagen, indem er sie der Frage nach der Brauchbarkeit im wirklichen Leben aussetzt: Der Utilitarismus habe entgegen der eigenen Praktikabilitätsbehauptung weder eine universale Kosten-Nutzen-Analyse hervorbringen können, noch habe er wenigstens sichere Faustregeln aus seinem Moralprinzip ableiten können. Die Gesetze menschlichen Handelns seien dazu zu vielgestaltig, Ordnungsprinzipien ließen sich hier nicht ausweisen, so daß einer Glücksformel á la Jeremy Bentham

---

[317] Ebd., 661.
[318] Man denke etwa an Franz M. Wuketits, Verdammt zur Unmoral?.
[319] D. C. Dennett, Darwins gefährliches Erbe, 656 f.
[320] Keine neun Seiten ist ihm die Auseinandersetzung mit diesen Positionen in *Darwins gefährliches Erbe* wert, vgl. ebd., 696-704.

keinerlei Chancen einzuräumen seien. Das Maß der Nützlichkeit einer Handlung sei kaum beurteilbar, ferner lasse sich oftmals nicht einmal entscheiden, ob eine Handlung überhaupt nützlich oder schädlich sei. Kantische Ethik ist Dennett zufolge noch weniger diskutabel, denn es sei „keineswegs klar, wie wir die Grenzen des Spektrums von 'Maximen' für unsere betrachteten Handlungen abstecken sollen, bevor wir sie der Nagelprobe des kategorischen Imperativs unterziehen“[321]. Bei seiner Kritik geht er davon aus, daß den Handelnden keinerlei Intuition über Anwendungsbereich und -bedingungen moralischer Urteile zur Verfügung stünden und Handeln folglich im Sinne eines Erwerbs technischen Wissens zu erlernen sei.

Anstatt Dennett aber daraufhin zum moraltheoretischen Dilettanten zu stempeln, ist es ratsam zu fragen, was sein Urteil über Mill, Bentham und Kant[322] motivierte und was er bei ihnen zu finden hoffte. Dennett fragt zunächst, wozu wir überhaupt eine Ethik brauchen – der fundamentale Charakter dieser Frage zeigt bereits an, daß er grundlegende Voraussetzungen der Moraltheorie nicht zu teilen bereit ist. Er macht deutlich, daß es ihm um „eine Formel oder einen Algorithmus für richtiges Handeln“[323] geht, und das zielt nicht auf eine Ethik, sondern auf eine allgemeine Entscheidungstheorie. Die Wahl seines Paradigmas einer moralischen Handlung, die Auswahl eines Siegers aus einer nicht zu bewältigenden Zahl von Bewerbern, bestätigt dies. Wenn er nach Praktikabilität ethischer Theorien fragt, so hat er nicht die Begründung, Klärung und Ordnung unserer moralischen Intuitionen zur Orientierung des Handelns im Sinn, sondern gemäß seinem operationalen Rationalitätsbegriff eine Formel, deren Variablen durch konkrete Handlungsbedingungen zu bestimmen sind, um dann mathematisch eine Handlungsvorschrift daraus abzuleiten. Wie es Tabellen für Seeleute gibt, mit deren Hilfe sie sich ohne jede Kenntnis der Astronomie ihre Position anhand der Himmelskörper bestimmen können, so soll die Ethik entsprechende Tabellen für das Handeln überhaupt erstellen.

Weil das wegen des Zeitdrucks, unter dem Entscheidungen zu treffen sind, nicht möglich sei, müsse man sich behelfen mit vereinfachenden Entscheidungsformeln. Dieser Verweis an die Entlastungsthematik ist für Dennett naheliegend und im engeren Sinn natürlich, verfahre doch die Evolution allenthalben gemäß der Strategie, Verhaltensspielräume durch Entlastung zu erschließen. Handlungsregeln zu institutionalisieren, sei mehr als ein „guter Trick“, angesichts der Entscheidungssituation des Menschen eher ein „erzwungener Zug“[324], Moral mithin kein außergewöhnliches Element natürlicher Prozesse. Ferner sei die Brauchbar-

---

[321] Ebd., 703 f.
[322] Dennett begnügt sich damit, die „Kant-Anhängerin“ Onora O'Neill aufzurufen, vgl. ebd., 703.
[323] D. C. Dennett, Darwins gefährliches Erbe, 718.
[324] Ebd., 685 f.

keit derartiger Verfahren in klar umgrenzten Handlungsfeldern bereits erwiesen, wie die Ökonomie zeige.[325]

Solch eine Entscheidungsformel setzt folgende fünf Elemente voraus: eine Zielvorgabe als eine zu maximierende Größe, einen Zustandsraum, der die Umweltbedingungen abbildet, einen Entscheidungs- oder „Gestaltungsraum" der Handlungsmöglicheiten sowie ein Set von Aktionsparametern.[326] Die zu maximierende Größe definiert den Nutzen, der einer Handlung zugeordnet werden kann und regelt damit die Präferenzen des Handelnden. Nach dem oben Ausgeführten wird man nicht zögern, die Ellenbogenfreiheit, die Möglichkeit intentionaler Systeme zur Selbstkontrolle, hier einzusetzen. Dennetts Anthropologie erlaubt von hier aus den Schluß auf die Aussage, die Entscheidungsformel stehe im Dienst einer unbehinderten Evolution der Meme. Daß die Selbstkontrolle nicht unmittelbar und material von einer allgemeinen Entscheidungsregel gesteuert werden kann, folgt aus Dennetts Argument gegen den Utilitarismus. Weil eine Glücksformel nicht gefunden werden kann, die Menschen also nicht vollständig rationale Wesen sind, bedürfen sie der „moralischen Ersten Hilfe". Sie bringt die Randbedingungen begrenzt rationaler Entscheidungen zur Geltung – es sind dies Mängel der Informationsaufnahme und -interpretation: Zeitdruck und Ungewißheit – und konturiert die Ellenbogenfreiheit, indem sie die Weite des Entscheidungsraumes optimiert. Diese „Erste Hilfe" hat die Funktion, durch die Etablierung von sogenannten „Gesprächsbremsen"[327], die trotz der überwältigenden Zahl von relevanten Fakten dann weiteres Erwägen und Einbeziehen von Informationen abbrechen, sobald eine im Rahmen der gegebenen Umweltbedingungen akzeptable Entscheidung zustandekommen kann. Auf der anderen Seite dürfen die Bremsen im Interesse der optimalen Ellenbogenfreiheit nicht zu eng gelegt, dürfen die Erwägungen nicht zu rasch abgebrochen werden, damit sie nicht zu Zwängen führen, d.h. den Entscheidungsraum unnötig beschränken.

Die Bezugnahme auf Rechte, speziell auf Menschenrechte, ist lediglich als Instrument zur Reduktion von Komplexität im Sinne der Gesprächsbremsen anzusprechen, ebenso verhält es sich mit moralisch relevanten Grenzziehungen und der Rede von Versprechen, Schädlichkeit, Nutzen, Opportunität etc.[328] Eine Folge dieser pluralistischen und nicht auf das genuin moralische Handeln beschränkten Auffassung ist, daß Nützlichkeitserwägungen denselben moralischen Stellenwert

---

[325] Tatsächlich schließt Dennetts Moralverständnis an den in der ökonomischen Entscheidungstheorie bzw. Operations Research verwendeten Theorieansatz an und geht lediglich durch Universalisierung über ihn hinaus, wodurch freilich der Modellcharakter und die Mathematisierbarkeit ausgeschlossen werden.

[326] Vgl. D. C. Dennett, Darwins gefährliches Erbe, 696. Das Zitat ebd. – Vgl. dazu G. Wöhe, Einführung in die Allgemeine Betriebswirtschaftslehre, München [19]1996, 157.

[327] D. C. Dennett, Darwins gefährliches Erbe, 712; 277.

[328] Vgl. ebd., 277; 714; 722 f. – Dennetts *Kinds of Minds* kann als eine solche Grenzziehung *at work* angesehen werden. Vgl. auch die Kritik Dennetts an der „gefräßigen" Reduktion der Menschenrechte bei Wilson, in: D. C. Dennett, Darwins gefährliches Erbe, 659 f.

erhalten, wie im engeren und herkömmlichen Sinn moralische Argumente. Welche Gesprächsbremsen ihre Funktion erfüllen, hängt neben ihrer Wirksamkeit von ihrer Akzeptanz ab, nur *in the long run* auch von ihrem Überlebenswert – weil Meme von der Existenz von Personen abhängig sind.

Wenn Moral darin besteht, Handlungen, Entscheidungen und Erwägungen durch Gesprächsbremsen bestimmen zu lassen, so drängt sich moraltheoretischem Interesse sogleich die Frage auf, welche dieser Instrumente zu begrüßen und welche abzulehnen sind. Auch Dennett arbeitet an dieser Fragestellung, obwohl sein Ansatz die Möglichkeit bietet – wenn nicht erfordert –, dieses Problem auf sich beruhen zu lassen und die faktisch befolgten Normen als derzeitigen Stand der „kulturellen Evolution" hinzunehmen.

Eine Gesprächsbremse ist dann negativ zu qualifizieren, wenn sie dem Gestaltungsspielraum des bzw. der Handelnden unnötig enge Grenzen auferlegt. Behindern sie die Evolution der Meme oder nicht, das ist die zentrale Frage bezüglich einer Evaluierung dieser Instrumente individueller und sozialer Steuerung. „Wir müssen erwachsen werden"[329], sagt Dennett und fordert damit dazu auf, seine Auffassung, daß moralische Fragen nur durch funktionale Analyse, nicht aber innerhalb des moralischen Diskurses lösbar seien, zu akzeptieren. Wenn er auf diese Weise einer Metatheorie der Ethik das Wort redet, so läßt das erwarten, daß er Gesprächsbremsen per funktionaler Kritik ausscheidet, doch ein Blick auf das 18. Kapitel von *Darwin's Dangerous Idea* fördert Überraschendes zutage: Dennett geht zu normativen Aussagen über.

Die normative Evaluierung von Gesprächsbremsen arbeitet mit einer Kategorisierung von Memen. Wie schon bei früherer Gelegenheit, so wendet Dennett sich auch hier gegen die Verbreitung falscher Informationen bzw. Meme.[330] Als normative Basis dienen die als wahr angenommenen Meme, allen voran die Evolutionstheorie mit daran anschließenden Gesprächsbremsen wie „Toleranz", „Zivilisation" und „Respekt". Dennett singt das „Lob der biologischen Vielfalt"[331] und bietet es als Grundeinsicht der Handlungsorientierung auf, einen Begründungsversuch unterläßt er jedoch, um sich nicht seinerseits dem Verdikt der Gefräßigkeit auszusetzen. Den als wahr unterstellten Memen stehen zwei Kategorien von Falschmemen gegenüber, auf der einen Seite die unschädlichen und daher tolerierbaren, die gefährlichen und zu bekämpfenden auf der anderen Seite. Die Religionen zählt Dennett der zweiten Gruppe zu, sie sind seine bevorzugten Feinde. Die umstandslose Gleichsetzung von gläubigen oder frommen Menschen mit religiösen Fanatikern zeigt den – allerdings unausgesprochenen – Grund für diese Feindschaft an: Es ist neben der ihnen anbehaupteten Falschheit der Verpflich-

---

[329] D. C. Dennett, Darwins gefährliches Erbe, 723.
[330] Vgl. ebd., 731; die frühere Gelegenheit: D. C. Dennett, Ellenbogenfreiheit, 150; 215.
[331] D. C. Dennett, Darwins gefährliches Erbe, 719.

tungscharakter, der eine starre Handlungssteuerung nach sich ziehe, die ihrerseits Dennetts anthropologischem Prinzip der Anpassung nicht gerecht wird.

Sowohl der Einstieg in die normative Sprache, als auch Dennetts Wahrheitsanspruch zugunsten des Darwinismus sind weder argumentativ gedeckt noch lassen sich derlei Operationen in sein Gesamtkonzept überhaupt integrieren. Es ist nicht außergewöhnlich unter Soziobiologen, den eigenen Theorieansatz unstatthaft von der evolutionsbiologischen Naturalisierung auszunehmen.[332] Doch soll der gegen diese Versuche zu erhebende Vorwurf der Inkonsistenz hier zurückgestellt werden, um statt dessen die Aufmerksamkeit auf den Umstand zu lenken, daß Dennett das normative Konzept der Wahrheit selbst als Mem auffaßt. Wahrheit ist ein bewährtes Mem mit positivem Selektionswert; wer sich an zutreffende Annahmen über den Zustandsraum zu seinen Entscheidungen hält, agiert erfolgreicher als jemand, der sich in Irrtum oder Unwissenheit befindet.[333] Die epistemische Auszeichnung der darwinistischen Moraltheorie ist nicht mehr als eine Memkopplung mit der Folge, daß das Mem, das diese Theorie ist, an der Durchsetzungskraft sowohl des Darwinismus-, als auch des Wahrheitsmems partizipiert und die eigene Position im Verdrängungswettbewerb gegen andere Meme ausbaut. Normen im eigentlichen Sinne zu begründen und derart an Wahrheit zu binden, wäre nach Dennett jedoch ein Rückfall hinter den Funktionalismus. In seinen Ausführungen wird nicht das Seinsollen der Evolution begründet, sondern hier verschafft sich das Mem der Evolution Verbreitung und Stärkung.

Moral und Vernunft als Fragen von Macht anzusehen, kann in der gegenwärtigen Philosophie nicht als originelle Haltung gelten; die Besonderheit bei Dennett und anderen Soziobiologen liegt vor allem in der affirmativen Haltung gegenüber dieser Gleichung. Während sich seine „gefräßigen" Parteigänger zur Ableitung von Normen aus ihr hinreißen lassen, wertet Dennett sie im Hinblick auf Status und Form des moralischen Diskurses aus.

4.4.3 Der Kampf der Meme als Folie philosophischer Debatten

Vom 18. Kapitel her erweist sich *Darwin's Dangerous Idea* insofern als weniger an Argumentation, sondern letztlich an darwinistischer Propaganda interessiert, als das normative Gewicht des Vernünftigen pragmatisch unterlaufen und für strategische Zwecke instrumentalisiert wird. Dennetts Eingangsklage, daß „Argumente, und seien sie auch noch so wasserdicht, häufig auf taube Ohren"[334] stoßen, erhält

---

[332] Solch ein Vorgehen läßt sich als „archimedischer Fehlschluß" bezeichnen, vgl. P. Janich/M. Weingarten, Wissenschaftstheorie der Biologie, 99; wie Dawkins einen solchen Fehlschluß zu verschleiern sucht, beschreibt F. Rötzer, Digitale Weltentwürfe, 177 f.

[333] Vgl. D. C. Dennett, Darwins gefährliches Erbe, 505 f.

[334] Ebd., 11. – Erhellend ist es, diese Passage von der folgenden her zu verstehen: „[D]as ideale, rationale *Publikum*, dem der Ethiker seine Überlegungen am liebsten präsentieren würde, ist nichts als eine weitere Idealisierung mit zweifelhaftem Nutzen." (ebd., 716)

von hierher ihre spezifische Bedeutung. Eine Kritik seiner Moraltheorie erfordert keine Überprüfung der Ableitung normativer Aussagen aus einem Set von Prämissen, denn statt einer solchen Ableitung riskiert Dennett einen unvermittelten Übergang von einer funktionalen Metaethik hinüber in den Bereich der „nützlichen Illusionen" normativer Rede. Die evolutionstheoretische Argumentation entwertet sich so selbst und geht in Rhetorik über. Statt genuin moraltheoretische Überlegungen anzustellen, sind daher vor allem die rhetorischen Mittel zu kritisieren, die Dennett einsetzt, um den von ihn bevorzugten normativen Urteilen Gehör und Aufmerksamkeit zu verschaffen.[335]

In seinem vierten Vorwurf gegen die Soziobiologie macht Dennett auf die Notwendigkeit aufmerksam, den Tonfall der Auseinandersetzung zu beachten, der seit dem berühmten Disput zwischen Bischof Wilberforce und Thomas H. Huxley 1860 in bezug auf den Darwinismus zutage liege: „Daß die soziobiologische Forschung sich in einer Atmosphäre ständiger Besorgnis bis hin zum Alarmgeschrei abspielt, ist kein Wunder, und wenn das Ganze eskaliert, wie es so oft geschieht, wird die Wahrheit manchmal unter der Propaganda begraben."[336] Dieser Besorgnis muß man sich anschließen, doch regt sich zugleich der Verdacht, Dennetts Hinweis sei selbst ein rhetorischer Schachzug, der über das in der philosophischen Debatte hinnehmbare Maß hinausgeht. Unter der leitenden Frage, welche Art und welches Maß an Rhetorik die Philosophie brauche bzw. ertrage, sind im folgenden sechs in *Darwin's Dangerous Idea* zur Anwendung kommende Stilelemenete zu verzeichnen und zu kritisieren.

(1) Dennett arbeitet verschiedentlich mit „Genau-so-Geschichten", Rekonstruktionen vergangener Vorkommnisse, die die Denkmöglichkeit und Nachvollziehbarkeit bevorzugter Interpretationen sicherstellen sollen.[337] Über diese Funktion hinaus läßt sich von solchen Geschichten erhoffen, daß sie die Vorstellungskraft fördern und ein Plus an Kreativität bei der Befassung mit bestimmten Fragestellungen gewähren. Die Entstehung der Moral ist Dennett zufolge ein geeigneter Gegenstand, um eine Genau-so-Geschichte zu erzählen, wie er an Thomas Hobbes und Friedrich Nietzsche demonstriert,[338] und genau an dieser vorgeblichen Eignung muß sich Widerspruch regen: Die konkurrierenden Geschichten setzen nicht

---

[335] Die Selbstentfaltung des Individuums gegen von außen auftretende Ansprüche muß als Stoßrichtung von Dennetts normativer „Ethik" angesehen werden. Angedeutet wird diese Tendenz in der Rede von der „Ellenbogenfreiheit", unterfüttert durch die Betonung des Wertes alles Individuellen.

[336] D. C. Dennett, Darwins gefährliches Erbe, 679; vgl. ebd., 466.

[337] Vgl. D. C. Dennett, Ellenbogenfreiheit, 56. – Hier übernimmt Dennett von Robert Nozick (Philosophical Explanations, Cambridge/Mass. 1981), was in *Darwins gefährliches Erbe* zur Anwendung kommt: Die Methode der von Nozick favorisierten „coercive philosophy" (Philosophical Explanations, 4), die gegen strengeres, als „knockdown arguing" (ebd., 5) diffamiertes Denken sich darauf beschränken will, zu zeigen, wie das möglich ist, was man annehmen will (ebd., 10). – Genau-so-Geschichten gehören ursprünglich in das Genre der Gutenachtgeschichten näherhin scherzhaft-zoologischen Inhalts, vgl. R. Kipling, Genau-so-Gechichten, dt. v. G. Hafes, Zürich 1990.

[338] Zu Thomas Hobbes: D. C. Dennett, Darwins gefährliches Erbe, 640; zu Friedrich Nietzsche: ebd., 646 ff.

nur unterschiedliche Akzente angesichts eines Untersuchungsgegenstandes, sie unterstellen zugleich etwas über dessen Struktur, wonach in diesem Fall eine „Genealogie der Moral“ den passenden Zugriff und einen explikativen Zugewinn verspricht. Das ist in Sachen Moral jedoch nicht ausgemacht, sondern zunächst ein evolutionistisches Vorurteil. Offenkundig und zugleich verschärft wird diese Problemlage dann, wenn die Genau-so-Geschichte der Moral den moralischen Intuitionen widerstreitet – was im Falle Dennetts ebenso eingewendet werden kann wie gegen Nietzsche.

(2) Genau-so-Geschichten stützen sich auf Intuitionen, die sie für ihre Zwecke aufrufen und fruchtbar machen wollen, sie sind demnach als „Intuitionenpumpen“[339] anzusprechen. Es handelt sich dabei um in der angloamerikanischen Philosophie gern verwendete Gedankenexperimente und Metaphern, die eine theoretische Option mit Hilfe eines einleuchtenden Szenarios aufbereiten und durch griffige Formulierungen bequem diskutierbar machen. Sie werden darüber hinaus dem Umstand gerecht, daß die sprachliche Fassung philosophischer Probleme eines bildhaften, an die Lebenswelt gebundenen Bodensatzes bedarf. Während Dennett sich anderenorts am seriösen philosophischen Geschäft des Aufstellens und Kritisierens von Intuitionenpumpen beteiligt,[340] zeigt er sich in *Darwin's Dangerous Idea* bereit, dieses Instrument mißbräuchlich einzusetzen. Wenn er den Darwinismus als Intuitionenpumpe auffaßt, so sind zwei Aspekte zu beachten: Erstens speist sich die darwinistische Grundvorstellung – das ist der aus Variabilität, Vererbung und unterschiedlicher Eignung in Gang gesetzte Veränderungsprozeß über marginale Schritte – nicht aus lebensweltlicher Erfahrung, sondern ist bereits theorievermittelt; insofern wäre besser von einer „Theorienpumpe“ zu sprechen. Zum anderen exportiert Dennett evolutionstheoretische, d.h. moralfremde Vorstellungen in die Moraltheorie, die ihm hier eine kontraintuitive Genau-so-Geschichte aufnötigen. Er sieht sich dennoch zu diesem Vorgehen berechtigt, weil er den Darwinismus für eine universelle Intuitionenpumpe bzw. Geschichte hält, die allein von ihrer Verführungskraft lebt und auf eine Verankerung in lebensweltlichen Intuitionen verzichten, ja diese gar unterlaufen kann.[341]

Rhetorische Instrumente werden bei Dennett zum Programm. In Ermangelung von ursprünglichen Intuitionen, auf die er bezugnehmen könnte, muß er die nötige Aufmerksamkeit erschleichen, wozu er vier weitere rhetorische Hilfsmittel strapaziert.

(3) Dennett appelliert ausgiebig direkt an die Leserschaft und fordert, „erwachsen zu werden“, eine „Mischung aus Respekt und selbstschützender Vorsicht

---

[339] Ebd., 586. – Der ganze Darwinismus wird von Dennett als Intuitionenpumpe angesehen (ebd., 203), deren Wirksamkeit bezeichnenderweise nicht in der Überzeugungskraft, sondern in der Verführungskraft gesehen wird (ebd., 734).

[340] Vgl. D. C. Dennett, Fast Thinking, in: Ders., The Intentional Stance, 323-337; hier 323-326.

[341] Vgl. D. C. Dennett, Darwins gefährliches Erbe, 733: „Jetzt ist nicht mehr zu leugnen, daß Darwins Idee ein universelles Lösungsmittel ist, das sich bis ins Innerste aller erkennbaren Dinge frißt.“

walten [zu] lassen" und anderes mehr.[342] Diese Appelle dienen nicht dazu, auf intuitiv Gewußtes aufmerksam zu machen, wie es legitimerweise in der Philosophie angesichts solcher Sachverhalte geschieht, die sich nurmehr „zeigen"[343]. Sie werden einzig zu dem Zweck erhoben, die Leserinnen und Leser durch Betroffenheit, anstatt durch Prüfung zum Übernehmen der zuvor entfalteten Anschauungen und Haltungen zu bewegen.

(4) „Diese Welt ist heilig"[344], bekennt Dennett, und faßt damit die immer wieder auftretenden Ausdrücke für seine Wertschätzung dessen zusammen, was die Evolution hervorgebracht hat. Persönliches Engagement und das Bestreben, die argumentativen Passagen durch authentisches Zeugnis zu unterstützen und gegebenenfalls Lücken zu kaschieren, ist kennzeichnend nicht nur für *Darwin's Dangerous Idea*, sondern darüber hinaus für andere Soziobiologen.

(5) Als eine Art negativen Bekenntnisses sind dagegen die aggressiven Ausfälle namentlich gegen religiöse Gemeinschaften zu notieren und zurückzuweisen. „Die Sicherheit verlangt auch, daß man Religionen in einen Käfig steckt (...)" und „Wir predigen Religionsfreiheit, aber nur bis zu einem gewissen Punkt"[345] sind Aussagen, die nicht nur Dennetts eigenen Standards der Toleranz und Zivilisation widersprechen, sondern zugleich die literarische Gattung zumindest dieser Passagen offenlegen: Hier wird Propaganda betrieben.

(6) Schließlich ist ein weniger auffälliger, aber eben deswegen gefährlicher rhetorischer Zug aufzuzeigen, der die Verwendung der Pronomina der ersten Person Plural einsetzt. In Sätzen wie z.B.: „Aber wir haben keine vernünftige Alternative, und diejenigen, die aufgrund ihrer Weltanschauung nicht friedlich mit uns anderen zusammenleben können, müssen wir so gut wir können isolieren (...)"[346] kündigt sich offen die Bereitschaft an, Andersdenkende über die verbale Auseinandersetzung hinaus zu bekämpfen. In vielsagender Unklarheit bleibt, wer sich zu der mit „wir" angesprochenen Gruppe zählen darf und wer ausgeschlossen bleibt. Es ist keine umgrenzte Gruppe, die sich hier ihrer Identität vergewissert, sondern ein vermeintlicher *common sense*, der im Namen der Biodiversität gegen jede mit Verbindlichkeitsanspruch auftretende Minderheit vorzugehen bereit ist – Ressentiments wechselnder Mehrheiten.

---

[342] Ebd., 723 und 727.

[343] Vgl. L. Wittgenstein, Tractatus logico-philosophicus (Schriften, Bd. 1, Frankfurt/M. 1960), 6.522. – Beispiele derartiger Appelle liefern etwa Wittgenstein selbst und Hans Jonas: „[D]enk nicht, sondern schau!" (L. Wittgenstein, Philosophische Untersuchungen [Schriften, Bd. 1], § 66.); „Sieh hin und du weißt." (H. Jonas, Das Prinzip Verantwortung, 235.)

[344] D. C. Dennett, Darwins gefährliches Erbe, 733.

[345] Ebd., 726 und 727.

[346] Ebd., 731; ferner ebd., 24; 25 f.

4.4.4 Warum Dennett als Vollender gelten kann

Dennetts Rolle in der Soziobiologie läßt sich mit Hilfe der drei Stichwörter „Klärung“, „Kritik“ und „Abschluß“ bestimmen. Die Beiträge in den untersuchten Periodika lassen erwartungsgemäß erhebliche begriffliche Unklarheiten bezüglich der Elemente menschlicher Selbstbeschreibung und der in diesem Zusammenhang der Soziobiologie zugeschriebenen Bedeutung erkennen, so daß eine sachbezogene Auseinandersetzung mit ihnen nicht lohnenswert ist. Vor allem terminologische Anknüpfungspunkte weisen auf Richard Dawkins als graue Eminenz hin, doch auch in seinen Ausführungen bleibt Zentrales ungeklärt, ebenso verhält es sich mit Edward O. Wilson, der als Initiator vor allem namentlich präsent ist. Erst mit Dennett, so läßt sich salopp sagen, legt die Soziobiologie die Karten auf den Tisch und wird philosophisch diskutierbar. Sie folgt dem von Dawkins skizzierten Ansatz und weist den Wilsonschen zurück, insofern dieser die kulturelle Entwicklung zu eng an die genetische Evolution bindet. Die mit einer formalen, d.h. sich von den Beschränkungen der Genetik und Molekularbiologie lösenden Evolutionstheorie operierende Anthropologie läßt die Verflüchtigung des mit „ich“ sich selbst bezeichnenden Subjekts ebenso offen zutage treten, wie die daraus entstehenden verheerenden ethischen Konsequenzen für ein Handlungssubjekt, das durch moralische Vernunft und Verantwortlichkeit ausgezeichnet ist, sowie für das Zusammenleben der Menschen. Geklärt wird bei Dennett ferner das Verhältnis von Anthropologie und Moraltheorie dahingehend, daß eine selbständige Moraltheorie ausgeschlossen wird. Dies ist insofern als Klärung anzusprechen, als der Soziobiologie ebendiese Tendenz innewohnt, sobald sie unter den Druck gerät, ihre Prämissen, anstatt sie als Unterstellungen unbenannt mitzuführen, offenzulegen.[347]

Bereits bei Dawkins kündigt sich die Bereitschaft an, die Sonderrolle des kulturschaffenden Menschen im Tierreich mit Hilfe des Memkonzeptes zu würdigen, doch erst Dennett spitzt diesen Versuch so weit zu, daß er als kritisches Instrument gegen allzu biologische Soziobiologien eingesetzt werden kann, die sich ihrerseits auf einen undurchführbaren genetischen Reduktionismus verpflichten.

Schließlich treibt Dennett die Soziobiologie auf Abschlußgedanken vor, dies einmal in der konsequenten Naturalisierung, die auch vor sich selbst nicht halt macht, zum anderen in der darin zum Ausdruck kommenden Universalisierung des Evolutionsgedankens. Während dieser sich auch bei Dawkins abzeichnet,[348] so wird der universalisierende Drang in seinen selbstbezüglichen Konsequenzen doch

---

[347] Solche Rückzugsphänomene lassen sich z.B. auch bei Franz M. Wuketits beobachten, man vergleiche dazu ders., Gene, Kultur und Moral. Soziobiologie – pro und contra, Darmstadt 1990, 104 f. mit ders., Verdammt zur Unmoral?, 10. – Beide geben sich dennoch offensiv, und die Frage, warum sie das können, zeigt einen Aspekt der sozialethischen Relevanz der Soziobiologie an.

[348] Vgl. R. Dawkins, Und es entsprang ein Fluß in Eden, 31.

erst in *Darwin's Dangerous Idea* deutlich: Dieses Buch propagiert nicht nur die Evolution, es versteht sich selbst als ein Stück von ihr.

In ihrem Anspruch gedämpfte Soziobiologen machen es sich zur Aufgabe, aus der biologischen Verfaßtheit des Menschen die Anwendungsbedingungen von Moralsystemen und -theorien abzuleiten, um zu einer dann „realistisch" genannten Ethik vorzustoßen. Auch Dennett betont die Forderung nach Praktikabilität in der Moraltheorie, kommt jedoch zu der Auffassung, daß sie innerhalb des ethischen Diskurses nicht eingelöst werden kann. Anders als die Vertreter dieses erstes Typs der Soziobiologie läßt er die Selbständigkeit der Ethik nicht unangetastet.

Auch vertritt Dennett weder einen ethischen Naturalismus noch eine naturalistische Ethik, denn er ist weder gewillt, sich einer retrospektiven und damit kaum anpassungsgeschmeidigen Sicht zu verpflichten, noch hält er es für zulässig, Einsichten in den Evolutionsprozeß unmittelbar in Normen umzumünzen. Dem Argument des naturalistischen Fehlschlusses entgeht er nicht deswegen, weil es ihm gelungen wäre, haltbare Definitionen moralischer Ausdrücke zu liefern, sondern weil er solch eine Ableitung gar nicht anstrebt und das Argument folglich nicht greifen kann. Gleichwohl läßt er keinen Zweifel daran, daß Moral auf Naturtatsachen reduziert werden kann: „Wenn sich das Soll nicht aus dem Ist ableiten läßt, woher kann man das Soll dann überhaupt beziehen?"[349] Der alternative Ansatz, moralische Kompetenz als unhintergehbar anzusehen, verpflichte auf die Annahme eines „Ethikmoduls"[350] im Gehirn, und das sei nichts anderes als ein Himmelshaken, folglich ohne weitere Fragen zurückzuweisen. Nach dem Ausschluß sowohl einer ausgeführten Ableitung des Sollens aus dem Sein, als auch der Erklärung des Sollens aus sich selbst als Lösungen, bleibt für ihn der skeptische Weg offen.

Der als dritter soziobiologische Typ angesprochene metaethische Skeptizismus liegt für Dennett deshalb zwar nahe, doch glaubt er nicht, daß die Durchsetzung eines funktional gedeuteten Moralsystems von seiner evolutionstheoretischen Herleitung abhängt. Solch ein Optimismus setze einen kollektiven „genetischen Trugschluß" voraus, der auch durch intensivste Propaganda keine erwartbare Möglichkeit darstelle. Indem Dennett die Erzeugung des Glaubens an eine objektive Moral selbst evolutionstheoretisch naturalisiert, schlägt er den Weg zum ethischen Nihilismus ein – das ist das klärende, weil in der Konsequenz der vorgängigen Option zugunsten des Naturalismus liegende Spezifikum der Theorie von Dennett. Die im metaethischen Skeptizismus enthaltene Rationalitätsunterstellung sei demnach insofern fehlgehend und überzogen, als sie an menschliche Individuen gebundene Rationalität involviere und die argumentative Überzeugung als Mittel zur Verbreitung von Handlungsorientierungen unzutreffend privilegiere.

---

[349] D. C. Dennett, Darwins gefährliches Erbe, 656.
[350] Ebd.

Moral *und* Moraltheorie werden statt dessen als Momente eines universellen Evolutionsprozesses angesehen, so daß Dennetts Theorie dem Projekt einer konsequent auch auf sich selbst bezogenen „Genealogie der Moral“ zuzurechnen ist. Dabei wird der moralische Diskurs nicht durch einen funktionalen ersetzt, sondern auch dieser bereitet lediglich den Übergang in den Kampf der Meme vor. Der moralische Diskurs wird durch Normenverkündigung ersetzt, deren Erfolgskriterium nicht in ihrer argumentativen Überzeugungskraft gesehen wird, sondern in dem Maß ihrer persuasiven Effektivität. Dennetts mehrfach geäußerte Sympathie für Friedrich Nietzsche ist nach dem hier Zusammengetragenen alles andere als zufällig.

4.5 Die Soziobiologie als Kultur- und Politbiologie

Im letzten Schritt der Erfassung des soziobiologischen Komplexes soll eine zuspitzende Zusammenfassung die bislang zusammengetragenen Beobachtungen und Interpretationen vertiefen und zu Thesen bündeln, mit denen der Problemgehalt der Soziobiologie, wie er sich unter der gewählten Perspektive abzeichnet, hervorgehoben werden kann.

4.5.1 Zur Medienbedürftigkeit der Soziobiologie

Diese erste These bezieht sich auf den „Sitz im Leben“ der Soziobiologie, sie läßt sich durch die Formulierung einer Lückenbeobachtung (a) und der Kenntnisnahme gegenseitiger Vorteilnahme zwischen Soziobiologie und Massenmedien (b) und (c) entfalten.

(a) Ohne allgemeinen Überlegungen zu einer biologismuskritischen Sozialethik vorzugreifen, ist an Wilsons zweigleisiger Strategie und an Dennetts Genealogie der Moral deutlich zu erkennen, daß das berühmte Argument vom naturalistischen Fehlschluß, wollte man es gegen sie aufbieten, einen Irrtum über die literarische Gattung begehen und ins Leere gehen würde. Denn anstatt daß es zu einem argumentativen und damit diskursiv problematisierbaren Übergang vom Deskriptiven zum Normativen kommt, wird davon ausgegangen, daß ein Argument an dieser neuralgischen Stelle nicht notwendig sei. Es komme vorderhand nicht auf rationale Überzeugung an, sondern auf eine geeignete Verkündigung, die dem eigenen Anliegen je nach gewählter Strategie die größtmögliche Wirksamkeit verspricht. Die aus wissenschaftlicher Arbeit entspringende Überzeugungskraft wird zwar soweit wie möglich eingespielt, aber sobald man sich der charakteristischen Grenze nähert, sattelt man um und gibt zu erkennen, daß Vernünftigkeit eben nur einer von mehreren Wegen ist, um in die semantischen Ressourcen zur Selbstbeschreibung des Menschen Eingang zu finden.

Der Verweis auf die eigene Person bis hin zur Stilisierung einer sich aus besonderem Wissen ergebenden Souveränität,[351] der dem Ideal der modernen Naturwissenschaften zufolge gerade ausgeschlossen ist,[352] ist nur eine seichte Form solchen Umsattelns. Sensationalisierung, Polemisierung und die Erzählung kleiner Genau-so-Geschichten oder großer Epen sind deutlicher und zeigen an, daß hier keine Begründung des ethischen Naturalismus angestrebt, sondern die bereits getroffene Option für ihn nach Effektivitätsgesichtspunkten entfaltet wird.

Sobald der Gedanke, die Kraft einer Idee sei ihre Überzeugungskraft, als idealistisches Vorurteil diffamiert und zurückgewiesen ist, drängt sich die Frage auf, wie denn das der Soziobiologie eigene Anliegen wirklich werden könne. Sie entspricht in dieser Frage einer Einsicht Arnold Gehlens, der sagt: „Meine These ist die, daß Ideensysteme jeder Art ihre Stabilität, ihren zeitüberdauernden Geltungsdrang, ja ihre Überlebenschance den Institutionen verdanken, in denen sie inkorporiert sind."[353] Die argumentative Lücke der Soziobiologie wird durch ein Bündnis mit den Massenmedien kompensiert, das öffentliche Aufmerksamkeit für die naturalistische Beschreibungssprache unabhängig von deren Begründung verspricht. Diese Rechtnung geht, was die Präsenz betrifft, weitgehend auf.

(b) Die Theorie kultureller Entwicklung, wie sie von Dawkins und Dennett entworfen wird, gibt darüber hinaus die Auskunft, daß der Gang in die Massenmedien kein Ausweichen vor rationalen Ansprüchen sei, wie unbelehrbare Geister argwöhnen könnten, sondern sich zwanglos aus der Einsicht in die Evolutionstheorie ergebe. Neben den menschlichen Gehirnen als den primären Lebensräumen der Meme werde ihr Überdauern durch andere Trägersysteme wie Bücher, Programme, Inschriften, Artefakte und eben auch Massenmedien gewährleistet. Letztere lassen sich im Anschluß an die Rede von der Informationsgesellschaft als zentrales Strukturelement der Memevolution verstehen, das zugleich ein entscheidender Umweltfaktor in ihr ist. Folgerichtig finden Atomisierung, Dekontextualisierung, Beschleunigung und Sensationalisierung der Mitteilungen in den Massenmedien ihr Pendant in der soziobiologischen Sprachbildung – wenn dort von Memen, Kulturgenen und dergleichen die Rede ist – ebenso, wie in ihrer Lehrpraxis, wenn sie mit Schlagworten, sensationellen Enträtselungen und Genau-so-Geschichten an ihr Werk geht. Diese Übereinstimmungen lassen sich als Adaption deuten und als bestätigende Theorie der eigenen Sensationalisierung in das soziobiologische Arrangement hineinziehen. Verweigert man sich der Memtheorie, so wird man hingegen darauf aufmerksam, daß die Soziobiologie in den Massenme-

[351] Vgl. beispielsweise D. C. Dennett, Ellenbogenfreiheit, 16 f.; C. J. Lumsden/E. O. Wilson, Das Feuer des Prometheus, 37; 80.

[352] Vgl. H. Plessner, Zur Soziologie der modernen Forschung und ihrer Organisation in der deutschen Universität, in: Ders., Diesseits der Utopie. Ausgewählte Beiträge zur Kultursoziologie, Frankfurt/M. 1974, 121-142; hier 132.

[353] A. Gehlen, Mensch und Institution, in: Ders, Anthropologische und sozialpsychologische Untersuchungen, 69-77; hier 76.

dien mit den von ihnen vorgegebenen Kommunikationsbedingungen ein Milieu vorfindet, in dem sie mit ihrem Argumentationsdefizit bestens gedeihen kann.

(c) Auf der anderen Seite ist zu vermerken, daß die Soziobiologie ihrerseits für die Massenmedien ein attraktives Themenfeld darstellt, wie die drei nachfolgend genannten Verwertungsformen zeigen. Erstens verschafft sie die Möglichkeit, in wissenschaftlicher Verbrämung aufmerksamkeitsfördernde Einsprengsel zu plazieren, sei es als sexuelle Nabelschau, Bedienung von Stereotypen oder Schüren von Ressentiments. In enger Verbindung damit unterstreicht die Soziobiologie zweitens einen gängigen journalistischen Gestus, der die Selbststilisierung dessen, der früher mehr weiß als andere und von daher Neues mitzuteilen hat, mit einer hämischen Vorliebe für Desillusion und Zurechtweisung verbindet. Schließlich leistet die Soziobiologie einen Beitrag zu der utopischen Weltanschauung, deren materielle Basis das elektronische Massenmedium Internet ist, und die darauf sinnt, im vollendeten Cyborg[354] den Menschen hinter sich zu lassen.

Bevor den beiden letzten Anmerkungen in je einer eigenen These über den Utopiegehalt der Soziobiologie bzw. über die Konjunktur naturalistischer Anthropologien nachgegangen wird, ist noch einmal auf die Rede von der Medien*bedürftigkeit* einzugehen, um den entscheidenden Grundzug der Soziobiologie hervorzuheben: Dieses Programm gehört primär nicht dem wissenschaftlichen Diskurs an, sondern ist ein „symbiotisches" Phänomen der Informationsgesellschaft. Zum einen ist deutlich geworden, daß, wenn auch Massenmedien und Soziobiologie eine Art Geschäftsbeziehung zu beiderseitigem Vorteil verbindet, die Soziobiologie bei Bedrohung von Bedeutungslosigkeit auf die Massenmedien angewiesen ist. Zum anderen ist mit diesem Ausdruck die Einsicht verbunden, daß eine sozialethisch aufschlußreiche Befassung mit der Soziobioloige vornehmlich den Aspekt zu beachten hat, daß sie ein Medienphänomen ist, dessen Herkunft vor allem aus der Verwissenschaftlichung der Lebenswelt verständlich wird, weniger aus biologischer Sachlogik.

Mittels dieser Einsicht kann sie für einen sozialethischen Einspruch aufgeschlüsselt werden, der sich in Form und Inhalt auf sie einzustellen hat, wenn er diesen aktuellen Biologimus ernsthaft in Unruhe versetzen will. Einen eigenen Arbeitsschritt erfordert dabei der Umstand, daß die Soziobiologie ihre eigentlichen Inhalte und Interessen nicht offen zu erkennen gibt. Sie nisten in der Ambivalenz einer naturalistischen Theorie über den Menschen und müssen eigens kritisch herausgearbeitet werden. Dazu, wie ihre diesbezüglichen schillernden Aussagen zutreffend analysiert werden können, wollen die beiden Folgethesen eine erste Orientierung geben.

---

[354] Vgl. M. Dery, Cyber. Die Kultur der Zukunft, dt. v. A. Stumpf, Berlin 1996, 259 f.; K. Müller, Computer machen Leute, 155 f. – Diese Utopie strebt die Aufhebung der Trennung zwischen dem Organischen und dem Maschinellen an und zielt auf die Einspeisung des Bewußtseins in ein digitales Trägersystem als Flucht aus den Zwängen des Körpers *alias „wetware"*.

4.5.2 Soziobiologie als Theorie der Informationsgesellschaft

Ausgehend von der genannten Anpassung an die Anforderungen der Informationsproduktion ist der Ausstieg der Soziobiologie aus einer diskursiven Verständigung über das menschliche Zusammenleben zu skizzieren und deren Fluchtpunkt in der Vorstellung von einem bestimmten Typ von Öffentlichkeit aufzuzeigen.

Wie in der Philosophie des Geistes, so kann auch im Verhältnis von Philosophie und Rhetorik Gilbert Ryle als Vorbild und Lehrer Dennetts angesprochen werden. Denn ebenso wie *The Concept of Mind* läßt sich auch *Darwin's Dangerous Idea* der „[a]nonyme[n] rhetorikaffine[n] Philosophie“[355] zurechnen, insofern dort offen, aber unter Vermeidung eines Hinweises auf die traditionelle Rhetorik persuasive Strategien verfolgt werden. Dennetts Normenverkündung stützt sich, anstatt durch Argumente gedeckt zu sein, auf rhetorische Elemente zu ihrer Verbreitung. An dieser Stelle ist näher zu spezifizieren, welche Form von Rhetorik er dabei zur Anwendung kommen läßt.

Traditionell pflegte die Philosophie seit Platons *Gorgias* – bis auf wenige Ausnahmen – Verachtung gegenüber der Rhetorik, galt sie doch lediglich als Redeschmuck und als „Instrumentarium zur Mitteilung von Kenntnissen und Wahrheiten“[356], das jedoch die Wahrheit verzerren konnte und zudem als Einfallstor für allerlei irreführende Sophisterei eine skeptizistische Gefahr virulent hielt. Vorausgesetzt wurde dabei die heute reichlich optimistisch erscheinende Auffassung, daß die menschliche Erkenntnis der Wahrheit mächtig sei, ihr ohne metaphorischen Rest auf den Grund kommen und universell übereinstimmende Einsichten herbeiführen könne. Aristoteles schränkte gleichwohl bereits die optimistische Beurteilung ein und erkannte der Rhetorik ihr Recht dort zu, wo wissenschaftliche Gewißheit nicht zu erreichen war, aber dennoch Handlungsbedarf bestand – so etwa in der Politikerberatung und in der Rechtsprechung. Erst als der Glaube an die Wahrheitsmächtigkeit schwand, wurde der Konsens, das „Ideal der Rhetorik“[357], auch in seiner philosophischen Bedeutung wahrgenommen. Seither wird die Rhetorik wiederentdeckt und fand beispielsweise Eingang in konsensethische Konzepte, speziell auch in die Diskursethik. Die Unterscheidung zwischen dem von Jürgen Habermas angezielten „begründeten“ Konsens einerseits und dem „fakti-

---

[355] P. L. Oesterreich, Verborgene persuasive Strategien. Zur rhetorischen Metakritik der Philosophie, in: H. Schanze/J. Kopperschmidt (Hg.), Rhetorik und Philosophie, München 1989, 297-317; hier 311. – Die in diesem Aufsatz verzeichneten Beobachtungen zu Ryles Hauptwerk sind auch im Blick auf Dennett aufschlußreich, vgl. ebd., 311-314. Vgl. dazu D. C. Dennett, Darwins gefährliches Erbe, 694.

[356] H. Blumenberg, Anthropologische Annäherungen an die Rhetorik, in: Ders., Wirklichkeiten, in denen wir leben, Stuttgart 1981, 104-136; hier 108.

[357] Ebd., 112.

schen" Konsens andererseits ist geeignet, um den Typ von Rhetorik zu bestimmen, auf den die Soziobiologie Dennetts sich stützt.[358]

Habermas will die Geltung von Normen und Werten aus praktischen Diskursen gerechtfertigt sehen, die bestimmten, im Ideal der „idealen Sprechsituation"[359] verzeichneten Bedingungen folgen: Ausschluß von verzerrenden Machtverhältnissen zwischen den Diskurspartnern, gegenseitige Anerkennung der allein durch Argumente geltend zu machenden Ansprüche, Wahrhaftigkeit und Verständlichkeit. Die Moral wird damit in Kantischer Tradition auf Freiheit und Vernunft gegründet, wobei die Rhetorik – anders als bei Kant – eine wichtige, wenngleich entscheidend eingeschränkte Rolle übernimmt. Sie hat die zugunsten bestimmter Ansprüche vorgebrachten Argumente optimal zu gestalten, d.h. die jeweils stärkeren Argumente als solche erkennbar und überzeugend zu machen. Sie bleibt an Argumente und Wahrhaftigkeit gebunden und dient dem Ausschluß von Machtverhältnissen.

Anders bei Dennett: Rhetorik ist für ihn eine Waffe im Kampf der Meme, mit der Ideen sich verbinden, um Aufmerksamkeit auf sich zu ziehen und alternative Ideen als Konkurrenten ungeachtet ihrer rationalen Berechtigung günstigstenfalls ins Vergessen und Verschwinden zu drängen. Der von Philosophen gegen die Rhetorik erhobene Vorwurf, sie sei ein Werkzeug des Irrtums und des Betrugs, wird mit der lässigen Gegenfrage quittiert: „Na und?"[360] Nicht der Ausschluß von Machtverhältnissen, sondern gerade deren Etablierung ist hier mit dem Rückgriff auf Rhetorik intendiert, ohnehin gibt es dem „nihilistischen Agnostizismus"[361] Dennetts zufolge keine zu schützenden Argumente, weil Rationalität selbst nicht mehr ist, als ein Verbreitungsmodus von Memen unter anderen.

Entsprechend steht bei diesem Anstreben eines lediglich faktischen Konsenes die Überredung, nicht die Überzeugung im Interesse der Rhetorik, woraus sich die Bevorzugung bestimmter Stilelemente und Transportkanäle ergibt. Nicht das gute Argument, sondern laute und grelle Omnipräsenz, Diffamierung, Vereinfachung und Erzeugung von Betroffenheit sind gefragte Momente in diesem Verfahren, das mehr an Wahlkampf und Propaganda erinnert, denn an praktische Diskurse.

Der Griff zur Rhetorik in der dargestellten Form hat jedoch auch selbstdestruktive Züge, weil er erstens auf den „Party-Effekt"[362] führt und in dessen Folge überaus aufwendige Präsenzformen erforderlich macht, zweitens besteht die

---

[358] Vgl. P. L. Oesterreich, Philosophen als politische Lehrer. Beispiele öffentlichen Vernunftgebrauchs, Darmstadt 1994, 186 f.

[359] J. Habermas, Diskursethik. Notizen zu einem Begründungsprogramm, in: Ders., Moralbewußtsein und kommunikatives Handeln, Frankfurt/M. 1983, 53-125; hier 98.

[360] D. C. Dennett, Darwins gefährliches Erbe, 656. – So Dennetts Reaktion auf die Unmöglichkeit des schlüssigen Übergangs vom Sein auf das Sollen.

[361] C. F. Gethmann, Art. „Rhetorik", in: J. Mittelstraß (Hg.), Enzyklopädie Philosophie und Wissenschaftstheorie Bd. 3, Stuttgart-Weimar 1995, 614-618; hier 615.

[362] Vgl. R. Dawkins, Und es entsprang ein Fluß in Eden, 139: „Auf einer Cocktailparty schreit man sich heiser. Warum? Weil alle anderen auch so laut wie möglich reden."

Gefahr, daß Soziobiologen blind auf ihre eigene Leimrute gehen und ihre Antizipationen für bare Münze nehmen. Daraus entsteht der blinde Fleck der Soziobiologie, die die Biologie von der funktionalistischen Prämisse ausnehmen muß, weil die Wahrheit der Evolutionstheorie für den Funktionalismus bürgt. Die Wahrheitssuche ist aber nur der Vorstellung nach, nicht auch in Wirklichkeit identisch mit der Evolution eines „Wahrheitsmems". Widerstände gegen die bloße Rhetorik sind deutlich zu spüren, und sie haben der Soziobiologie bereits das Image eingetragen, schlecht fundierte und unseriöse Popularisierungen zu verbreiten, speziell Dennett hat man in rhetorischem Return mit dem wenig förderlichen und zudem unzutreffenden Beinamen „Dawkins' Bulldog"[363] belegt.

Die zentrale Rolle, die eine machtorientierte Rhetorik in der soziobiologischen Auftrittsform einnimmt, ist einer Vorstellung von öffentlicher Kommunikation geschuldet, die ihrerseits am evolutionsbiologischen Modell des „Kampfes ums Dasein" orientiert ist. Sie läßt sich gleichermaßen aus der Praxis soziobiologischer Äußerungen wie aus den theoretischen Erklärungen darüber, warum die Praxis diese Gestalt haben muß, ablesen. Zugleich ist eine auffällige Übereinstimmung dieser Vorstellung mit der Gestalt der Öffentlichkeit zu verzeichnen, wie sie eingangs unabhängig von soziobiologischem Gedankengut skizziert wurde: Wettbewerb um Aufmerksamkeit gilt beiden Konzeptionen als Prinzip und Motor der Öffentlichkeit.

Soziobiologie, so könnte man sagen, beschreibt die Form der Öffentlichkeit, wie sie die Informationsgesellschaft hervortreibt; aber sie tut nicht nur dies. Darüber hinaus verbindet sie diese Beschreibung mit einer affirmativen Metaphysik der Öffentlichkeit und zeichnet damit die wettbewerbsorientierte Öffentlichkeit stillschweigend normativ aus. Der Wettbewerb um Aufmerksamkeit zwingt nicht nur die Anbieterseite zu bestimmten Präsentationsformen und schließt andere Formen – und mit ihnen auch Inhalte – aus, er basiert zudem auf einem vorausgesetzten bzw. erzwungenen Opportunismus und lanciert ihn. Im *Focus* und ähnlich angelegten Trägern käme demnach die Öffentlichkeit aus dem Zustand einer rationalistischen Entfremdung schließlich zu sich selbst und würde dies weiterhin in evolutionärem Progress tun. In der Ambivalenz einer naturalistischen Theorie verbirgt sich demnach nicht nur eine implizite Ethik, wie die Lückenbeobachtung aussagt, sondern näherhin eine implizite politische Theorie. Über deren Inhalt, insbesondere darüber, wie sie es mit der Demokratie hält, läßt sich Entscheidendes verdeutlichen, indem man die mit ihr verbundenen Zielvorstellungen ansieht.

„Leben besteht schlicht aus Bytes und Bytes und Bytes digitaler Information"[364], so läßt sich Dawkins vernehmen. Der Gehalt solcher Aussagen geht über die Bestimmung der Rede vom Gen als Informationseinheit auf der Basis eines wenngleich nicht binären, so doch immerhin quarterniären Codes hinaus; ebenso

---

[363] K. Sterelny, Dawkins' Bulldog, in: PPR 59 (1999), 255-262; hier 255.
[364] R. Dawkins, Und es entsprang ein Fluß in Eden, 31.

geht sie hinaus über die bekannte Anwendung der Computermetapher im Blick auf alles Lebendige. Ein politisch relevantes Mehr läßt sich anhand der Vision aufweisen, die sich an die Computermetapher anschließt und bei den „*big three*" im Spiel ist.

So präsentiert Dawkins seiner Leseschaft eine Utopie, nach der die Meme explosionsartig neue Welten kolonisieren und die Unannehmlichkeiten, die mit der erdverbundenen Existenz gegeben sind, hinter sich lassen.[365] Wilson und Lumsden lassen sich wie folgt hören: „Zum ersten Mal läßt sich damit [sc. mit der Computertechnologie] eine Spezies von Lebewesen in einem einzigen Informationssystem vereinigen. Wir können verwirklichen, was Teilhard de Chardin die Noosphäre genannt hat, ein Netzwerk gemeinsamen Wissens, das die Erde etwa in gleicher Weise überspannt wie die Biosphäre der lebenden Organismen."[366] Die Soziobiologie schließt sich, so läßt sich aus solchen Äußerungen entnehmen, bis in Details wie den Rekurs auf Teilhard de Chardin den Cyberutopien an, wie diese im Gegenzug an zentralen Punkten biologische Versatzstücke aufweisen – man denke etwa an die Rede vom globalen Gehirn, an die sogenannte Gaia-Hypothese oder allgemein an die evolutionäre Dynamik, die der Cyberideologie eingeschrieben ist.[367]

Der evolutionstheoretische Blick in die Zukunft ist nicht unproblematisch, setzt er doch die unter seriösen Biologen umstrittene Gerichtetheit der Evolution voraus.[368] Die Soziobiologen wissen um die Gefahren, die mit der Akzeptanz der Gerichtetheit verbunden sind: Sie steht im Verdacht, dem Lieblingsgegner Religion erhebliche Vorteile einzuspielen, dennoch machen sie um ihrer Utopie willen eine Ausnahme. Es ist eine Utopie geläuterter Öffentlichkeit, in der die Cyborgs unter sich sind. Wer nicht willens oder in der Lage ist, diese neuartige Existenzform anzunehmen, wird ausdrücklich zurückgelassen – lebende Fossilien, wie die Evolutionstheorie schon mehrere hervorgebracht hat, ohne wirkliche Bedeutung. Unbedingt zu notieren ist dabei die auffällige Gleichgültigkeit gegenüber Zurückbleibenden, die nicht einmal als Last zu Buche schlagen, weil sie buchstäblich einer anderen Welt angehören. Die Elitebildung, die Wilson zu den anthropologischen Konstanten zählte,[369] wird mit Hilfe der Vergeßlichkeit und der Gleichgültigkeit[370] der Evolution dahingehend perfektioniert, daß sie nicht einmal mehr ein schlechtes Gewissen oder Zugeständnisse sozialer oder anderer Art erfordern. Der

---

[365] Vgl. ebd., 177.
[366] C. J. Lumsden/E. O. Wilson, Das Feuer des Prometheus, 36.
[367] Vgl. dazu K. Müller, Computer machen Leute, 156-158; F. Rötzer, Digitale Weltentwürfe, 41; 147 f. u.ö.
[368] Vgl. zusammenfassend H. Rolston, Genes, Genesis and God, 1 ff.
[369] Vgl. E. O. Wilson, Sociobiology, 554 f.; ders., Die Einheit des Wissens, 228 f.
[370] Vgl. R. Dawkins, Und es entsprang ein Fluß in Eden, 149: „Gene kümmern sich nicht um Leid, denn sie kümmern sich um überhaupt nichts."

von Nietzsche in Abwandlung übernommene Topos der „Sklaven-Moral“[371], den Soziobiologen spieltheoretisch aus dem Konzept der evolutionär stabilen Strategien (ESS) herzuleiten pflegen, kommt hier in aller Deutlichkeit zu seiner verheerenden Wirkung: Kein Mitleid gegenüber den Schwächeren zeigen, denn das hemmt den Übergang in die neue Welt.

4.5.3 Über die Auftrittbedingungen naturalistischer Anthropologien

Nachdem zuerst die Angewiesenheit der Soziobiologie auf Bündnisse mit einflußreichen gesellschaftlichen Kräften herausgestellt, darauf die grobe Stoßrichtung der in ihr verschlüsselten Interessen aufgezeigt wurde, ist abschließend noch ihr spezifischer Gestus wahrzunehmen. Über ein Bild von ihm und die Annahme, daß er bestimmte öffentliche Stimmungen bedient, lassen sich Aussagen über ihre Auftritts- und Konjunkturbedingungen erwarten.

Kant unterscheidet in der *Grundlegung zur Metaphysik der Sitten* zwei Typen von Anthropologie, eine physiologische und eine pragmatische: „Die physiologische Menschenkenntnis geht auf die Erforschung dessen, was die Natur aus dem Menschen macht, die pragmatische auf das, was er, als freihandelndes Wesen, aus sich selber macht, oder machen kann und soll.“[372] Kant selbst betonte die pragmatische, mit geschichtsphilosophischen Mitteln arbeitende Anthropologie und wies der physiologischen nur eine theoretische Nebenrolle zu, wie auch die berühmte Passage aus der *Logik* zeigt. Gerät die Geschichtsphilosophie aber wegen unerwünschter oder überhaupt ausbleibender Folgen in der gesellschaftlichen Wirklichkeit in die Krise, so lautet eine These Odo Marquards, dann belebt das die Konjunktur ihrer großen Alternative, der naturalistischen Anthropologie. „[Die] Natur interessiert jetzt als Retterin der menschlichen Dinge: zur entscheidenden Frage wird, ‘was die Natur aus dem Menschen macht’.“[373] Seine Analyse verfolgt den Antagonismus von Geschichtsphilosophie und Anthropologie bis hin zur Habermas-Luhmann-Debatte der sechziger und siebziger Jahre; für die gegenwärtigen Verhältnisse und speziell im Blick auf die Soziobiologie ist diese These zwar weiterzuführen, dennoch ist sie weiterhin aufschlußreich und aktuell.

---

[371] F. Nietzsche, Zur Genealogie der Moral. I, 10 (KSA Bd. 5, 270). – Am Konzept der ESS ausgerichtete Entsprechungen auf soziobiologischer Seite: C. J. Lumsden/E. O. Wilson, Das Feuer des Prometheus, 209; R. Dawkins, Das egoistische Gen, 128 f. – Eine deutliche Äußerung aus dem weiteren Bereich des Biologismus ist I. Eibel-Eibesfeldt, Gesellschaftsordnung und menschliches Verhalten aus dem Blickwinkel der Evolution, in: G.-K. Kaltenbrunner (Hg.), Wir sind Evolution, 78-93; hier 90. – Zu den Punkten inniger Berührung zwischen der Cyberideologie und der Philosophie Nietzsches vgl. K. Müller, Verdoppelte Realität – virtuelle Wahrheit, 69 f.

[372] I. Kant, Anthropologie in pragmatischer Hinsicht, BA IV.

[373] O. Marquard, Zur Geschichte des philosophischen Begriffs ‘Anthropologie’ seit dem Ende des achtzehnten Jahrhunderts, 129.

„Wir erwarten von uns nichts, aber von der Natur ...“[374], so die Einschätzung der gesellschaftlichen Stimmung im Deutschland der frühen neunziger Jahre von Volker Braun. Und was nach Marquard zu erwarten ist, läßt sich beobachten: Die naturalistische Anthropologie blüht, im philosophischen wie im öffentlichen Diskurs sind die umfassenden geschichtsphilosophischen Perspektiven dagegen kaum mehr lebendig. Nur was die Natur aus dem Menschen macht, das sagen nicht mehr die großen Vertreter der Philosophischen Anthropologie wie Max Scheler und Arnold Gehlen, sondern Neurokybernetiker, Evolutionspsychologen, KI-Forscher – und eben Soziobiologen. Ihr Gestus läßt sich in fünf Punkten spezifizieren:

(a) Nach dem Zusammenbruch der sozialistisch sich nennenden Gesellschaftsformationen haben die neunziger Jahre die Ahnung vom politischen Scheitern der östlichen wie der westlichen sozialen Utopien zur Einsicht erhärtet. Brauns Theaterstück „Böhmen am Meer“ zeigt die gegenwärtige Resignation und das schwindende Zutrauen in die Gestaltungskraft menschlicher Vernunft an. Dort heißt es: „Sie streiten sich um nichts, um die kaputte Welt.“[375] Diese resignative Haltung wird bedient vom pessimistischen Menschenbild der naturalistischen Anthropologie, dem sich die Soziobiologie für den gegenwärtigen gesellschaftlichen Kontext anschließt. Was der Mensch aus sich mache, führe immer wieder ins Chaos. Kultur und Zivilisation, allgemein das Unternehmen, eine im emphatischen Sinn *vernünftige* Gesellschaftsform herbeizuführen – das sei das Feld von Scharlatanen und Ideologen.[376]

(b) Für eine feste Orientierung und eine Erleichterung der Verantwortungslast blickt man auf die Natur als, wie Marquard sagt, „Retterin der menschlichen Dinge“. Wo nicht Rückzug und Ausstieg die Reaktionen sind, entsteht eine drängende Nachfrage nach sofortiger Orientierung, der die naturalistische Anthropologie mit der „Wende zur Lebenswelt“ und dem „Wille[n] zum ‘Populären’“[377] nachkommt. Abstraktionen und die praktische Wahrheitsfrage werden unter dem Handlungsdruck und mit dem Hinweis auf die methodische Bescheidenheit und den zwangsläufigen Erfolg der Naturwissenschaften zurückgestellt. Die Einsicht, der Nachfrage mit rationalen Mitteln nicht genügen zu können, verführt die An-

---

[374] V. Braun, Böhmen am Meer. Ein Stück, Frankfurt/M. 1992, 54.

[375] Ebd., 50.

[376] In der Soziobiologie herrscht nicht selten ein Mißtrauen, das sich zunächst vor allem als Vorbehalt gegen sogenannte „linke Intellektuelle“ artikulierte und nicht zuletzt gegen Studentenbewegungen gerichtet war (vgl. H. Mohr, Biologische Wurzeln der Ethik?, 28; 34 f.; E. O. Wilson. Biologie als Schicksal, 46; C. J. Lumsden/E. O. Wilson, Das Feuer des Prometheus, 66 ff.; E. O. Wilson, Die Einheit des Wissens, 25; 170). Angesichts der ökologischen Krise mündet das Mißtrauen zunehmend in einen allgemeinen Zivilisationspessimismus, vgl. E. O. Wilson, Die Einheit des Wissens, 355 ff.; F. M. Wuketits, Naturkatastrophe Mensch. Evolution ohne Fortschritt, Düsseldorf 1998.

[377] O. Marquard, Zur Geschichte des philosophischen Begriffs ‘Anthropologie’ seit dem Ende des achtzehnten Jahrhunderts, 127.

thropologien schließlich dazu, in den Bereich der Weltanschauungen überzugehen.[378]

(c) Dieser Nachfrage kommen die Soziobiologen nach, nicht ohne die Situation in einem zur Schau getragenen „Heroismus der Bitterkeit“[379] zur weidlichen Selbststilisierung auszunutzen. Die Gegenwart oder begrenzte Problemlagen in ihr werden von ihnen zu endzeitlichen Szenarien aufgebaut, um dann als Retter aufzutreten und der umso dringlicheren Lage ein Ende zu bereiten. Vor allem haben sie dabei Unangenehmes zu verkünden – vorrangig den Egoismus als vorrationales Verhaltensprinzip – und stellen sich selbst als die diejenigen dar, die allein solchen „Wahrheiten“ ins Auge zu sehen vermögen. Verbreitet ist dabei die rhetorische Figur der „Kränkungen“ des Menschen,[380] die Gegner in das Licht hochmütiger Ignoranz zu stellen erlaubt, indem sie jede Zurückweisung der Soziobiologie als Folge gekränkter Selbstüberhebung diffamiert.

(d) Die Soziobiologie beansprucht eine Rolle der Avantgarde, indem sie nicht nur vorgibt, den Marxismus und die Religionen als archaischen Aberglauben aus dem Felde geschlagen, sondern darüber hinaus jeden, der noch die Diktion der *„folk psychology“*[381] verwendet, der halsstarrigen Gestrigkeit überführt zu haben. Ihr Vehikel ist dabei die Antizipation, die Fabuliertes für denkbar, Denkbares für praktisch möglich und dieses schließlich für wirklich ausgibt – und doch ein Instrument der Utopiebildung ist. Anders als die Avantgarde in geschichtsphilosophischen Konzepten tritt die Soziobiologie nicht als geschichtstreibender Akteur in eigener Verantwortung auf, sondern gibt sich als Erfüllungsgehilfe der Natur aus: epistemisch äußerst optimistisch, aber im Dienste und im Schatten einer transzendenten Macht.[382]

---

[378] Vgl. ebd., 133. – Zur Weltanschauung als „Verlegenheitslösung“ vgl. F. J. Wetz, Letztbesinnung ohne Letztbegründung, in: PhJ 103 (1996), 15-28; hier 18.

[379] R. Musil, Der Mann ohne Eigenschaften, Reinbek 1987, 303.

[380] So beispielsweise vorgetragen in: H. Markl, Evolution, Genetik und menschliches Verhalten, 8; H. Mohr, Biologische Wurzeln der Ethik?, 12 f.; G. Vollmer, Die vierte bis siebte Kränkung, in: PhN 29 (1992), 118-134. Dazu der Return von Franz Nuscheler, dem zufolge mit der Rede von den Kränkungen ein metaphysisches Alibi beschworen wird: F. Nuscheler, Globale Herausforderungen am Ende des 20. Jahrhunderts, in: N. Brieskorn (Hg.), Globale Solidarität. Die verschiedenen Kulturen und die Eine Welt, Stuttgart-Berlin-Köln 1997 (Globale Solidarität – Schritte zu einer neuen Weltkultur; 1), 1-23; hier 1. Zu den sogenannten Kränkungen als Selbstberuhigung vgl. J. B. Metz, Glaube in Geschichte und Gesellschaft, 126.

[381] Der Terminus bezeichnet die lebensweltliche Alltagspsychologie, die Menschen Meinungen, Wünsche und Absichten zuschreibt und die in der Bewußtseinsphilosophie reflektiert wird. Der soziobiologische Angriff gegen die *„folk psychology“* zielt auf ihre Umdeutung bzw., in Dennetts Instrumentalismus, auf ihre Statusänderung, während eliminative Positionen ihre Gehalte als illusionär entlarven will. Vgl. dazu D. C. Dennett, Darwins gefährliches Erbe, 327; E. O. Wilson, Die Einheit des Wissens, 246; G. Keil, Naturalismus und Intentionalität, 190 f.

[382] Für derart zwiespältige Haltungen zur Geschichte, wie es die Soziobiologie in der Spannung zwischen normativem Biologismus und Funktionalismus unterhält, hat Odo Marquard das Etikett „die Kunst, es nicht gewesen zu sein“ (Wie irrational kann Geschichtsphilosophie sein?, in: Ders., Schwierigkeiten mit der Geschichtsphilosophie, 66-82; hier 73) parat. Es handelt sich um die Kunst, stets ein Alibi vorweisen zu können und für die produzierten Leiden nicht verantwortlich zu sein.

(e) Die praktischen Anschauungen der Soziobiologie stehen unter dem Entlastungstheorem und spiegeln damit nicht allein die drohende physische Vernichtung des „Mängelwesen[s]“[383] Mensch, sondern auch die Sorge um das Bestehen im alltäglichen Leben. Hier treten die für die naturalistische Anthropologie charakteristischen Ausfallerscheinungen auf, denn „[d]iese Anthropologie spricht von der Entlastung ‘des’ Menschen, nicht von der ‘aller’ Menschen: sie bringt es zu keiner Theorie gegen die ungerechte Verteilung der Entlastungsmittel, zu keiner gegen Unterdrückung“[384]. Dem Leiden und der Angst, schweren Belastungen ausgesetzt zu sein, auf der einen Seite korrespondiert auf der anderen die Sorge um die Wahrung und Steigerung des Wohlergehens. Die jeweils erhobenen Forderungen lassen sich mit Hilfe der Rede von Entlastung nicht differenziert rechtfertigen, so daß als Folge die Mehrung des Wohlstandes und die Vermeidung von Leid denselben moralischen Stellenwert erhalten.

Der Erfolg der Soziobiologie in den Massenmedien läßt sich durch den Umstand erklären, daß sie in dieser sich durch die Bevölkerungen fortgeschritten marktwirtschaftlich organisierter Gesellschaften ziehenden Spannung deutlich Partei zugunsten von Macht und Mehrheiten ergreift und sich in den Dienst der Wahrung von Besitzständen stellt. Dabei stellt es für sie keinen Makel dar, das Bestehen auf Leidvermeidung und -verminderung gegebenenfalls als parasitäre Haltung zu brandmarken. Die mediale Präsenz erlaubt es ihr darüber hinaus, Besitzstände zu definieren und Mehrheiten zu erzeugen.

4.5.4 Die verzögerte Premiere der Soziobiologie in Deutschland

Marquards These läßt sich am Schicksal der Soziobiologie in Deutschland illustrieren und bewähren, zugleich kann mit Hilfe eines kurzen zeitgeschichtlichen Rückblicks der für ihren Auftritt entscheidende Kontext abgesteckt und abschließend ein weiterer Aspekt des soziobiologischen Gestus benannt werden.

Der Spiegel ging erst Anfang 1977 mit dem Beitrag *Die Darwinistische Revolution vollenden*[385] auf Wilsons *Sociobiology* ein, als in den USA bereits ein „intellektueller Krieg“[386] um die Soziobiologie tobte. Insgesamt ist der Artikel distanziert, wenn auch insgesamt nicht kämpferisch gehalten, doch darüber, wie Wilson politisch zu beurteilen sei, wird in aller Deutlichkeit befunden. Es handle sich um „Thesen, mit denen die konservative Wende des Zeitgeistes in reaktionäres Beserkertum auszuarten scheint“[387]. Zweierlei ist in diesem Beitrag gegenüber den späteren zum biologistischen Menschenbild auffällig: Wilson wird ohne

---

[383] A. Gehlen, Der Mensch, 20.
[384] O. Marquard, Zur Geschichte des philosophischen Begriffs ‘Anthropologie’ seit dem Ende des achtzehnten Jahrhunderts, 136.
[385] W. Bittorf, Die Darwinistische Revolution vollenden, in: *Der Spiegel* 9/1977, 154-164.
[386] Ebd., 155.
[387] Ebd., 154.

Zögern einem politischen Urteil unterzogen, und der Befund, es handle sich bei ihm um einen konservativen Theoretiker, wird vorsorglich zur Ankündigung einer reaktionären Bedrohung verschärft. Im *Spiegel* der siebziger Jahre, dessen Kulturseiten die Regungen von Ernst Bloch, Jürgen Habermas und Günter Grass verfolgen, den Feminismus und die DDR-Philosophie würdigen und um die Alternative „Popper oder Marx“ ringen, in diesem *Spiegel* ist die Soziobiologie ein politisches Randphänomen, wenngleich ein gefährliches. So werden Wilson und Dawkins dem als Altreaktionär ausgemachten Konrad Lorenz zugesellt, um für die Ideologie der „Rechten“ zu stehen.[388] Weniger politisch dramatisierend, gleichwohl ebenso entschieden wird noch 1989 Franz M. Wuketits begegnet, der als „sachkundige[r] Welterklärer“[389] statt Gegenarumente nur Spott auf sich zieht.

Warum, so drängt sich anhand dieser Beispiele die Frage auf, ist die Soziobiologie hierzulande zunächst in der Öffentlichkeit gescheitert und barsch zurückgewiesen worden, um erst nach zwei Jahrzehnten, in den neunziger Jahren, freundliche Aufnahme zu finden?

Am Leitfaden von Marquards These läßt sich eine Rekonstruktion erstellen. Bis in die späten sechziger Jahre hinein konnte die Geschichte der Bundesrepublik Deutschland weitgehend als „Erfolgsgeschichte“[390] angesehen werden, die zur Identifikation mit Staat und Gesellschaft einlud. Danach wurde die Öffentlichkeit vermehrt auf die Runzeln an dem prächtigen Modell aufmerksam, das die marktwirtschaftliche Utopie zu verwirklichen versprach. Die Konfrontation mit der nationalsozialistischen Vergangenheit,[391] Studentenproteste sowie die bedrohliche Wirksamkeit von wirtschaftlichen Entwicklungen,[392] denen gegenüber die Politik sich zusehends machtlos zeigte, brachten sie an den Tag. Weil das deutsche Modell insbesondere eine „arbeitsgesellschaftliche Utopie“[393] war, wiegt bis heute die anhaltende Arbeitslosigkeit besonders schwer. Konservative wie Progressive traten im Namen des bedrängten Modells an, um es vor der jeweiligen Gegenseite

---

[388] Vgl. M. Haller, Den alten Volksgeist erwecken. Alain de Benoist über die 'Verwurzelungs'-Ideologie der französischen Neuen Rechten, in: *Der Spiegel* 34/1979, 157-162; hier 159. – Hoimar von Ditfurth entgeht dem Verdikt nur knapp, an seiner statt muß einmal mehr Lorenz herhalten, vgl. G. Wolff, Das Stirnhirn: 'Organ unserer Freiheit', in: *Der Spiegel* 43/1976, 228-230.

[389] P. Brügge, Der gute Rat der Ratlosen, in: *Der Spiegel* 16/1989, 253 und 256; hier 253.

[390] D. Thränhardt, Geschichte der Bundesrepublik Deutschland, Frankfurt/M. 1986, 224.

[391] Nach dem Wegsehen der fünfziger Jahre beschäftigten die großen NS-Verbrecher-Prozesse und die personelle Kontinuität an gesellschaftlichen Schaltstellen über 1945 hinaus die Öffentlichkeit zunehmend.

[392] Der sprunghafte Anstieg der Ölpreise 1973 führte nicht nur zur Stagnation der Wirtschaft in Deutschland und zum Problem einer – anders als nach 1967 – nicht mehr abgebauten „Sockelarbeitslosigkeit“, sondern auch zur wirtschaftspolitischen Neubewertung ökonomischer Instabilitäten, ferner hatte der „Ölpreisschock“ erhebliche politische Folgen, vgl. D. Thränhardt, Geschichte der Bundesrepublik Deutschland, 200 f.

[393] J. Habermas, Die Krise des Wohlfahrtsstaates und die Erschöpfung utopischer Energien, in: Ders., Die neue Unübersichtlichkeit. Kleine politische Schriften V, Frankfurt /M. 1985, 141-163; hier 146.

zu retten, wobei die Strategien an der „semantischen Bürgerkriegsfront"[394] einander nicht unähnlich waren: Abdrängen des jeweiligen Gegners in das Licht der Staatsfeindschaft. Von rechts suchte man die andere Seite des RAF-Sympathisantentums, mindestens aber des Sittenverfalls zu überführen,[395] von links wurde der Gegner vorzugsweise mit dem Vorwurf des Imperialismus oder des Faschismus, wenigstens aber des zerstörerischen Kapitalismus belegt.[396] Die Bundesrepublik mit ihrer unterschiedlich interpretierbaren „Erfolgsgeschichte" diente beiden Lagern – von Ausnahmen abgesehen – als Wert, den es zu verteidigen galt. Sie repräsentierte im Verständnis beider Seiten, was der Mensch, „als freihandelndes Wesen, aus sich selber macht, oder machen kann und soll". Deshalb ist es kein Zufall – folgt man der These Marquards –, daß die Leitideen, die hier im Streit lagen, vornehmlich rechts- bzw. linkshegelianisch, d.h. geschichtsphilosophischer Prägung waren. Die im Gegensatz dazu naturalistisch daherkommende Soziobiologie mußte für den Einsatz in einer so angelegten Auseinandersetzung vergleichsweise ungeeignet erscheinen, denn wo sie überhaupt als politischer Ausdruck verstanden wurde, lag durch den offenen Biologismus die disqualifizierende Verbindung zu nationalsozialistischer Rassenideologie und „Eugenik" allzu deutlich zutage.

Seit den achtziger Jahren ist ein grundlegender Wandel der Lage zu verzeichnen, die tonangebenden Kräfte zeigen sich vom Kampf um die marktwirtschaftliche Utopie und das demokratische Ideal ermüdet, und unter dem Eindruck der zunehmend gespannten Arbeitsmarktlage und der Eskalation des Ost-West-Konfliktes machte sich Resignation breit. „Die Zukunft ist negativ besetzt; an der Schwelle zum 21. Jahrhundert zeichnet sich das Schreckenspanorama der weltweiten Gefährdung allgemeiner Lebensinteressen ab: (...) Es geht um das Vertrauen der westlichen Kultur in sich selbst."[397] Das ist nicht nur die Stunde der neuen konservativen Regierungen, sondern auch die der naturalistischen Selbstbeschreibungen des Menschen, zunächst in Form der modischen „Evolutionären Erkenntnistheorie"[398], später in Gewändern der Neurobiologie, KI-Forschung und Soziobiologie. Mit dem beschriebenen Verlust der Identifikationskraft des Modells „Deutschland" und seines Staates ist ein Wandel des konservativen Den-

---

394 J. Habermas, Die Kulturkritik der Neokonservativen in den USA und in der Bundesrepublik, in: Ders., Die neue Unübersichtlichkeit, 30-56; hier 44.

395 Vgl. D. Thränhardt, Geschichte der Bundesrepublik Deutschland, 207.

396 Vgl. I. Fetscher/G. Rohrmoser, Ideologien und Strategien, Opladen 1981 (Analysen zum Terrorismus; 1), 185 ff.

397 J. Habermas, Die Krise des Wohlfahrtsstaates, 143.

398 Als einschlägige Werke sind hier zu erwähnen: K. Lorenz, Die Rückseite des Spiegels. Versuch einer Naturgeschichte des menschlichen Erkennens, München 1977; G. Vollmer, evolutionäre Erkenntnistheorie, Stuttgart [4]1987; R. Riedl, Biologie der Erkenntnis. Die stammesgeschichtlichen Grundlagen der Vernunft, München 1979; H. Mohr, Evolutionäre Erkenntnistheorie. Ein Plädoyer für ein Forschungsprogramm, Berlin u.a. 1984; F. M. Wuketits, Evolution, Erkenntnis, Ethik. Folgerungen aus der modernen Biologie, Darmstadt 1984.

kens und dessen öffentlicher Wirksamkeit einhergegangen. Die Soziobiologie markiert dabei in nicht geringem Umfang den gegenwärtigen Stand – und kann von daher als sozialethisch aussagekräftiges Symptom angesehen werden.

Wenn sie hier dem konservativen Denken zugeordnet wird, so ist damit etwas Spezifischeres gemeint, als die herkömmlichen Dichotomien von „rechts-links" oder „konservativ-progressiv" zum Ausdruck bringen. Es geht nicht um einfaches Bewahren oder Voranschreiten, sondern die Soziobiologie gehört in das konservative Lager, weil ihr an den Unterschieden zwischen Menschen gelegen ist, die sie moraltheoretisch auszubeuten gedenkt. Die Gegenposition ist ein Denken, das die Gleichheit der Menschen betont, d.h. es geht um diskriminatorisches im Gegensatz zu egalitärem Denken und insofern um die Frage, was man vom „Projekt der Moderne"[399] zu halten habe.

[399] Zu dem auf Jürgen Habermas zurückgehenden Ausdruck und zum Verhältnis eines „Projektes der Moderne" zur Aufklärung vgl. H. Schnädelbach, Gescheiterte Moderne?, in: Ders., Zur Rehabilitierung des *animal rationale*, 431-446.

5. Der Soziobiologie auf den Fersen

5.1 Vorbemerkungen

Im folgenden Abschnitt ist den vielen Versuchen, ein Verhältnis zwischen Theologie und biologisch inspiriertem Denken zu finden, ein weiterer hinzuzufügen. Auch wenn sich Positionen finden lassen, an die anzuschließen auch nach den bislang angestellten Beobachtungen empfehlenswert ist, so wirft die nunmehr erhärtete Vermutung, daß die Soziobiologie als naturalistisches Sprachenreformprogramm zutreffend charakterisiert ist, ein neues Licht auf das Geschäft der Verhältnisbestimmung.

Ist einmal die Aufmerksamkeit auf den Biologismus als Nutznießer der Biologie gelenkt, tritt der altbekannte Widerstreit einer der Moderne sich verschließenden Theologie gegenüber dem Menschenbild eben dieser Moderne in den Hintergrund. Die Spannung zwischen dem Vertreten christlicher Anliegen einerseits und der Notwendigkeit, das moderne Selbstverständnis des Menschen auch zu erreichen[1] andererseits braucht deshalb hier nicht thematisiert zu werden. Tatsächlich kann sie weitenteils als „antimodernistisches Selbstmißverständnis" der katholischen Theologie angesehen werden, das durchschaut zu haben[2] überhaupt die Voraussetzung dafür ist, den Biologismus sachgemäß aufzuspießen. Bei diesem Unternehmen sieht sich die Theologie unversehens in einem Terrain mit veränderten Fronten an der Seite der Biologie, eine praktische Gleichsinnigkeit, die auf einen gemeinsamen geistigen Boden hinweist.

Der aufgewiesene interne Zusammenhang zwischen der Soziobiologie und ihrem Auftritt in den Massenmedien nötigt zu einer weiteren Umstellung dahingehend, die Verhältnisbestimmung nunmehr auf der Ebene sprachlichen Handelns als eine Frage öffentlicher Kommunikation abzuhandeln. Dieses philosophische Vorgehen wirkt nicht nur der Verführung entgegen, sich bei der Auseinandersetzung mit Biologie und Biologismus auf unnötige kosmologische Spiegelfechtereien einzulassen, es erlaubt auch eine grundlegende Charakterisierung der Biologie im Raum sprachlich repräsentierten Wissens, die auf wissenschaftstheoretische Details der Methoden- und Gegenstandsbereichsbestimmung nebst den damit auftretenden Streitigkeiten[3] im Kern verzichten kann. Als entscheidender Vorteil

---

[1] Vgl. Pastorale Konstitution über die Kirche in der Welt von heute „Gaudium et spes", Nr. 62, in: K. Rahner/H. Vorgrimler (Hg.), Kleines Konzilskompendium, Freiburg ^{25}1994, 449-552; hier 515 f.

[2] Vgl. K. Müller, Wenn ich „ich" sage, 43-45.

[3] Vgl. U. Lüke, Rezension zu Reinhold Esterbauer, Verlorene Zeit, in: ThRev 94 (1998), Sp. 449 f.

tritt die Aussicht hinzu, die Soziobiologie dort antreffen zu können, wo sie sich tatsächlich gedeihlich aufhält, nämlich in öffentlichen Debatten.

Mit dieser veränderten Optik ist keine Zurückweisung aller bislang von theologischer bzw. theologisch-ethischer Seite eingebrachten Verhältnisbestimmungen verbunden. Diese Unterfangen, angefangen bei Pierre Teilhard de Chardin und Karl Rahner, geben in ihren bleibenden Anteilen das Niveau vor, das nachfolgende Arbeiten nicht unterbieten dürfen. Gleichwohl sind sie auf ihre Entstehungsbedingungen und -kontexte hin zu relativieren, die begrenzte theoretische Profile, Aufmerksamkeiten und Sensibilitäten sowie spezifische Blindheiten bedingen.

Gegenwärtig werden die Schnittstellen zwischen theologischer Ethik und Biologie vornehmlich in Problemkreisen der ökologischen Krise und der im weiteren Sinn medizinischen Biologie thematisiert. Mit den Beobachtungen zur Soziobiologie wird jedoch ein anderer gesellschaftlicher Kontext aufgerufen, der mit Problemanzeigen wie „entfesselte[r] Weltmarkt"[4], „autoritäres Jahrhundert"[5] oder der Befürchtung „sozialdarwinistische[r] Effekte"[6] markiert werden kann. Er führt die Vermittlungsarbeit zwischen Sozialethik und Biologie bzw. Biologismus in die Nähe der weltanschaulichen Debatten zurück, denen sich bereits Teilhard de Chardin gegenübersah, nun freilich mit einer im angedeuteten Sinn veränderten Ausgangskonstellation.

Die folgenden Ausführungen befassen sich mit drei nicht säuberlich voneinander zu trennenden Parteien: dem Biologismus vor allem in Gestalt der Soziobiologie, der Biologie sowie der sich mit diesen beiden auseinandersetzenden Theologie. Adressatin ist die Theologie, eher beiläufig auch die Biologie. Als anamnetische Überlegungen fügen sie bereits Gewußtes zu einem Bild zusammen, das nicht nur Funktionsaspekte von Biologie und Theologie erhellt, sondern vor allem die Soziobiologie in einem neuen Licht erblicken läßt. Letztere ist nicht die Adressatin, denn aus naheliegenden und im folgenden weiter zu verdeutlichenden Gründen kann keine Kritik oder Widerlegung der Soziobiologie erfolgen, sondern lediglich ein begründetes Plädoyer gegen sie.

Dem im Beobachtungsteil eingeschlagenen Gang folgend, wird daran erinnert, daß und warum die Soziobiologie weder im Bereich biologischen Wissens noch in dem des philosophischen Denkens einen Ort hat. Längst vorgebrachte Argumente haben sie von dort vertrieben, und eine Aufgabe wird sein, ihr auch im Refugium der öffentlichen Meinung nachzustellen und dies zugleich zu rechtfertigen.

---

[4] E. Altvater/B. Mahnkopf, Grenzen der Globalisierung. Ökonomie, Ökologie und Politik in der Weltgesellschaft, Münster 1996, 109.

[5] Vgl. R. Dahrendorf, An der Schwelle zum autoritären Jahrhundert. Die Globalisierung und ihre sozialen Folgen werden zur nächsten Herausforderung der Politik der Freiheit, in: Die Zeit 47/1997, 14 f.

[6] W.-D. Narr, Recht – Demokratie – Weltgesellschaft. Habermas, Luhmann und das systematische Versäumnis ihrer großen Theorien, in: Prokla 24 (1994), 324-344; hier 339.

5.2 Biologie als mutmaßlicher Ort der Soziobiologie

5.2.1 Zur Unterscheidung zwischen Biologie und Biologismus

Den Biologismus von der Biologie abzuheben, ist eine grundlegende Operation für die hier unternommenen Klärungen bezüglich der Soziobiologie, sie ist zudem unerläßlich für jede vorsichtige Verhältnisbestimmung der Ethik gegenüber der Biologie. Abgesehen davon, daß Biologie und Biologismus verschieden voneinander *sind* und die Unterlassung einer Unterscheidung unredlich und fahrlässig wäre, läßt sich ohne sie die bei der Verhältnisbestimmung zur Debatte stehende Sachlage gar nicht vollständig durchschauen. Wer den Esel schlägt, wenn er den Sack meint, dem kann es in diesem Fall nicht nur widerfahren, daß er dem Biologismus gegenüber hilflos ist, sondern auch, daß er sich voreilig eine Abneigung gegen die Biologie, die Naturwissenschaften oder gar gegen das „Projekt der Moderne" insgesamt zu eigen macht.

Ohne Zweifel steht der Biologismus in einem engen Verhältnis zur Biologie, deren „-ismus" er ja ist und von deren Fortschritten er sich nährt. Strittig ist jedoch, wie dieses Zueinander näher zu bestimmen ist: ob der Biologismus ein euphorisches, mit den Mitteln der Biologie mehr oder weniger einlösbare Zukunftsvisionen präsentierendes Hinausgehen über die Biologie ist; ob er eine im Anschluß an die Biologie erarbeitete naturalistische Philosophie ist; ob er eine Weltanschauung ist, die sich der Sprache der Biologie bedient.

Die gegenwärtige Biologie ist keine methodisch einheitliche Wissenschaft, d.h. ihre theoretischen Grundlagen lassen sich nicht auf eine einzige Basis zurückführen.[7] Während in der Theorie des Organismus – z.B. Morphologie, Physiologie, Genetik – das gegenwärtige Kausalwissen aus Physik, Chemie und spezifisch biologischen Experimenten mit Hilfe mathematischer Modelle zu einer kausalanalytischen Forschungsrichtung verdichtet wird, geht die Evolutionstheorie vorwiegend hypothetisch-deduktiv im Rahmen des vorgegebenen Evolutionsmodells vor, um anhand von Indizien einmal Geschehenes zu rekonstruieren. Die Übereinstimmung der jeweils verwendeten Grundbegriffe ist dabei nicht gewährleistet – berühmtes Beispiel hierfür ist der Artbegriff.[8] Als Gegenstandsbereich der Biologie gilt das Lebendige, insofern es lebendig ist, doch ist nicht eindeutig bestimmt, wie dieser Bereich theoretisch zu konstituieren ist.[9] Über ihn sucht sie im Rahmen der theoretischen Vorgaben und unter der allgemeinen Zwecksetzung, dem

---

[7] Vgl. P. Janich/M. Weingarten, Wissenschaftstheorie der Biologie, 9. – Die Autoren bevorzugen es daher, von „Biowissenschaften" anstatt von „der Biologie" zu sprechen.

[8] Vgl. ebd., 178 f.; auch der bereits angesprochene uneinheitlich verwendete Genbegriff bezeugt eine grundlegende Pluralität innerhalb der Biologie, vgl. P. Kitcher, Genes; ders., Gene: Current Usages, in: E. Fox Keller/E. A. Lloyd (Hg.), Keywords in Evolutionary Biology, Cambridge/Mass.-London 1992, 128-131.

[9] Vgl. P. Janich/M. Weingarten, Wissenschaftstheorie der Biologie, 101 ff.

Humanen zu dienen, das empirische Wissen zu vermehren, wobei sie auf die heuristische und stimulierende Wirkung begrenzter Antizipationen zurückgreift.

Der Biologismus, wie er hier verstanden wird, bezieht sich ausschließlich auf den Menschen. Experimente verbieten sich hier weitgehend bzw. sind unpraktikabel, so daß die empirische Basis, mithin das Kausalwissen, deutlich schwächer und mittelbarer ist als im biologischen Kernbereich. Ferner läßt sich mit vergleichenden Methoden kaum arbeiten, weil die nächsten Verwandten des Menschen längst ausgestorben sind.[10] Auch die durch die Rede von der „Sonderstellung des Menschen" angezeigten zusätzlichen Schwierigkeiten hindern den Biologismus nicht, bezüglich des Menschen zu klaren, auch moraltheoretischen Aussagen im Sprachstil der Biologie zu kommen. Dazu sieht er sich durch zwei miteinander verbundene Vorkehrungen ermächtigt: Das antizipative Moment, das in der Biologie für die ihr eigene Dynamik sorgt, wird zu einer Totalantizipation verschärft, nach der sämtliche auftretenden Fragen als „virtuell" im Rahmen der gegenwärtigen Modelle und Theorien bereits beantwortet gelten. Die ursprünglich vielfältige, fallible und in ihrer Reichweite und Leistungsfähigkeit ständig zu prüfende theoretische Grundlage wird somit, das ist der zweite Zug, zur metaphysischen Basis einer universalen Beschreibungssprache und apodiktischer Erklärungen umfunktioniert.[11] Die Methode fortschreitender empirischer Reduktion in der Biologie wird im Biologismus zur apriorischen Reduktion verschärft. Mit der Fixierung der Antizipation wird zugleich der in ihr verborgene oder ausdrücklich erstrebte Zweck festgeschrieben. Die im Prinzip wenigstens offene Forschungsbewegung der Biologie verwandelt sich so im Biologismus zu einem in sich kreisenden Spiel vorauseilender Selbstbestätigung auf theoretischem wie auf praktischem Gebiet.

Die Fähigkeit zu einem argumentativen Umgang mit sperrigen Phänomenen oder hartnäckigen Einreden geht dem Biologismus wegen und im Maße dieses Einschlusses in sich selbst ab. D.h. er ist zunächst eine philosophische Position, bei Verweigerung der eigenen Rechtfertigung jedoch als Ideologie zu charakterisieren, insbesondere wenn er mit dem Anspruch politischer Orientierung auftritt.

Der Preis für die Ermächtigung, sich mehr Aussagen über den Menschen leisten zu können als die Biologie, ist freilich immens. Er besteht in einem vielfältigen und über die interne Dynamik der Naturwissenschaften hinausgehenden „Radikalisierungsdruck"[12], ausgelöst durch Einsprüche und Rückfragen aus Biologie und Philosophie sowie durch öffentliche Nachfrage. Zusammen mit der Selbsteinschließung drängt diese Dynamik den Biologismus zu immer problema-

---

[10] Vgl. T. Weber, Darwin und die Anstifter, 191 f.

[11] An dieser Stelle sei vermerkt, daß der Übergang von der Biologie zum Biologismus bisweilen sanft verläuft, wie etwa Ernst Mayrs „[v]ernünftiger Realismus" (Das ist Biologie, 89.) illustriert. Er lädt geradezu ein, metaphysisch-apodiktisch mißverstanden zu verstehen und markiert einen Naturalismus im wissenschaftstheoretischen Sinn, der wiederum zum „archimedischen Fehlschluß" verleitet, vgl. dazu P. Janich/M. Weingarten, Wissenschaftstheorie der Biologie, 99; 102 f.

[12] G. Keil, Kritik des Naturalismus, 14.

tischeren politischen bzw. kulturrevolutionären und verstiegeneren philosophischen Positionen bis hin zu Sozialdarwinismus und eliminativem Materialismus.[13]

Die Debatte um den Biologismus ist selbst alt und fügt sich in ähnlich gelagerte Auseinandersetzungen ein, die unter den Titeln „Kritik des Positivismus", „Kritik des Naturalismus" oder „Kritik des Funktionalismus" geführt wurden bzw. werden.[14] Dies führt den Nachteil mit sich, daß originelle Argumente kaum zu erwarten sind, dagegen den Vorteil, daß die entscheidenden Argumente *at hand* sind. Für das soziobiologische Schriftgut bedeutet es allerdings, daß es in gewissem Sinn „totgeboren aus der Druckerpresse fällt"[15]. Lediglich ihr Spezifikum, zu deutlichen *moraltheoretischen* Aussagen zu kommen, zeichnet die Biologismusproblematik weitenteils gegenüber den Nachbardebatten aus.

5.2.2 Über die verbreitete Biologismus-Blindheit in der Theologie

Man kann nicht behaupten, der Biologismus sei den neueren Verständigungsversuchen der Theologie mit der Biologie unbekannt, gleichwohl ist zu konstatieren, daß er in seiner Problematik fast durchgehend unterschätzt wird. Abgesehen von den Fällen, in denen er überhaupt unbeachtet bleibt,[16] begnügen sich nicht wenige Autoren damit, den Biologismus mit beiläufigen Bemerkung wie etwa der abzutun, daß Extrapolationen eben vorkommen.[17] Dieser Hang zur Entdramatisierung reicht bis zur ausdrücklichen Weigerung, den Biologismus genauer zur Kenntnis

---

[13] Zur Verschärfung reduktiver zu eliminativen Positionen durch argumentativen Druck vgl. ebd.; G. Brüntrup, Das Leib-Seele-Problem, 106-109; zur Verschärfung durch die Notwendigkeit der Profilierung im verwissenschaftlichten Milieu vgl. K. Keil/H. Schnädelbach, Naturalismus; die Verschärfung von empirischer Sittenlehre zum normativen Biologismus läßt sich beispielsweise beobachten in F. M. Wuketits, Verdammt zur Unmoral, 10.

[14] Zur Positivismusdebatte vgl. L. Kołakowski, Die Philosophie des Positivismus, München 1971; J. Habermas, Erkenntnis und Interesse, Frankfurt/M. 1968; H. Schnädelbach, Erfahrung, Begründung und Reflexion. Versuch über den Positivismus, Frankfurt/M. 1971; zum Funktionalismus ders., Zur Kritik der funktionalen Vernunft, in: P. Kolmer/H. Korten (Hg.), Grenzbestimmungen der Vernunft. Philosophische Beiträge zur Rationalitätsdebatte, Freiburg 1994, 103-126.

[15] Zum Ausdruck vgl. D. Hume, Mein Leben, in: Ders., Eine Untersuchung über den menschlichen Verstand, dt. v. R. Richter, Hamburg 1993, LI-LXI; hier LIII.

[16] So geschehen in: E. Drewermann, Und es geschah so. Die moderne Biologie und die Frage nach Gott (Glaube in Freiheit Bd. 3/II), Zürich-Düsseldorf 1999; R. Esterbauer, Verlorene Zeit. – Ein Hinweis auf die Naturalismus-Problematik findet sich zwar bei Esterbauer (ebd., 23), doch zu einer systematischen Konsequenz führt er nicht. Alexandre Ganoczy läßt sich gar auf einen gefährlichen „Flirt" mit der Ethologie von Konrad Z. Lorenz ein (A. Ganoczy, Suche nach Gott auf den Wegen der Natur. Theologie, Mystik, Naturwissenschaften – ein kritischer Versuch, Düsseldorf 1992, 289 ff.).

[17] Vgl. S. N. Bosshard, Erschafft die Welt sich selbst? Die Selbstorganisation von Natur und Mensch aus naturwissenschaftlicher, philosophischer und theologischer Sicht, Freiburg-Basel-Wien 1985 (QD; 31), 11; ders., Probleme der Vereinbarkeit von Evolutionstheorie und Schöpfungstheologie, in: L. Scheffczyk (Hg.), Evolution. Probleme und Aspekte ihrer Theorie, Freiburg-München 1991 (Grenzfragen; 18), 129-156; hier 150 f.; U. Lüke, Unübersichtliche Grenzverläufe. Die Schöpfungslehre angesichts der gegenwärtigen Evolutionsbiologie, in: HerKorr 53 (1999), 453-457; hier 453; A. Ganoczy, Schöpfungslehre, Düsseldorf ^{2}1987, 291; ders., Unendliche Weiten ... Das naturwissenschaftliche Weltbild und christlicher Glaube, Freiburg-Basel-Wien 1998, 109.

zu nehmen und sich von ihm irritieren zu lassen, und wer hartnäckig auf den Problemgehalt desselben aufmerksam macht, wird im Gegenzug der „Pseudo-Auseinandersetzung mit dem Evolutionsgedanken“[18] geziehen.

Dennoch lassen sich auch andere Stimmen vernehmen. So hat Johann Baptist Metz schon vor über 20 Jahren darauf hingewiesen, daß „das pseudoreligiöse Symbol der Evolution“ eine „irrationale Herrschaft“ in allen Lebensbereichen ausübe.[19] Seither wird er nicht müde, der „sich abzeichnenden szientifisch-technischen Überdetermination unserer künftigen Lebenswelt“[20] Widerstand entgegenzusetzen. Auch Hans-Dieter Mutschler läßt deutliche Worte zum „rabiaten Reduktionismus“ des Biologismus und zur Hilflosigkeit der Theologen hören.[21]

Wie kommt es zu den Ausfallerscheinungen? Nach der Intention gefragt, wird man sagen können, daß hier die Sorge im Spiel ist, man könne die Biologie verprellen und den Versuch, sich ins schöpfungstheologische Benehmen zu setzen, stören. Das wird derjenige leicht als fatal empfinden, der die Theologie vom Image der Wissenschaftsfeindlichkeit befreien will oder ihr gar den Status der Wissenschaftlichkeit auf dem Wege der Annäherung oder Identifikation mit der Biologie verschaffen will.

Anhand der Weise, wie Ulrich Lüke neuerdings das Terrain der Verhältnisfindung überblickt hat, läßt sich der methodische Niederschlag solcher Besorgnis kenntlich machen. Lüke teilt die theologischen Positionen in monistische, dualistische und dialogische ein,[22] wobei die erste Gruppe die Biologie zu vereinnahmen trachte, die zweite sich selbstimmunisierend verschließe und nur die dritte den erwünschten Dialog mit der Biologie zu führen imstande sei, weil allein sie „eine klare biologische Begrifflichkeit erreicht“[23]. Ohne näher auf Lükes eigenen Vorschlag einzugehen, muß als auffallend vermerkt werden, daß er eine Angleichung der Theologie an die Biologie als Voraussetzung für einen Dialog veranschlagt, methodische und begriffliche Abgrenzung interpretiert er hingegen ohne

---

[18] U. Lüke, „Als Anfang schuf Gott ...“. Bio-Theologie. Zeit – Evolution – Hominisation, Paderborn u.a. 1997, 148. – Entsprechende Weigerungen nebst Gegenvorwürfen finden sich in: S. Bosshard, Erschafft die Welt sich selbst?, 53; C. Junker, Zur immer tieferen Erschließung des Menschenmöglichen, 66 f.

[19] J. B. Metz, Glaube in Geschichte und Gesellschaft, 167.

[20] J. B. Metz, Zum Begriff der neuen Politischen Theologie, Mainz 1997, 157; ders., Gott und Zeit. Theologie und Metaphysik an den Grenzen der Moderne, in: StZ 125 (2000), 147-159; hier 155.

[21] Das Zitat: H.-D. Mutschler, Karl Rahner und die Naturwissenschaft, in: Ders. (Hg.), Gott neu buchstabieren. Zur Person und Theologie Karl Rahners, Würzburg 1994, 97-119; hier 99; zu nennen wäre auch R. Schwager, Zur Problematik der Seele in der evolutionären Welt, in: J. Quitterer/E. Runggaldier, Der neue Naturalismus, 205-220. – Standhaft gegenüber dem Biologismus zeigen sich auch R. Koltermann, Grundzüge der modernen Naturphilosophie. Ein kritischer Gesamtentwurf, Frankfurt/M. 1994, 241 ff.; L. Scheffczyk/A. Ziegemann, Schöpfung als Heilseröffnung. Schöpfungslehre (Katholische Dogmatik Bd. 3), Aachen 1997, 192 ff.; C. Kummer, Jubiläum einer Mesalliance. Theologische Fragen nach 25 Jahren Soziobiologie, in: HerKorr 55 (2001), 42-47.

[22] U. Lüke, Bio-Theologie, 18; ders., Unübersichtliche Grenzverläufe, 453-455.

[23] U. Lüke, Bio-Theologie, 114.

weitere Umstände als Selbstimmunisierung.[24] Allzu unterwürfig hat der verunsicherte Theologe sich selbst der Biologie so weit angenähert, daß er den entscheidenden methodischen Schritt schon gar nicht mehr thematisiert: daß er den Dialog ausschließlich für eine Sache der richtigen *Beschreibung* der Wirklichkeit hält. Wie auch das allgegenwärtige Metaphernfeld der Grenzziehung und -überschreitung[25] dokumentiert, weist Lüke sich als eindimensionaler Denker aus. Es gibt in seiner *Bio-Theologie* keinen ausgearbeiteten Hinweis darauf, daß es in der Theologie auch um anderes als Beschreiben und Erklären gehen könne. Das zentrale Problem sei, die transzendente Dimension mit der naturwissenschaftlichen Beschreibung der Wirklichkeit zu vermitteln, um damit das theologische Plus zu retten.[26]

Die Vorhaltungen gegenüber Lüke wären ungerecht, ließe man den Umstand außer acht, daß das Material, das er zu ordnen sucht, selbst bereits eine starke Betonung der kosmologischen Dimension aufweist. Mag sein, daß Pierre Teilhard de Chardin als eine der Leitfiguren auf diesem Feld und die Vorliebe für Wirklichkeitslehren als Erbe der neuscholastischen Theologie noch ihre Bindekraft haben; den transzendentalen Aspekt bei Karl Rahner jedoch als faulen Zauber zu diffamieren[27] und die Theologie von Johann B. Metz hilflos unter der Rubrik „[s]onstige Positionen"[28] zu führen und ansonsten zu ignorieren, ist nicht nur fahrlässig, sondern läßt eine gezielte Blindheit erkennen.

Gelingt es Reinhold Esterbauer, in seiner konkurrierenden Anordnung den deskriptiven Diskurs als methodisches Prinzip zu relativieren? Immerhin richtet er sich treffsicher „wider eine Einheitswissenschaft von Natur und Gott"[29] und betont die Methodendifferenz zwischen der Theologie und den Naturwissenschaften, wozu ihn die ihm vorliegenden theologischen Ansätze und allzu freimütige Verbrüderungen mit der Physik herausgefordert haben. Drei der vier von ihm unterschiedenen Modelle – das Differenz-, das Identitäts- und das Mediationsmodell – sind ebenfalls deskriptiv-kosmologisch gefaßt. Auch hier ist anzumerken, daß er damit den von ihm aufgeführten Positionen keinen Zwang antut, zumal er theoretische Aspekte ordnet und nicht personengebundene Theologien. Daher ist es auch zulässig, das Differenzmodell als schieres Abgrenzungsmodell darzustellen und

---

[24] Ebd., 111 ff.

[25] Vgl. ebd., 13; 16 f.; 22; 115; 122 u.ö.; ders. Unübersichtliche Grenzverläufe, 453.

[26] Vgl. dazu U. Lüke, Unübersichtiche Grenzverläufe, 456: „Erst der Versuch einer 'raumzeitlichen' Annäherung an den 'Transmissionspunkt' von transzendentaler in kategoriale Kausalität macht erstere glaubwürdig und nimmt letzterer ihren Alleinvertretungsanspruch im Felde der Kausalität." – Ebenso zeigen sich auf Beschreibung und Erklärung fixiert: C. Söling, Das Gehirn-Seele-Problem. Neue Einblicke in eine alte Diskussion, Paderborn 1994, 238; S. Bosshard, Erschafft die Welt sich selbst?, 14; R. Schwager, Zur Problematik der Seele in einer evolutionären Welt, 217.

[27] Vgl. U. Lüke, Bio-Theologie, 187, wo der Autor behauptet, im Ansatz Rahners lasse sich aus einem „heilsgeschichtlich-transzendentalen Zylinder jedwedes evolutionsgeschichtlich-kategoriales Kaninchen zaubern". Ebd., 115 wird Rahner zu den Selbstimmunisierern gezählt.

[28] Ebd., 142.

[29] So der Untertitel von Esterbauers *Verlorene Zeit*.

den Aspekt des kritischen Zueinander für den vierten Modelltyp aufzusparen. Diese „Rekapitulations- und Fundierungsmodelle( )“[30] zeichnen sich dadurch aus, daß sie die Frage nach dem Sinn der beschriebenen Wirklichkeit in die Verhältnisbestimmung zu den Naturwissenschaften einbeziehen. Sie „arbeiten (...) meist mit einer eigenständig philosophischen Konzeption, die den Ergebnissen naturwissenschaftlicher Untersuchungen gerecht zu werden versucht. Diese werden oft in einen Sinnhorizont integriert, der sie theologischer Betrachtung zugänglich machen soll, ohne daß die Theologie Gefahr läuft, reduktionistisch vorzugehen.“[31] Wie Esterbauer diesen Anspruch versteht und ob damit der deskriptive Diskurs transzendiert werden soll, ist anhand seines eigenen Vorschlags zu ermessen, mit dem er die naturwissenschaftlichen Erkenntnisse in der Lebenswelt zu fundieren sucht und sie auf diese Weise in die Theologie einbeziehen will.[32]

Esterbauers Ausgangspunkt ist die Einsicht, daß „[d]ie naturwissenschaftliche Methode“[33] die mit ihrer Hilfe gewonnenen Ergebnisse notwendig mit dem Mangel behaftet, lediglich abstrakte und daher unzulängliche Erkenntnis zu sein. Sowohl dem Gegenstandsbereich wie dem methodisch vorgefaßten Zugriff nach können die Naturwissenschaften demnach nur zu einem trüben und im Dienst eines vorgängigen Erkenntnisinteresses verfälschten Bild der wirklichen Natur gelangen. Um zu einer zutreffenden Naturbeschreibung zu gelangen, sei auf einen Bereich zurückzugehen, der „logisch und im Sinne von sachlicher Fundierung“[34] den naturwissenschaftlichen Forschungen voraus und zugrunde liegt und folglich einen unverstellten Blick auf die Natur freigibt. Esterbauer hat sogleich die Lösung in Gestalt eines „unmittelbaren Weltbezug[es] der Lebenswelt“[35] parat. „Dort begegnet Natur nicht nur als vom Menschen mit Partikularsinn unterlegte Instanz, die praktischen Interessen unterliegt, sondern als Natur, die sich von sich selbst her zu verstehen gibt und verstanden wird, ohne daß auf sie spezifisch methodisch zugegriffen wird.“[36] Philosophie und Theologie seien die Verwalterinnen dieser unmittelbaren Gegebenheit der Wirklichkeit und ihrer deshalb mächtig, weil sie nicht auf eine methodische Vorentscheidung zurückgreifen, sondern einen universellen und fundamentalen Fragehorizont offenhalten.

Gegen dieses Konzept lassen sich beträchtliche Zweifel vorbringen, denn erstens läßt sich die Lebenswelt nicht ohne weiteres als Ort fragloser Unmittel-

---

[30] R. Esterbauer, Verlorene Zeit, 62.
[31] Ebd., 63.
[32] Ebd., 205 ff., bes. 246-251.
[33] Ebd., 234. – Die Rede von der Methode der Naturwissenschaften erscheint nicht sehr glücklich. Sie verleitet in der Weise, wie Esterbauer sie spezifiziert, namentlich als Quantifizierung, Messung und Experiment (vgl. ebd., 235 u.ö.), zum Übersehen der Evolutionsbiologie, ferner legt sie eine Einheit der Naturwissenschaften nahe, die jedoch nicht mehr als eine naturalistische Phantasie ist.
[34] Ebd., 233; vgl. ebd., 249.
[35] Ebd., 233.
[36] Ebd., 250.

barkeit in Anspruch nehmen;[37] zweitens ist gänzlich unklar, wie und warum die universelle Fragehinsicht von Theologie und Philosophie vor eigener Interessengebundenheit schützen solle; drittens droht es in eine Entwertung der Naturwissenschaften überzugehen, die einer eingehenden Rechtfertigung bedürfte, denn der disqualifizierende Verweis auf die methodische Beschränktheit der Naturwissenschaften läßt sich nur einsichtig machen, falls eine Wissenschaft beansprucht, das Ganze der Welterschließung und Selbstbeschreibung des Menschen auszumachen; viertes gibt Esterbauer keine Auskunft darüber, warum die Natur „als Schöpfung gedeutet werden *muß*"[38], d.h. warum die Theologie über eine ursprüngliche und wahre Sinneinsicht verfügt, während ansonsten gilt, daß „Sinnaufladungen immer perspektivisch"[39] sind.

Die Schwäche, auf die hinzuweisen es an dieser Stelle besonders ankommt, ist jedoch Esterbauers weitgehend nur verbaler, nicht konzeptioneller Anschluß an das transzendentalphilosophische Konzept der Lebenswelt. Zwar ist bisweilen vom „Hinterfragen" und von „Reflexion" die Rede, aber Esterbauer tritt im Wesentlichen nicht aus dem deskriptiven Diskurs heraus. Anstatt die eigenen Geltungsansprüche zu diskutieren und den Fragen nachzugehen, warum die Natur als Schöpfung gedeutet werden muß und warum auf den Bereich der Lebenswelt zurückzugehen sei, führt er lediglich eine theologische Beschreibungssprache gegen die naturwissenschaftlichen, methodisch voroptionierten ins Feld. Methodische Fragen sind aber normative Fragen, deshalb läßt sich das Problem der Methodendifferenz, auf dem Esterbauer zu Recht beharrt, nicht mit dem bloßen Verweis auf eine vermeintlich reinere oder ursprünglichere Ontologie erledigen.

Zwar trägt Esterbauer dem Umstand Rechnung, daß es für das Ingangsetzen eines festgefahrenen deskriptiven Diskurses notwendig ist, in einen sinnexplikativen Diskurs einzusteigen.[40] In seinen verstreuten Hinweisen auf die notwendigen Unterscheidungen zwischen Freiheit und Indeterminiertheit, Kommunikation und Datentransfer sowie zwischen unterschiedlichen Natur- und Zeitbegriffen[41] artikuliert sich ein Unbehagen daran, daß Theologen und Naturwissenschaftler allzu oft aneinander vorbeireden. Dieses aber zu bündeln und ihm als methodisches Element einen systematischen Ort zu geben, hält Esterbauer offenbar nicht für weiterführend, woraus noch einmal deutlich wird, daß er nahezu ausschließlich am deskriptiven Diskurs interessiert ist.

---

[37] Vgl. D. Henrich, Was ist Metaphysik – was Moderne?, 18.
[38] R. Esterbauer, Verlorene Zeit, 250 (Hervorhebung A.H.).
[39] Ebd.; vgl. dazu ebd., 223 ff.
[40] Vgl. dazu H. Schnädelbach, Reflexion und Diskurs, 277 ff.
[41] Vgl. R. Esterbauer, Verlorene Zeit, 23; zur Unterscheidung zwischen Freiheit und Indeterminiertheit ebd., 49; 249; zu der zwischen Kommunikation und Datentransfer ebd., 139; zu Wirklichkeits- bzw. Zeitbegriffen ebd., 135; 203 f.; 228 f. – Unklarer zeigt sich hingegen Bosshards *Erschafft die Welt sich selbst?*, wo einstweilen die Identität von Vergangenheit und Geschichte (Erschafft die Welt sich selbst, 12; 213), von Zufall und Freiheit (ebd., 16) sowie von Verhalten und Handeln (ebd., 214) zu gelten scheint. Vgl. A. Ganoczy, Unendliche Weiten, 88.

Die Fixierung auf das Auffinden einer angemessenen Beschreibungssprache für die Wirklichkeit überwindet auch Esterbauer nur ansatzhaft. Diese Voreingenommenheit erschwert vermutlich nicht nur die Verhältnisbestimmung zur Biologie, auf deren reduktive Tendenz man sich ohnehin nicht wird verständigen können. Sie läßt außerdem den Biologismus übersehen, der sich ontologisch von der Biologie nicht zu unterscheiden braucht. Die Biologie und ihr „-ismus“ treten vor allem hinsichtlich ihres Anspruches auseinander, sowohl bezüglich des Gegenstandsbereiches als auch, damit zusammenhängend, bezüglich der epistemischen Dignität und normativen Bedeutung ihrer Aussagen, und über solche Ansprüche verhandelt man im normativen Diskurs, nicht im deskriptiven.

Eine das Phänomen der Soziobiologie zum Anlaß nehmende Verhältnisbestimmung wird daher ein normatives Konzept als zentral ansetzen und einem Modell der Art „Wissenschaft plus Kritik“ folgen, das nunmehr zu skizzieren ist.

Der erste Schritt muß in der Anerkennung bestehen, daß sowohl die Biologie als auch die Theologie bzw. theologische Ethik legitime Weisen der Welt- und Selbsterschließung sind. *Beide* Unternehmen fußen im Grund alltäglicher Lebenspraxis und tragen zu einer Orientierung in ihr bei. Deshalb kann keine der beiden Seiten dazu aufgefordert werden, sich der anderen zu unterwerfen – unbeschadet der Empfehlung, sich belehren zu lassen. Ist ferner einmal klar, „daß wissenschaftliche Methoden sich in einer *Kontinuität zum common sense* befinden, daß sie dessen Verlängerung darstellen, statt mit ihm zu konkurrieren“[42], sollte man auch von dem Versuch ablassen, die Biologie und die Lebenswelt gegeneinander auszuspielen. Sie ist eine kulturelle Leistung und damit legitimer Teil der Lebenswelt, nichts ihr Fremdartiges oder parasitär Anhängendes.[43] Das Konzept „Verwissenschaftlichung der Lebenswelt“ hat in Übereinstimmung damit herkömmlich und auch hier nicht den Sinn, die Wissenschaften unterschiedslos aus der Lebenswelt herauszudrängen, sondern es zielt kritisch auf das Übermaß des von den Wissenschaften Erwarteten.

Um ein solches Übermaß gegebenenfalls festzustellen, ist ein geltungstheoretischer Diskurs notwendig, den die Biologie als empirische Wissenschaft in ihren hellsichtigeren Vertretern wie z.B. Ernst Mayr zwar zum wesentlichen Teil verinnerlicht hat, der aber auch weitergehende externe Kritik philosophischer und speziell ethischer Art beinhaltet.

Die innerbiologische Kritik stützt sich auf das falsifikationistische Selbstverständnis der empirischen Wissenschaften, das sich in der Folge von Karl R. Poppers „kritische[m] Rationalismus“[44] in der Wissenschaftspraxis weitgehend durchgesetzt hat. Empirische Theorien können demnach nie endgültig als wahr

---

[42] G. Keil, Ist die Philososphie eine Wissenschaft?, 46 f.

[43] Vgl. P. Janich/M. Weingarten, Wissenschaftstheorie der Biologie, 27 f.

[44] K. R. Popper, Logik der Forschung, Tübingen ^{8}1984, XXVI. – Die Einführung des Ausdrucks „Kritischer Rationalismus“ als Positionsbestimmung geht eher auf Hans Albert als auf Karl R. Popper zurück, vgl. H. Albert, Traktat über kritische Vernunft, Tübingen ^{5}1991, Einleitung.

erwiesen werden, statt dessen gelten sie als vorläufig bewährt und annehmbar, so lange sie nicht falsifiziert werden. „Sicheres Wissen ist uns versagt. *Unser Wissen ist ein kritisches Raten; ein Netz von Hypothesen; ein Gewebe von Vermutungen.*“[45] So lautet das Ethos empirischer Wissenschaften nach Popper, dem – freilich mit methodisch bedingten Abstrichen bezüglich der Falsifikation – die Biologie im entscheidenden Punkt, nämlich selbst hypothetisch zu sein, folgt.[46]

Die Biologie ist ferner wie jede empirische Wissenschaft an die Erfahrung gebunden, dies gilt auch dann, wenn insbesondere im Rahmen der Evolutionsbiologie Experimente nicht möglich sind und Beobachtungen sowie empirische und statistische Rückschlußverfahren oftmals an deren Stelle treten. Auch biologische Theorien kommen ohne einen empirischen Gehalt nicht aus, und auch sie werden empirisch überprüft, mit besonderer Genauigkeit dort, wo es um den Menschen geht.[47]

Die hinzukommende, genuin philosophische Kritik ist nach Herbert Schnädelbach „*anamnetisch*, weil sie an das erinnert, dem Wissenschaft und wissenschaftliches Wissen immer schon und auch unterstehen“[48]. Dabei geht es zum einen um die Erinnerung an die „Sinn- und Geltungsbedingungen“[49], denen die Biologie unterliegt und die zum Teil bereits angesprochen wurden. Hier ist nun nicht allein entscheidend, wissenschaftstheoretisch zu zeigen, daß eine mit universellem Anspruch auftretende Biologie keine empirische Wissenschaft ist, sondern vor allem, mit philosophischen Mitteln nachzuweisen, daß Biologie außerhalb ihrer Grenzen, d.h. biologistisch als philosophische Position, gar als „Erste Philosophie“[50], oder als Weltanschauung nicht zu halten ist. Ferner ist die Biologie daran zu erinnern, daß sie ein im Medium der Sprache sich vollziehendes Unternehmen ist, woraus sich nicht nur Forderungen hinsichtlich der Klarheit ihrer Sprache, sondern auch Hinweise darauf ergeben, daß sie sprachlichen Vorbedingungen unterliegt.[51]

---

[45] Karl R. Popper, Logik der Forschung, XXV.

[46] Ernst Mayr, Das ist Biologie, 88 f. – Zu den Abstrichen vgl. ebd.; H. Rolston, Genes, Genesis and God, 166. – Das Bekenntnis zum Falsifikationismus hat für viele Biologen, so auch für Mayr, darüber hinaus Grenzen, sobald über die Falsifizierbarkeit der Evolutionsvorstellung selbst gesprochen wird, vgl. ders., Das ist Biologie, 94 f.

[47] Vgl. P. Kitcher, Vaulting Ambition, 131 f.

[48] H. Schnädelbach, Philosophie als Wissenschaft und als Aufklärung, 384.

[49] Ebd.

[50] B. Irrgang, Biologie als Erste Philosophie? Überlegungen zur Voraussetzungsproblematik und zum Theoriestatus einer Evolutionären Erkenntnistheorie, in: PhR 33 (1986), 103-121.

[51] Die begrifflichen Unklarheiten und Abhängigkeiten in der Biologie aufzudecken ist deshalb ein kritisches Geschäft im förderlichen Sinne von Differenzierung, nicht von Destruktion. Zugleich wird die Haltlosigkeit biologistischer Unterstellungen bezüglich begrifflicher Klarheit und Einheitlichkeit erwiesen. Unfertigkeit ist ein Merkmal empirischer Wissenschaften, hingegen nicht eines von apodiktischen Ideologien. – Neben den erwähnten Arbeiten von Janich/Weingarten, Pörksen und Kitcher sei verwiesen auf die Beiträge in E. Fox Keller/E. A. Lloyd, Keywords in Evolutionary Biology.

Der zweite Strang anamnetischer Kritik besteht in der Erinnerung an die lebensweltliche Relevanz der Biologie, d.h. an die Einbettung in normative Orientierungen jenseits der Biologie, vor allem an ihre Verpflichtung dem Humanen gegenüber. Seit ihren Anfängen sehen sich die modernen Wissenschaften in den Dienst am Wohlergehen der Menschheit gebunden, sie wird Francis Bacon zufolge „ad meritum et usus vitae“[52] betrieben. Die Interessengebundenheit der Wissenschaften wie Esterbauer als Mangel aufzufassen, geht deshalb an der Sache vorbei. Das eigentliche Problem, das bevorzugt unter dem Thema „ökologische Krise“ abgehandelt wird, liegt nicht in dieser Gebundenheit, sondern in der Weigerung der Wissenschaften, überhaupt ihr praktisches Eingebundensein, näherhin ihre humane Verpflichtung wahrzunehmen. So steht „[d]as Erwachsenwerden der Wissenschaft“[53] noch aus und ist insofern ein Fall für die philosophische Kritik. Daß diese Erinnerung an das Humane über die Forderung nach verantwortlichem Einsatz von Technik hinausgeht, dürfte mit dem angesprochenen Komplex der Verwissenschaftlichung der Lebenswelt hinreichend deutlich sein.

Mit einer wie skizziert vorgenommenen Verhältnisbestimmung ist zweierlei gewonnen: Sowohl die Theologie als auch die Biologie sind in ihrem Eigenrecht anerkannt, womit allererst die Basis für eine Verständigung geschaffen ist. Zum anderen werden überzogene oder fehlgeleitete Ansprüche erkennbar, die den Biologismus von der Biologie trennen. Damit ergibt sich die Möglichkeit des gemeinsamen Dienstes am Humanen zwanglos nach Art einer „indirekten Ökumene (...) in der Praxis gemeinsamer Weltverantwortung“[54]. Der Preis ist die bleibende Uneinigkeit auf dem Gebiet der rationalen Kosmologie – es sollte nach Kant nicht allzu schwerfallen, ihn zu entrichten.[55]

5.2.3 Soziobiologie ist Biologismus, nicht Biologie

Die Durchsicht vieler theologischer Arbeiten, die sich mit den Naturwissenschaften auseinandersetzen, läßt eine Tendenz erkennen, den im biologischen Jargon abgefaßten Konzepten gemäß ihrer Präsentation ohne weiteres Nachfragen den Status des Wissenschaftlichen einzuräumen und für erwiesen zu halten. Die oben

---

[52] F. Bacon, Neues Organon, lat.-dt., dt. v. R. Hoffmann, Hamburg 1990, 32 ; vgl. dazu L. Schäfer, Das Bacon-Projekt, 102-108.

[53] C. F. von Weizsäcker, Wahrnehmung der Neuzeit, München 1985, 428; vgl. dazu L. Schäfer, Das Bacon-Projekt, 192 ff.

[54] J. B. Metz, Zum Begriff der neuen Politischen Theologie 1967-1997, Mainz 1997, 203.

[55] Vgl. I. Kant, Kritik der reinen Vernunft (Werke, Bd. II), B 664 f., wo die Grenzen der „Kosmotheologie“ (ebd., B 659) aufgezeigt werden. – Vgl. dazu U. Barth, Abschied von der Kosmologie. Befreiung der Reflexion zu sich selbst, in: W. Gräb (Hg.), Urknall oder Schöpfung? Zum Dialog von Naturwissenschaft und Theologie, Gütersloh 1995, 14-42; hier 26 ff. – Attraktiv erscheint es angesichts dessen, „Schöpfung“ primär als politische oder logische Kategorie anzusehen, vgl. K. Löning/E. Zenger, Als Anfang schuf Gott. Biblische Schöpfungstheologien, Düsseldorf 1997; J. B. Metz, Zur Theologie der Welt, Mainz 1968, 23.

angestellten Beobachtungen belehren jedoch, sich die Frage nicht ausreden zu lassen, ob jeweils auf Biologie oder auf Biologismus zu erkennen sei, wenn man sich etwa mit Äußerungen von Wilson, Dawkins, Wuketits und anderen befaßt.[56] Daß die oben beschriebene Bewegung der Soziobiologie als dem Biologismus – und nicht, wie prätendiert, der Biologie – zugehörig angesehen werden muß, soll im folgenden anhand einiger Hinweise gezeigt werden.

Als wichtigster Befund der bislang um die Soziobiologie geführten Debatten kann der Aufweis einer mangelhaften empirischen Basis ihrer Aussagen angesehen werden.[57] Dieser Mangel ist durch den Forschungsgegenstand „Mensch" bedingt und nicht ersichtlich zu beheben etwa durch fortgesetzt angestrengtes Forschen in der Evolutionsbiologie. Aufgrund seiner vielfältigen und wandelbaren Handlungsmöglichkeiten lebt der Mensch in einer Umwelt, die weder einigermaßen erschöpfend beschreibbar noch gar in ein handhabbares mathematisches Modell gefaßt werden kann.[58] Erschwerend kommt hinzu, daß er dazu übergegangen ist, seine Umwelt selbst zu gestalten und dadurch die Rechnung mit den ohnehin schon zu vielen Unbekannten zu einem dialektischen Wechselspiel werden läßt. Wilsons und Lumsdens Konzept der Gen-Kultur-Koevolution ist ein Ausdruck trüber Hilflosigkeit, angesichts dieser Sachlage eine Verhaltenstaxonomie zu erarbeiten. Sie suchen sich aus der Affäre ziehen, indem sie „interessante"[59] Aspekte menschlichen Tuns herausgreifen und als Adaptionen aus der Evolution, vorzugsweise in einem hypothetischen, paläolithischen Szenario,[60] erklären. Die aus der sprachlichen Konstitution von Umwelt und Organismus[61] sich ergebende Unmöglichkeit des biologischen Realismus tritt hier offen zutage. Die Rede von der Umwelt des Menschen hat in der Soziobiologie kaum ersichtlichen Rückhalt in der Erfahrung, sondern gründet in den Untersuchungsinteressen und methodischen Vorlieben der Autoren. Unter dem gleichen Vorbehalt stehen mithin die Rede von Selektionsbedingungen und von Anpassung. Auch wenn die Soziobiologie damit dem Vorgehen der Evolutionsbiologie formal entspricht, ist doch ihre empirische Grundlage mangelhaft, will sagen: Der Zirkel zwischen einer Modell-

---

[56] So beispielsweise E. Drewermann, Und es geschah so, 357 ff. – C. Junker (Zur immer tieferen Erschließung des Menschenmöglichen, 14) bietet diese Unterscheidung, deren systematischer Ertrag jedoch alsbald verschlossen (ebd., 20 f.) und m. E. nicht durchgehalten wird (vgl. ebd., 63; 66 f.; 103 u.ö.). Ulrich Lüke berücksichtigt diese Unterscheidung ebenso wenig wie Stefan Bosshard und Caspar Söling.

[57] Das ist das zentrale Ergebnis von Philip Kitchers *Vaulting Ambition*, vgl. ebd., 119 ff.

[58] Vgl. J. Mey, Soziobiologie – die jüngste Blüte des Neodarwinismus, 169; P. Koslowski, Evolutionstheorie als Soziobiologie und Bioökonomie. Eine Kritik ihres Totalitätsanspruches, in: Ders. u.a. (Hg.), Evolutionismus und Christentum, Weinheim 1986 (Civitas Resultate; 9), 29-56; hier 40 ff.

[59] Vgl. P. Kitcher, Vaulting Ambition, 125.

[60] Vgl. C. J. Lumsden/E. O. Wilson, Das Feuer des Prometheus, 208 f.; ferner: H. Mohr, Biologische Wurzeln in der Ethik?, 16 ff.; ders., Natur und Moral, 79 ff.; E. O. Wilson, Biologie als Schicksal, 81 ff.; F. M. Wuketits, Sind wir zur Unmoral verdammt?, 54; 57; ders., Soziobiologie, 149 ff.

[61] Vgl. P. Janich/M. Weingarten, Wissenschaftstheorie der Biologie, 102 f.; H. Putnam, Für eine Erneuerung der Philosophie, dt. v. J. Schulte, Stuttgart 1997, 49.

vorstellung und ihrer Bestätigung durch Beobachtungen, die im Licht eben dieser Vorstellung gedeutet werden, ist unproblematisch, so lange ein Plus an Verständnis der Phänomene erzielt wird. Der Soziobiologie gelingt kein derartiger, fruchtbarer Zirkel, so daß kaum mehr bleibt als ein Resümee wie dieses: „It takes an evolutionist's eye to realize that baboons are playing TIT FOR TAT"[62], für Außenstehende wird nichts gewonnen.

Ähnlich dürftig ist der empirische Gehalt der Soziobiologie, wie anhand eines anderen ihrer zentralen Topoi dokumentiert werden kann. Für eine Theorie, die das Bestehen echt altruistischer Haltungen verneint, ist der Nachweis echt altruistischer Handlungen ein Falsifikator. Selbstloses Verhalten gegenüber Menschen, zu denen keine Gruppenbindung besteht und von denen keine Gegenleistung zu erwarten ist, ist mit dieser Theorie nicht vereinbar – nicht zufällig ist daher Mutter Teresa der personifizierte Dorn im Auge des Soziobiologen Wilson.[63] Anstatt die Theorie jedoch zu differenzieren, sie einzuschränken oder aufzugeben, beharren die Soziobiologen auf ihren öffentlichkeitswirksamen Ansprüchen und Ankündigungen und gehen dazu über, das Phänomen weg zu erklären. Mutter Teresa mache „eigentlich" nicht mehr als ein kompliziertes, aber gleichwohl evolutionsgemäßes Geschäft mit dem Jenseits, und ähnlich – je nach Weltanschauung – trieben es auch die Hinduisten, Buddhisten, Marxisten und wen auch immer die Soziobiologie zu entlarven gedenkt. Die Reduktion führt jedoch nicht auf andere beobachtbare Phänomene, wie es in empirischen Wissenschaften herkömmlich praktiziert wird, sondern mündet in die Metaphysik egoistischer Gene ein. Das Phänomen wird mittels verfremdender Beschreibung in das sprachliche Raster der Soziobiologie überführt, zugleich dort erfaßt, wo es nunmehr – das ist keine Überraschung – die Theorie bestätigt.

Dennett hat diese unkomfortable Lage durchschaut und tritt die Flucht nach vorn mittels einer Totalnaturalisierung, einschließlich der Soziobiologie selbst, an. Unter der Prämisse, daß jedes Verhalten per Evolution erklärt werden kann, wird die Frage nach Adaption ebenso unerheblich wie die nach der Konstitution von Umwelten. Er versteht sich allerdings ausdrücklich nicht als Biologe[64] und kann an dieser Stelle nur die Fluchtlinie anzeigen, der eine Unternehmung entlangstrebt,

---

[62] P. Kitcher, Vaulting Ambition, 123.

[63] Vgl. E. O. Wilson, Altruismus, in: K. Bayertz (Hg.), Evolution und Ethik, 133-152; hier 146 f.; ders., Biologie als Schicksal, 157. – Der Analyseversuch des Altruismus als Geschäft mit dem Jenseits darüber hinaus in F. M. Wuketits, Sind wir zur Unmoral verdammt?, 57 – und in S. Bosshard, Erschafft die Welt sich selbst?, 221: „Der gläubige Mensch, die Gemeinschaft der Glaubenden, transzendieren ewiger Güter wegen ihre Herrschaftsansprüche zu Nutz und Frommen des Gesamtwohls." – Eine parasitologische Wegerkärung des Altruismus in: E. Voland/R. Voland, Die Evolution des Gewissens. Oder: Wem nützt das Gute?, in: D. Neumann u.a. (Hg.): Natur und Moral, 195-205.

[64] D. C. Dennett, Darwins gefährliches Erbe, 9. – Auch als Philosoph scheint Dennett sich nur mit Einschränkungen zu verstehen, weil Argumenten ja doch niemand zuhöre, weshalb lediglich Geschichten zu erzählen seien (vgl. ebd., 11).

die zwar wissenschaftliche Methoden zur Anwendung kommen läßt, aber die Fühlung mit der Erfahrung verloren hat.

Der Logik der Soziobiologie dient demnach nicht die Empirie als Ausgangspunkt, sondern die Evolutionstheorie. Als Prämisse mißverstanden, fungiert sie jedoch als Dogma, nicht als heuristischer Rahmen für empirische Forschung. Aussichtsreicher hinsichtlich ambitionierter Naturalisierungsversuche – und als Herausforderung für eine am modernen Menschenbild interessierte Ethik – sind theoretische Ansätze, die sich an Beobachtungen anschließen, wie sie beispielsweise von Benjamin Libet und Antonio Damasio angestellt wurden.[65] Sie sind für sich genommen freilich weniger aufsehenerregend.

In engem Zusammenhang mit der mangelnden empirischen Erdung und als deren Folge sind die Unklarheiten bezüglich der zu treffenden Schlußfolgerungen zu sehen. Dawkins etwa schwankt charakteristisch zwischen deterministisch und nicht-deterministisch klingenden Äußerungen in bezug auf menschliches Handeln, ähnlich unsicher läßt sich Wilson vernehmen.[66] Ferner herrscht Unklarheit darüber, ob und welche Form von Altruismus man anzunehmen habe, inwiefern der „Egoismus der Gene" auf einen psychologischen Egoismus durchschlage,[67] in welchen Anteilen schließlich auch Kooperation die menschliche soziale Welt entschärfe.[68] Der genannte Mangel an empirischem Wissen, ein drückender Nachholbedarf an explikativer Anstrengung sowie konzeptionelle Unterschiede mögen dieses Schillern in dieser in sich uneinheitlichen Bewegung hervorrufen, angesichts dessen der Gestus der Unumstößlichkeit befremden muß, mit dem auf dieser offenbar ungeklärten Grundlage ethische Äußerungen getroffen werden.

Eine weitere Verfremdung naturwissenschaftlicher Forschungspraxis ist dem Antizipationsgebaren der Soziobiologen zu entnehmen. Insbesondere in den Magazinbeiträgen, aber auch bei den auf dem wissenschaftlichen Parkett sich bewegenden Soziobiologen finden sich Aussagen, die es gerechtfertigt erscheinen lassen, die Soziobiologie als Biologie im Modus der vollendeten Zukunft anzusprechen.[69] Das betrifft zum einen den Inhalt der Vorwegnahmen. Während in der Wissenschaft neben alltäglichen und wenig aufregenden Forschungsvorhaben

---

[65] Vgl. B. Libet u.a., Subjective Referal of the Timing for a Conscious Sensory Experience, in: Brain 102 (1979), 193-224; dazu U. Schnabel, Der Wille als Vorstellung. Die seltsamen Experimente des Benjamin Libet irritieren die Bewußtseinsforscher bis heute, in: Die Zeit 51/1996, 34; A. R. Damasio, Descartes' Irrtum.; vgl. dazu U. Schnabel, Die Neuronen der Moral. Wie Hirnschäden zum Ausfall von Nächstenliebe und Verantwortungsbewusstsein führen, in: Die Zeit 43/1999, 41 f.

[66] Man vergleiche R. Dawkins, Das egoistische Gen, 26; 321 mit ebd., 100 und ders., Und es entsprang ein Fluß in Eden, 151; zu Wilson vgl. E. O. Wilson, Biologie als Schicksal, 71 und 76 f.; ders., Die Einheit des Wissens, 162 f.

[67] Vgl. R. Dawkins, Das egoistische Gen, 25; 31; E. Sober, Did evolution make us psychological egoists?.

[68] Vgl. zur Betonung der Kooperation S. 92 Anm. 153. – Ferner U. Kattmann, Biologie und Verantwortung. Ethische Orientierungen, Hannover 1990 (Vorlagen Neue Folge; 9), 15. – Als Klassiker gilt hier P. Kropotkin, Gegenseitige Hilfe in der Tier- und Menschenwelt, Leipzig 1910.

[69] Vgl. G. Keil/H. Schnädelbach, Naturalismus, 8.

auch ehrgeizige Projekte wie das *Human Genome Project* für Dynamik und Orientierung sorgen, geht die Soziobiologie sogleich aufs Ganze, indem sie sich je nach Gusto die „interessanten" Kulturleistungen zur Naturalisierung vornimmt: sei es die Sprache, die Religion, die Wissenschaft selbst oder die Ethik. Frappierend ist dabei, daß die Ergebnisse bereits mit angekündigt werden, denn sie setzen keine weiteren Forschungsanstrengungen voraus, sondern bestehen lediglich in der Anwendung evolutionsbiologischer Figuren in den jeweiligen Bereichen.[70] Antizipation ist in der Soziobiologie demnach keine Selbstaufforderung zur Erforschung bestimmter Sachverhalte, sondern die Markierung eines Anspruches. Der Gang durch die methodische Erfahrung entfällt offenbar, und hier berührt sich die Antizipationspraxis der Soziobiologen mit ihrem prekären Verhältnis zur Empirie.

Folgerichtig führt der Versuch, die Soziobiologie zu kritisieren und sie mithin für kritisierbar zu halten, nicht selten zu einem Mißverständnis. Kritik an einem Unternehmen, das – gemäß Selbstverständnis der Soziobiologie – schon jetzt erkennbar erfolgreich zu Ende gebracht sein wird, ist unvernünftig. Kritiker werden deshalb nicht mit Verweisen auf Beobachtungen oder Argumenten zurückgewiesen, sondern bestenfalls als Ignoranten oder Demagogen hingestellt – wenn sie überhaupt Erwähnung finden.[71] An dieser Stelle demaskieren sich nicht wenige Soziobiologen selbst, wenn sie das Szenario eines Kampfes um die Humanität ausbreiten, in dem sie an der Seite der Vernunft *alias* Wissenschaft für das Gute streiten.[72] Ihrem Selbstverständnis nach ist die Soziobiologie offenbar ebenso eine Weltanschauung wie eine Wissenschaft.

Der Fall der Soziobiologie im hier erarbeiteten Verständnis erweist sich als verhältnismäßig einfach und eindeutig dem Biologismus zuzuordnen und aus der Biologie auszuschließen; für andere Ansätze wie biologische Systemtheorien, neurobiologische oder -kybernetische Theorien und anderweitige extreme Darwinismen mag die Zuordnung schwieriger sein. Man wird insgesamt mit Grauzonen und Beurteilungsspielräumen rechnen und sich auf detaillierte wissenschaftstheoretische Untersuchungen einlassen müssen. Das ist nicht das Geschäft des Sozialethikers, denn hier geht es darum, die Sensibilität für den Mißbrauch von Wissenschaften zu wecken und sich insbesondere für dessen Bedingungen und Folgen zu interessieren.

---

[70] Vgl. E. O. Wilson, Biologie als Schicksal, 166 i. V. m. 181; ders., Die Einheit des Wissens, 147 f. und 207 f.; C. J. Lumsden/E. O. Wilson, Das Feuer des Prometheus, 207; 255; D. C. Dennett, Darwins gefährliches Erbe, 733.

[71] F. M. Wuketits, Soziobiologie, 22 f. nennt Andreas Knapp und Peter Koslowski als Kritiker der Soziobiologie, ohne sich jedoch auf deren Argumente einzulassen. Die Nachbemerkungen in Dawkins' *Das egoistische Gen* setzen sich zwar eingehend mit Kritik auseinander, beziehen sich jedoch nur auf begrenzte Einreden.

[72] Vgl. E. O. Wilson, Biologie als Schicksal, 160 ff.; 192; R. Dawkins, Das egoistische Gen, 528; D. C. Dennett, Darwins gefährliches Erbe, 726. – Als Lieblingsgegner, das sei ergänzend erwähnt, muß den Soziobiologen herkömmlich das Christentum herhalten.

Bevor der Soziobiologie weiter nachgespürt wird, ist noch ein Blick auf die Theologenzunft zu werfen und nach dem Hintergrund für das Übersehen der Biologie-Biologismus-Unterscheidung sowie nach dem Preis zu fragen, den man für das Übersehen entrichten muß.

5.2.4 Gefahren aus der Nichtwahrnehmung des Biologismus

Unterbleibt eine möglichst deutliche Trennung zwischen der Biologie und ihrem „-ismus“, so kann, wie bereits angedeutet, die Biologie Schaden nehmen hinsichtlich ihrer eigenen Funktionsfähigkeit und ihrer öffentlichen Reputation. Ebenso kann die Gesellschaft Beschädigungen erleiden, wenn die Verwissenschaftlichung der Lebenswelt fehlläuft.[73]

Auch für die Theologie lauern Gefahren, wenn sie sich hier Blindheit leistet. Zur Vorbeugung ist anhand aussagekräftiger Fälle auf eine charakteristische Schwäche aufmerksam zu machen, die die Theologie anfällig für die Verführung durch den Biologismus macht. Es lassen sich dabei zwei Typen der Blindheit unterscheiden: der erste belegt die Biologie mit demselben Mißtrauen, das er gegen den Biologismus ausgeprägt hat und schüttet das Kind mit dem Bade aus; der zweite begrüßt die Biologie, nähert sich ihr jedoch derart, daß er nicht, wie vermeint, biologisch informiert ist, sondern dem Biologismus auf die Leimrute kriecht. Beide Typen, die man als Immunisierung bzw. als Identifikation mit dem Gegner bezeichnen kann, kommen darin überein, daß sie fast ausschließlich auf deskriptiver Ebene operieren.

In *Konrad Lorenz. Abbau des Göttlichen* bezieht der gläubige Biologe Klaus Berger die schon verlassen geglaubte Festung des Kreationismus[74] und setzt dazu an, die Schöpfungsgeschichte gegen die Evolutionstheorie auszuspielen. Sein konkreter Gegner ist dabei Konrad Lorenz, vor allem in dessen Äußerungen in *Das sogenannte Böse*, *Der Abbau des Menschlichen* und *Die acht Todsünden der zivilisierten Menschheit.* Bergers Vorwürfe sind zunächst triftig: Lorenz erhebe die Evolutionstheorie zur Ersatzreligion[75] und führe eine problematische Klage über die Überbevölkerung nebst der verabscheuenswürdigen Folgerung, dem Problem mit Erhöhung des Selektionsdrucks zu begegnen.[76] Auch der Anthropomorphismus-Vorwurf, den Berger gegen Lorenz erhebt[77] geht ins Ziel.

Das weitere Vorgehen erscheint jedoch unüberlegt. Anstatt nun, was zutreffend wäre, Lorenz zunächst in normativer Rede des Biologismus zu zeihen, vergißt Berger Freund und Feind und verwirft in heiligem Zorn die ganze Evolutionstheo-

---

[73] Vgl. L. Schäfer, Das Bacon-Projekt, 32; P. Shpiman, Die Evolution des Rassismus; H. Plessner, Die verspätete Nation.

[74] Vgl. K. Berger, Konrad Lorenz. Abbau des Göttlichen, Berneck 1990, 45; 53-55.

[75] Vgl. ebd., 105-108.

[76] Vgl. ebd., 99-102.

[77] Vgl. ebd., 124-126.

rie: „Doch bei wahrhaftiger Prüfung der Fakten muß ich sie [die Evolutionstheorie; A.H.] als Biologe ablehnen, weil sie unzutreffende Aussagen macht und damit den Blick für die Zusammenhänge des Lebens verzerrt.“[78] Damit vergrößert er nicht nur seine Gegnerschaft und lädt sich Argumentationsnöte auf, sondern er vollzieht durch seinen *pars pro toto* gegen die Biologie gerichteten Angriff einen Diskursabbruch und stellt sich voreilig ins wissenschaftliche und theologische Abseits. Es ist daher kein Zufall, daß Bergers Buch in einschlägigen Debatten herkömmlich unerwähnt bleibt, obwohl seine Aussagen alles andere als geringfügig sind.

Im vorliegenden Gedankengang ist Berger auch aus einem anderen Grund erwähnenswert, denn er verschleiert mit seinem Vorgehen die Logik der Sachlage und wird deshalb nicht auf einen anderen Mangel seiner Position aufmerksam. Dieser besteht darin, daß er sich darauf beschränkt, aus einer christlichen Sichtweise der evolutionsbiologischen Beschreibungssprache eine theologische entgegenzusetzen. Dadurch gerät er auf eine – im moraltheoretischen Sinn – ebenso naturalistische Schiene wie Lorenz: „‘Gut’ ist, was Gott fordert, und was er verbietet, ist ‘böse’“[79], alles Nähere stehe in der Bibel und sei dem Urteil der Vernunft ohnehin nicht zugänglich. Fixiert auf die Unstimmigkeiten auf deskriptiver Ebene wird hier in direktem Anlauf eine Entscheidung gesucht, ohne eingehender Fragen nach einer vernünftigen Rechtfertigung von Aussagen oder nach der Bedeutung von Begriffen aufzuwerfen. Weil auf diese Weise aber keine Einigkcit erzielt werden kann, bleibt nicht mehr übrig, als daß jede Seite auf ihren Aussagen beharrt und man sich gegenseitig für ungläubig hält. Bergers Vorgehen verdeckt ihm dreierlei: den Unterschied zwischen Biologie und Biologismus, den Umstand, daß Theologie mehr und anderes ist als beschreiben und erklären, sowie die sprachliche Differenz, auf die das Argument vom naturalistischen Fehlschluß aufmerksam macht. Wie der Biologismus macht auch Bergers Position den Zusammenhang deutlich, der zwischen der Fixierung auf den deskriptiven Diskurs und der Abwertung vernünftiger bzw. moralischer Urteilsbildung besteht.[80] Vernünftige Kritik hat dann keinen Ort, so daß die Auseinandersetzung um die richtige Beschreibung und Erklärung der Wirklichkeit zur Machtfrage wird.

Weitaus gängiger als solche gegen die ganze Evolutionstheorie gerichteten Austreibungsversuche ist die frohe Begrüßung der Biologie, in der manche Theologen ihr wissenschaftliches Heil suchen. Solche verbrüderungswilligen Positionen laufen Gefahr, neben der erwünschten biologischen Versiertheit auch unbemerkt begriffliche Sprengsätze zu übernehmen. Pierre Teilhard de Chardin mag als tragisches Beispiel dafür dienen, wie die Begeisterung für eine kosmologische Optik und geschmeidige Redeweisen Blick und Sensibilität für den Menschen

---

[78] Ebd., 55.
[79] Ebd., 97. – Ein Plädoyer für Theokratie findet sich ebd., 106.
[80] Vgl. S. 172 ff.

fatal trüben.[81] War Teilhard bei Begriffen wie „Evolution“ und „Emergenz“ schwach geworden, so lauten die verführerischen Worte, bei deren Klang nicht wenige Theologen derzeit sämtliche Vorsicht fahren lassen, „Selbstorganisation“ und vor allem „System“[82]. Anhand von Stefan N. Bosshards *Erschafft die Welt sich selbst?* läßt sich dieses Problem illustrieren.

Bosshard nimmt sich zum Ziel, eine „ausgewogene Synthese“[83] zwischen den modernen Naturwissenschaften, die er ausschließlich unter dem Blickwinkel der Selbstorganisationsvorstellung der Systemtheorie wahrnimmt, und der Theologie zu entfalten. Weil die Theologie seit biblischen Zeiten so verfahre, daß sie die zeitgenössischen Weltbilder aufgreift, so sei dies auch gegenwärtig vonnöten. Er schreckt nicht davor zurück, diensteifrig Teile der Heiligen Schrift zur Disposition zu stellen, um die Theologie mit der Biologie „kompatibel“[84] zu machen.

Als Kern der im Zuge der Angleichung zu übernehmenden Beschreibungssprache bezüglich der Schöpfung im allgemeinen und des Menschen im besonderen macht Bosshard sich die Rede vom System zu eigen: „Ethologische Nicht-Determiniertheit und ererbte Verhaltensbereitschaften werden beim Menschen zu einer *Systemganzheit* integriert. Dieses System ist mehr als die Summe der Teile und erzeugt zusammen mit anderen Faktoren den Synergieeffekt des typisch menschlichen Freiheitsgeschehens.“[85]

Die Rede vom System in der Biologie geht unter anderem auf Ludwig von Bertalanffy zurück, der mit dem Vorläufergedanken der „organismischen Auffassung“[86] die festgefahrene Debatte zwischen Neovitalismus und der Maschinentheorie des Lebendigen elegant und überzeugend zu beenden wußte. Bertalanffy selbst räumt hier jedoch die Begrenztheit des Systembegriffes ein, wenngleich er später durchaus kecker aufzutreten beginnt.[87] Daß etwa Niklas Luhmann als einer der prominentesten Vertreter einer soziologischen Systemtheo-

---

[81] Vgl. H.-E. Hengstenberg, Der Personalismus bei Teilhard de Chardin, in: Ders., Mensch und Materie. Zur Problematik Teilhard de Chardins, Stuttgart u.a. 1965, 83-107; J. Passmore, Der vollkommene Mensch. Eine Idee im Wandel von drei Jahrtausenden, dt. v. J. Schulte, Stuttgart 1975, 264-266. – Gerade seine posthumanen Visionen waren es, die Teilhard de Chardin haben Eingang in die Cyber-Ideologie finden lassen, vgl. K. Müller, Computer machen Leute, 156 f.

[82] Vgl. etwa S. N. Bosshard, Erschafft die Welt sich selbst?; C. Söling, Das Gehirn-Seele-Problem, 246 ff.; weniger prägend in A. Knapp, Soziobiologie und Moraltheologie. Kritik der ethischen Folgerungen moderner Biologie, Weinheim 1989, 107 f.; 119; 231. – Vgl. dagegen R. Esterbauer, Verlorene Zeit, 32 ff.

[83] S. N. Bosshard, Erschafft die Welt sich selbst?, 144; vgl. ebd., 12.

[84] Ebd., 15; 145. – Zum Umgang mit der Bibel vgl. ebd., 159 ff.; ders. Probleme der Vereinbarkeit von Evolutionstheorie und Schöpfungstheologie, 148-150.

[85] S. N. Bosshard, Erschafft die Welt sich selbst?, 64. – Dieser mit Verweis auf den bereits einschlägig erwähnten Konrad Lorenz formulierten Bestimmung stellt Bosshard Entsprechendes im Blick auf Geist und Erkenntnis – hier unter Betonung der Adaption – an die Seite, vgl. ebd., 133 und 142. Bosshards Meinung, die „Entfaltung der Systemtheorie“ sei „[b]esonders hilfreich“, findet sich ebd., 14.

[86] L. von Bertalanffy, Das biologische Weltbild, Wien-Köln ^{2}1990, 22.

[87] Vgl. L. von Bertalanffy, Aber vom Menschen wissen wir nichts, dt. v. H.-J. Flechtner, Düsseldorf-Wien 1970, 167-171.

rie den Menschen theoretisch zum Verschwinden bringt und einen waschechten Funktionalismus vertritt, ist längst kein Geheimnis mehr, und eben dies gilt auch für den in der Theologie beliebten Gewährsmann für Fragen der Systemtheorie Ilya Prigogine.[88]

Wie kann solch ein Theorietyp attraktiv für eine Theologie sein, die sich als hermeneutisches Unterfangen der Selbstauslegung aus dem Glauben versteht? Prigogine und Isabelle Stengers verstehen es nicht nur, durch die gefällige Rede vom „Dialog mit der Natur" und von einer „neuen Synthese"[89], die die zwei Kulturen des Humanismus und der Naturwissenschaften vereinige, Sympathie zu erzeugen, sie weisen auch ein Konzept vor, mit dem sie dem Unbehagen an den Naturwissenschaften begegnen: „Die Wissenschaft liefert uns heute ein Bild von der Natur, das hinreichend komplex ist, so daß wir uns allmählich darin wiederzuerkennen vermögen. Wir stehen nicht mehr vor der tragischen Wahl zwischen einer entfremdeten Wissenschaft oder einer antiwissenschaftlichen Ideologie."[90] Das Versprechen stellt ein neues Bild der Natur in Aussicht, nicht des Menschen, was offenbar von Theologen so verstanden wird, als könne man eine christliche Selbstbeschreibung ohne Verluste in die Systemsprache überführen. Tatsächlich aber unterstellen Prigogine und Stengers ohne weiteres, daß der Mensch als Teil der Natur zu verstehen sei,[91] d.h. es handelt sich hier um ein verdecktes *unfriendly takeover* seitens der – freilich neuen und daher nicht mehr „entfremdeten" – Naturwissenschaft. Die strenge Determination, bzw. auf die Biologie bezogen: die „eiserne Hand der Gene"[92] wird in dieser unsichtbar, sie verflüchtigt sich scheinbar in Komplexität, in die ständige Bewegung kleinster Teile und die Unverrechenbarkeit unterschiedlicher Funktionsebenen und Rückkopplungen. Daß Dennetts *Elbow Room* im wesentlichen dieselbe Operation enthält, läßt den Verdacht auf die schillernde Position des dort – wie auch bei Wilson – zu konstatierenden epistemischen Indeterminismus aufkommen. Tatsächlich kennen Prigogine und Stengers zur Erklärung und Beschreibung der Wirklichkeit lediglich Zufall und Notwendigkeit. Deren Neugewichtung zugunsten des Zufalls, d.h. des Unvorhersagbaren, nebst Bekenntnis zur Irreversibilität der Zeit ist kaum mehr als das Entzünden von Nebelkerzen. Ein menschlicher Akteur springt aus diesen theoretischen Vorkehrungen nicht heraus, und gerade an ihm ist eine lebensweltlich orientierte Selbstbeschreibung des Menschen interessiert. Indeterminismus ist nicht besser als Determinismus, wenn es um die Frage der Freiheit

---

[88] Vornehmlich wird herbeigezogen: I. Prigogine/I. Stengers, Dialog mit der Natur. Neue Wege naturwissenschaftlichen Denkens, dt. v. F. Griese, München-Zürich 1981.
[89] Ebd., 29.
[90] Ebd., 277.
[91] Vgl. ebd., 280: „Wir glauben, daß diese Kreativität des Menschen uns nicht in Gegensatz zur Natur bringt, sondern uns vielmehr hilft, in einer gewissen Weise zu erkennen, daß wir ein Teil der Natur sind."
[92] Zum Ausdruck vgl. P. Kitcher, Vaulting Ambition, 24.

der menschlichen Handlungen geht.[93] Das Dialogangebot von Prigogine und Stengers ist, nach anthropologisch-ethischen Maßstäben, ein nur vermeintlich gutes.[94]

Bosshard übersetzt das systemtheoretische „Zufall und Notwendigkeit" für anthropologische Belange zwar listenreich mit „Freiheit und Gebundenheit"[95], doch es wird dadurch nichts gewonnen. Entweder man nimmt die Systemtheorie ernst, die von einer anonymen Selbstorganisation à la Luhmann und Dennett ausgeht, dann ist die Rede von Freiheit irreführend; oder man beharrt auf einem ethisch relevanten Sinn von Freiheit, dann bekommt die systemtheoretische Diktion den Charakter modischen Wortgeklingels ohne wirkliche Folgen. Die Fähigkeit der Systemsprache, die zentralen Elemente einer ethischen Anthropologie in einem erhellenden Zusammenhang darzustellen, ist nach den Beobachtungen bei Dennett fragwürdig, und so besteht begründeter Anlaß zu der Sorge, jemand könne aus voreiliger Verbrüderung mit Prigogines oder ähnlichen Vorschlägen seine theologische Anthropologie an eine sachfremde Sprache wegwerfen.

Als „Schlußstein" seiner interdisziplinären Überlegungen stellt Bosshard nicht nur die Kompatibilität, sondern zudem eine „positive Komplementarität"[96] zwischen Evolution und Schöpfungsglauben fest, d.h. der Schöpfungsglaube wird als mitbestimmende Kraft in den Prozeß der Evolution eingebunden. „Natur und Rationalität werden gesehen als für einander offene und auf einander ausgerichtete Größen, die eine letzte Einheit bilden. Vernunft als Teil der Natur erlaubt es somit der Erkenntnis, sich in einem induktiv-deduktiven Reflexionsprozeß den naturalen Bedingungen sicher zu nähern."[97] Diesem Bekenntnis zur Grundaussage der Evolutionären Erkenntnistheorie korrespondiert dasjenige zu einer evolutionären Ethik, deren Perspektiven Bosshard hier skizzieren will: „Für eine *theologische Ethik* ist nun von erheblicher Bedeutung, daß ihre einzelnen sittlichen Forderungen nicht einfach als ein konstruierter Überbau die ursprüngliche Offenheit des menschlichen Verhaltens vereinnahmen oder diese gar verfremden."[98] Auch wenn die naturale Basis menschlichen Tuns nicht selbst moralischen Charakter zugesprochen bekommt, tritt sie doch als der einzig genannte „Prüfstein" moralischer Handlungen auf. Ob eine moralische Forderung akzeptiert wird, hängt nach Bosshard von ihrer rationalen Begründung ab – wobei „rational" jedoch im Sinne der Evolutionären Erkenntnistheorie bestimmt wird.[99] Auch hier wird der ethische

---

[93] Vgl. R. M. Chisholm, Freiheit und Handeln, in: G. Meggle (Hg.), Analytische Handlungstheorie Bd. 1: Handlungsbeschreibungen, Frankfurt/M. 1977, 354-387; hier 359.

[94] Vgl. G. Altner, Die Überlebenskrise der Gegenwart. Ansätze zum Dialog mit der Natur in Naturwissenschaft und Theologie, Darmstadt 1987, 90; R. Esterbauer, Verlorene Zeit, 139-143. – Zu den Ansprüchen von Prigogine und Stengers vgl. dies., Dialog mit der Natur, 13; 294.

[95] S. N. Bosshard, Erschafft die Welt sich selbst?, 16.

[96] Beide Zitate ebd., 212.

[97] Ebd., 212; vgl. ebd., 142.

[98] Ebd., 214.

[99] Vgl. ebd., 212 f. und 139 ff.

Diskurs auf den deskriptiven reduziert, der seinerseits so voroptioniert ist, daß Geltungsfragen auf der Basis von Genese und Anpassung zu erörtern sind.

Auf der Ebene moralischer Normen ist Bosshard zufolge, der sich auch hier im unbeschwerten Einklang mit biologistischen Positionen befindet, die grundlegende Rolle der Aggressivität hinzunehmen, die lediglich im Dienst der Funktion und Überdauerung von Sozialsystemen zu dosieren sei.[100] Der Mensch könne auf das Maß der Aggression Einfluß nehmen, weil er seine angeborenen Verhaltensdispositionen kulturell überformen kann, und hier weist Bosshard dem christlichen Schöpfungsglauben seinen Ort im Spiel der Evolution an: „Im Liebesethos hat Jesus Christus der Entwicklungsgeschichte der Menschheit einen neuen Drehpunkt gegeben. Als eminent *sozialer Gestaltungsfaktor* wirkt er den Unrechtsverhältnissen entgegen und betreibt die Verwandlung eigennützigen Handelns in Opferbereitschaft und Selbstlosigkeit."[101] Der Frage, wie dieser Drehpunkt in die Welt gekommen sei, läßt sich im Rahmen solchen Denkens wohl mit dem Hinweis begegnen, die Welt sei eben ein *offenes* System. Das ändert jedoch nichts daran, daß dieses spezifisch christliche Element ebenso wie das angedeutete rechtliche dem Beschreibungsansatz Bosshards äußerlich und fremd bleibt. Die Frage, wie sich das anvisierte Ethos der Nächstenliebe durchsetzen könne, übergeht er, obwohl sich daran durchaus die Frage der Kompatibilität von Schöpfungs- und Evolutionsglauben neu entzünden könnte. Statt dessen wird eine hoffnungsvolle, aber leider unbegründete Zukunftsvision angeschlossen: „Wird ein solches Liebesethos von einer weltweiten Glaubensgemeinschaft entschieden bejaht, so muß es zwangsläufig den Humanisierungsprozeß und das Sozialverhalten der Menschen positiv beeinflussen und kann zu einer *prägenden Kraft der Humanevolution* werden."[102] Wenn das Auftreten des Liebesethos aus systemtheoretischer Perspektive zufällig ist, seine Durchsetzung nach Lage der Dinge in der Evolution nicht zu erwarten ist, was berechtigt dann zu der Annahme, es könne zu einer massenhaften Bejahung kommen? Es ist bezeichnend, daß Bosshard weder eine Glaubensaussage noch ein Argument zugunsten des Liebesethos aufbringt. Beschreibung mit Erklärungsanspruch, Antizipation und – damit beschließt er seine Überlegungen – ein Appell: Das Vorgehen gleicht dem des Biologismus bis ins Detail.

Der hartnäckige Verbleib auf der deskriptiven Ebene – von der Aufnahme gängiger Redeweisen bis hin zu verzweifelten Konstruktionen wie etwa der Lüke-

---

[100] Vgl. Ebd., 216. – Ein zu hohes Maß an Aggresison zerstöre eine Population, ein zu geringes lasse Feinde einsickern, so Bosshard (vgl. beispielsweise R. Dawkins, Das egoistische Gen, 126 ff.). Aggressives Vorgehen sei deshalb zunächst nicht böse oder schlecht, „sondern nur das ungehemmte, ungestaltete, das dem intensiven Sozialleben Schaden zufügt." (S. N. Bosshard, Erschafft die Welt sich selbst?, 218, mit Hinweis auf Wolfgang Wickler und andere) Dawkins berechnet abstrakt ein Gleichgewichtsmaß (Das egoistische Gen, 129 f.), aber wer denkt an die Opfer solch „förderlicher" Aggression?

[101] S. N. Bosshard, Erschafft die Welt sich selbst?, 221.

[102] Ebd. 223.

schen „strenge[n] Gegenwart", von der nach kritischen Maßstäben eigentlich niemand etwas wissen kann[103] – verbindet viele theologische Auseinandersetzungsversuche untereinander und mit dem Biologismus. Eine Verständigung zwischen solchen Positionen ist nur durch die ganze oder teilweise Übernahme der Beschreibungssprache des Gegenübers zu realisieren; wird hier keine Bereitschaft signalisiert, verhärten sich die Fronten. In dieser Diskursform läßt sich aber weder eine solche Übernahme begründen,[104] noch lassen sich in ihr die normativen Ansprüche einlösen, die oft vertreten werden.

Mit einer weiteren Detailbeobachtung läßt sich hervorheben, daß die betroffenen Theologien sich mit dem Biologismus im selben Boot befinden, und zudem andeuten, wohin dieses Boot fährt. Gemeint ist die durchgehende Descartes-Schelte, die sich einmal als Forderung darstellt, daß Descartes endlich überwunden werden müsse, einmal als Verkündung, genau dies vollbracht zu haben. Descartes wird vorgehalten, fahrlässig einen Dualismus zwischen Geist und Materie in die Welt gesetzt zu haben, der die Erforschung der Wirklichkeit durch Anzweifelung empfindlich störe und zudem erdacht sei, damit der Mensch sich zum Herrn über die Welt aufspreize und beginne, sie despotisch zu beherrschen und auszubeuten. Weiter erschwere er die Erforschung des Menschen selbst und sei ansonsten naiv, was die Gewißheit der Selbsterkenntnis angehe.[105] Man kann die Vorhaltungen gegen Descartes' Dualismus mit Günter Altners Formulierung im Vorwurf einer „positivistischen Selbstüberschätzung der Vernunft"[106] zusammenfassen.

Diesen nicht immer sorgfältig durchdachten Auffassungen läßt sich Schlagendes entgegenhalten: daß es Naturzerstörung auch vor Descartes gegeben hat, er weder der eigentliche Fürsprecher der Naturbeherrschung ist noch von Industrialisierung etwas wußte; daß er um die Problematik des Dualismus wußte und sie zu entschärfen versuchte;[107] daß er Gott nicht auszublenden gedachte, um den Menschen an seine Stelle zu setzen, sondern daß der Gottesbeweis just der Spitzenge-

---

[103] Vgl. U. Lüke, Bio-Theologie, 153-160; das Zitat ebd., 154.

[104] Deshalb kann Bosshard auch nur die Opportunität einer Übernahme der systemtheoretischen Diktion motivieren. Sie sei eben das derzeit gängige Weltbild, dem sich der Theologe anzubequemen habe, der zeitgemäß verkünden will. Wechselt die gängige Weltsicht, könne man immer noch umsatteln, vgl. S. N. Bosshard, Erschafft die Welt sich selbst?, 11; 15.

[105] Vgl. ebd., 140 f.; A. Knapp, Soziobiologie und Moraltheologie, 189; 287; G. Altner, Die Überlebenskrise der Gegenwart, 5; 37; 68; 100; C. Junker, Zur immer tieferen Erschließung des Menschenmöglichen, 20 f.; C. Söling, Das Gehirn-Seele-Problem, 239; in abgeschwächter Form R. Esterbauer, Verlorene Zeit, 14. – Auf biologistischer Seite: D. C. Dennett, Philosophie des menschlichen Bewußtseins; ders., Kinds of Minds, 77; E. O. Wilson, Die Einheit des Wissens, 145; 148; K. Lorenz, Die Rückseite des Spiegels, 12; 28; 305; R. Riedl, Biologie der Erkenntnis, 18 f.; 232.

[106] G. Altner, Die Überlebenskrise der Gegenwart, 55.

[107] R. Descartes, Meditationen über die Grundlagen der Philosophie, VI, 13.

danke seines Denkens ist;[108] daß er die Existenz der Außenwelt nicht angezweifelt hat,[109] sondern, anstatt in philosophischer Überhebung Revolutionäres oder gar Absurdes zu behaupten, lediglich „uralte Selbstverständlichkeiten unseres abendländischen Selbstverständnisses neu formulierte“[110].

Gerade in ihrer Unüberlegtheit sind die Angriffe gegen einen Descartes, den es nie gegeben hat, aufschlußreich, denn sie zeugen ihrerseits von einem massiven positivistischen Mißverständnis. Nur unter der stillen Voraussetzung, daß Wissenschaftlern, Theologen und Philosophen nichts anderes obliege, als die Welt zu beschreiben und in ihr erklärend einen Kausalzusammenhang aufzudecken, läßt sich der Ansatz von Descartes als derart skandalös wahrnehmen. Es ist daher verräterisch, daß niemand von den genannten Kritikern fragt, *was* Descartes eigentlich macht. Den Kern seines Unternehmens machen geltungstheoretische, d.h. normative Überlegungen aus, und an ihnen hängt sein philosophisches System. Das bleibt freilich dort unverstanden, wo man sich weigert, normative Diskurse ernst zu nehmen und sie allenfalls, im Rahmen naturaler Vorgaben, als Frage nach moralischen Normen berücksichtigt. Descartes' Zweifel ist der Ausdruck dafür, daß die Geltung von Aussagen – übrigens gar nicht primär von moralischen Urteilen – fraglich geworden ist. Hier hält er es für nötig, auf das Subjekt, insofern es Vernunft exemplifiziert, zurückzugehen und nur das anzuerkennen, was *dessen* Kriterien genügt. Anders als seine hier aufgeführten Kritiker ist Descartes dabei willens, über diese Kriterien und deren Erfüllungsbedingungen Auskunft zu geben und sie diskursiv zugänglich zu machen. Die Notwendigkeit einer solchen „transzendentalen Reflexion“[111] wird oft übersehen, in schwereren Fällen wird auch deren Möglichkeit verleugnet. Mit ihr wird das Erkenntnissubjekt als solches übergangen, der Mensch wird in der Folge ausschließlich aus einer sich als vollständig objektiv verstehenden Perspektive thematisiert. Während der Biologismus die wissenschaftlichen Ansprüche bestenfalls aus der Annahme relativiert, daß der Mensch selbst Teil der Natur sei und den Verlust der ersten Person damit zementiert, anstatt ihn zu verhindern,[112] erfassen theologische Positionen den Menschen durchgängig als ein sich selbst transzendierendes Wesen. Diese Einsicht verbleibt jedoch zumeist im Rahmen der ontologischen Deskription, zu

[108] Vgl. H. Schnädelbach, Reflexion und Diskurs, 222; H. Schöndorf, René Descartes. Die Grundlegung der neuzeitlichen Philosophie, in: StZ 121 (1996), 243-254; hier 253; J. Splett, „Erfüllt mit einer so äußersten Freude“. René Descartes (1596-1650) als Denker vor Gott, in: ThPh 75 (2000), 236-249.

[109] Der cartesische Zweifel ist bekanntlich ein methodisches Prinzip und darf nicht ontologisch überinterpretiert werden, vgl. R. Descartes, Meditationen über die Grundlagen der Philosophie, 11; vgl. dazu H. Schnädelbach, Reflexion und Diskurs, 217.

[110] H. Schnädelbach, Descartes und das Projekt der Aufklärung, in: A. Horn u.a. (Hg.), Descartes im Diskurs der Neuzeit, Frankfurt/M. 2000, 186-206; hier 195.

[111] H. Schnädelbach, Reflexion und Diskurs, 96; vgl. ebd., 225 f.

[112] Damit ist die Position des erkenntnistheoretischen Naturalismus grob markiert. Sie verschafft die Möglichkeit, Einwände im Sinne einer transzendentalen Beweisführung pauschal als „idealistisch“ zu entlarven, wovon etwa die Evolutionäre Erkenntnistheorie Gebrauch macht.

naheliegenden Folgen hinsichtlich einer Logik der Theologie selbst bzw. der Biologie dringen die Autoren oftmals nicht durch.[113] Die beiden gravierendsten Mängel biologistischer und auch einschlägiger theologischer Anthropologien sind ihre normative Abgeschlossenheit und ihre Neigung, über die Selbstwahrnehmung und Selbstbestimmung der Menschen zu verfügen, anstatt sie kritisch auszulegen. Die gemeinsame Wurzel dieser Mängel sind möglicherweise Vorbehalte gegen die Autonomie des Subjektes, die sich in den stereotypen Auslassungen gegen ein unrealistisches Descartes-Bild verdichten.

5.3 Die Ortlosigkeit der Soziobiologie in der Philosophie

Sollte die Soziobiologie sich durch den Vorwurf, sie gehöre nicht in den Bereich der Biologie, aufschrecken lassen, bliebe ihr die naheliegende Ausflucht, sich als philosophische Position zu verstehen, die, angereizt durch die Erfolge der Evolutionsbiologie, die Möglichkeiten einer Weltbeschreibung auf eben diesem Theorieboden ins Auge fasse. Die im Rahmen biologischer Überlegungen gravierend erscheinenden Mängel würden durch diesen Perspektivenwechsel, so die Hoffnung, auf die Größe handhab- oder gar ausräumbarer Schönheitsfehler zurechtgestutzt, die den philosophischen Ausgriff nicht ernstlich tangierten. Nicht nur das Selbstverständnis vieler soziobiologischer Autoren läßt eine solche Wendung erwarten,[114] auch das in den Zeitungs- und Magazinartikeln erhobene Material weist darauf hin, daß die Soziobiologie, wenn sie auch nicht selbst philosophisch sein will, so doch immerhin antritt, die Philosophie zu beerben, indem sie deren Fragen beantwortet.

Bei der nun anstehenden Prüfung, ob die Soziobiologie wirklich in der Philosophie eine Heimat hat, kann von dem Gemeinplatz ausgegangen werden, daß das welt- und selbsterschließende Unternehmen Philosophie sich seinem Anspruch nach vor allem dadurch auszeichnet, daß es nicht nur über jedweden Gegenstandsbereich, sondern zudem über sich und sein Vorgehen argumentativ Rechenschaft abgeben will.[115]

Im Kern besteht die Soziobiologie aus dem Versuch, eine Metasprache in der Rede über menschliches Zusammenleben zu etablieren. Sie ist daher als Metatheorie der Sozialwissenschaften und der Ethik anzusprechen und, weil sie Religion als ausschließlich soziales Phänomen faßt, ebenfalls als Metatheorie der Religion. Sie ist Teil des Versuches, evolutionstheoretisches Vokabular in den Rang einer uni-

---

[113] Als Ausnahme ist Karl Rahner zu nennen, vgl. dazu H.-D. Mutschler, Karl Rahner und die Naturwissenschaft; K. Müller, Wenn ich „ich" sage, 54 ff.

[114] So verstehen sich Dennett, Vollmer und Wuketits ausdrücklich als Philosophen. Auch Dawkins und Wilson, wenngleich als Biologen auftretend, operieren wissentlich im Feld der Philosophie.

[115] Vgl. H. Schnädelbach, Philosophie, in: Ders./E. Martens (Hg.), Philosophie. Ein Grundkurs, Bd. 1, 37-76; hier 37 f.

versellen Metasprache zu erheben und steht, wie insbesondere anhand der Mem- und Bedeutungstheorie von Dennett erkennbar ist, in unmittelbarem Zusammenhang mit evolutionären Erkenntnistheorien. Charakteristisch für beide Theoriestränge ist die bereits erwähnte Fixierung auf den deskriptiven Diskurs, d.h. das Ansinnen, auch normative Fragen mit Hilfe genetischer Erklärungen anzugehen. Hierin stimmen der ausgeklügelte Instrumentalismus Dennetts und die kruden Reduktionismen des *Focus* überein. Unterschiede bestehen dabei vor allem in den Konsequenzen, die man aus diesem Modell von Sprachenhierarchien im Hinblick auf die entwertete Lebenswelt alias *folk psychology* zieht. Während einige an Elimination denken bzw. umstandslos damit beginnen, beläßt Dennetts Instrumentalismus ihr ein nicht nur vorläufiges Reservat. Warum hier von einer Fixierung zu sprechen ist, was es mit diesem Beharrungsvermögen auf sich hat und wie es philosophisch zu qualifizieren ist, ist im folgenden darzutun.

5.3.1 Das Herzstück der soziobiologischen „Philosophie" im Test

Bei seinem Versuch, die Evolution des Geistes und der Sprache zu rekonstruieren, entwirft Dennett ein Bild vom „Turm des Erzeugens-und-Testens"[116], das die stufenweise Distanzierung von Organismen ihren Umwelten gegenüber zum Ausdruck bringt. Gänzlich unflexible Organismen („Darwinsche Geschöpfe"[117]) bezahlen mangelnde Einpassung in die Umwelt umgehend mit ihrem Ableben, sie selber stehen bei jedem Test zur Disposition. Mit der Distanz von der Umwelt, der Plastizität der Aktionen und der Zahl der Aktionsparameter wächst der zu erwartende Überlebenserfolg. Entscheidend von Vorteil ist dabei, wenn Organismen über Informationen bezüglich ihrer Umwelt verfügen, d.h. eine „innere Umwelt"[118] ausbilden, in der Aktionen erprobt werden können, bevor sie mit allen, gegebenenfalls tödlichen Folgen ausgeführt werden. Mit diesen „Popper-sche[n] Geschöpfe[n]"[119] ist nach Dennetts Rekonstruktionen der Geist erreicht. Bei diesem handelt es sich um ein Kontrollorgan, das zwar keine Abbildung der äußeren Umwelt generiert, aber Informationen über sie und die in ihr obwaltenden Gesetzmäßigkeiten einzieht und aufbereitet, um so einen Überlebensvorteil einzuspielen. Einem negativen, nunmehr geistigen Testverlauf fällt nicht der Organismus, sondern lediglich dessen gescheiterte Vorstellung zum Opfer. Die Sprache ist Dennett zufolge im Unterschied zum Geist spezifisch für den Menschen und stellt eine weitere Aufstufung dar, ein weiteres Stockwerk im Turm der Anpassung. Die über Sprache verfügenden „Gregorianische[n] Geschöpfe"[120] können sich auch

---

116 D. C. Dennett, Darwins gefährliches Erbe, 520.
117 Ebd.
118 Ebd., 522.
119 Ebd.
120 Ebd., 525. – Diesen Ausdruck hat Dennett zu Ehren des britischen Psychologen Richard Gregory gewählt, vgl. ebd.

noch von den Informationen über die Umwelt distanzieren und in übergeordneten Prozessen der Informationsverarbeitung ein weiteres erhebliches Plus an Lebenschancen erreichen. „Wörter und andere geistige Werkzeuge verleihen dem Gregorianischen Geschöpf eine innere Umwelt, mit deren Hilfe es immer raffiniertere Mittel zum Erzeugen und Ausprobieren von Zügen aufbauen kann."[121] In Dennetts Vorstellungen zur Moral- oder besser: universalen Entscheidungstheorie wiederholt sich diese Figur. Ziel des Akteurs ist es, sich in der kulturellen Umwelt zurechtzufinden und unter angemessenen Zeitaufwendungen Entscheidungen zu treffen. Es wird dazu kein weiterer und eigens zu thematisierender Aspekt der menschlichen Sprache veranschlagt, hier wie bei Dennetts allgemeinen Überlegungen gibt es nur Repräsentations- und Vereinfachungsfunktionen der Sprache im Dienst der Selbsterhaltung.

Im Anschluß an Wittgensteins *Philosophische Untersuchungen* ist die Sprachphilosophie jedoch über dieses naturalistische Modell längst hinausgegangen, so daß der Dennett'schen als der avanciertesten Theorie der Sprache und des Geistes auf seiten der Soziobiologie der Vorwurf nicht zu ersparen ist, nicht in allen Belangen auf der Höhe der Zeit zu sein. Bedeutung lediglich als eine Sache der Korrelation zwischen Wörtern einerseits, Dingen und überlebensdienlichen Verhaltensweisen andererseits aufzufassen, vernachlässigt bzw. unterschlägt wesentliche Aspekte der menschlichen Sprache: ihren Handlungscharakter, ihre reflexive und wertende Seite sowie ihre Verständigungsleistung.[122]

Eine philosophische Theorie hätte über die Gründe für derartig einschneidendes Ausblenden Auskunft zu geben. Die hier angezeigte Vermutung eines Mangels ist zunächst durch Gegenüberstellung mit einer reichhaltigeren Theorie zu erhärten, wozu nachfolgend die Diskurstheorie von Herbert Schnädelbach herbeigezogen und um einen semantischen Aspekt erweitert wird.

In *Reflexion und Diskurs* überträgt Schnädelbach den theoretischen Gehalt der Reflexionsphilosophie in einen sprachlichen Modus, der dem *linguistic turn* gerecht wird. Die von Descartes bis Kant grundlegende Unterscheidung zwischen Erkenntnis und Reflexion tritt nun als die pragmatische Differenzierung zwischen „'primär-kommunikativem' Handeln" und „Diskurs" auf.[123] Der Diskurs wird dabei ausdrücklich nicht als Metakommunikation aufgefaßt, da erstens das sprachliche Handeln in sich bereits reflexiv ist und zweitens die Rede von Metakommunikation die Einrichtung weiterer Hierarchiestufen erfordern würde. Der Diskurs ist pragmatisch ausgezeichnet, d.h. es handelt sich um eine Bereichs-,

---

[121] Ebd., 526.
[122] Vgl. zum Handlungscharakter J. L. Austin, Zur Theorie der Sprechakte, dt. v. E. v. Savigny, Stuttgart 1972; zum wertenden Aspekt G. E. Moore, Principia Ethica, dt. v. B. Wisser, Stuttgart 1970. – Aufschlußreich ansonsten die Transformationen der Philosophie in Deutschland: K.-O. Apel, Transformation der Philosophie, 2 Bde., Frankfurt/M. 1973; H. Schnädelbach, Reflexion und Diskurs; J. Habermas, Theorie des kommunikativen Handelns.
[123] H. Schnädelbach, Reflexion und Diskurs, 145.

nicht um eine Ebenendifferenzierung,[124] die sich auf die Thematisierungspraxis bezieht und nicht mit einer semantischen Differenz, die sich zwischen Fach- und Gemeinsprache ansetzen läßt, deckungsgleich ist. Wenn das kommunikative Handeln „hakt", tritt man zwecks Verständigung in den Diskurs ein. Wie die cartesische und kantische Reflexion ist der Diskurs der Ort, an dem die Beurteilungskompetenz wie der Orientierungsbedarf des Subjektes zur Geltung kommt, in dieser Differenzierung kommt mithin die Autonomie des Subjektes zum Ausdruck.

Der Tatsache Rechnung tragend, daß man sprachlich verschiedenes tun kann, unterscheidet Schnädelbach des weiteren zwischen Diskurstypen. Nicht je nachdem *was*, sondern *wie* etwas thematisiert wird, befindet man sich in einem deskriptiven, in einem normativen oder in einem explikativen Diskurs. Im deskriptiven Diskurs[125] wird nicht beschrieben (erklärt, klassifiziert), sondern es wird gefragt, wie etwas zu beschreiben bzw. zu erklären sei. Die Beschreibungssprache selbst, sei sie aus der Fach- oder aus der Gemeinsprache genommen, ist das Vehikel, mit dem man im beschreibenden primär-kommunikativen Handeln vorankommt, erst Methodenoptionen leiten in den Diskurs über. Im beschreibenden primär-kommunikativen Handeln und im deskriptiven Diskurs operiert die Soziobiologie vornehmlich, und hier werden die erwähnten Auseinandersetzungen zwischen ihnen und der Theologie zumeist ausgetragen. An einen Einstieg in den normativen Diskurs wird oft nicht gedacht. Im normativen Bereich geht es jedoch nicht nur um Fragen der Ethik, die zu thematisieren man sich genötigt sehen kann oder auch nicht, sondern um Geltungsfragen allgemein. Die Frage etwa, ob es vernünftig sei, die Diktion der Biologie für anthropologische Untersuchungen zu übernehmen oder nicht, ist eine normative,[126] ferner werden Methoden*fragen* im normativen Diskurs gestellt.

Ebenso sporadisch wie normative Überlegungen werden in den beobachteten Debatten Sinnexplikationen angestrengt, und dies zumeist vereinzelt zu Korrektur- oder Definitionszwecken. Im explikativen Diskurs wird hingegen nicht nur anläßlich aktueller Mißverständnisse darüber aufgeklärt, wie jemand bestimmte Ausdrücke verwendet, sondern in ihm wird auch der Abschluß normativer Fragen angestrebt – z.B. in der Explikation dessen, was „vernünftig" bedeutet.[127]

Die Unterscheidungen zwischen primär-kommunikativem Handeln und Diskurs sowie zwischen unterschiedlichen Diskurstypen lassen Unterlassungen und Engführungen in Debatten deutlich werden. Eine „Logik der Diskurse"[128], die die Möglichkeiten und Grenzen von Diskursverknüpfungen offenlegt, kann darüber

---

[124] Vgl. ebd.
[125] Vgl. ebd., 180 ff.
[126] Vgl. ebd., 217 ff.; zur Qualifizierung von „vernünftig" als normatives Prädikat vgl. ebd., 274.
[127] Vgl. ebd., 275 f.
[128] Ebd., 337.

hinaus die sprachliche Disziplin befördern und unzulässige Schlüsse, Diskursvermengungen, markieren.[129]

Das Thema Diskursverknüpfung bzw. -vermengung behandelt Schnädelbach anhand von Beispielen, die immerhin anzeigen, daß Übergänge zwischen Diskursen möglich sind, wenn sie normativ gerechtfertigt sind, und daß sich darüber hinaus eine „Diskurs*hierarchie*“[130] abzeichnet. Gemeint ist damit, „daß wir uns im *deskriptiven* Diskurs (wie bei allen Deskriptionen) nur dann verständigen können, wenn wir im *normativen und* im *explikativen* Diskursbereich bereits verständigt sind“[131]. Die Geltungs- und Sinnbedingungen müssen klar sein und sind dann zu thematisieren, falls der deskriptive Diskurs zu keiner Einigung führt. Wie bereits erwähnt, muß auch der normative Diskurs, wenn in ihm keine Verständigung erzielt werden kann, in einen explikativen übergehen. „Der *explikative* Diskurs berührt den *normativen* Diskurs an der Stelle, wo wir *normative Konsequenzen unserer nur explikativ zu klärenden Selbstinterpretation als Philosophierende erörtern.*“[132] Damit ist nicht nur reformuliert, daß die Frage „Was soll ich tun?“ in anthropologische Fragestellungen mündet, sondern auch, auf welche Weise der Mensch abschließend thematisiert wird: explikativ, nicht deskriptiv.

Die bekannteste und auch im folgenden noch aufzugreifende Diskursvermengung ist der naturalistische Fehlschluß; er besteht darin, daß vom deskriptiven Diskurs ausgehend ungerechtfertigt in den normativen Diskurs übergewechselt wird. Aber auch das Verständnis der explikativen Untersuchungen Descartes' als Ontologie des erkennenden Menschen vermengt Diskurse, und zwar den explikativen mit dem deskriptiven.[133] Die explikativen Teile der Ethik Kants werden dagegen nicht selten normativ mißverstanden und abgelehnt, weil sie in diesem Licht unrealistisch erscheinen. Diese Beispiele zeigen, daß der Streit um die Soziobiologie entschärft werden könnte, wenn die Kontrahenten eingehender darauf achten würden, *was* sie und ihre Gegenüber gerade tun. Gleichwohl läßt sich der Streit dadurch nicht schlichten.

Wie läßt sich nun innerhalb eines solchen Modells die einfachere Sprachenvorstellung der Soziobiologie verorten? Der erste und bereits genannte Befund lautet, daß sie störrisch im deskriptiven Bereich, vornehmlich in der primär-kommunikativen Deskription, verharrt und sich weigert, den Menschen auch auf andere Weisen zu thematisieren, obwohl sich anbietende Diskurspartner – hartnäckige Biophilosophen etwa – deutlich zu erkennen geben, daß man im deskriptiven Bereich allein nicht weiterkomme.

Es ist die Folgefrage zu stellen, *warum* die Soziobiologie den deskriptiven Diskurs so ungern verläßt, nicht einmal für ethische Fragestellungen. Man kann

---

[129] Vgl. ebd., 341 ff.
[130] Ebd., 352.
[131] Ebd.
[132] Ebd., 351.
[133] Vgl. ebd., 344.

davon ausgehen, daß sie die Fragen nach richtigen Methoden und Begründungen sowie nach Sinn und Bedeutung ihrer Ausdrücke zugunsten der Evolutionstheorie für entschieden hält. Damit bleibt die Deskription tatsächlich allein noch offen und braucht nur durch weitere Forschung innerhalb des Paradigmas vervollständigt zu werden. Ein deskriptiver *Diskurs* ist infolgedessen ebenfalls nur am Rande noch zu führen und verbleibt überdies im innerbiologischen Rahmen, gleiches gilt für explikative Desiderate. Mit der Thematisierungsweise hält die Soziobiologie zugleich die semantische Frage nach der richtigen Beschreibungssprache für entschieden. Die biologische Fachsprache wird der Gemeinsprache der Lebenswelt pauschal übergeordnet, so daß sich hier eine semantische Hierarchievorstellung ergibt. Die Gemeinsprache steht in dieser Hierarchie gleichwohl noch besser da als die Fachsprachen der Disziplinen, die der ideologiekritischen Entlarvung durch die Soziobiologie anheimfallen. Diese seien nicht nur ungenau, sondern führten gezielt in die Irre, während die Gemeinsprache sich immerhin als Exaptation gehalten oder als Adaption gute Dienst geleistet habe. Der soziobiologische Skeptizismus macht vor der Biologie halt, weshalb hier Überlegungen zur Einbettung der biologischen Fachsprache in der Gemeinsprache herkömmlich nicht anzutreffen sind.

Ist diese Option nun begründet oder handelt es um nicht mehr als eine willkürliche „metaphysische Aufwertung der Natur“[134]? Wieder einmal ist es einzig Dennett, der hier überhaupt eine Frage zu erkennen scheint, doch wie seine Mitstreiter sieht auch er sich ohne weitere Umstände durch die Erfolge der Evolutionstheorie hinreichend zu diesem Schritt berechtigt.[135]

Würde der Erfolg der Evolutionstheorie an ihrem Beitrag zur Humanisierung der Welt gemessen, wie es – auch nach Aussagen so mancher Soziobiologen – angemessen wäre, so wäre das Ergebnis eher ernüchternd oder zumindest vielschichtig, steht sie doch im Zusammenhang mit anerkannt inhumanen politischen Bewegungen. Die Distanzierungsgesten, denen man in der soziobiologischen Literatur häufig begegnet, ändern daran nichts. Schwierig, wenn nicht aussichtslos, ist bei *dieser* Frage nach dem Erfolg jedoch die Explikation von „Humanisierung“: wird sie in soziobiologischen Kategorien vorgenommen, tritt man in einen fruchtlosen Begründungszirkel ein; wird sie in einer anderen Sprache vorgenommen, würde das Vorgehen voraussichtlich von seiten der Soziobiologie als befangen und unwissenschaftlich abgetan. Es scheint ohnehin, als sei mit dem Verweis auf den Erfolg der Evolutionstheorie etwas anderes gemeint, namentlich die Ver-

---

[134] H. Schnädelbach, Erfahrung, Begründung und Reflexion, 25.

[135] Die Entscheidung zugunsten des Naturalismus trägt Dennett vor in: D. C. Dennett, Setting Off on the Right Foot, in: Ders, The Intentional Stance, 1-11; *Darwins gefährliches Erbe* bewegt sich dagegen im biologistischen Mainstream, beginnend mit einem aufwendigen historischen Erweis der Überlegenheit darwinistischen Denkens und endend mit einem Bekenntnis (Darwins gefährliches Erbe, 733). Bekenntnis statt Begründung auch in K. Lorenz, Das sogenannte Böse, 368; C. J. Lumsden/E. O. Wilson, Das Feuer des Prometheus, 39 f.

drängung alternativer Evolutionstheorien durch den Darwinismus und die Bewältigung immer neuer und weitergehender Fragen mit Hilfe desselben. Dieser Erfolg ist jedoch aus anthropologischer Sicht vergleichsweise uninteressant, und im Blick auf den Menschen ist gerade fraglich, ob der Darwinismus so leistungsstark ist wie behauptet. Eine philosophische Ersetzung alternativer Anthropologien – das entspräche dem erfolgreichen Abschluß des soziobiologischen Projekts einer universellen Deskription des Menschen – steht ebenfalls nicht zu erwarten; dies bereits aus Gründen, die die Auszeichnung der biologischen Fachsprache als Metasprache erschüttern. Schon Darwin hat sich mit dem Vorwurf herumschlagen müssen, er könne seine Theorien nicht in einer angemessenen Sprache formulieren, wobei es für ihn vor allem darum ging, jeden Anschein von Teleologie zu vermeiden.[136] Bis in die Gegenwart arbeiten sich die Biologen an diesem und ähnlichen Problemen ab, doch ist es bislang weder gelungen, sich von der *folk psychology* wirklich zu lösen, noch überhaupt zu so präzisen und eindeutigen Begriffen zu kommen, wie es das Ideal einer Metasprache vorgibt. Bei Grundbegriffen wie „Gen", „Altruismus", „Evolution", „Adaption", „Selektion" usw. herrscht immer noch erhebliche Unklarheit und bleibt Explikationsbedarf bestehen.[137]

Es ist daher kein Grund auszumachen, warum man mit den Soziobiologen die Fragen nach der richtigen Thematisierungsweise und -sprache hinsichtlich des Menschen für entschieden halten sollte. Auch wenn die Lage der Evolutionsbiologie erfreulicher für sie zu beurteilen wäre, bliebe immer noch überaus fraglich, ob sich daraus eine derartige Option ableiten ließe und man philosophisch in das Ende der Philosophie einwilligen könne. Die moderne Einsicht in die Begrenztheit menschlicher Erkenntnis, die sich im Fallibilismus empirischer Wissenschaften ebenso ausdrückt wie im Diskursmodell der Sprache, verbietet ein solches Vorgehen.

Das Theoriearrangement der Soziobiologie kann – auch bei Zugrundelegung der einfachen Forderung der Selbstrechtfertigung – nicht als philosophisches angesehen werden, tatsächlich markiert es dem Anspruch nach das Ende philosophischer Argumentation. Dieser Befund ist nicht überraschend, ist doch bereits die Evolutionäre Erkenntnistheorie angetreten, um die Vernunft als Illusion zu entlarven, ebenso wie die Soziobiologie ihr entlarvendes Werk an der Moral und der Ethik zu vollziehen gedenkt.

Ein einziges Argument reicht demnach aus, um die Soziobiologie als nicht- oder besser antiphilosophische Bewegung zu demaskieren – widerlegen läßt sie sich nicht. Es ist das von Thomas Nagel und anderen formulierte „*step back*"-

---

[136] Vgl. U. Pörksen, Die Metaphorik Darwins und Freuds – Überlegungen zu ihrer möglichen Wirkung, in: Ders., Deutsche Naturwissenschaftssprachen, 126-149; G. Keil, Kritik des Naturalismus, 107 ff.

[137] Vgl. S. 161 Anm. 51.

Argument, das gegen die Selbstgenügsamkeit jeder Beschreibung des Menschen seine Möglichkeit einklagt, aus der Perspektive der ersten Person den normativen Diskurs zu eröffnen. „Selbst wenn einige seiner wirklichen Überlegungen überzeugend weganalysiert werden (...) wird es für ihn generell vernünftig sein, diese neue Information dem Korpus seiner selbstbezogenen Überzeugungen hinzuzufügen, um dann erneut einen Schritt zurück zu tun und zu fragen: 'Zu welchem Tun habe ich angesichts all dessen Grund?'"[138] Nagel geht davon aus, daß der Versuch, solche Fragen der praktischen Vernunft selbst zu naturalisieren und abzustellen, nicht aussichtsreich ist. Statt dessen würde ein fortgesetztes Hin und Her zwischen weiterer Naturalisierung und erneutem *step back* einsetzen. „[Wahrscheinlich ist], daß die Frage immer vorhanden ist und fortfährt, bedeutsam zu sein und eine Antwort zu verlangen. Aufgeben bedeutete nichts anderes als moralische Trägheit."[139] Nagel sieht offenbar, daß das Argument zwar einen gewissen Schutz bietet, jedoch gegen den Naturalismus nichts Bleibendes ausrichtet. Etwas zu optimistisch ist er jedoch, was das Fortfahren der Frage angeht. Es ist weder ohne weiteres davon auszugehen, daß man es auch in Zukunft für moralisch geboten halten wird, sie zu stellen, noch wird man einfach voraussetzen dürfen, daß sie stets formulierbar sein wird. Tatsächlich bedarf es dazu bestimmter semantischer Ressourcen, die der Naturalismus als kulturrevolutionäres Programm gerade zurückzudrängen versucht.[140]

In der Sozialethik kann der Vorwurf der Immunisierung oder Unvernunft deshalb und aus einem verschärfenden Grund nicht das Ende der Auseinandersetzung mit der Soziobiologie sein. Die Auszeichnung der biologistischen Deskription zieht Konsequenzen nach sich, die in ihrer politischen Relevanz zur Kenntnis genommen werden müssen. Wie die Philosophie von Descartes bis Kant dem Individuum, insofern es Vernunft exemplifiziert, einen Beurteilungsvorbehalt einräumte, so wird mit dem Diskursmodell die „politische Öffentlichkeit"[141] als kritische Instanz gegen Autoritäten eingesetzt. Was Kirchen, Fürsten, Monarchen, Tyrannen oder sogenannte Sachzwänge präsentieren, ist nicht deshalb, weil sie es behaupten, schon zu akzeptieren. Nicht zufällig waren es normative Fragen, die Descartes veranlaßten, seine – vielen allzu solipsistisch und „anthropozentrisch" erscheinenden – Reflexionen anzustellen. Die Aufklärung als Kritik der Vernunft wie als Wissenschaft beharrt auf der Autonomie des Menschen im Dienst einer vernünftigen Gestaltung der sozialen und natürlichen Welt. Diskurse auszuschalten ist daher nicht nur ein theoretischer, sondern auch ein politischer Akt, genauer: ein Anschlag auf die Autonomie, der wegen der engen Verknüpfung zwischen ihr und dem Gedanken der Demokratie unmittelbar politische Implikationen hat. Weil

---

[138] T. Nagel, Das letzte Wort, 163.
[139] Ebd., 163 f.
[140] Vgl. G. Keil, Kritik des Naturalismus, 15; D. Henrich, Das Selbstbewußtsein und seine Selbstdeutungen, in: Ders., Fluchtlinien. Philosophische Essays, Frankfurt/M. 1982, 99-124; hier 124.
[141] J. Habermas, Strukturwandel der Öffentlichkeit, 263.

dem weiter nachzugehen ist, kann die Soziobiologie an dieser Stelle noch nicht entlassen werden.

Zuvor ist der aus der Selbstimmunisierung entspringenden Argumentationsparalyse der Soziobiologie auf den Feldern der Anthropologie und der Ethik nachzugehen. Dieser Gang erhellt nicht nur weiter die philosophische Hilflosigkeit der Soziobiologie, sondern dokumentiert auch die Nutzlosigkeit philosophischer Argumente in dieser Sache.

5.3.2 Der Versuch, den Selbstbeschreibungsdiskurs zu okkupieren

Jede Moraltheorie ist in ihren Grundlagen entscheidend auf die Frage verwiesen, wie wir uns als Menschen verstehen wollen – das ist ein Fall dessen, worauf Schnädelbach mit dem Gedanken aufmerksam macht, daß der normative und der explikative Diskurs einander berühren. Herkömmlich wird eine sinnexplikative Offenlegung der Gebrauchsweise sprachlicher Ausdrücke in der Philosophie „Analyse“[142] genannt. Für eine Selbstbeschreibung des Menschen nach Art der Soziobiologie ist demnach eine Analyse der Selbstbeschreibungssprache in Begriffen der Soziobiologie gefordert. Etwas derartiges liefern die Soziobiologen freilich nicht, wenngleich Übersetzungen des Ausdruckes „Mensch“ nicht zuletzt wegen des Provokationsgehaltes zentral sind. Warum der Mensch als Gen- bzw. Memmaschine oder als Überlebensmaschine verstanden werden soll, wird zwar aus den entfalteten Kontexten deutlich, zudem führen die Autoren ihre Leserschaft bisweilen auch mit Hilfe eines Glossars in das Sprachspiel der Soziobiologie ein.[143] Dennoch handelt es sich hierbei lediglich um Definitionen, es ist wird nicht sichergestellt, daß sie in der Lage sind, die lebensweltliche Sprache wirklich zu verbannen. Erst in einem solchen Nachweis bestünde eine ausgeführte Analyse, Definitionen haben dagegen eher den Charakter von Versprechen.

Daher steht bis heute der unter dem Stichwort „Anthropomorphismus“[144] firmierende Projektionsvorwurf unverändert gegen die Soziobiologie, wie er die Evolutionsbiologie seit ihren Anfängen verfolgt. Er steht für den Einwand, daß die Sprache der Soziobiologie letztlich nicht umhin kann, auf die lebensweltliche Sprache – je nach Variante im Gewand teleologischer oder intentionaler Elemente – zurückzugreifen und auf ihr, wie verdeckt auch immer, aufzuruhen. Der Projek-

---

[142] H. Schnädelbach, Reflexion und Diskurs, 283.

[143] Vgl. F. M. Wuketits, Gene, Kultur und Moral, 155-164; ders., Soziobiologie, 191-208; ders., Verdammt zur Unmoral?, 247-252; E. O. Wilson, Biologie als Schicksal, 197-203; C. J. Lumsden/E. O. Wilson, Genes, Mind, and Culture, 365-384.

[144] Vgl. dazu G. Keil, Kritik des Naturalismus, 18. – Hier findet sich auch der Hinweis, daß es auch einen Anthropomorphismus-Vorwurf in entgegengesetzter Richtung, vom Naturalismus gegen den Nichtnaturalismus gibt, wozu auch R. Spaemann/R. Löw, Die Frage wozu, 11; H. Schnädelbach, Das Gesicht im Sand. Foucault und der anthropologische Schlummer, in: Ders., Zur Rehabilitierung des animal rationale, 277-306. – Zur Debatte steht die Frage, ob die Rede vom Menschen obsolet bzw. repressiv sei oder nicht.

tionseinwand nötigt dazu, die mit dem – versuchsweise philosophisch verstanden-den – soziobiologischen Programm in Aussicht gestellten Analysen endlich durchzuführen.

Wie bereits erwähnt, wurde Darwin sofort nach der Veröffentlichung der *Origin of Species* mit der Schwierigkeit konfrontiert, daß die Rede von Selektion teleologisch konnotiert ist und die Vorstellung von Absichten in den theoretisch als absichtslos behaupteten Evolutionsprozeß hineinträgt.[145] Daß es sich hierbei nicht nur um das Problem der Ersetzung eines liebgewonnenen Ausdrucks handelt, sondern um die prinzipielle Möglichkeit, die Selektionstheorie überhaupt anspruchsgemäß zu konzipieren, wird dadurch angezeigt, daß die Teleologie nur der Skylla entspricht, als deren Charybdis die Tautologie lauert. Das teleologische Element zwingt sich auf, weil der Selektionsgedanke eines vom Überlebthaben unterschiedenen inhaltlichen Kriteriums bedarf, das für das Überleben relevant ist.[146] Bereits daraus wird ersichtlich, daß die Rede von Überlebensmaschinen nicht aus dem intentionalen Idiom herausführt.

Freilich wird die Evolutionstheorie im Kern durch den Hinweis, sie lebe von teleologischen bzw. intentionalen Projektionen, nicht wirklich erschüttert. Der Einsatz von Metaphern ist legitim, wenn er ein sachgeleitetes Verständnis eines Vorganges eröffnet oder fördert, und das ist bei der Evolutionstheorie im allgemeinen der Fall. Es bereitet keine Probleme, hier einen heuristischen Mehrwert einstreichen zu wollen. Auch wenn es beispielsweise Ernst Mayr nicht gelingt, die Teleologie aus der Welt zu schaffen, so bedeutet seine Explikation mittels des Teleonomiebegriffs[147] einen Fortschritt in Begriffsbildung und Erklärungsleistung der Biologie. Daß es sich dabei lediglich um eine Verschiebung des teleologischen Elementes „hinter“ das genetische Programm handelt, steht auf einem anderen Blatt und wird erst dann problematisch, wenn der Geltungsanspruch evolutionsbiologischer Aussagen universalisiert wird.

Anders sind die Fälle gelagert, in denen sich ein lediglich wortgeleitetes Verständnis einschleicht, d.h. Argumentationen von anthropomorphen Konnotationen leben, die ein Ausdruck mit sich führt, ohne daß sie im Objektbereich explanatorisch ausgewiesen wären. Für den zwischen Erklärungsleistung und sprachlichem Ausdruck entstehenden semantischen Überhang dürfte die Rede vom „egoistischen Gen“ ein besonders aufschlußreiches Beispiel sein, das insbesondere die

---

[145] Vgl. U. Pörksen, Die Metaphorik Darwins und Freuds, 135.

[146] Vgl. G. Keil, Kritk des Naturalismus, 112 f. – Wilson kennt diese Problematik zwar, scheint sie aber entschieden zu unterschätzen (vgl. E. O. Wilson, Die Einheit des Wissens, 223). Auch Dennett läßt sich nicht beirren (vgl. D. C. Dennett, Darwins gefährliches Erbe, 370 ff.). In der Tat stört der Tautologieverdacht nicht, sobald man es auf Genau-so-Geschichten abgesehen hat, deren Erklärungskraft schon nicht mehr zur Debatte gestellt wird.

[147] Vgl. E. Mayr, Teleologisch und teleonomisch. Eine neue Analyse, in: Ders., Evolution und die Vielfalt des Lebens, dt. v. K. de Sousa Ferreira, Berlin-Heidelberg-New York 1979, 198-229.

Verführung zu ungedeckten Übertragungen in den Bereich des Menschlichen erhellt.

Herkömmlich setzen die Selbstheilungskräfte der Biologie in solchen Fällen ein, indem die sprachlichen Verwirrungen aufgedeckt werden, zu denen der semantische Schein der Metaphern verführt. Voraussetzung für eine erfolgreiche Aufklärung solcher Fehlgriffe ist allerdings, daß die damit argumentierende Partei explikationswillig ist und die Sprache der Biologie als in der Gemeinsprache eingebettet anerkennt, widrigenfalls werden die Hinweise auf Metaphernmißbrauch als Zurückweisung der Evolutionstheorie gewertet. Dawkins zeigt sich in dieser Weise verstockt, wenn er darauf beharrt, die Rede vom „egoistischen Gen" sei *keine* Metapher, sondern beruhe auf einer speziellen Definition.[148] Die Evolutionstheorie beginnt dann, intentionale Gehalte vor sich herzuschieben, und darin zeigt sich die eigentliche Problematik der Projektion.

Im Ausgriff auf das Ganze des menschlichen Lebens wird die Verwurzelung der Theorie in der Gemeinsprache überhaupt abgeleugnet mit dem angezielten Erfolg, daß die biologische Fachsprache für sich selber sorgt, d.h. aus sich selbst für die Bedeutung ihrer Ausdrücke bürgt. Wenn die so expandierende Biologie daran festhält, ihre Definitionen als den Ort zu verstehen, an dem sich „ihr Spaten zurückbiegt"[149] und weiterzufragen sinnlos ist, rückt sie damit in die Funktion einer letzen Instanz zur sprachlichen Erschließung der Welt auf und geht in Biologismus über.

Der Projektionseinwand wird durch Spurenverwischung in zweifacher Hinsicht scheinbar außer Kraft gesetzt. Zum einen wird die Quellsprache der Projektion nebst der in ihr enthaltenen Konnotationen derjenigen der Evolutionstheorie epistemisch untergeordnet, so daß die zum Vorwurf erhobene, nicht durchschaute semantische Beeinflussung durch definitorische Neuanfänge abgefangen und mit den Anschein des Unerheblichen belegt wird; zum anderen wird auch der Entstehungs- und Verständniskontext der lebensweltlichen Sprache biologisch reformuliert, so daß man sich dem Anspruch nach bereits hinter seinem Rücken befindet.

Genau dies, daß es gelungen sei, die lebensweltliche Sprache zu hintergehen, wird jedoch durch den Vorwurf des Anthropomorphismus angezweifelt. Die philosophisch entscheidende Wendung und Dramatisierung dieser Debatte ergibt sich aus der doppelten Gegebenheitsweise des Untersuchungsgegenstandes Mensch, namentlich aus lebensweltlicher Selbstdeutung und aus naturwissenschaftlicher Perspektive. Nicht auf anthropomorphe Projektion allein, sondern auf Projektion plus Rückprojektion lautet daher der weitverbreitete Vorwurf gegen eine Evolutionsbiologie, die im Verdacht steht, über ihre Verhältnisse zu leben. Infolge dieser Spannung zwischen den Erkenntnisweisen kommt es zum Konflikt, und wo die

---

[148] Vgl. Richard Dawkins, In Defence of Selfish Genes, 557.

[149] Zum Ausdruck vgl. L. Wittgenstein, Philosophische Untersuchungen (Schriften, Bd. 1), § 217.

Soziobiologie so verfährt, daß sie die Gemeinsprache einfachhin zum Trägermedium von Vorurteilen erklärt und sich auf tiefgreifende Behauptungen hinsichtlich des Status der Biologie kapriziert, übergeht sie das Problem gerade. So bleibt es in der Soziobiologie merkwürdig still um den Projektionsvorwurf, der ihre Definitionen und ihre Definitionsmacht für fragwürdig hält und auf einen explikativen Diskurs drängt. Mehr als die Klage über die Schwierigkeit, die eigene Position zu vermitteln, läßt sich kaum vernehmen. Sie zu führen heißt aber, die Projektionsproblematik zu unterschlagen.[150]

Einmal mehr ist es Dennett, der eine Ausnahme macht und es für nötig hält, hier zu debattieren. Seine Strategie besteht im parallelen Aufweis der Unangemessenheit und der Unausweichlichkeit des intentionalen Idioms. Kern der Argumentation ist die Zurückweisung der von John Searle im Rahmen einer Auseinandersetzung um die künstliche Intelligenz getroffenen Unterscheidung zwischen intrinsischer oder ursprünglicher und Als-ob-Intentionalität. Ursprünglich sei die menschliche, sprachlich in der Lebenswelt verankerte Intentionalität, Artefakte und natürliche Dinge bekämen Intentionalität nur metaphorisch zugesprochen.[151] Dennett behauptet dagegen, jede Intentionalität sei Als-ob-Intentionalität, man spreche sie Systemen innerhalb ihrer Funktionszusammenhänge genau dann zu, wenn die wirklich wirkenden Mechanismen nicht durchschaubar seien oder zur Sache nichts beitrügen. Man nehme in solchen Fällen, die sich ebenso auf ein Thermostat, auf einen Münzautomaten wie eben auf den Menschen beziehen könnten, eine intentionale Haltung ein.[152] Die Rede von intrinsischer Intentionaltät sei zwar schmeichelhaft, stelle jedoch einen „Himmelhaken"[153] dar, dem der Evolutionsgedanke nachhaltig zu Leibe rücke. Habe man den Menschen erst bis zu den kleinsten Funktionskreisen, auch „*Homunculi*"[154] genannt, durchschaut, werde das zur Anerkennung der prinzipiellen Hintergehbarkeit des intentionalen Idioms zwingen. Wegen der Komplexität der biologischen Materie sei die naturalistische Diktion jedoch nicht praktikabel, deshalb sei zur sprachlichen Verständigung auf die *folk psychology* trotz deren struktureller Defizite zurückzugreifen. Durch seine Ausführungen macht Dennett die Position der Soziobiologie zwar faßbarer und begründet, warum sie dort aufhören muß, wo sie uns stehenläßt; doch bietet er im Ergebnis nicht mehr, als das mittels biologischer Definitionen gegebene Versprechen zu bekräftigen. Weder führt Dennett die nötigen Analysen durch und sagt, was wir „eigentlich" meinen, wenn wir ein intentionales Prädikat verwenden, noch zeigt er, wie es gelingen kann, sich selbst gegenüber eine solche epistemische Position zu verschaffen, wie sie gegenüber einem Thermostat pro-

---

[150] Vgl. R. Dawkins, In Defence of Selfish Genes; C. J. Lumsden/E. O. Wilson, Das Feuer des Prometheus, 64 f.

[151] Vgl. J. R. Searle, Die Wiederentdeckung des Geistes, 96 f.

[152] Vgl. D C. Dennett, Darwins gefährliches Erbe, 282.

[153] Ebd., 99.

[154] Ebd., 283; vgl. dazu G. Keil, Kritik des Naturalismus, 166.

blemlos eingenommen werden kann. Seine Argumentation in *Elbow Room* lebt sogar ausdrücklich von der Unmöglichkeit einer solchen Selbsthintergehung.

Während die auch nach Dennett nicht obsolete Anzeige des Tatbestandes der Projektion grundlegend über die wirkliche Diskurssituation aufklärt, ist speziell für die Sozialethik von weitergehendem Interesse, welche sprachlichen Verschiebungen näherhin aus der kritisierten Projektionsschleife heraus betrieben werden. Sie lassen sich ohne Beobachtung der Soziobiologie *at work* nicht im Detail aus der Evolutionstheorie ableiten, zum einen wegen der Interpretationsoffenheit der Evolutionstheorie selbst, zum anderen, weil die Projektionen verdeckt vorgenommen werden und deshalb unkontrolliert und diffus sind. An dieser Stelle lassen sich lediglich einige allgemeine Stichpunkte zur Annäherung angeben.

Im Verlauf der Projektionen kommt es zunächst zu einer charakteristischen Ausblendung, dem das Haben von Gründen zum Opfer fällt, indem ihm illusorischer oder epiphänomenaler Charakter zugesprochen wird. Während die Intentionalität menschlicher Handlungen grundsätzlich mit den Gründen des Handelnden in Verbindung steht, agieren die nach der Naturalisierung verbleibenden Akteure – das sind die Natur, die Evolution, die Selektion, Gene oder Meme – grund- und scheinbar intentionslos. Dieser Eindruck schleicht sich dadurch ein, daß die Intention bereits in den konzeptionellen Rahmen eingebaut ist und stets dieselbe ist: Überleben sichern. Mit der Ausblendung der reflexiven Haltung, zu der der Mensch fähig ist, ändern sich die Bedeutungen derjenigen Ausdrücke, mit denen ursprünglich in diesem nunmehr weitgehend verwaisten Bedeutungsfeld gesprochen wurde. Reflexion wird zum Kontrollprozeß uminterpretiert, Ausdrücke mit affektiver Bedeutung werden zu mehr oder weniger verborgenen Manifestationen von Egoismus. Insgesamt stellt sich das Projektionsergebnis so dar, daß die anthropologischen Fragmente, die als Sediment in die Operation hineingezogen wurden, als letzte „eigentliche" und wissenschaftlich erwiesene allgemeine Verhaltensmerkmale des Menschen in einer anthropologischen Zoologie ausgegeben werden. Andere Merkmale werden unterschlagen, weshalb die soziobiologischen Projektionen auch als politische Züge wahrzunehmen sind.[155] Schließlich nimmt die Soziobiologie auf pragmatischer Ebene eine „Prestigeanleihe"[156] bei der Biologie auf, die ihre Aussagen mit der Autorität ausstattet, die die Biologie *qua* Naturwissenschaft genießt. In einer verwissenschaftlichenden Gesellschaft ist dieses Prestige beträchtlich und vermag der Soziobiologie unangenehme Infragestellungen weitgehend vom Leibe zu halten.

Es dürfte deutlich sein, daß die Projektionen einige Vereinfachungen in der Diskurslandschaft zum Ergebnis haben. Auf „objektsprachlicher" Ebene wird die

---

[155] Der einschlägige Befund mündet in den Vorwurf, einem unbeschränkten Kapitalismus das Wort zu reden, vgl. A. Knapp, Soziobiologie und Moraltheologie, 180; P. Koslowski, Evolutionstheorie als Soziobiologie und Bioökonomie.

[156] U. Pörksen, Die Metaphorik Darwins und Freuds, 131.

Haltung exerziert, die auf „metasprachlicher“ Ebene eingenommen wurde: Die Soziobiologie stellt den Menschen unter Ausklammerung insbesondere normativer Fragestellungen dar, indem das Haben von Gründen vermeintlich hintergangen wird. Dem Rezipienten wird auf diese Weise zugemutet, sich selbst so zu verstehen, wie die Soziobiologie es beschreibt. Widerständen läßt sich mit diesem Arrangement ebenso wohlfeil wie autoritär begegnen, entweder „therapeutisch“ mit dem Kränkungsstereotyp oder evolutionsbiologisch mit einer Reduktion auf Überlebensinteressen.

Die Widerstände artikulieren sich im Projektionsvorwurf, der in besonderer Ausführlichkeit von Reinhard Löw und Robert Spaemann in *Die Frage Wozu?* vorgetragen wurde. Nachdem einmal die Aufmerksamkeit auf den politischen Subtext der Projektionen gelenkt wurde, wird sogleich deutlich, daß sich im vielstimmig erhobenen Vorwurf gegen sie keine Einheitsfront gegen die Soziobiologie bzw. Evolutionsbiologie formiert. Es steht neben der Logik der Philosophie und dem Erfassen des Phänomens Sprache immer auch die Frage nach Autonomie oder Autorität auf anthropologischer Ebene zur Diskussion, und die läßt sich nicht auf eine einfache Ja-nein-Entscheidung zurückführen.

Es läßt sich ein Typ identifizieren, dessen Projektionsvorwurf eine alternative „Anthropolitik“[157] zum Hintergrund hat, worunter namentlich die von der Soziobiologie gefürchtete „Linke“ fällt. Im dialektischen Wissenschaftskonzept, wie es von Richard C. Lewontin, Steven Rose und Leon J. Kamin in *Die Gene sind es nicht* zugrundegelegt wird, ist die Projektionsproblematik methodisch integriert und wird für unhintergehbar gehalten. Die Autoren konzentrieren sich darauf, Wilson einen genetischen Determinismus nachzuweisen und der Ausblendung der kulturellen Determination zu bezichtigen. Im Mittelpunkt steht die Frage nach der Veränderbarkeit der Gesellschaft, die Wilson negiere. Ob die progressive Seite weniger autoritär ist als die konservative, wird charakteristischerweise nicht zur Diskussion gestellt; in der Tat könnte das aber ein Punkt sein, in dem beide Positionen übereinkommen.

Ausdrücklich auf das Selbstbewußtsein und die freie Einsicht des Menschen rekurrieren an Aristoteles anschließende Positionen, wie sie von Spaemann und Löw sowie, in direktem Bezug zur Soziobiologie, von Andreas Knapp vorgetragen wurden. Knapp formuliert den Projektionsvorwurf zunächst, um das spezifisch Menschliche vor Verfremdung zu bewahren: „Typisch Menschliches wird also zuerst ins Tierreich projiziert, um dann als 'natürlich' aus dem Tierreich herausentwickelt, als gar nicht mehr typisch menschlich erklärt zu werden.“[158] Für das sittliche Bewußtsein, an dem ihm gelegen ist, macht er zu recht geltend, daß es an das nicht mehr hintergehbare Selbstbewußtsein im Gewissen des Subjekts gebunden ist. Dann allerdings erlaubt er sich, dem Spruch des Gewissens vorauszugrei-

---

[157] A. Steffens, Philosophie des 20. Jahrhunderts, 14.
[158] A. Knapp, Soziobiologie und Moraltheologie, 108.

fen und die christliche Werteinsicht hinsichtlich des guten Lebens aus gelebtem Ethos herauszulesen. „Der Mensch kann nur moralisch handeln mit dem inneren Gefühl, daß es einen Gott gibt. (...) Die absolute Gültigkeit einer Norm ist nur religiös begründbar.“[159] Moralisches Handeln speist sich demnach aus unmittelbarer Einsicht, die, so läßt sich bereits bei Hans Jonas nachlesen, keiner weiteren Begründungen bedürftig ist. „Der Glaubende unterliegt weder einem moralischen noch einem technischen Rechtfertigungszwang.“[160] Knapp befindet sich, seinen Beteuerungen zum Trotz, selbst „hinter“ dem Selbstbewußtsein, dessen Unhintergehbarkeit zu übergehen er der Soziobiologie zum Vorwurf gemacht hatte. Es ist nicht die Autonomie der Ethik,[161] sondern die der glaubenden Einsicht ins Sein, die er ausweist. Zwar behauptet Knapp keine kosmologische Teleologie, wohl aber gedenkt er, dem Subjekt eine objektive Teleologie einzuschreiben. Wie Jonas, Spaemann und Löw kann man auch ihm zugestehen, die Teleologie gegen die Soziobiologie in Schutz genommen zu haben. Nach diesem Rettungsversuch steht die Selbstbestimmung des Subjektes aber nur unwesentlich besser da: Man sagt ihm zwar nicht, was es „eigentlich“ will, aber man teilt ihm mit, was es will, wenn es sich nicht beirren läßt. Systematischer Konservatismus ist ein ständiger Vorwurf gegen die Parteigänger der Sittlichkeit seit Hegel; er hängt damit zusammen, daß das Interesse an der Autonomie des Subjekts nur halbherzig und begrenzt ist.[162]

In der hier gewählten politischen Optik ist der dritte, sprachanalytische Typ des Projektionsvorwurfes der überzeugendste, weil er autoritären Anwandlungen gegenüber resistent ist.[163] Mit dem Nachweis, daß sich das intentionale Idiom nicht aus der Evolutionstheorie eliminieren läßt, wird nicht nur ein Sprachspiel identifiziert und gesichert, das dem Subjektsein des Menschen Rechnung trägt; das leisten die sozialistische und die teleologische Variante auch. Dieser Typ beharrt zudem darauf, daß das menschliche *Individuum* als Subjekt wahrgenommen werde. Wiewohl Sprache kein solipsistisches Phänomen ist und stets nur in Sprechergemeinschaften ihren Ort hat, sind es letztlich Personen, die Vernunft exemplifizieren und auf die sich das intentionale Idiom bezieht. Darüber hinaus gilt, daß die sprachanalytische Philosophie – *per se* weit entfernt davon, das Sub-

---

159 Ebd., 285.

160 Ebd., 298. – Vgl. dazu die säkularisierte Fassung in: H. Jonas, Das Prinzip Verantwortung, 393, wo der Appell für „das Offensein für den immer ungeheuerlichen und zu Demut stimmenden Anspruch“ die dargebotene Werteinsicht stützt.

161 Vgl. zu diesem Anspruch A. Knapp, Soziobiologie und Moraltheologie, 305.

162 Vgl. H. Schnädelbach, Was ist Neoaristotelismus?, in: Ders., Zur Rehabilitierung des animal rationale, 205-230; hier 227. – Der ökologische Gestus, der die einschlägigen Autoren verbindet, ändert an der Halbherzigkeit nichts. Vgl. dazu L. Schäfer, Das Bacon-Projekt, 168.

163 Der Grundgedanke findet sich formuliert in: G. Keil, Kritik des Naturalismus, 107 ff.

jekt aus der Philosophie zu vertreiben, wie frühe Vorbehalte lauteten[164] – das Haben von Perspektiven als irreduzibles Charakteristikum der menschlichen Vernunft erwiesen hat.[165] Die Unverrechenbarkeit der einzelnen menschlichen Perspektive ist der Grund, dem Menschen die Autonomie einzuräumen, von der Philosophen von Descartes bis zur Diskurstheorie das philosophische Geschäft der Orientierung abhängig machen.

5.3.3 Der Versuch, den normativen Diskurs zu eliminieren

Als einschlägige Diskursvermengung wurde der naturalistische Fehlschluß erwähnt, der ungerechtfertigte Übergang vom deskriptiven in den normativen Diskurs auf dem Gebiet der Ethik. Daß mit diesem Vorwurf gegenüber der Soziobiologie aus verschiedenen Gründen eher vorsichtig und jedenfalls sparsam umgegangen werden sollte, ist bereits mehrfach angeklungen. Dennoch spielt dieses Argument in der Debatte um die Soziobiologie auf seiten der Kritiker wie auf derjenigen der Vertreter eine bedeutende Rolle. Während es – verstanden als eine Falle, die objektiv aufgestellt ist und in die jede Theorie hineintappen kann, wenn sie nicht aufpaßt[166] – auf der ersten Seite bisweilen wie ein Automatismus in Anspruch genommen wird, der die autonome Ethik vor den Naturwissenschaften pauschal schütze, sehen sich die Soziobiologen durch es kaum beeindruckt. Man anerkennt es entweder, sieht sich aber nicht davon betroffen, oder man leugnet, daß das Argument seinerseits stimmig sei.[167] Klärung ist vonnöten.

Das Argument vom naturalistischen Fehlschluß richtet sich gegen Theorien, in denen aus deskriptiver Grundlage normative Aussagen abgeleitet werden. Diesen unter dem Etikett „ethischer Naturalismus“[168] versammelten Versuchen wird die Autonomie der Ethik entgegengehalten. Die erste Version des Argumentes, das Humesche Gesetz, macht unmißverständlich klar, daß es ein bestimmtes Vorgehen im Auge hat – namentlich den logischen Übergang von „is“-Prämissen zu „ought“-Konklusionen – und nicht auf die naturwissenschaftliche Erkenntnisform

---

[164] Vgl. H. Schnädelbach, Reflexion und Diskurs, 137. – Andererseits schützt die sprachanalytische Philosophie nicht *per se* die Subjektivität vgl. den Fall Ernst Tugendhats, dazu K. Müller, Wenn ich „ich“ sage, 352 ff.

[165] Vgl. K. Müller, Wenn ich „ich“ sage, 173 ff.; ders., Subjektivität und Theologie. Eine hartnäckige Rückfrage, in: ThPh 70 (1995), 161-186; hier 167-171.

[166] So in: C. Junker, Zur immer tieferen Erschließung des Menschenmöglichen, 103; R. Koltermann, Grundzüge der modernen Naturphilosophie, 247.

[167] Das Argument wird verbal anerkannt, aber nicht für einschlägig gehalten in: F. M. Wuketits, Verdammt zur Unmoral?, 207 f.; G. Vollmer, Möglichkeiten und Grenzen einer evolutionären Ethik, 124. – Für nicht stimmig halten es: D. C. Dennett, Darwins gefährliches Erbe, 655 f.; E. O. Wilson, Die Einheit des Wissens, 335. – Wirksame Beachtung findet das Argument schließlich bei: C. Vogel, Vom Töten zum Mord, 127; G. Vollmer, Wollen – Können – Dürfen, 212.

[168] „Naturalist in der Ethik ist jemand, der das, was seine Kritiker einen naturalistischen Fehlschluß nennen, nicht für einen Fehlschluß hält“, so G. Keil, Kritik des Naturalismus, 6; vgl. O. Höffe, Art. „Metaethik“, in: Lexikon der Ethik, 163-165.

gerichtet ist, insofern diese in den Bereich der Ethik hinein ausgeweitet wird.[169] Als Humesches Gesetz markiert der naturalistische Fehlschluß die *logische* Autonomie der Ethik, ein unbestrittener und wenig Aufsehen erregender Gedanke, der daraus folgt, daß die Logik konservativ ist: Man bekommt als Konklusion nichts heraus, was man an Prämissen nicht hineingegeben hat.[170]

Erst George Edward Moore hat ausdrücklich die *semantische* Autonomie der Ethik verteidigt, dies jedoch entgegen seiner ansonsten bis an die Grenzen der Redundanz gehenden Klarheit und Ausführlichkeit in einer Weise, die die nachträglichen Klärungen William Frankenas fast ebenso berühmt machten, wie seine Verteidigung selbst.[171] Der zentrale Punkt liegt in dem ausgesprochenen Verbot, zwei Prädikate miteinander zu identifizieren, konkret: den Ausdruck „gut" durch einen anderen zu definieren, wobei Moore sich vornehmlich gegen das hedonistische „gut ist lustvoll" richtete. Laut Frankena ist daher besser von einem „Definitionsfehlschluß" [172] zu sprechen.

Nun begeht Moore selbst eine Erschleichung des Beweisgrundes, weil er als Intuitionist[173] davon ausgeht, daß „gut" eben nicht definierbar sei, und diejenigen, die den naturalistischen Fehlschluß benutzen, um ethischen Naturalismus *a priori* zu disqualifizieren, folgen ihm an dieser prekären Stelle *de facto*. Der ethische Naturalismus greift jedoch nicht immer auf semantische Meditationen zurück, um den Ausdruck „gut" durch „überlebensdienlich", „natürlich", „gottgewollt" oder andere Ausdrücke zu ersetzen. Tatsächlich versteht gerade die Soziobiologie sich als empirisch und behauptet die synthetische, nicht die definitorische bzw. analytische Ersetzung der Rede vom Guten. Solchem „synthetic naturalism"[174] kann kein logischer Fehlschluß vorgeworfen werden, sondern ihm muß eigens nachgewiesen werden, daß seine empirischen Rekonstruktionen die angestrebte Ersetzung nicht decken. Der nachgeordnete Vorwurf der „moral blindness"[175], d.h. der Verkennung der Eigenheiten, die die moralische Sprache auszeichnen, trifft diesen ethischen Naturalismus ebenfalls nicht, will dieser doch die moralische Sprache

---

[169] Vgl. D. Hume, Ein Traktat über die menschliche Natur, III, I, 1, dt. v. T. Lipps, Hamburg ²1973, 211 f. – Dort heißt es: „In jedem Moralsystem, das mir bisher vorkam, habe ich immer bemerkt, daß der Verfasser eine Zeitlang in der gewöhnlichen Betrachtungsweise vorgeht, das Dasein Gottes feststellt oder Beobachtungen über menschliche Dinge vorbringt. Plötzlich werde ich damit überrascht, daß mir anstatt der üblichen Verbindungen von Worten mit 'ist' und 'ist nicht' kein Satz mehr begegnet, in dem nicht ein 'sollte' oder 'sollte nicht' sich fände. Dieser Wechsel vollzieht sich unmerklich; aber er ist von größter Wichtigkeit."

[170] F.v. Kutschera, Das Humesche Gesetz, in: GPhS 4 (1977), 1-14; hier 2.

[171] Vgl. G. E. Moore, Principia Ethica, 40 ff.; W. K. Frankena, The Naturalistic Fallacy.

[172] W. K. Frankena, The Naturalistic Fallacy, 58.

[173] Der Intuitionismus „hält die grundlegenden sittl. Urteile für in sich evident, d.h. einer bloß intuitiven Erkenntnis zugänglich". (O. Höffe, Art. „Metaethik", 164.)

[174] C. R. Pigden, Naturalism, in: P. Singer (Hg.), A Companion to Ethics, 421-431; hier 427: „[S]ynthetic naturalism (...) [,] [t]hat is, moral properties might be identified with natural properties by means of empirical research rather than conceptual analysis." – Vgl. W. K. Frankena, The Naturalistic Fallacy, 59.

[175] W. K. Frankena, The Naturalistic Fallacy, 61.

gerade reformieren. Auch wenn man davon ausgehen kann, daß dem Naturalismus derartiges bislang nicht gelungen ist, darf folgendes nicht übersehen werden: „(...) that the charge of committing the naturalistic fallacy can be made, if at all, only as a conclusion from the discussion and not as an instrument of deciding it.“[176]

Eine evolutionäre Ethik, die ihren Namen verdient, ist damit zwar nicht *a priori*, aber kraft der lückenhaften Ergebnisse der Soziobiologie einstweilen aus dem Spiel. Gleichwohl läßt sich die soziobiologische Bewegung nicht aus dem wissenschaftsnahen Reden über Moral verdrängen, wo sie sich mit Hilfe zweier Strategien ebenso unredlich wie hartnäckig hält, die beide auf die Eliminierung dieses Diskursbereiches zulaufen. Es handelt sich einmal um einen offen emotivistischen Weg, zum anderen um einen rhetorischen Kniff, der der Soziobiologie einen maßgeblichen Einfluß auf ethische Fragestellungen sichern soll.

Die emotivistische Tradition, nach der moralische Aussagen nicht mehr als das eigene moralische Gefühl zum Ausdruck bringen und den Adressaten dazu bewegen wollen, sich dem anzuschließen, kann sich auf den Skeptizismus Humes zurückbeziehen, dessen Moraltheorie die Form einer empirischen Theorie der Affekte hat.[177]

Dasselbe Empfinden wie bei Hume, der Unwille über das scheinbare Auf-der-Stelle-Treten der Ethik, und dieselbe Schlußfolgerung, die Tätigkeit der Ethiker entlarven zu wollen, lassen sich in der Soziobiologie auffinden. So läßt Wilson keinen Zweifel daran, was er von philosophischer Ethik hält: „Wie jeder andere beurteilen die Philosophen ihre persönlichen gefühlsmäßigen Antworten auf verschiedene Alternativen so, als würden sie ein verborgenes Orakel befragen.“[178] Diese die Ethik beherrschenden Gefühle stiegen aus dem limbischen System auf, das von der Biologie erforscht werde, die deshalb auch die fundierteste Auskunft in Sachen Moral erteilen könne. Hatte er in *Biologie als Schicksal* im Sinne einer biologistischen Ethik eine „auf biologischer Erkenntnis beruhende( ) Präzisionssteuerung“[179] der Gesellschaft in Aussicht gestellt, so zeigt er sich neuerdings scheinbar moderater, wenn er es der Biologie lediglich überläßt, das Moralempfinden *alias* Moralinstinkt ethologisch freizulegen und die Ethik damit in den Hafen der Wissenschaft zu führen.[180]

---

[176] Ebd., 55.

[177] Vgl. D. Hume, Eine Untersuchung über die Prinzipien der Moral, Stuttgart 1984, 87-93. – Die erste ausgearbeitete emotivistische Theorie stammt von C. L. Stevenson, The Emotive Meaning of Ethical Terms, in: Mind 46 (1937), 14-31; ders., Ethics and Language, New Haven 1944.

[178] E. O. Wilson, Biologie als Schicksal, 13.

[179] Ebd., 14.

[180] Vgl. E. O. Wilson, Die Einheit des Wissens, 335. – Die Verachtung der Ethik ist gegenüber früheren Auslassungen ebenfalls verfeinert. Er fasst die „seit Jahrhundert währenden Debatten“ der Ethik in einem einzigen Satz zusammen: „Entweder sind ethische Gebote wie Gerechtigkeit und allgemeine Menschenrechte der menschlichen Erfahrung übergeordnet, oder sie sind Erfindungen des Menschen.“ (ebd., 317.)

Auch Dennett konstatiert, daß die philosophische Ethik nicht nur in der Regel die falschen Fragen stelle, sondern auch, wenn die richtigen Fragen anstünden, nur idealisierende Rhetorik aufbringe und zu scheitern pflege.[181] Wie Wilson hält er Moral für eine Sache des Gefühls, entsprechend gelte für eine Theorie der Moral: „Ethik muß sich *irgendwie* auf die Natur des Menschen gründen – auf ein Gespür dafür, was ein Mensch ist oder sein sollte und was er haben oder sein möchte."[182] Die Soziobiologie ist auch ihm zufolge für die Moral zuständig, jedoch nicht in dem Sinne, daß sie Rezepte zur Gestaltung der Gesellschaft und zur Lebensführung biete, sondern insofern die Memtheorie in der Lage ist, den Diskurs der Ethik zu rekonstruieren.

Beide Varianten des soziobiologischen Emotivismus beanspruchen, den normativen Diskurs abzuschließen, weil dieser verfehlt sei und deshalb – von politischen Effekten abgesehen – theoretisch ergebnislos bleibe. Die Fortschritte der Biologie würden den normativen Diskurs *peu à peu* in einen deskriptiven überführen, und wer die Weltsicht der Biologie verinnerlicht habe, könne schon jetzt hilfreich in der Ethik intervenieren. So sind die Appelle der Soziobiologen zu verstehen, die Evolution in die eigenen Hände zu nehmen und die Menschheit vor allerlei drohendem Unheil zu bewahren.[183]

Der an zweiter Stelle erwähnte rhetorische Kniff liegt nicht auf der Linie einer offenen Abschaffung des ethischen Diskurses, sondern dient zur naturalistischen Unterwanderung desselben. Er besteht in der Forderung, angesichts drängender Menschheitsprobleme nun endlich mit der „idealistischen" Ethik aufzuhören und zu einer „realistischen" Form überzugehen – mit freundlicher Unterstützung der Soziobiologie.[184]

Ethiker verstehen solche Hinweise mitunter als Angebot zur rechten Zeit, denn bei der gegenwärtigen Bedeutung der Biologie wäre es eine sträfliche Unterlassung, in moralischen Fragen, die das Leben betreffen, nicht ausreichend biologisch informiert zu sein. Das sei unbestritten, doch ist bei aller Dialog- und Interdisziplinaritätsfreude Vorsicht vor Fußangeln zu wahren, die vor allem dann tückisch sind, wenn die Soziobiologie auf eine gemeinsame Aversion gegen Descartes und Kant zurückgreifen kann. Nach erstaunlich weit verbreiteter Auffassung auch in der theologischen Ethik stellt die idealistische Philosophie lediglich „ein großes System des Rechthabens"[185] bereit, das über die Köpfe der wirkli-

---

[181] D. C. Dennett, Darwins gefährliches Erbe, 700; 703.

[182] Ebd., 657.

[183] Als Inbegriff des Übels wird vor allem die Rede von „Überbevölkerung" geführt, vgl. etwa F. M. Wuketits, Verdammt zur Unmoral?, 245; E. O. Wilson, Die Einheit des Wissens, 355 ff. – Als Konsequenz werden jedoch keine Gerechtigkeitserwägungen angestellt, sondern diejenigen angegriffen, die sich einer biologischen – eugenischen, genmanipulativen – Lösungsstrategie in den Weg stellen.

[184] Diese Forderung wird erhoben von: F. M. Wuketits, Gene, Kultur und Moral, 90; ders., Verdammt zur Unmoral?, 21 f.; – Auf theologischer Seite läßt sich positives Echo vernehmen: C. Junker, Zur immer tieferen Erschließung des Menschenmöglichen, 98 f. und 103.

[185] R. Musil, Der Mann ohne Eigenschaften, 382.

chen Menschen hinweggehe. Diese könnten eben nicht dualistisch als Leib und darüber frei schwebende Seele gefaßt werden.

Wie diese kurze Bemerkung anzeigt, lockt die Rede von der „realistischen Ethik" neben dem unmittelbaren Wortverständnis – wer würde sich im Ernst vornehmen, eine unrealistische Ethik auszuarbeiten? – mit zwei Versprechen: die moralische Überforderung des wirklichen Menschen zu vermeiden und die Implementierung der ethischen Grundsätze aussichtsreich zu machen. Die Soziobiologie verspricht also eine Antwort auf die Frage, „wie Moralität im Rahmen des Menschenmöglichen verwirklicht werden kann"[186]. Schenkt man ihren Verheißungen Vertrauen, begibt man sich jedoch aufgrund der darin verpackten Auffassungen über Moral und das Nachdenken darüber auf eine schiefe Ebene, die letztlich den ethischen Diskurs als normativen bedroht. Anhand der Weise, wie Kant und die autonome Ethik dabei gröblich mißverstanden werden, läßt sich die gemeinte Problemlage verdeutlichen.

Kants Pflichtenethik – über deren „Rigorismus"[187] erst noch zu verhandeln wäre – ist kein willkürliches Moraldekret, sondern speist sich aus einer transzendentalen Explikation des menschlichen Selbstverständnisses als moralisch beanspruchtes Wesen. Auch wenn Kant aus heutiger Sicht zu optimistisch hinsichtlich der Einheitlichkeit war, in der sich die menschliche Vernunft äußert, so vermögen seine Ausführungen offenbar auch heute noch zu überzeugen, wenn man nicht an einer heteronomen Moraltheorie interessiert ist.[188] „Idealistisch" nach Art der Soziobiologie mit „autoritär" zu übersetzen, zeugte von elementarem Unverständnis der Sache,[189] wenn es nicht die naturalistische Option lediglich widerspiegelte: Sobald Reflexion als – wenn nicht jetzt, so doch später – erfolgreich naturalisiert gilt, muß der Rekurs auf reflexive Einsichten als weltfremde Verblendung erscheinen.

Ebenso läßt sich auch der Dualismus mißverstehen. Kant war sich sehr wohl dessen bewußt, daß der wirkliche Mensch zum Egoismus neige und es ihm nur manchmal gelinge, moralisch zu handeln.[190] Der intelligible Mensch schwebt seiner Konzeption zufolge gerade nicht über dem empirischen – auch wenn sich

---

[186] C. Junker, Zur immer tieferen Erschließung des Menschenmöglichen, 105.

[187] Ebd., 114.

[188] Vgl. etwa den direkten Vergleich in E. Tugendhat, Vorlesungen über Ethik.

[189] Einen Hinweis darauf, daß Kant nicht allzu schnell dem autoritären oder dem rigoristischen Lager zugeordnet werden sollte, gibt sein Umgang mit dem Grundsatz „fiat justitia, pereat mundus". Kant übersetzt: „[E]s werde Gerechtigkeit, die Schelme in der Welt mögen auch insgesamt darüber zugrunde gehen" (I. Kant, Zum ewigen Frieden. Ein philosophischer Entwurf [Werke, Bd. VI, 194-251], 241.) und erläutert: „nur daß er nicht mißverstanden, und etwa als Erlaubnis, sein eigenes Recht mit der größeren Strenge zu benutzen (...), sondern als Verbindlichkeit der Machthabenden, niemanden sein Recht aus Ungunst oder Mitleiden gegen andere zu weigern oder zu schmälern, verstanden wird." (ebd.)

[190] So ist die Kritik der praktischen Vernunft insgesamt als Versuch zu lesen, die Möglichkeit des Handelns aus Vernunft nachzuweisen, vgl. I. Kant, Kritik der praktischen Vernunft. Vorrede; ders., Anthropologie in pragmatischer Hinsicht, BA 5-8.

eine solche Vorstellung dem aufdrängen mag, der ein ontologisches Mißverständnis der kantischen Philosophie pflegt –, sondern repräsentiert das menschliche Vernunftvermögen bzw. die reflexive Haltung, die er einzunehmen in der Lage ist. Der Dualismus läßt die moralische Spannung der Existenz erst hervortreten, die Paulus mit seinem berühmten Diktum „Denn ich tue nicht das Gute, das ich will, sondern das Böse, das ich nicht will“[191] beklagte. Die naturalistische Einebnung verwischt dagegen diese Spannung im moralischen Subjekt, woraus sich auf normativ-ethischer Ebene die resignierte Vorstellung vom Menschen als zur Moral unfähigen Wesen einstellt, ein „Mißtrauensvotum“[192] gegen den Menschen auch ohne Determinismus.

„Idealistisch“ wird von der Soziobiologie folglich auch im Sinne von „unrealistisch“ oder „weltfremd“ verwendet, womit sich der Vorwurf Luft verschafft, nach einer Ethik kantischen Typs würde sich doch niemand richten, sie sei nicht anwendbar.[193] Darauf ließe sich erstens einwenden, daß Kant sich durchaus Gedanken über die Anwendungsbedingungen der Moral macht; zweitens wäre zu fragen, ob die kantische Ethik tatsächlich so unimplementierbar ist; drittens wäre darauf hinzuweisen, daß mangelnde Moral nicht das Problem der Ethik ist, sondern eines der sozialen Realität.

Die im letzten Punkt angesprochene Frage danach, was Ethik ist und wozu man sie herkömmlich betreibt, lenkt den Blick zurück auf die Soziobiologie. In ihrem Vorwurf an die philosophische Ethik, „idealistisch“ zu sein, spiegelt sich eine Vorstellung davon, was es heißt, im soziobiologischen Sinn „realistisch“ zu sein. Die Soziobiologie versucht gegen die „idealistische“ Ethik ihre biologische Anthropologie stärker geltend zu machen. Der Mensch könne eben nur innerhalb des von den Genen und Memen bzw. epigenetischen Regeln vorgegeben Rahmens handeln, eine Ethik habe das zu berücksichtigen. Halte sie sich daran, könne sie der Menschheit drohende Schwierigkeiten ersparen. Diese Haltung basiert auf der grundsätzlich respektablen Idee, daß man lieber mit einer praktikablen Ethik den Menschen entgegenkommen solle, anstatt etwas moralisch vorzuschreiben, was niemand befolge.

Zunächst ist jedoch festzustellen, daß die Anthropologie in diesem Konzept nicht nur an den anwendungsbezogenen Stellen und bei abschließenden Explikationen auftritt, sondern im normativen Bereich selbst. Die naturalistische Explikation der Rede vom Menschen zieht mithin die offene Möglichkeit des normativen Sprechens *sui generis* prinzipiell in Zweifel, d.h. es werden moralisch relevante Vorentscheidungen lanciert mit dem Erfolg einer heteronomen Ethik. Diese Voreinstellung ist auch inhaltlich fatal, denn der von der Soziobiologie vertretene

---

[191] Röm 7,19; vgl. dazu im Blick auf Kant L. Schäfer, Das Bacon-Projekt, 193.

[192] Vgl. J. B. Metz, Johann Baptist Metz, in: E. Schuster/R. Boschert-Kimmig, Trotzdem hoffen. Mit Johann Baptist Metz und Elie Wiesel im Gespräch, Mainz 1993, 9-58; hier 23.

[193] In aller Ausdrücklichkeit wird das vertreten in: F. M. Wuketits, Verdammt zur Unmoral?.

Egoismus behauptet gerade die Unmöglichkeit moralischen Verhaltens, womit man den Neigungen des Menschen in seiner moralischen Schwäche bis zur inhaltlichen Selbstaufhebung der Ethik in die Belanglosigkeit entgegenkäme. Den Egoismus an derart zentraler Stelle in eine moraltheoretische Konzeption einzubauen, nähme der Ethik einerseits den kritischen Stachel. Die von affirmativen und mit starken anthropologischen Elementen arbeitenden Moraltheorien herkömmlich angezielte Identität des sittlichen Subjekts entginge andererseits einer soziobiologisch imprägnierten Ethik ebenfalls, weil sie auf einer Metaebene operiert und das menschliche Selbstverständnis ignoriert. Das moralische Subjekt darf sich beruhigen, aber in einer Welt, in der nicht es sich auskennt, sondern der Soziobiologe.

Diese naturalistisch verfremdete Anthropologie, zur Moraltheorie umgemünzt, kommt den Menschen entgegen als Anleitung, „es nicht gewesen zu sein“[194], doch folgt für sie daraus auf operativer Ebene nicht auch die Empfehlung für das verständnisvolle Entgegenkommen zwischen den Menschen; im Gegenteil, das Unmoralische wird quasi-moralisch aufgewertet. Zu diesem Befund kommt alarmierend hinzu, daß Ethik in der Soziobiologie oft als Hebel zu politischer Gestaltung verstanden wird, nicht als ein Ort der gesellschaftlichen Selbstvergewisserung.[195] Man tut dieser Bewegung keine Gewalt an, wenn man ihre Rede von „realistischer“ Ethik als Aufforderung versteht, Politik und Ethik zu verwechseln. Näheres über die Soziobiologie läßt sich daher auch nicht im Rahmen ethischer Überlegungen erörtern, sondern muß in einen ideologiekritischen Kontext verlegt werden.

Rekapitulierender Exkurs: Die Stimme der Biologie in der Ethik

Die Mahnung, sich nicht auf Biologismen einzulassen, wenn man Ethik unter Einbeziehung der Biowissenschaften betreiben will, dürfte nunmehr hinreichend deutlich vorgebracht sein. Lassen sich darüber hinaus im Ausgang von der hier vorgenommenen Justierung verwertbare Hinweise für das oft und zu recht geforderte gegenseitige Interesse von Biologie und Ethik gewinnen?

Am Anfang mag die Empfehlung stehen, nicht über Disziplinen oder Ressorts mit ihren je eigenen Wissensbeständen zu reden, sondern statt dessen über Diskurse. Nicht alles, was Biologen sagen, ist Biologie, dafür ist die Soziobiologie ein erhellendes Beispiel. Sie kann als interdisziplinäre Auseinandersetzung der biologienahen Denkens mit der Ethik angesehen werden – freilich eine mißlungene, unter anderem weil sie diskursive Strukturen mißachtet. Ohne eine pragma-

---

[194] Vgl. zum Ausdruck O. Marquard, Wie irrational kann Geschichtsphilosophie sein?, 73.

[195] Deutlich wird solch ein Verständnis in Wuketits' *Verdammt zur Unmoral?* und in Wilsons *Biologie als Schicksal*, vgl. auch D. C. Dennett, Darwins gefährliches Erbe, 722 ff.

tische Selbstvergewisserung steht ein gelungener Austausch zwischen Biologen und Ethikern nicht zu erwarten, man sollte deshalb seine Logik nicht dem Zufall überlassen. Was für einen Diskurs, so ist demnach vor allem weiteren zu fragen, stellt die philosophische Ethik im Kern dar?

Schon diese Frage bietet Raum für erhebliche Uneinigkeit[196] und leitet über zu einem anderen philosophischen Arbeitsfeld, zur Metaethik.[197] Anstatt sie hier eingehend zu diskutieren, kann auf den Vorschlag zurückgegriffen werden, der eingangs[198] als weitgehend unstrittige Intuition bezüglich dessen, was Ethik ist, in Anspruch genommen wurde. Ihm zufolge kann Kants Frage „Was soll ich tun?“ als grundlegende Markierung dessen herhalten, was in der Ethik zu tun ansteht, und im Blick auf die Sozialethik kann ergänzt werden: Was soll geschehen, wie soll das menschliche Zusammenleben gestaltet werden? Diese Fragen zeigen an, daß die Ethik letztlich mit Gründen befaßt ist, die zur Rechtfertigung oder Beurteilung primär von Handlungen herangezogen werden können. Vom Typ her ist die Ethik folglich ein normativer Diskurs, der einstweilen nicht ersichtlich durch Naturalisierung substituierbar oder durch empirisches Dekret abschließbar ist und daher als autonom gelten kann. „Ethik ohne Biologie“[199] lautet daher das Fazit bis hierher.

Dieser Befund muß jedoch modifiziert werden, sobald der Umstand in Betracht gezogen wird, daß normative Überlegungen in ethischer Praxis sich nicht abgehoben von der Wirklichkeit auf logische Variablen beziehen, sondern auf Handlungen, d.h. es sind stets Handlungsbeschreibungen involviert. Bei der zutreffenden Erfassung ethisch relevanter Handlungen und deren Kontexte erweist sich in einschlägigen Bereichen das biologische Fachwissen zunehmend als ethisch relevant und unerläßlich. Gleichwohl wird der ethische Diskurs durch die Verarbeitung biologischen Wissens nicht biologisiert, und insofern erscheint es angebrachter, von Kenntnisnahme oder Information, anstatt eher unglücklich von einem „Dialog zwischen Biologie und Ethik“ zu sprechen.[200] In der Ethik wird das biologische

---

[196] Auch die Vorstellungen der Soziobiologen gehen hierin weit auseinander. Während Dennett einen universellen Entscheidungsalgorithmus sucht, will Wuketits' Ethik die – als Ergebnis soziobiologischer Spekulation unterstellten – Neigungen des Menschen spiegeln. Wilson scheint unter einer Ethik einen Regelkanon zur Steuerung der Menschen zu verstehen. Gemäßigtere Vertreter sprechen von einem Nachdenken über menschliches Tun angesichts der – in ihrer Gravität unterschiedlich eingeschätzten – Vorgaben unserer biologischen Konstitution.

[197] Vgl. dazu O. Höffe, Art. „Metaethik“.

[198] Vgl. S. 12-14.

[199] Vgl. T. Nagel, Ethik ohne Biologie, dt. v. K.-E. Prankel und R. Stoecker, in: Ders., Letzte Fragen, Bodenheim 1996, 201-206.

[200] Vgl. C. Junker, Zur immer tieferen Erschließung des Menschenmöglichen, 49; entsprechend A. Ganoczy, Unendliche Weiten, 15; 25; U. Lüke, Bio-Theologie, 11 f. und 21 f.– Unglücklich ist die Rede vom Dialog in diesen Fragen schon deshalb, weil die damit gegebenen personalen Konnotationen hier fehl am Platze sind. Zum Begriff des Dialogs vgl. J. Heinrichs, Art. „Dialog“, in: HWP, Bd. 2, Sp. 226-229. – Wie begrenzt die Verständigung mit der Soziobiologie ist, zeigt V. Sommer, Die Vergangenheit einer Illusion.

Wissen im Dienste der Anwendung auf bestimmten Gebieten nutzbar gemacht, es trifft das Verhältnis nicht, zu sagen, die Ethik käme durch die Biologie erst zu sich selbst oder würde zu ihrer vollen Wirklichkeit geführt. Die Verständigung zwischen Biologie und Ethik ist daher nicht als innige theoretische Verbindung zu verstehen und zu suchen, sondern bis auf weiteres auf praktischer Ebene in ihrer gemeinsamen Weltverantwortung herzustellen.[201]

Die Bedeutung biologischen Expertenwissens ist jedoch differenziert einzuschätzen. Offenbar ist es nicht aussichtsreich, Fragen der Genveränderung, Ökologie oder Medizin unter Verzicht auf entsprechendes Fachwissen normativ anzugehen oder auch nur zu stellen. Wie andere Bereichsethiken auch, kann die Bioethik ohne Kenntnis der ihrem Gebiet zugrundeliegenden Strukturen und Mechanismen nicht arbeiten. Wenn man dies hinsichtlich einer Theorie des Organismus auch einräumt, scheint der Fall der Evolutionsbiologie weniger klar zu liegen. Die „empirische Sittenlehre" der Soziobiologie hat dem Anschein nach kaum etwas zu sagen, was nicht schon lebensweltlich bekannt wäre und zugleich überzeugen könnte. Auch wenn dieser Anspruch der Soziobiologie nicht aus theoretischen Gründen zurückzuweisen ist, so bleibt doch seine weitgehende Bedeutungslosigkeit zu konstatieren.

5.4 Die Soziobiologie entwischt in die öffentliche Meinung

Weder als biologische noch als philosophische Theorie ließ sich die Soziobiologie fassen. Nach der diesbezüglichen Vergewisserung können die nachfolgenden Überlegungen nahtlos an die im vorigen Kapitel notierten Beobachtungen und Interpretationen anknüpfen. Will man der Soziobiologie in der Ethik weiter nachsetzen und sie erfolgreich thematisieren, ist es unerläßlich, sie für eine Ideologie zu halten. Dies ist vor allem als methodische Option zu verstehen, welche die im vorigen Abschnitt per Ausschlußverfahren erreichte Einsicht fruchtbar macht, daß die Soziobiologie ideologischen Charakter hat.[202]

5.4.1 Ideologiekritik: Rüstung zu längst geschlagenen Schlachten?

Wer von Ideologien redet, wird Widerspruch zu gewärtigen haben, wurde doch bereits vor vier Jahrzehnten das Ende der Ideologien verkündet. Man befinde sich, so war zu hören, nunmehr im „nachideologischen Zeitalter"[203]. Ideologiekritisches

---

[201] Vgl. S. 162; J. B. Metz, Zum Begriff der neuen Politischen Theologie, 203.
[202] Vgl. auch S. Rose, Darwins gefährliche Erben, 288 ff., bes. 291 f.
[203] H. Schnädelbach, Was ist Ideologie? Versuch einer Begriffsklärung, in: Das Argument 50 (1969), 71-92; hier 89. – Zur These vom Ende der Ideologien vgl. D. Bell, The End of Ideology, New York 1960; E. Topitsch, Sozialphilosophie zwischen Ideologie und Wissenschaft, Berlin-Neuwied 1961, 15 ff.

Nachdenken über die Bindungen des Denkens und Forschens an gesellschaftliche Konstellationen oder an konkrete Interessen wurde damit zur marxistischen Marotte erklärt, im Ernst sei das Ideologiethema hingegen erledigt. Genauerem Hinsehen wird sich allerdings der Verdacht zugesellen, daß es sich hierbei vor allem um eine Generalabsage an die Ideologie*kritik* handelt. Auf andere Weise, aber mit derselben Konsequenz, sahen später Autoren wie etwa Jean François Lyotard das Ende der Ideologiekritik gekommen, die sie, insofern sie ein diskursives Unternehmen ist, ihrerseits des Totalitarismus überführt zu haben meinten.[204]

Die öffentliche Meinung hierzulande ließ tatsächlich eine deutliche Ideologiemüdigkeit erkennen – wenn auch mit reichlich Verzögerung[205] –, ebenso schien das Ideologiethema als philosophisches in Vergessenheit zu geraten. Man suchte allenthalben ohne den Rückgriff auf weltanschauliche Bekenntnisse auszukommen und politische Macht pragmatisch zu sichern bzw. sich weniger heiklen Themen zuzuwenden und letzte Fragen auf sich beruhen zu lassen. Zur Beruhigung dürfte wesentlich die Bereitschaft einflußreicher Denker beigetragen haben, sich mit den Wissenschaften zu arrangieren und sie, eben als Verwissenschaftlichung der Lebenswelt, hinzunehmen und anthropologisch auszuwerten.[206] Diese Entwicklung als Erfolg der empirischen Wissenschaften und der Aufklärung zu preisen, ist jedoch voreilig.

Die Widersprüche der bürgerlichen Gesellschaft sind trotz allem nicht aus der Welt, und damit bleibt auch die Notwendigkeit politischer Ideologiekritik bestehen.[207] Gegenwärtig wird darüber hinaus die Rückkehr der Ideologien in Politik und Öffentlichkeit bemerkt,[208] Anlaß genug, deren weltanschauliches Unterfutter dingfest zu machen. Die pragmatisch und „realistisch" sich gebende, liebgewordene Ruhe regt sich zwar gegen die bezichtigende Rede von Ideologien mit dem Vorwurf, hier werde verbissen dramatisiert und für unnötige Beunruhigung gesorgt. Aber es geht nicht nur um feuilletonistische Aufgeregtheit; tatsächlich ist längst deutlich, daß die Rede vom nachideologischen Zeitalter selbst ideologisch

---

[204] Vgl. G. Hauck, Zur Ideologiekritik der Postmoderne, in: H. Bay/C. Hamann (Hg.), Ideologie nach ihrem 'Ende'. Gesellschaftskritik zwischen Marxismus und Postmoderne, Opladen 1995, 97-114; hier 100-102; 112 f.

[205] So konnten CDU und CSU mit der Losung „Freiheit statt Sozialismus" 1976 noch punkten, wenn auch nicht die Bundestagswahl gewinnen. Die „Rote Socken"-Kampagne von 1994 mutete dagegen anachronistisch an. Vgl. dazu E. Straßner, Ideologie – SPRACHE – Politik. Grundfragen ihres Zusammenhangs, Tübingen 1987 (Konzepte der Sprach- und Literaturwissenschaften; 37), 91-97.

[206] Vgl. J. Habermas, Technik und Wissenschaft als 'Ideologie', 58. – Hier wird eine im Vergleich zu Horkheimer und Adorno ebenso wie zu Martin Heidegger ausgesprochen moderate Haltung gegenüber den Wissenschaften eingenommen.

[207] H. Brunkhorst, Ist die Ideologiekritik am Ende?, in: H. Bay/C. Hamann (Hg.), Ideologie nach ihrem 'Ende', 79-96; hier 83.

[208] Vgl. etwa die Zeit-Serien „Der häßliche Sieger" (*Die Zeit* 47/1998 u.ö.); „Das Wörterbuch der Modernisierer" (*Die Zeit* 29/1999 u.ö.), ferner die Debatte um Peter Sloterdijk, vgl. S. 238 f.

ist, weshalb es sich auch empfiehlt, die entsprechenden Verkündigungen als gegen die Ideologiekritik, weniger gegen Ideologien gerichtet anzusehen.[209]

Anstatt also an ein Ende der Ideologien zu glauben, ist es daher ratsam, zunächst vorsichtiger nach den Konjunkturbedingungen solcher Vorstellungssysteme zu fragen. Das gilt für politische und öffentliche Debatten ebenso wie für die Auseinandersetzungen innerhalb der Zunft kritischer Zeitgenossen. Seit Francis Bacon ist Ideologiekritik der Sache nach ausdrücklich ein philosophisches Geschäft, und seit Rousseau und Marx wird man nicht umhin können, Ideologie zu den philosophischen Grundbegriffen zu zählen und verdächtige Theorienarrangements entsprechend zu belästigen. Wie man nicht hinter Kant und Wittgenstein zurückfallen darf, so auch nicht hinter Marx, der in der Nachfolge Kants „(...) kritisches Philosophieren auf eine neue Fragedimension festgelegt und ihm gerade dadurch neue Möglichkeiten und Aufgaben zugewiesen“[210] hat.

Gleichwohl ist einzugestehen, daß der Ideologiebegriff schillernd ist und durch eine Vielzahl von Definitionsversuchen in seiner begrifflichen wie politischen Schärfe beeinträchtigt wurde.[211] Wenn er dennoch als geeignetes Werkzeug angesehen wird, um die Soziobiologie ins rechte Licht zu rücken, müssen ihm die notwendigen Präzisierungen eigens beigefügt werden.

5.4.2 Zwei Zugänge zum Ideologiebegriff

Karl Marx, an den hier vorerst angeschlossen werden kann, läßt sich zur Bestimmung des Terminus „Ideologie“ wie folgt vernehmen: „Die Produktion der Ideen, Vorstellungen, des Bewußtseins ist zunächst unmittelbar verflochten in die materielle Tätigkeit und den materiellen Verkehr der Menschen, Sprache des wirklichen Lebens. (...) Wenn in der ganzen Ideologie die Menschen und ihre Verhältnisse wie in einer *Camera obscura* auf den Kopf gestellt erscheinen, so geht dies Phänomen ebenso sehr aus ihrem historischen Lebensprozeß hervor, wie die Umdrehung der Gegenstände auf der Netzhaut aus ihrem unmittelbar physischen.“[212]

---

[209] Vgl. H. Schnädelbach, Was ist Ideologie?, 89; 91 f.; H. R. Schlette, Art. „Ideologie“, in: H. Krings/ H. M. Baumgartner/C. Wild (Hg.), Handbuch philosophischer Grundbegriffe, Bd. 2, München 1973, 720-728; hier 723.

[210] H. Schnädelbach, Karl Marx und die Philosophie, in: Ders., Zur Rehabilitierung des *animal rationale*, 331-345; hier 341. – Marx in der Fluchtlinie kantischen Denkens zu verorten, ist durchaus nicht exotisch, vgl. H. Plessner, Die verspätete Nation, 139 f.; J. Habermas, Erkenntnis und Interesse, Frankfurt/M. [12]1999, 36 ff.; J. B. Metz, Glaube in Geschichte und Gesellschaft, 32.

[211] Vgl. R. Boudon, Ideologie. Geschichte und Kritik eines Begriffs, Reinbek 1988, 25 ff. – Bedeutende Soziologen haben auf den Begriff „Ideologie“ zudem deshalb verzichtet, weil er vorwiegend von marxistischer Seite verwendet wurde, vgl. ebd., 27.

[212] K. Marx/F. Engels, Die deutsche Ideologie (MEW 3), 26.

Dieser Aussage läßt sich erstens entnehmen, daß „*falsches* Bewußtsein“[213] als Ideologie bezeichnet wird, d.h. daß der Begriff eine normative Qualifizierung enthält. Unter einer Ideologie wird nicht wahrheitsneutral ein nützliches, zur Orientierung von Lebensformen unverzichtbares Vorstellungssystem verstanden,[214] sondern sie bedient sich der Wahrheitsansprüche, die in philosophischen Systemen oder in den Wissenschaften erhoben werden. Als Fehlerquelle von Ideologien setzt Marx zweitens keine allgemeine Täuschungsanfälligkeit der menschlichen Erkenntnis und keinen transzendentalen Schein an, sondern er macht sie in der gesellschaftlichen Tätigkeit derer aus, deren Vorstellungen zur Analyse anstehen. Ideologien haben demnach einen sozialen Boden, folglich nötigt die Absicht ihrer Aufdeckung und Durchleuchtung zu einer Verknüpfung philosophischer und sozialwissenschaftlicher Auskünfte. Unangemessen wäre dabei ein Kurzschluß zwischen Ideologie einerseits und absichtlicher Täuschung und Lüge andererseits. Eine solche Verknüpfung ist durch die von Marx aufgedeckte Abhängigkeit der Vorstellungen von der gesellschaftlichen Tätigkeit nicht gedeckt.

Die weitere Erhellung des Ideologiebegriffs wird von Marx durch die physiologische Metapher der *Camera obscura* eher erschwert, legt sie doch die Allgemeinheit, Unausweichlichkeit und Irrationalität ideologischer Verhärtungen nahe – entgegen konkreter Analysen, die er selbst aufbietet.[215] In einer arbeitsteiligen Gesellschaft sind Ideologien gerade nicht universal, sondern sie spiegeln in Abhängigkeit von speziellen Lebensformen und gesellschaftlichen Rollen partikuläre Interessen wider, deren Problematik just darin besteht, die Differenz von partikulären und allgemeinen Interessen zu übergehen. Nur deshalb sind Epochen den in ihren Produktionsverhältnissen nistenden Ideologien nicht blind ausgeliefert, sondern lassen sich distanzierende Perspektiven einnehmen, aus denen sie erkennbar sind und der Kritik ausgesetzt werden können. Die von Marx selbst betriebene Aufklärung ist nur möglich, weil Ideologien nicht allgemein und unausweichlich sind. Es gibt demnach den Standpunkt der Ideologiekritik, wenn er auch nicht so beschaffen ist, wie die totalisierende Konzeption von Marx nahelegt. Nach der „*Dezentrierung* der Kämpfe“[216] ist Ideologie nicht mehr auf der Folie eines Kampfes totaler Weltanschauungen zu verstehen. Es ist zur Ideologiekritik weder nötig, einen epistemischen Ort außerhalb der Gesellschaft aufzusuchen, noch muß die Idee einer alternativen Gesellschaftsformation bereitgehalten werden. „Wer Ideologiekritik betreiben will, muß nicht voraussetzen, selbst im Besitz der einen, absoluten und ewigen Wahrheit zu sein; er muß nur die besseren

---

[213] Vgl. F. Engels, Brief an Franz Mehring, in: MEW 39, 96-100; hier 97.

[214] So begriffen in: L. Kołakowski, Aktuelle und nichtaktuelle Begriffe des Marxismus, in: Ders., Der Mensch ohne Alternative. Von der Unmöglichkeit, Marxist zu sein, München-Zürich [2]1976, 13-45; hier 30 f.

[215] Vgl. R. Boudon, Ideologie, 61 f.

[216] H. Brunkhorst, Ist die Ideologiekritik am Ende?, 92.

Argumente haben (...)“[217]. Wer die eigene Positionalität übersieht, tut es dem Marxismus gleich und gerät selbst in ideologischen Sog; wer sie für das letzte Wort hält, muß sich relativistisch die eigene Nachdrücklichkeit verweigern und überläßt den Ideologien in kritischer Ohnmacht das Feld. Effektive Ideologiekritik wird sich als vernünftiges Korrektiv einen Weg zwischen diesen beiden Positionen suchen müssen.

Neben diesen die Möglichkeit philosophischer Ideologiekritik offenhaltenden Vorgaben ist eine Rationalitätsunterstellung aufzunehmen, auf der Raymond Boudon beharrt.[218] Weder sind die wissenschaftlichen Theorien, denen Ideologien folgen, grundsätzlich falsch und bloße Ergebnisse von Lüge, Entfremdung und Verblendung, noch ist es – nunmehr im Dienst einer sozialwissenschaftlichen Ideologiekritik – heuristisch vorteilhaft, die Anhänger von Ideologien einfach als Opfer von Irrtum, Manipulation, Hysterie oder Verstockung abzutun. Boudons Unterstellung von Rationalität ist hilfreich für die säuberliche Trennung von Ideologien und den Wissenschaften, in deren Fahrwasser jene sich zumeist aufhalten,[219] ferner läßt sich mit ihr sozialwissenschaftlich die Frage angehen, warum es zur kollektiven Übernahme bestimmter Vorstellungen kommt. Seine Überlegungen bezüglich der Effekte, aus denen Gründe für die Übernahme einer Ideologie entspringen, sind im folgenden kurz und im Blick auf die Soziobiologie zugespitzt zu skizzieren.

Entscheidend in Boudons Theorie der Ideologie ist die Beachtung zweier unstrittiger Umstände, namentlich daß Rationalität stets historisch und sozial „verortete Rationalität“ ist und daß Erkenntnis ein aktives und gemeinschaftliches Tun ist.[220] Aus beiden leitet er vier Effekte ab, die das Aufkommen von Ideologien, auch aus seriöser Wissenschaft, begünstigen; im einzelnen: (1) „Positionseffekte“[221] belassen dem Handelnden nur einen in Abhängigkeit von der eigenen Rolle perspektivischen Einblick in die gesellschaftlichen Vorgänge, der gleichwohl das soziale Geschehen plausibel macht und daher seine Begrenztheit übersehen läßt. Eine etwa von Soziobiologen behauptete umfängliche „göttliche Perspektive“, die Positionseffekte unterschlägt, zieht umgehend den Ideologieverdacht auf sich.[222] (2) „Dispositionseffekte“[223] gehen zurück auf unbemerkte Einflüsse, die durch Selbstverständlichkeiten der Kultur, in der der Akteur lebt und

---

[217] G. Hauck, Zur Ideologiekritk der Postmoderne, 104.
[218] R. Boudon, Ideologie, 49 ff. – Seine Frage: „Ist der Homo sociologicus (immer noch) irrational?“ (ebd., 49) wird dort nachdrücklich mit „nein“ beantwortet.
[219] Vgl. ebd., 262-265.
[220] Vgl. ebd., 119; zur „aktive[n] Erkenntnistheorie“ ebd., 120.
[221] Ebd., 98; vgl. ebd., 127 ff.
[222] Vgl. E. O. Wilson, Sociobiology, 547; ders., Die Einheit des Wissens, 345. – Fiktive Außerirdische werden hier bemüht, um die Perspektivität der Soziobiologie aufzuheben, zugleich dokumentieren sie das soziobiologische Selbstverständnis von der vollendeten Zukunft her, denn sie werden als gegenüber der Menschheit weiter fortgeschritten angenommen.
[223] R. Boudon, Ideologie, 109.

nachdenkt, ausgeübt werden. Hier ist einmal mehr an die Verwissenschaftlichung zu erinnern, die Aufmerksamkeiten und Erwartungen ebenso organisiert wie die Bereitschaft, einen bestimmten Typ von Theorien für glaubwürdig zu halten. (3) Ferner nennt Boudon eine Reihe von aufschlußreichen „Kommunikationseffekte[n]"[224], die zum Teil auf Positionseffekten und aus diesen resultierenden, speziellen Aufmerksamkeiten aufruhen. Aus bestimmter Perspektive interessante, aber von den Rezipienten möglicherweise nicht durchschaute Theorien werden übernommen und können zu Modeerscheinungen innerhalb sozial definierter Gruppen und – wegen des öffentlichen Charakters wissenschaftlicher Theorien – darüber hinaus aufsteigen, selbst wenn sie noch nicht ausgereift sind. Die Theorie wird von den Rezipienten wie eine „black box"[225] behandelt, d.h. man vertraut als Anwender den Wissenschaftlern bzw. deren Autorität und spart sich eine aufwendige Prüfung der Einzelheiten. Nicht jeder Anhänger der Soziobiologie ist Biologe und wird vernünftigerweise die Prüfung der angebotenen Lehren anderen überlassen. Die sprachliche Fassung der Theorie, vor allem ihre „Kenn- und Schlagwörter"[226] nebst den logischen Grundoperationen, gewinnt unter gegenwärtigen Kommunikationsbedingungen zunehmend an Bedeutung. (4) Schließlich sind „epistemologische Effekte"[227] zu verzeichnen, als deren Folge – etwa durch die Blendung von wissenschaftlicher Fruchtbarkeit – vergessen wird, daß Paradigmen, sprachliche Rahmen in Gestalt eines bestimmten Vokabulars und Modelle lediglich methodische Optionen sind, die für eine Beschreibung der Welt, wie sie an sich ist, zu halten naiv ist.

Diese Hinweise lassen sich nicht nur per Abgleich mit den Beobachtungen zur Soziobiologie zur Erhärtung des Verdachtes verwenden, daß es sich hierbei tatsächlich um eine Ideologie handelt; mit ihnen läßt sich auch folgerichtig das Vorgehen der Soziobiologie zwecks „Entlarvung" als Spiel mit den verschiedenen Effekten, vor allem mit denen der Kommunikation und der Erkenntnis, durchschauen.

Boudon erhofft sich von den herausgearbeiteten Begriffen einen solchen Zugriff auf Ideologien, mit dem sich deren rasche und weitreichende Verbreitung erklären läßt – die Wahrheit solcher Theorien kann voraussetzungsgemäß nicht der Grund sein. Aus sozialethischer Sicht sind zudem zwei Nebenprodukte dieses sozialwissenschaftlichen Zugangs, der auf die Interessen wirklicher sozialer Handelnder abzielt, besonders aussagekräftig. Zum einen wird durch die Aufdeckung des spezifischen Interessenprofils, das einer Ideologie zur Blüte verhilft, die ethisch zentrale Differenz zwischen den ideologisch bedienten partikulären und allgemeinen, ethisch ausgezeichneten Interessen greifbar. Die „guten" Gründe, die

---

[224] Ebd., 110.
[225] Ebd., 112.
[226] E. Straßner, Ideologie – SPRACHE – Politik, 66.
[227] R. Boudon, Ideologie, 119.

Akteure einer Ideologie folgen lassen, lassen sich als nur vermeintlich, allein im Licht der genannten Effekte objektiv erscheinende Gründe darstellen. Zweitens kann eine Ideologie nur dann ohne gravierende Zusatzannahmen als Symptom für den Zustand der Gesellschaft, in der ihr verstärkte Aufmerksamkeit zuteil wird, gedeutet werden, wenn eine solche Rationalitätsunterstellung im Ideologiebegriff enthalten ist. Die Sicht der sozialen Wirklichkeit muß so organisiert sein, daß es zumindest kurzsichtig vernünftig erscheinen kann, das Vorstellungssystem anzunehmen. Die Frage nach den Auftritts- und Konjunkturbedingungen der Soziobiologie ist nur unter einer solchen Voraussetzung sinnvoll; der Biologismus ist keine politische Epidemie, er hat „seine Stunde“[228].

Was die von der Soziobiologie verbrämten Interessen angeht, so sind bereits einige Andeutungen, basierend auf ihrer Position im Selbstbeschreibungsdiskurs des Menschen, gemacht worden, etwa die, daß ihr die Betonung der Unterschiede zwischen den Menschen angelegen ist und daß sie eine gewisse Vergeßlichkeit hinsichtlich der Opfer und Verlierer pflegt. Gleichwohl ist hier Zurückhaltung angezeigt, denn die im ethischen Ansinnen liegende Erhebung der partikulären, dennoch als allgemein verkündeten Interessen steht am Ende der Analyse der Soziobiologie. Um des ganzen Phänomens angesichtig zu werden und ein abgesichertes Ergebnis zu erzielen, sind vorhergehende Schritte notwendig.

Der zweite, eher methodisch ausgerichtete Zugang zum Ideologieproblem eröffnet das Feld der notwendigen Analyseschritte; er setzt bei der Auffassung an, daß eine Ideologie eine semantische Verhärtung ist und ihren Problemgehalt aus der Tatsache bezieht, daß die soziale Wirklichkeit sprachlich konstituiert ist. Er stimmt mit der hier gewählten Perspektive der besonderen Berücksichtigung der sprachlich verfaßten Lebenswelt ebenso überein, wie mit der spezifischeren These, daß die Soziobiologie ein semantisches Reformprogramm ist, und empfiehlt sich daher.

Die Bestätigung dieser These ergab sich aus den Beobachtungen zur besonderen Rolle, die Rhetorik und Massenmedien in den Äußerungen der Soziobiologen spielen. Die Erkenntnis, daß die Soziobiologie anonym, d.h. verdeckt rhetorikaffin ist, kann nunmehr auf einen von Peter L. Oesterreich angedeuteten Ideologiebegriff hin verschärft werden, der auf dem beruht, was er „rhetorische Differenz“[229] nennt. Auch hier wird eine soziale Verortung der Vernunft als maßgeblich erachtet, gemäß der vernünftige Rede vor allem als öffentliche aufgefaßt wird, „nicht einseitig als methodisiertes inneres Denken, sondern als öffentlich wirkendes Wort oder lebendige Rede“[230]. Vernünftige Rede hat sich demnach unter den Bedingungen der Öffentlichkeit zu bewähren, wo nicht selten das Argument des Stärkeren oder das stärker vorgetragene sich durchsetzt, nicht das stärkere. Die rhetorische

---

[228] Vgl. H. Plessner, Die verspätete Nation, 162.
[229] P. L. Oesterreich, Philosophen als politische Lehrer, 1.
[230] Ebd., 3.

Differenz bezeichnet die sich in solchen Fällen bemerkbar machende Kluft „zwischen philosophischer Wahrheit und lebensweltlicher Glaubwürdigkeit“[231]. Unter Ideologien der sprachlichen Form nach lassen sich diesem Konzept zufolge Äußerungen verstehen, die Glaubwürdigkeit mit Wahrheit identifizieren, d.h. diese Differenz einziehen, und sich übermäßig, wenn nicht gänzlich auf persuasive Strategien verlegen. Zugleich muß, weil es sich bei diesem Extrem um einen „Auflösungstypus öffentlicher Vernunft“[232] handelt, die Differenz ausgreifender gefaßt werden. Wie Habermas setzt auch Oesterreich die Vernünftigkeit der Öffentlichkeit voraus, doch erscheint diese Vorgabe, wie bereits notiert,[233] allzu optimistisch und, so ist an dieser Stelle hinzuzufügen, weniger geeignet zur Wahrnehmung von Ideologien. Nicht zwischen Wahrheit und Glaubwürdigkeit spielt die rhetorische Differenz daher, sondern dramatischer zwischen Wahrheit einerseits und faktischem Geglaubtwerden oder auch nur Aufmerksamkeit auf der anderen Seite.

Die Soziobiologie markiert auf der dieser Art aufgespannten Skala das ideologische Extrem. Wahrheit wird in Überlebensdienlichkeit hinein aufgelöst, Kommunikation naturalistisch als Evolutionsprozeß verstanden, dessen Erfolgsprinzip die Manipulation anderer zum eigenen Nutzen ist. Diese Sichtweise bringt die rhetorische Differenz und mit ihr alle Skrupel zum Verschwinden: Aufmerksamkeit und faktisches Befolgtwerden können offen als Zielkategorien fungieren. Die Memtheorie stattet dieses Vorgehen zudem – leicht ersichtlich widersprüchlich – mit der Autorität „wissenschaftlich erwiesener“ Notwendigkeit aus und verleiht dem Arrangement den Anschein von Objektivität und Freiheit von partikulären Interessen. Die Evolution sei eben ein gleichgültiger Prozeß, so die bemäntelnde Auskunft, die jedoch bereits durch die ausgesprochene Dünnhäutigkeit der Soziobiologen gegenüber „idealistischer“ Philosophie und christlicher Religion unglaubwürdig wird. Der Nachweis, daß die Objektivität nur eine vorgebliche ist, obliegt der Ideologiekritik, die daher nicht bei der semantischen und pragmatischen Analyse von Aussagesystemen stehenbleiben darf, sondern die Frage nach den lancierten Interessen aufwerfen muß. Der Zugang über die rhetorische Differenz dient lediglich der Pflege des Verdachtes, dem Auffinden und Freilegen ideologischer Komplexe.

Die Ideologie als Aufhebung der rhetorischen Differenz und alleiniger Beachtung der Effekte ihrer – nicht unbedingt vernünftigen – Äußerungen in der Öffentlichkeit wurde als ein Extrem angesprochen. Auch das andere Extrem, das als solches mit Hilfe des Begriffes der rhetorischen Differenz erkennbar wird, ist in diesem Zusammenhang bedenkenswert. Es handelt sich um die Aufhebung der Kluft zugunsten eines „innerlichen“ Denkens, das sich im schlagwörtlichen Elfen-

---

231 Ebd., 1.
232 Ebd., 191.
233 Vgl. S. 34-36.

beinturm einrichtet und davon auszugehen scheint, daß Wahrheit Glaubwürdigkeit und Gehörtwerden impliziere. Die soziale Verortung der Vernunft und ihre politische Einflußkraft derart zu übergehen bzw. fehlgehend einzuschätzen, ist ein ethisch relevanter Sachverhalt, denn auch wenn *in the long run* die Annäherung an die Wahrheit auch im politischen Leben in Aussicht zu nehmen wäre, blieben doch auf dem Wege zu viele Opfer zurück, die zu übergehen das Scheitern der Sozialethik ist. Ideologiekritik ist eben keine bloße Marotte, und sie erschöpft sich nicht in der Offenlegung von Ideologien. Sie wirft zudem ein Licht auf die unausweichliche politische Seite auch des eigenen öffentlichen Nachdenkens.

5.4.3 Einblick in einen Werkzeugkasten der Ideologiekritik

Wenn Argumente merkwürdig zahnlos bleiben und keinen Gegner anzutreffen scheinen, wird man sich zu einem anderen, ideologiekritischen Verfahren entschließen müssen, welches auf pragmatischer Ebene zu einer Haltungsänderung nötigt. Die anlaßgebenden sachhaltigen Debatten, im vorliegenden Fall etwa die grundlegende Frage nach der Selbstbeschreibung des Menschen, treten in den Hintergrund, weil ein aufgekommener schwerwiegender Ideologieverdacht zur vordringlichen Klärung der Thematisierungsweisen nötigt. Dieser Übergang ist nicht zu verwechseln mit dem Eintritt in einen Diskurs aufgrund problematisch gewordener Geltungsansprüche, denn dic ergebnislose Ausschöpfung dieser Möglichkeiten läßt gerade das Mißtrauen gegenüber dem Argumentationswillen einer Partei entstehen. Entgegen der *political correctness* eines den Dialog und die Anerkennung anderer Auffassungen in ihrer Andersheit uneingeschränkt schätzenden Milieus wird vielmehr dazu überzugehen sein, eine der streitenden Parteien zu „entlarven".

Der Frage, wie man sich hier zu wappnen hat, um Ideologien zu erkennen, zu durchschauen und zu überführen, sind nachfolgende drei zusammenfassende Bemerkungen gewidmet.

(1) „Ich glaube", so schreibt Thomas Nagel, „wir sollten eher den Problemen trauen als den Lösungen (...)"[234]. Damit wird zunächst eine veritable philosophische Haltung ins Spiel gebracht, die dem Zweifel und dem Fragen hohe Dignität zuspricht und die man skeptisch nennen kann.[235] Ihre theoretische Stärke beweist diese Haltung gegenüber dem Selbstverständlichen, dem sie ihre Zweifel entgegenhält, aber auch gegenüber dem als selbstverständlich oder erwiesen lediglich Behaupteten entfaltet die Skepsis Wirkung und ihre praktische Widerstandskraft.

---

[234] T. Nagel, Vorwort, in: Ders., Letzte Fragen, 9-15; hier 10 f.

[235] Vgl. T. Nagel, Die Grenzen der Objektivität. Philosophische Vorlesungen, dt. v. M. Gebauer, Stuttgart 1991, 20; L. Kołakowski, Der Priester und der Narr. Das theologische Erbe in der heutigen Philosophie, in: Ders., Der Mensch ohne Alternative, 256-286; hier 282 f.; ders., Horror Metaphysicus. Das Sein und das Nichts, dt. v. F. Griese, München-Zürich 1989, 16; S. Jay Gould, Der falsch vermessene Mensch, 356 f.

Ihr Ziel ist es, sich nicht vorschnell etwas einreden zu lassen, sondern die anstehenden Fragen offen zu halten, solange sie als offen angesehen werden können.

Auch wenn das öffentliche Leben und der wissenschaftliche Fortgang durch sie komplizierter werden sollten, läßt sich der Vorwurf des Relativismus gegen die Skepsis nicht machen, will man sie nicht mit politischer Lähmung oder philosophischem Skeptizismus verwechseln. Sie ist defensiv und widersteht lediglich einem „*ungezügelten* Appetit auf Überzeugungen“[236], der sich nicht allein dem menschlichen Bedürfnis nach Gewißheit, sondern oftmals praktischen Interessen verdankt. Dieser ist es auch vornehmlich – und nicht eine der Beliebigkeit verdächtigte Skepsis –, der politisch gefährlich ist.[237] Der Relativismus wird gebannt durch das Bestehen auf Unhintergehbarem, das gerade als Rechtfertigung für das Offenhalten von Fragen in Anspruch genommen wird. Auf dem Gebiet der Ethik kann, so wurde bereits eingangs vorgeschlagen, die Erinnerung an das Leiden diese Stelle einnehmen.

(2) Philosophische Zurückhaltung widerspricht nicht einem politischen Engagement, sondern bestimmt lediglich dessen Form. Ideologiesensibles Denken sollte geerdet sein, d.h. es sollte Aufmerksamkeit für Phänomene aufbringen, die dem ersten Anschein nach zwar keinen bedeutsamen philosophischen Ertrag erwarten lassen, die jedoch das alltägliche Leben mit prägen und in denen politische Problemlagen verborgen liegen können. So kann etwa mit Hilfe des Begriffes der rhetorischen Differenz die Wahrnehmung für literarische Gattungen und sprachliche Oberflächen geschärft oder auf die Verbreitungsformen und -kanäle aufmerksam gemacht werden, mittels derer etwa ein bestimmtes Vokabular in die Lebenswelt einsickern kann.

Geerdet und an diesen Wahrnehmungen geschult wird auch die eigene Äußerungsform sein müssen. Die als „dritte Kultur“ firmierende Bewegung am Rande der Naturwissenschaften kann hier durchaus belehrend sein. Die Verpflichtung auf das Forschungs- bzw. Reflexionsthema nötigt zur Konzentration und rechtfertigt wissenschaftliche Komplexität und Abstraktion ebenso als Ideal wie philosophische „Tiefe“; die Einsicht in die soziale Verortung des Forschens und Denkens zeigt in Ergänzung dazu an, daß es eine zweite, nämlich eine gesellschaftliche Verpflichtung zu beachten gilt. Popularität pauschal als minderwertig anzusehen und die eigenen Arbeiten von solcher „Kontamination“ nach Kräften freizuhalten, ist daher vor allem in der Sozialethik nicht angängig.[238]

---

[236] T. Nagel, Vorwort, 12 (Hervorhebung A.H.).

[237] „Es hat sich erwiesen, daß die Bewegungen und Ideologien, die die größte Gefahr für unsere Kultur bilden, keineswegs aus der Tradition des philosophischen Skeptizismus erwachsen sind. Sie stammen vielmehr aus der Absolutsetzung oder Vergöttlichung von Teilwerten wie Nation, Rasse, Wohlstand, Klasseninteressen, gesellschaftlicher Einheit, Gleichheit.“ So L. Kołakowski, Das Suchen nach der Gewißheit, in: Ders., Leben trotz Geschichte. Ein Lesebuch. München 1977, 139-155; hier 155. – Vgl. dazu A. Steffens, Philosophie des 20. Jahrhunderts, 82-85.

[238] Vgl. H. Plessner, Ein Volk der Dichter und Denker, 290; ders., Die verspätete Nation, 179 f.

(3) Neben dem Schutz vor Ideologieblindheit macht die sachhaltige Debatte den Hauptanteil der Vorarbeiten zur Ideologiekritik aus. Erst wenn nach logischer und gegebenenfalls empirischer Prüfung ein Ideologieverdacht hinreichend erhärtet ist, ist es zulässig, die spezifischen Werkzeuge der Ideologiekritik anzusetzen. Es sind dies vor allem drei, eine rhetorische Analyse, die die Form des Aussagensystems auf persuasive und strategische Vorkehrungen hin analysiert; eine semantische Topik, die Bedeutung und Funktion der „geheiligten Worte"[239] untersucht; eine Analyse der sozialen Verortung, in der das Vorstellungssystem auf die gesellschaftliche Wirklichkeit bezogen wird. Hier sind nicht nur die transportierten Interessen zu benennen und als partikulare bloßzustellen, sondern auch Koalitionen aufzuspüren, die der Verbreitung der Ideologie förderlich sind.

Eine besondere Schwierigkeit besteht darin, überhaupt eine Ideologie so zu isolieren und dingfest zu machen, daß eine gezielte Zurückweisung erfolgen kann. Die Beobachtungen zur Soziobiologie haben gezeigt, daß sie nicht nur in sich amorph und daher schwer faßbar ist, sondern in einen Zusammenhang eingebettet ist, der vom *Komplex* der Soziobiologie zu sprechen nötigt. Die ausgemachte Medienbedürftigkeit ist nicht zuletzt deshalb schwer zu entwirren, weil die elektronischen Massenmedien nicht selten selbst Gegenstand ideologischer Anschauungen sind. Um angesichts ihrer die fällige Kritik nicht in einen schwindelerregenden Taumel kippen zu lassen, ist hier vorbehaltlich der Entzauberung der Massenmedien äußerste Vorsicht geboten.[240]

Man kann die Unfertigkeit dieser eher skizzenhaften und programmatischen Bemerkungen nicht ableugnen, doch darf zu deren Verteidigung angeführt werden, daß es sich hier um eine Form der Ideologiekritik „von unten" handelt, für die das Auffinden und Markieren ideologiebedingt fauler Stellen im lebensweltlichen Sprechen bereits sozialethisch relevant und ein ansehnliches Tagesgeschäft ist. Eine begründete Theorie der Ideologie wäre zwar eine zu begrüßende, weil arbeitserleichternde Hilfe, doch steht sie am Ziel, bestenfalls in der Mitte eines ideologiekritischen Projektes, keinesfalls an dessen bescheidenem Anfang. Entscheidungen darüber, ob Ideologien kontingent aus vordergründigen Interessen oder aus menschlichen Sehnsüchten entspringen, ob sie einen unverzichtbaren Orientierungswert besitzen oder ob sie gar die eine Seite der Medaille menschlichen Erkennens sind, müssen vorerst offenbleiben. Gleiches gilt für die Fragen, ob beispielsweise der Evolutionismus eine Ideologie ist oder nur die Familienähn-

---

[239] R. Aron, Opium für Intellektuelle oder Die Sucht nach Weltanschauung, dt. v. K. P. Schulz, Köln-Berlin 1957, 9. – Aron führt eine solche Topik für den Marxismus aus, der zufolge die Ausdrücke „die Linke", „Revolution" und „Proletariat" als semantische Anker des Marxismus fungieren. Dieses Verfahren findet sich auch in: E. Straßner, Ideologie – SPRACHE – Politik, 66 ff.

[240] Solch ein Taumel mit der Folge aparter Positionen in der Ideologiekritik zeichnet sich bei Neil Postman und Norbert Bolz ab, ähnliches scheint Jean Baudrillard zu widerfahren, vgl. U. Weisenbacher, Poststrukturalistische Medientheorie – eine kritische Skizze, in: in: H. Bay/C. Hamann (Hg.), Ideologie nach ihrem 'Ende', 115-128.

lichkeiten zwischen Ideologien bezeichnet, und wie eine Typologie von Ideologien anzulegen wäre.

6. Zwei Weisen, ideologiekritische Distanz zu schaffen

Das soeben als unausweichliche *ultima ratio* angeratene Vorgehen bedarf einer eingehenderen Rechtfertigung, die über den Verweis auf vorgelagerte und mit negativem Ergebnis durchgeführte Prüfverfahren hinausgeht. Neben der notwendigen Selbstvergewisserung wird der Übergang vom Reden mit der Soziobiologie zum Reden *über* sie in einer Atmosphäre der Dialog- und Konsenssuche möglicherweise Widerstand von dritter Seite erregen, der sich mit einer möglichst genauen und differenzierten Absetzung des Biologismus von Biologie und Philosophie nicht beschwichtigen läßt. Der Grund hierfür ist, daß die Bezichtigung, überzogene theoretische und praktische Ansprüche zu formulieren und partikulare Interessen für allgemeine auszugeben, mehr voraussetzt, als anderer Meinung zu sein. Der Akt des Überführens und Zurückweisens erfolgt – auch wenn man sich, wie vorgeschlagen, auf das Offenhalten von Fragen beschränken will – von einem als überlegen behaupteten Standpunkt aus, und dieser ist eigens zu rechtfertigen.

Die Formulierung eines Ausgangspunktes, der einen Grund dafür bereitstellt, gegebenen Antworten über den Menschen in der Sozialethik mit einem skeptischen Vorbehalt zu begegnen, ist aus einem zweiten, ebenso bedeutsamen Erfordernis unabdingbar. Sensibilität, Skepsis und Mißtrauen gegenüber jenen Äußerungen, in denen ein allzu genaues Wissen darüber präsentiert wird, wie Menschen sich selbst zu beschreiben und nach welchen Prinzipien sie miteinander zu leben hätten – diese Sensibilität ist auf Dauer zu stellen, darauf haben die Überlegungen zu den Reflexen des Biologismus in der Theologie aufmerksam gemacht.

Wie der Raum für eine hinreichend skeptische Sozialethik geschaffen werden kann, läßt sich anhand zweier Autoren nachvollziehen, Johann Baptist Metz und Thomas Nagel. Sie haben Gedanken formuliert, mit deren Hilfe sich biologistische Aussagen und das in ihnen zum Ausdruck kommende Welt- und Selbstverhältnis distanziert beurteilen lassen, so daß deren Einseitigkeit offen zutage tritt.

6.1 Die „kritische Eschatologie"[1] von Johann Baptist Metz

6.1.1 Bemerkungen zur Anlage der Metzschen Theologie

Als grundlegend und bürgend für seine Einsicht, daß Theologie primär ein politisches Unterfangen ist, hat Johann Baptist Metz der „Weltlichkeit der Welt"[2] eine

---

[1] J. B. Metz, Zur Theologie der Welt, 86.
[2] Ebd., 11.

aus christlicher Sicht positive Bedeutung abgerungen und entfaltet. Die fortschreitende Verweltlichung der Welt in der Geschichte sei zu werten als ein Ausdruck für ihre Annahme durch Gott, der sie nicht in sich hinein aufsaugen wolle, sondern eben *als* Welt angenommen habe. In Christus gründe sich auch die weitergehende Hoffnung, daß Gott die Welt in ihre eigene Wirklichkeit führen will. Zum einen ergibt sich daraus die Verantwortlichkeit des Menschen für die nunmehr ausdrücklich als heilsrelevanter Raum anerkannte Welt,[3] zum anderen zeichnet sich deutlich die Ambivalenz der Geschichte, die durch den Protest des Menschen gegen Gott heraufbeschworene Gefährdung der Verwirklichung der Welt ab. Die „Entzauberung" der Welt, die von den verselbständigten Wissenschaften und der Philosophie seit der Neuzeit betrieben wird, entspricht demnach der eschatologischen Verquickung von Heils- und Weltgeschichte, ist daher im Sinne eines christlichen Weltverständnisses zu begrüßen und als das Eigene zu erkennen.[4] Dahingegen wird die genannte Gefahr dann virulent, sobald Menschen versuchen, die ausstehende Verwirklichung in eigene Regie zu nehmen, d.h. die Weltlichkeit der Welt „mit einer Ideologie zu überwerfen und sie so in ihrer sachlichen, geradezu augenlosen Nüchterheit zu entschärfen"[5].

Diese Grundfigur einer bedrohten Verwirklichung der von Gott angenommenen Welt erklärt die methodischen Optionen und Sensibilitäten, die die neue Politische Theologie von Metz auszeichnen und sie für das hier in Aussicht genommene Projekt einer sozialethischen Ideologiekritik in drei Hinsichten überaus lehrreich machen.

Erstens streicht Metz die Notwendigkeit heraus, die Einbindung des theologischen Denkens in die geschichtliche und gesellschaftliche Situation wahrzunehmen – sowohl hinsichtlich der Begriffsbildung als auch hinsichtlich der praktischen Bewährung – und etwa zu fragen: „Wer treibt wo – also: mit wem? – und in wessen Interesse – also für wen? – Theologie?"[6] Sein theologischer Ansatz ist bereits Ausdruck einer Option, für die Metz zunächst lebensgeschichtliche

---

[3] Vgl. ebd., 38. – Zugleich befindet der erkennende Mensch sich in einer Position des Unwissens bezüglich des Vollzugs der Verwirklichung der Welt, dieser ist „*leidvoll verhüllt*" (ebd., 41).

[4] Vgl. ebd., 32 f.

[5] Ebd., 42. – Vgl. dazu ebd., 62, wo Metz bestreitet, „daß die hominisierte Welt gleichsam *strukturell* unchristlicher sei als die frühere Weltsituation. Und deshalb wird der Glaube auch nicht vom geschichtlichen Vorgang der Hominisierung *als solcher* bedroht, sondern von den falschen Göttern und Ideologien, die sich faktisch dieses Vorgangs bemächtigt haben und ihn ständig gegen seinen geschichtlichen Ursprung verraten."

[6] J. B. Metz, Glaube in Geschichte und Gesellschaft, 71. – Das Übersehen des politischen Charakters der Theologie und das Verbleiben in einer subjekt- und weltlosen „bürgerlichen Religion" (ebd., 45) erregt daher den ideologiesensiblen Widerwillen von Metz. Dieser in den theologischen Binnenraum hinein gerichteten Kritik, die sein nicht zuletzt als *theologisches* Korrektiv verstandenes Werk durchzieht, kann hier nicht weiter nachgegangen werden.

Anlässe namhaft macht,[7] und die für die Armen und Bedrängten Position bezieht, für die Verlierer in der ambivalenten Geschichte, für die in ihrem Fortgang Vernichteten – kurz: für eine Theologie nach Auschwitz, wie die zum semantischen Topos gefestigte Formulierung dafür lautet.[8]

Weiter ist lehrreich, welche Begriffe Metz aus der so eingestellten Optik entwickelt und was er damit zur Wahrnehmung zu bringen vermag. Sachlich läßt sie sich zunächst als „Plädoyer für mehr Theodizee-Empfindlichkeit in der Theologie"[9] charakterisieren. Gegen Amnesie und Apathie in Theologie und Gesellschaft bringt Metz das Leiden der Opfer und Verlierer erinnernd zur Sprache. Damit weiß er nicht nur die Theologie unter Druck zu setzen, die als bürgerliche oder von ihm „*transzendental-idealistisch*"[10] genannte an der Vergeßlichkeit teilhat und zum Leiden der Menschen zu oft schweigt; auch die weltlichen Ideologien westlicher und östlicher Provenienz, *alias* Evolutionismus und Marxismus, kann er zutreffend am entscheidenden Punkt bloßstellen, insofern sie nämlich über das von ihnen selbst produzierte Leiden mitleidlos hinweggehen. Metz sucht gegen solche Strömungen korrigierend das Subjekt als leidendes und unterdrücktes zur Sprache zu bringen, weil nach Auschwitz hier eine Unterlassung nicht mehr als Läßlichkeit, sondern nur noch als Zynismus gewertet werden könne.[11] Die Themen, anhand derer er diese Korrektur geltend machen will, läßt er sich von der gesellschaftlichen Wirklichkeit vorgeben, weshalb das Aufsuchen und Deuten der „Signaturen der Zeit"[12] in diesem Ansatz außerordentlich wichtig ist. Das von Metz entfaltete Themenspektrum ist geeignet, eine ideologiekritische Sozialethik nachhaltig zu inspirieren, wo sie nicht bereits weitgehend ausgeführt ist. Über den verstreut von ihm immer wieder aufs Korn genommenen Evolutionismus wird noch eingehender zu reden sein; weiterhin setzt er sich beispielsweise mit Folgen der Globalisierung sowie mit der Postmoderne in spezifischer Weise kritisch

---

[7] Seine Option führt Metz auf das Erschrecken angesichts der „Katastrophe von Auschwitz" (Glaube in Geschichte und Gesellschaft, 10) und des langanhaltenden Schweigens der Kirche in dieser Sache (ebd., 15) zurück. Vgl. auch ders., Johann Baptist Metz, 18 ff.; 49 f.

[8] Zum Konzept einer Theologie nach Auschwitz vgl. G. B. Ginzel (Hg.), Auschwitz als Herausforderung für Juden und Christen, Heidelberg 1980 (Tachless: Zur Sache; 1); J. B. Metz, Glaube in Geschichte und Gesellschaft, 12.

[9] J. B. Metz, Plädoyer für mehr Theodizee-Empfindlichkeit in der Theologie, in: W. Oelmüller (Hg.), Worüber man nicht schweigen kann. Neue Diskussionen zur Theodizeefrage, München 1992, 125-137; hier 125. – Theodizee meint dabei nicht die Rechtfertigung Gottes angesichts des Übels in der Welt, sondern die Wahrnehmung des Leidens nebst der daraufhin erfolgenden Klage vor Gott.

[10] J. B. Metz, Glaube in Geschichte und Gesellschaft, 155.

[11] Vgl. J. B. Metz, Zum Begriff der neuen Politischen Theologie, 96; ders., Glaube in Geschichte und Gesellschaft, 80 ff.

[12] Johann B. Metz, Zum Begriff der neuen Politischen Theologie, 7; 197. Vgl. dazu: Die pastorale Konstitution über die Kirche in der Welt von heute „Gaudium et spes", 451: „Zur Erfüllung dieses ihres Auftrages obliegt der Kirche allzeit die Pflicht, nach den Zeichen der Zeit zu forschen und sie im Licht des Evangeliums zu deuten."

auseinander.[13] Für die vorliegenden Belange darf ferner nicht unerwähnt bleiben, daß Metz die Bedeutung der Macht über die Sprache für eine aussichtsreich auf den Weg zu bringende Ideologie anspricht. Seiner in *Glaube in Geschichte und Gesellschaft* aufgebotenen Basiskategorie der subversiven Erzählung geht es folglich „um die Rettung der selbsterfundenen und selbstgesprochenen Sprache in den sanften Diktaturen unserer Massenmedienwelt. Auch da geschieht heute viel Sprachverwüstung und Sprachenteignung (...)[, so] daß man sagen kann: eine Erzählkultur im Alltag wäre da eine Art Widerstandskultur."[14] Er sieht deutlich die Prägung der Lebenswelt durch Ideologien, zudem entgeht ihm dabei auch die grundlegende und folgenreiche Bedeutung der Massenmedien nicht.[15] Gleichwohl ist anzumerken, daß empirische Details über die ausgemachten Signaturen bei ihm kaum zu finden sind. Es ist daher zwar richtig, daß Metz seine Theologie „mit dem Gesicht zur Welt"[16] betreibt, aber er tut dies aus einiger Höhe, so daß die Wahrnehmungen zwar hellsichtig, aber grobkörnig ausfallen.

Um eine dritte Lehre aus der Metzschen Theologie zu ziehen, kann man auf sein Veröffentlichungsgebaren achten, das, auch wenn er dies nicht eingehend thematisiert,[17] *at work* eine benennbare Einstellung auf die gegenwärtige Form der Öffentlichkeit erkennen läßt. Gemeint ist zum einen die sprachgewaltige Form, die Metz zumeist für seine Äußerungen findet, zum anderen die Erstellung eines semantischen Feldes, mit dessen Hilfe er – auch auf die Gefahr hin, daß zuweilen der Eindruck des Gebetsmühlenartigen enststeht – einen besonders pointierten und eindringlichen Stil erzeugt. Das Netz von eingängigen Ausdrücken wie *„memoria passionis*", „kulturelle Amnesie", „Siegergeschichte", „Apathiegehalt", „anamnetische Vernunft", „Gotteskrise", „sekundäre Unmündigkeit" und anderen erleichtert und lenkt die Rezeption und läßt eine Art „Firmenzeichen" entstehen. Freilich muß über den Preis eines solchen Vorgehens detailliert nachgedacht und stets beachtet werden, daß die Mediengängigkeit auch überzogen werden kann.[18] Den-

---

[13] Phänomene der Globalisierung werden bei Metz verschiedenartig thematisiert, namentlich als „Einbruch der sog. Dritten Welt" (Glaube in Geschichte und Gesellschaft, 13), als „kulturell polyzentrische( ) Weltkirche" (ebd., 14), als „Kommunikation in der Einen Welt" (Was ist mit der Gottesrede geschehen? Überlegungen zur Kirche in der Welt der Massenmedien, in: HerKorr 45 [1991], 418-422; hier 418) und als Frage „Universalismus – Pluralismus" (Zum Begriff der neuen Politischen Theologie, 198). – Zur Postmoderne als „Kult der Entpflichtung" vgl. J. B. Metz, Zum Begriff der neuen Politischen Theologie, 144.

[14] J. B. Metz, Johann Baptist Metz, 37; vgl. ebd., 48; ders., Glaube in Geschichte und Gesellschaft, § 12. – Hinsichtlich des widerständigen Sprechens darf das Gebet, wie Metz es versteht, nicht unerwähnt bleiben, vgl. J. B. Metz, Was ist mit der Gottesrede geschehen?, 420.

[15] Vgl. J. B. Metz, Was ist mit der Gottesrede geschehen?, 419.

[16] J. B. Metz, Zum Begriff der neuen Politischen Theologie, 7.

[17] Ausdrücklich zur Kommunikation im Wandel der Öffentlichkeit läßt Metz sich vernehmen in: Was ist mit der Gottesrede geschehen?, 420; ders., Zum Begriff der neuen Politischen Theologie, 27.

[18] Metz deutet für diese schwierige Gratwanderung ein bedenkenswertes Kriterium an: „Aufgeklärt ist nur, wer *zugleich* um die Herstellung jener gesellschaftlich-politischen Voraussetzungen kämpft, von denen es abhängt, ob ein öffentlicher Gebrauch der Vernunft möglich ist." (Zur Theologie der Welt, 103)

noch ist festzuhalten, daß sich hier weiter auswertbare Anknüpfungspunkte für ein Sprechen auffinden lassen, das dasjenige Zeichen der Zeit zur Kenntnis genommen hat, welches oben mit dem Begriff der rhetorischen Differenz zu fassen gesucht wurde.

6.1.2 Die theologische Distanznahme der Ideologiekritik

Zu Beginn von *Glaube in Geschichte und Gesellschaft* positioniert Metz die Fundamentaltheologie „[z]wischen Evolution und Dialektik“[19] und spannt sie damit in einen ideologiekritischen Rahmen, in dem eine ins Universelle ausgeweitete Evolutionstheorie als die in der westlichen Welt stärkste Bedrohung ausgemacht wird.[20] Die Bedrohung entstehe nicht aus den wissenschaftlichen Erfolgen der Evolutionstheorie, die den Geltungsbereich christlicher Anthropologie fortgesetzt einschränkten, sondern aus dem Eindringen in die Welt des alltäglichen Lebens und Sprechens. Im Kern der Problematik geht es daher um „die irrationale Vorherrschaft des Evolutionssymbols“[21]. Damit ist zum einen die aus der Debatte um den Positivismus gewonnene Einsicht ausgesprochen, daß die Evolutionstheorie nicht für ihre eigenen epistemischen Ansprüche aufkommen kann, was Metz vor allem gegen den Anspruch des Evolutionismus, Metatheorie der Religion zu sein, verwendet.[22] Für sozialethische Belange kann dieser Aspekt jedoch in den Hintergrund gerückt werden, um eine andere Bedrohung hervorzuheben, die Metz mit dem Evolutionssymbol verbindet: „Weithin wirksam ist dieses ‘evolutive Bewußtsein’ dadurch, daß es als eine Art ‘Lebensgefühl’ bereits ins vorwissenschaftliche Bewußtsein abgesunken ist und die Gestalt der alltäglichen Selbsterfahrung des ‘modernen Menschen’ prägt.“[23] Diese Beschreibung wird durch die oben im vierten Kapitel angestellten Beobachtungen zum öffentlichen Reden über den Menschen gestützt. Metz geht, an derlei Kleinarbeit wenig interessiert, direkt zur Deutung und zur Folgenabschätzung dieses Phänomens über und fährt fort: „Dessen Identitätsbewußtsein wird im Zuge des ‘Fortschritts’ immer schwächer und verletzlicher. (...) Eine neue ‘Kultur’ bereitet sich angesichts dieser Erfahrung fragiler Identität vor; ihr Vorname ist Apathie, Fühllosigkeit. Es ist wichtig, die Tiefenwirkungen des evolutiven Bewußtseins, das eine ganze Welttheorie durchstimmt und trägt, ins Auge zu fassen.“[24] Der total gewordene Evolutionismus

---

[19] J. B. Metz, Glaube in Geschichte und Gesellschaft, 19.

[20] Der andere Gegner ist der Marxismus, der v.a. in frühen Schriften betont, aber später zugunsten des Evolutionismus in den Hintergrund tritt, vgl. J. B. Metz, Zur Theologie der Welt, 56; 63; 67 u.ö. – Evolution ist dort noch kein Thema.

[21] J. B. Metz, Glaube in Geschichte und Gesellschaft, 25. – Auch Metz wendet sich ausdrücklich nur gegen den „-ismus“ der Biologie, nicht gegen diese selbst, vgl. ebd., 167; ders., Zur Theologie der Welt, 32.

[22] Vgl. J. B. Metz, Glaube in Geschichte und Gesellschaft, 25.

[23] Ebd., 22 f.

[24] Ebd., 23.

blendet das Leiden der Unterlegenen aus seiner Weltwahrnehmung aus und behindert dadurch das Subjektwerden aller.

Wie kommt es zu der von Metz diagnostizierten Verknüpfung der ideologischen Verabsolutierung der Welt mit Blindheit gegenüber dem Leiden? Die Logik der Ideologie ist ihm zufolge an die Notwendigkeit gebunden, ihre negativen Folgen zu unterschlagen und sie mit neu geschaffenen Heteronomien an eine fremde Macht, in diesem Fall die Natur, zu delegieren.[25] Rein innerweltlichen Emanzipationsbestrebungen und Glücksverheißungen sei die Möglichkeit abgeschnitten, das eigene Versagen ohne Widerspruch auf sich zu nehmen, weshalb sie sich offene Augen gegenüber dem von ihnen produzierten oder nicht verhinderten Leiden nicht leisten können. Ideologien kennen daher nur ihre „reine Erfolgsgeschichte, als eine reine Siegergeschichte"[26], an die sich nur glauben läßt, wenn man die Verlierer aus dem Begriff des geschichtlichen Subjektes ausschließt. Metz nennt solch ein Vorgehen „abstrakt"[27], womit im Gegenzug zum Ausdruck kommt, daß es in den Ideologien etwas stillschweigend Abgezogenes und systematisch Übersehenes gibt, welches die Kritik an ihnen zur Geltung zu bringen hat. Ideologiekritik ist demnach die Erinnerung an das Leiden der Schwächeren und auf der Strecke Gebliebenen, die die Selbstverständlichkeiten, in denen sich eine Ideologie einrichtet, unterbricht.[28]

Metz operiert mit Erinnerung als weiterer methodischer Basiskategorie, wobei er genauerhin an Leidenserinnerung – *memoria passionis* – denkt,[29] die als konstituierendes Element der praktischen Vernunft *qua* Freiheitsbewußtsein ausgewiesen wird und geeignet ist, Ideologien gefährlich zu werden – daher auch als „gefährliche Erinnerung"[30] apostrophiert. Es handelt sich bei ihr um die Verpflichtung auf einen Vermeidungsimpuls, d.h. Ideologiekritik bleibt stets negativ und ist – weil sie sich ihre Themen von der gesellschaftlichen Wirklichkeit vorgeben läßt – auf das Verfahren der „bestimmte[n] Negation"[31] festgelegt.

Es erhebt sich nun die Frage nach der Rechtfertigung für dieses Vorgehen: Womit läßt sich der Anspruch begründen, eine Gesellschaft oder spezielle Interessengruppen in ihr nicht zur Ruhe kommen zu lassen? Was bürgt für die in kritischer Absicht vorgenommene Distanznahme von der gesellschaftlichen Wirklichkeit?

Metz beruft sich, um den Evolutionismus nicht nur zu dechiffrieren, sondern auch normativ aus dem Feld zu schlagen, auf einen apokalyptischen Zeitbegriff

---

[25] Vgl. ebd., 126.
[26] Ebd., 130.
[27] Ebd. – Die nach Metz bisweilen stillschweigend vorgenommene Ineinssetzung des Subjektes mit dem bürgerlichen Subjekt beruht allerdings auf einer ähnlichen Abstraktion (vgl. ebd., 45 f.; 80).
[28] Vgl. ebd., 166: „Kürzeste Definition von Religion: Unterbrechung."
[29] Vgl. ebd., §11, bes. 188 f.
[30] Ebd., 192.
[31] J. B. Metz, Zum Begriff der neuen Politischen Theologie, 31.

und vermag dadurch einen entlarvenden Kontrast zu erzeugen. Die evolutionistische Auffassung der „Zeit als einer leeren überraschungsfreien Unendlichkeit“[32] bedränge die Identität des in ihr befangenen Menschen und erzeuge je nach gesellschaftlicher Lage Apathie oder Haß, Fatalismus oder Fanatismus. Aufgefordert, sich selbst bestenfalls für einen Zufall zu halten, wenn nicht für Naturkatastrophe,[33] entschwinde der menschlichen Existenz der Sinn, woraufhin er apathisch sein eigenes Niveau des Humanen hausgemachten „Sachzwängen“ zu opfern und schließlich zu unterbieten beginne. Ein apokalyptisches, d.h. die Befristetheit der Zeit veranschlagendes Zeitverständnis sehe sich umgehend vor die Fragen gestellt: „Wem gehört die Welt? Wem ihre Leiden? Wem ihre Zeit?“[34] Die Anwort lautet auf „dem Gott Jesu Christi“ und bewegt, weil sie keine bloß theoretische Antwort ist, zum solidarischen Handeln der Nachfolge. Um einen Kontrast aufzuspannen, der den Apathiegehalt des Evolutionismus freilegt, bedient Metz sich einer transzendenten Größe, insofern er den Heilswillen Gottes im Blick auf die Welt aufruft. Die Formulierung seiner ideologiekritischen Distanznahme führt Metz auf theologisches Gebiet und verhängt sie mit einem – philosophisch gesprochen – partikulären Wissen.

Der Sache nach ist jedoch das Erschrecken und die Wahrnehmung der Negativität nicht reduzierbaren Leidens motivierend und leitend für die charakteristische Absetzung vom Gegebenen,[35] ein Motiv, das in späteren Texten verstärkt unabhängig von ausdrücklich theologischen Gedankengängen durchdacht wird. Doch läßt Metz entsprechende Verweise auf die „Katastrophe von Auschwitz“ für sich sprechen, der Übergang vom Motiv zum ethischen Grund wird nicht unternommen.

Statt an einer ethischen Rechtfertigung für die ideologiekritische Skepsis ist Metz eher an einer politischen Unbedenklichkeitserklärung interessiert, mit der er den von ihm ins Auge gefaßten Träger der anamnetischen Kritik moralisch auszeichnen möchte. Es kann keine Rede davon sein, daß es sich hier um ein Ausweichmanöver handelt, denn aus seiner Verschränkung von Heils- und Weltgeschichte leitet sich eine Vorstellung vom Verhältnis zwischen Theorie und Praxis ab, der gemäß ein kritisches Bewußtsein ohne eine bestimmte, von der Kontrasterfahrung geprägte Praxis nicht zu haben ist.[36] Metz muß folglich vordringlich daran gelegen sein, einen glaubwürdigen sozialen Ort zu nennen, der diese Bedingung erfüllt, doch macht dies ersichtlich Schwierigkeiten. 1967 bekennt Metz auf die Nachfrage, ob eine derart „neue Praxis“ von der Kirche zu erwarten sei: „Ich

---

[32] J. B. Metz, Glaube in Geschichte und Gesellschaft, 168.
[33] Vgl. beispielsweise J. Monod, Zufall und Notwendigkeit. Philosophische Fragen der modernen Biologie, dt. v. F. Griese, München 1975; F. M. Wuketits, Naturkatastrophe Mensch.
[34] J. B. Metz, Glaube in Geschiche und Gesellschaft, 173.
[35] Vgl. J. B. Metz, Johann Baptist Metz, 10.
[36] Vgl. J. B. Metz, Glaube in Geschichte und Gesellschaft, § 4; ders., Zur Theologie der Welt, 122 ff.

meine: ja. Alles Folgende ist von diesem Vertrauen getragen."[37] Spätere Äußerungen lassen Ernüchterung erkennen – man muß offenbar genauer hinsehen.[38] Eine „neue Praxis" der Kirche entginge deshalb möglichen Vorwürfen der Interessengebundenheit, weil sie nicht ihren eigenen Nöten verhaftet sei, sondern sich für die der Armen und Unterdrückten einsetzen würde. Sie würde nicht sich selbst, sondern im Bewußtsein ihrer Vorläufigkeit das kommende Heil verkünden.[39] Die Glaubwürdigkeit der Kirche als Trägerin des kritischen Bewußtseins ist weiter gekoppelt an die Lebendigkeit der kontrastgebenden Heilshoffnung, schließlich an das Vorhandensein einer kritischen Öffentlichkeit in ihr.[40]

Wie in der allgemeinpolitischen Öffentlichkeit gilt es damit auch innerhalb der Kirche, um die Möglichkeitsbedingungen des öffentlichen Vernunftgebrauches zu kämpfen. Daß die Frage einer vernunftorientierten Öffentlichkeit hier wiederkehrt, vermag kaum zu überraschen, und weil der nochmalige Rekurs auf eine Institution nunmehr dritter Ordnung[41] hier nicht mehr plausibel ist, muß der Verbleib eines argumentativen Restes notiert werden. Metz weiß das genau, deshalb hat er sich aufs Hoffen und Vertrauen verlegt.

6.1.3 Das halbierte Subjekt

Die anstehende Frage forderte eine Rechtfertigung der ideologiekritischen Position ein, mittels derer sie ihre Distanznahme als vernünftig ausweisen kann. Die Durchsicht der Äußerungen von Johann Baptist Metz haben ein zweiteiliges Ergebnis zutage gefördert, umfassend einen innerchristlichen und einen universellen Strang.

Der politisch gemeinte Rekurs auf den geoffenbarten Heilswillen Gottes als Kontrast zur Wirklichkeitswahrnehmung und als Widerlager der Kritik ist theolo-

---

[37] J. B. Metz, Zur Theologie der Welt, 109.

[38] Die Kirche als Ort der geforderten Praxis in Anspruch zu nehmen, verpflichtet diese auf eine innere Reform. Daß Metz' Hoffnung nicht ungetrübt ist, belegen seine diesbezüglichen, zunehmend weniger optimistischen Aussagen, vgl. etwa aus dem Jahr 1967: Zur Theologie der Welt, 126; im Jahr 1974: Glaube in Geschichte und Gesellschaft, 151; drei Jahre später: Johann B. Metz, Zeit der Orden? Zur Mystik und Politik der Nachfolge, Freiburg 1977, 82; noch einmal vier, bzw. fünf Jahre später: Zum Begriff der neuen Politischen Theologie, 93; ebd., 101 f.; schließlich in den Jahren 1995-1997: ebd., 190, wo es heißt: „Gewiß, eine solche Definition [als akkumulierte Leidenserinnerung; A.H.] der klassischen religiösen Institution – der Kirche – kann sich dem Verdacht fahrlässiger Idealisierung nur schwer entziehen. (...) Das Versagen der religiösen Institution – der Kirche – besteht in meinen Augen heute vor allem darin, daß sie ihr dogmatisches Gottesgedächtnis zu sehr vom Leidensgedächtnis der Menschen abgehoben hat."

[39] Vgl. J. B. Metz, Zur Theologie der Welt, 126.

[40] Vgl. ebd., 113; 126.

[41] Unter einer „Institution zweiter Ordnung" versteht Metz eine Institution, die nicht nur kritische Öffentlichkeit exemplifiziert, sondern darüber hinaus für die Sicherstellung einer solchen Öffentlichkeit bürgt, vgl. ebd., 108.

gisch legitim und läßt sich exegetisch überzeugend stützen,[42] nur ist seine argumentative Kraft durch die einschränkenden Prämissen auf den christlichen Raum beschränkt. Als Korrektiv der Theologie – und als solches ist dieser Ansatz insbesondere vom frühen Metz vornehmlich konzipiert – tut diese Figur ihren Dienst, auch mag sie der Hartnäckigkeit theologischer Ideologiekritik förderlich sein,[43] doch Metz will nicht nur dies; er will auch in den weltlichen Raum hineinsprechen, wo die theologische Prämisse nicht geteilt wird. Er selbst nennt insofern einen Ansatzpunkt für einen geschützten Übergang, als er die Abhängigkeit der Neuzeit vom theologischen Denken anspricht, doch auch dieser nur angedeutete Gedanke ist in die innertheologische Richtung gesprochen.[44]

Für eine weltliche Ideologiekritik muß man sich auf den zweiten, ohnehin grundlegenderen Strang verlassen, auf den Anstoß zur Skepsis gegenüber Ideologien durch das Erschrecken, das sich gegenüber jeder theoretischen und weltanschaulichen Glättung widerspenstig zeigt.[45] An der Negativität ist kein Vorbeikommen für ernsthaftes Nachdenken, und die unermüdliche Erinnerung an Auschwitz hält ein Wissen um die Negativität des Menschen wach, das nicht wahrhaben zu wollen den Zyniker ausweist.[46] Tatsächlich markiert der Topos „Auschwitz" eine Kontrasterfahrung, die eine ideologiekritisch verwendbare Distanz zur Wirklichkeit aufkommen läßt.

Doch hier läßt Metz ein rechtfertigendes Argument[47] vermissen, als dessen Erfolg aus dem Erschrecken oder der Erinnerung an es nicht nur ein starkes Motiv für eine skeptische Position gewonnen würde, sondern ein Einsatz für einen normativen Ausweis. Man versteht sein Anliegen und bleibt dennoch auch bei Zustimmungsbereitschaft im Unklaren darüber, warum man sich ihm anschließen *soll*.[48] Metz delegiert diese Leerstelle an die politische Praxis, wo z.B. durch Widerstand gegen „Sprachverwüstungen" die Erinnerung an das Leiden der Verlierer der Geschichte wachzuhalten sei. Dieses aber für zu wenig zu halten, ist

---

[42] Vgl. E. Zenger, Der Gott der Bibel. Sachbuch zu den Anfängen des alttestamentlichen Gottesglaubens, Stuttgart 1979, 143-147; ders. u.a., Einleitung in das Alte Testament, Stuttgart-Berlin-Köln 1995, 107; 122 f.; K. Löning/E. Zenger, Als Anfang schuf Gott, 41 f.

[43] Vgl. J. B. Metz, Zur Theologie der Welt, 42 f., wo er „illusionsloses Aushalten" als spezifisch christliches Weltverhältnis ausmacht.

[44] Vgl. ebd., 31.

[45] Nicht zufällig wurde Metz durch das Erschrecken zur Theologie gedrängt, nicht durch die Theologie auf das Erschrecken aufmerksam, vgl. J. B. Metz, Johann Baptist Metz, 49 f.

[46] Vgl. die zusammenfassende Bilanz in: A. Steffens, Philosophie des 20. Jahrhunderts, 86: „Nun *wissen* wir, daß wir schon lange gar nicht mehr die waren, für die wir uns als Angehörige der europäischen Kultur mit Selbstverständlichkeit gehalten hatten."

[47] Erklärende Gründe finden sich bei Metz zuhauf, wenn in dieser Sache denn Bedarf an etwas über das „Sieh hin und du verstehst" hinaus besteht. – Zur Unterscheidung zwischen erklärenden und rechtfertigenden Gründen vgl. U. Steinforth, Klassische und moderne Ethik. Grundlinien einer materialen Moraltheorie, Reinbek 1990, 142.

[48] Ohne metaethisches Präjudiz kann man sagen, daß ein metaethischer Dezisionismus möglichst kognitiv abgefedert werden sollte, wenn man ihn davor schützen will, als metaethische Skepsis verstanden zu werden.

keine aus Begründungswut entspringende, sogenannt „akademische" Einrede, denn sie kann auf reale Gefahren verweisen: Die Erinnerung an vergangenes Leiden trifft auf Widerstände,[49] zudem verblaßt es und büßt die Sättigung durch Erfahrung ein, worunter auch das faktische Verstandenwerden derjenigen leidet, die auf dieser Erinnerung beharren.[50] Zweitens droht die Fühlung mit dem Kern des Erinnerten nachzulassen, wozu insbesondere dann eine Verführung besteht, wenn eine soziale Institution als Trägerin der Erinnerung in die Pflicht genommen wird. Das Vergessen ist gerade eines der zentralen Probleme, an denen Metz sich abarbeitet, wie er sich auch die Einsicht Nietzsches zu eigen macht, nach der nur im Gedächtnis bleibt, was wehtut.[51] Und er selbst ist es, der davor warnt, Erinnerung mit Traditionalismus zu verwechseln und Auschwitz zu einem „negativen Mythos"[52] verkommen zu lassen.

Nun fördern nicht allein erzählende Institutionen die Langlebigkeit von Erfahrungen und Ideen, wie Metz im Anschuß an Arnold Gehlen annimmt, sondern auch Begriffe und Argumente, insofern sie nämlich durch differenzierte Erfassung und Beurteilung mit für die Echtheit der ursprünglichen Einsicht bürgen. Die Äußerungen von Metz verstehen sich ebenfalls als verbindlich und ausdrücklich rational ausgewiesen,[53] und dennoch schreckt er davor zurück, einen begrifflichen Ankerpunkt aufzusuchen und seine Einsichten dadurch zu festigen. Vorbehalte gegen „Seins- und Identitätsdenken"[54], das die Erinnerung definitorisch stillstellen könnte, dispensieren jedoch nicht von dem Versuch, den eigenen Einsichten auf den Grund zu gehen. Wie weit Metz der Vernunft traut und wo genau sich sein Mißtrauen ihr gegenüber regt, wird durch Absetzungsgesten seines „sekundären Nominalismus"[55], wie die Forderung nach einer „nachidealistischen Theologie" einer „schwachen" Begrifflichkeit oder die Ersetzung einer Letztbegründung durch „Zuletztbegründungen", nicht wirklich deutlich.

Für eine bei Metz unterbliebene Ergänzung der theologischen durch eine ethische Argumentation bietet sich das bei ihm ausdrücklich zur Geltung gebrachte Subjekt an, dessen Identität er durch den Evolutionismus bedroht sieht. Es ist auffällig, daß es einerseits als leidendes oder unterdrücktes in praktischen Kontexten als unhintergehbar angesetzt wird, während es andererseits als denkendes scheinbar pauschal dem Argwohn ausgesetzt ist, es könne sich zum Herrschafts-

---

[49] Vgl. dazu I. Kertész, Wem gehört Auschwitz?, in: *Die Zeit* 48/1998, 55 f.

[50] Schwierigkeiten mit der Erinnerung kennzeichneten etwa die Walser-Bubis-Debatte 1998, vgl. dazu W. Scharf/M. Thiele, Die publizistische Kontroverse über Martin Walsers Friedenspreisrede, in: Deutsche Studien 36 (1999), 147-209.

[51] Vgl. J. B. Metz, Zum Begriff der neuen Politischen Theologie, 150; 153; vgl. F. Nietzsche, Zur Genealogie der Moral, II, 3.

[52] J. B. Metz, Johann Baptist Metz, 21.

[53] Vgl. J. B. Metz, Glaube in Geschichte und Gesellschaft, 11.

[54] J. B. Metz, Gott und Zeit. Theologie und Metaphysik an den Grenzen der Moderne, in: StZ 125 (2000), 147-159; hier 149.

[55] Ebd., 148.

subjekt aufschwingen.[56] Man gewinnt den Eindruck, in der nachidealistischen Theologie wirke ein übervorsichtiger, antirationalistischer Affekt.

6.2 Ideologiekritik aus Selbstwahrnehmung nach Thomas Nagel

Metz ist ein Argument dafür schuldig geblieben, warum das Erschrecken vor dem Leiden, das Menschen einander verursachen, eine „neue Praxis" nach sich ziehen soll; es fehlt der Übergang von der Theologie in die Ethik, von der motivierenden Hoffnung zum nötigenden Argument. Mit einem begründeten Hinweis darauf, daß die Verweigerung vor dem Erschrecken und dessen Konsequenzen nicht nur zynisch, sondern auch unvernünftig ist, läßt sich dem Biologismus noch gesicherter zu Leibe rücken, weil der ideologiekritische Diskurs seinerseits auf Vernunft verpflichtet ist. Zur Ergänzung der Metzschen Haltung bietet sich daher eine ausdrücklich ethisch-ideologiekritische Position an, und eine solche hat Thomas Nagel bezogen.

6.2.1 Streitfall Objektivität

Ihre Ansprüche normativer, auch verdeckt moralischer Art leiten biologistische Positionen aus einem behaupteten Monopol auf Objektivität ab; *allein* aus nüchterner Analyse der sogenannten „harten Fakten" würden sich maßgebliche Konsequenzen hinsichtlich der Selbstbeschreibung des Menschen und einer menschlichen Moral ergeben. Widerständige Beschreibungsversuche seien hingegen bloß subjektive Meinungen, die als Symptom aufzufassen und zu erklären seien. Das behauptete Monopol leitet sich aus der Privilegierung der naturwissenschaftlichen Methoden ab und gehört zum Kernbestand des Naturalismus.

Abgesehen davon, daß ein Nachweis der besonderen Härte biologischer Fakten bislang noch aussteht,[57] sind mit Nagels *What Is it Like to Be a Bat?*[58] die Erleb-

---

[56] Der Punkt des Mißtrauens wird nicht nur nicht deutlich, sondern es besteht darüber hinaus der Verdacht, daß das Mißtrauen in dieser undifferenzierten Form nicht plausibel ist. Es scheint, als werde die Vernunft überhaupt beargwöhnt und als werde dazu eben die Vernuft in Anspruch genommen. Die Dialektik der Aufklärung kann offenbar nicht das letzte Wort der „Aufklärung über die Aufklärung" (J. B. Metz, Glaube in Geschichte und Gesellschaft, 45) sein; angezeigt scheint eher eine um Differenzierungen bemühte „Theorie der Rationalität", vgl. dazu: H. Schnädelbach, Einleitung, in: Ders. (Hg.), Rationalität. Philosophische Beiträge, Frankfurt/M. 1984, 8-14; hier 12; ders., Rationalitätstypen, in: Ders., Philosophie in der modernen Kultur, Frankfurt/M. 2000, 256-281.

[57] Vgl. G. Keil/H. Schnädelbach, Naturalismus, 19, wo es heißt: „Wie man den Härtegrad von Tatsachen messen kann, ist alles andere als klar, aber wer ein gutes Argument dafür hat, daß aufgrund der biologischen Evolution bestehende Tatsachen härter sind als aufgrund der Kulturentwicklung bestehende, der möge hervortreten."

[58] T. Nagel, What Is it Like to Be a Bat?, in: PhRev 83 (1974), 435-450. – Die von Michael Gebauer vorgelegte Übersetzung ins Deutsche: T. Nagel, Wie fühlt es sich an, eine Fledermaus zu sein?, in: Letzte Fragen, 229-249.

nisqualitäten bewußter Vorkommnisse, wie sie sich dem zeigen, der sie hat, gegen den Ausschließlichkeitsanspruch des Naturalismus in die philosophische Diskussion eingebracht worden. Diese unter dem Begriff „Qualia" ausführlich verhandelten Phänomene konnten von naturalistischer Seite bis dato nicht aus der Welt geschafft werden – d.h., wie sogleich näher erläutert, das behauptete Monopol existiert nicht.

Nagels in dem genannten Aufsatz vertretener „philosophischer Realismus *subjektiver Tatsachen*"[59] bringt die Intuition zur Sprache, daß das wirkliche Dasein Erlebnischarakter hat. „Die Tatsache, daß ein Organismus *überhaupt* bewußte Erlebnisse hat, impliziert auf der elementarsten Ebene, daß es sich *irgendwie anfühlen* wird, dieser Organismus zu *sein*."[60] Ohne den empirischen Wissenschaften zu bestreiten, ihr methodisches Absehen von subjektiven Einstellungen und Vorurteilen führe zu objektiven Aussagen mit positivem Erkenntnisgehalt, ist damit ein Störfaktor aufgeboten, der eine Grenze der empirischen Objektivität markiert. Das Haben subjektiver Perspektiven ist seinerseits ein objektiver Sachverhalt, der sich der Naturalisierung – verstanden als Objektivierung durch weitestmögliches Absehen jeglicher Perspektivität – prinzipiell versperrt. „Ist das subjektive Wesensmerkmal des Erlebens nur aus *einer* besonderen Perspektive heraus voll erfaßbar, bringt uns jede Verschiebung hin zu gesteigerter Objektivität – und das heißt, jederlei Reduktion unserer Bindung an eine besondere Perspektive – der eigentlichen Natur des Phänomens nicht näher: Sie entfernt uns davon."[61] Die empirischen Wissenschaften sind schlicht das falsche Werkzeug, um eine objektive Vorstellung von subjektiven Perspektiven zu erzeugen, so daß der Naturalismus stets das Erleben wegstößt, indem er danach greift. Daher zu sagen, er wäre falsch, trifft Nagel zufolge die Lage des Naturalismus nicht genau, weil er streng genommen eine Position ist, „(...) die wir erst gar nicht *verstehen* können, da es uns bis in unsere Tage an einer Modellvorstellung mangelt, *wie* er überhaupt wahr sein könnte"[62].

Objektivität wird in den Naturwissenschaften bekanntlich dadurch hergestellt, daß die persönlichen Ansichten der Forscher mit Hilfe erprobter und intersubjektiv nachvollziehbarer Methoden ausgeschaltet werden. Objektivität läßt sich ferner aufstufen, d.h. naturwissenschaftliche Methoden lassen sich durch andere, die jene als nunmehr spezialfallbezogene erkennen lassen, umgreifen und in der Objektivität überbieten. So auch Nagel: „Um zu einem objektiveren Verständnis eines Aspektes des Lebens oder der Welt zu gelangen, treten wir von unserer ursprünglichen Sichtweise dieses Aspekts zurück und bilden uns eine neuartige Auffas-

---

[59] T. Nagel, Wie fühlt es sich an, eine Fledermaus zu sein?, 237.

[60] Ebd., 231.

[61] Ebd., 242.

[62] Ebd., 244. – An der zitierten Stelle bezieht Nagel sich auf den Materialismus, doch zielt seine Einsicht auf empirische Reduktionismen aller Art, vgl. ebd., 229 (Anm); T. Nagel, Der Blick von nirgendwo, 18; 30.

sung, welche die ältere Auffassung und ihre Weltbeziehung zum Gegenstand hat."[63] Sein Begriff von Objektivität deckt sich mit dem seiner Gegner bis hin zum Rekurs auf antizipative Begriffsbildungen, wobei jedoch ein Unterschied zu notieren ist: Während die naturalistischen Antizipationen im Rahmen der wissenschaftlich erreichten Objektivität verbleiben, sucht Nagel nach Begriffen, in denen der erreichte Stand auf eine Stufe größerer Objektivität hin überstiegen werden kann.[64] Aus dem Inneren der Wissenschaften heraus entwickelt er gegen den Naturalismus eine Kritik durch Überbietung, die dessen methodologische Beschränkung offenlegt und zudem einen wichtigen Zusammenhang deutlich macht: Je entschlossener versucht wird, die Selbstbeschreibung des Menschen zu naturalisieren, d.h. je entschiedener in der Anthropologie die naturwissenschaftliche Objektivität angestrebt wird, desto deutlicher wird die psychische Objektivität – bis hin zur charakteristischen Ableugnung der Möglichkeit von Ethik überhaupt – abgeblendet. Unbekümmerter Optimismus hinsichtlich des Erfolgs und der Reichweite naturalistischer Objektivierung lebt auf Kosten anderer Formen von Objektivität. Hierin eine Einseitigkeit zu erkennen und einen zweiten Pol – neben der naturwissenschaftlichen die psychische Objektivität – namhaft zu machen, den eine vollständige menschliche Selbstbeschreibung nicht unterschlagen darf, macht die Grundlage der hier vorgenommenen ideologiekritischen Distanz zum Biologismus aus. Sie unterbindet jeden einheitlichen Beschreibungsansatz prinzipiell: „Anstelle einer einheitlichen Weltanschauung erhalten wir ein dialektisches Widerspiel zweier in prekärer Weise aufeinander bezogener Auffassungsarten und die ihrem Wesen nach unabschließbare Aufgabe ihrer Vermittlung."[65]

6.2.2 Demontage der naturalistischen Allzuständigkeit

Nagels Ansatz ist durchaus nicht wissenschaftsskeptisch, sieht er doch eine spontane Neigung des Menschen, mittels Heraustreten aus seinen gegenwärtigen Auffassungen über die Welt Erkenntnisfortschritte zu erzielen. Die Verfahren der Naturwissenschaften zur Objektivierung haben sich dabei als außerordentlich erfolgreich erwiesen, doch seien sie entwickelt zur Beschreibung und Erklärung der physischen Welt, die nur ein eliminativer Materialist für das Ganze der Welt halten kann. Wird die naturwissenschaftliche Objektivität im Naturalismus zur all- und alleinzuständigen Welt- und Selbstbeschreibung hochgespielt, sind Fehlobjektivierungen die Folge. Sie beruhen auf dem „wahnwitzigen Glauben, wir seien bereits jetzt (...) im Besitz der erforderlichen Mittel, absolut alles und jedes zu

[63] T. Nagel, Der Blick von nirgendwo, 12.
[64] Vgl. ebd., 22; 46. – Diese Differenz in der angestrebten Erweiterung objektiver Erkenntnis läßt den Naturalismus für Nagel als eine Form von Idealismus erscheinen, vgl. ebd., 21.
[65] Ebd., 12.

verstehen"[66]. Der Versuch seitens des Naturalismus, mit Hilfe der gegenwärtigen Naturwissenschaften objektivierend aufs Ganze zu gehen, ist nicht nur moraltheoretisch zerstörerisch, sondern verstellt auch dem weiteren Fortgang der Wissenschaften selbst den Weg. Nagel bekundet hier entschiedene und polemisch erhitzte Ablehnung, wobei „bombastische Zeitverschwendung" noch zu den freundlicheren Ausdrücken zählt.[67]

Was der Naturalismus verhindert, ist die Entwicklung einer neuartigen Begrifflichkeit, die Nagel zufolge erforderlich wäre, um die Vermittlung von physischer und psychischer Objektivität angehen zu können. Die Aussichten für eine solche Begrifflichkeit schätzt er zurückhaltend ein, nicht zuletzt deshalb, weil sie sich in seiner Distanznahme von der Weltbeschreibung der Naturwissenschaften nicht abzeichnet.[68] Auf der Seite der psychischen Objektivität sieht Nagel nur eine methodisch vage, vom generischen Bewußtseins- und Erlebnisbegriff ausgehende Möglichkeit, per Einfühlung objektivierend die eigene Perspektive hinter sich zu lassen.[69] Die niedrige Entwicklungsstufe, die auf diesem Gebiet derzeit erreicht sei, mache auch Fortschritte in der praktischen Vernunft mühselig und sorge dafür, daß der Weg zur Objektivität sich hier kaum erst abzeichnet. Folglich erscheine die ethische Skepsis gefährlich attraktiv und weniger leicht abweisbar.[70] Überdies steht nicht zu erwarten, daß die Objektivierung hier in einem perspektivlosen „Blick von nirgendwo" an ein Ende kommt, denn die menschliche Erkenntnis kann, insofern sie an eine Perspektive gebunden ist, weder vollständig noch ohne Beeinträchtigungen verlassen werden kann: „Da wir jedoch sind, wer wir sind, können wir nicht restlos neben uns treten."[71]

Nagels Denken erzeugt, von der einfachen Tatsache des Habens von Erlebnissen ausgehend, einen Dualismus der Perspektiven, der eine nachhaltige Skepsis gegen die Alleinansprüche des Naturalismus belebt. Diese philosophisch ausgewiesene Zurückhaltung nutzt die Möglichkeit aus, die Aussagen der Naturalisten dadurch zu überbieten, daß sie als Daten über einen selbst in die Sicht der Welt integriert und zur erneuten Beurteilung freigegeben werden. In dieser Distanzierungsfigur, die oben als „*step back*"-Argument bereits erwähnt wurde, verschafft sich der subjektive Rest Geltung, der objektivierend nicht eingeholt werden kann bzw. bislang nicht eingeholt wurde.

Die Auseinandersetzung um den Naturalismus und das Psychische kommt im philosophischen Leib-Seele-Problem verdichtet zum Austrag. Der Grund, warum

---

[66] Ebd., 22.
[67] Das Zitat ebd., 31. – Ferner ist etwa von „kognitiver Selbstbefriedigung" (ebd., 22) und „intellektuelle[r] Repression" (ebd., 25) die Rede.
[68] Vgl. T. Nagel, Wie fühlt es sich an, eine Fledermaus zu sein?, 247; ders., Die Grenzen der Objektivität, 27; ders., Der Blick von nirgendwo, 34. – Nagel kommt über einen „spekulativen Vorschlag" (Wie fühlt es sich an, eine Fledermaus zu sein?, 247), eher eine Imagination, nicht hinaus.
[69] Vgl. T. Nagel, Die Grenzen der Objektivität, 22-28; ders., Der Blick von nirgendwo, 33-37.
[70] Vgl. T. Nagel, Das letzte Wort, 149.
[71] T. Nagel, Der Blick von nirgendwo, 16.

avancierte darwinistische Spekulationen oder raffinierte neurobiologische Experimente bestenfalls zu irritieren, nicht aber die Sache zu eigenen Gunsten zu entscheiden vermögen, liegt nach dem Gesagten zutage. Es bedarf dazu nach Nagel, wenn man überhaupt eine Lösung des Problems in Aussicht stellen will, einer wissenschaftlichen Revolution, die „völlig neues geistiges Rüstzeug“[72] verfügbar macht. Gegenteiligen Bekundungen aus dem soziobiologischen Lager zum Trotz kann das Leib-Seele-Problem redlich für offen gehalten werden, so lange die von Nagel markierte Leerstelle „subjektive Perspektive“ nicht restlos objektiv besetzt ist.[73]

6.2.3 Die Verteidigung ethischer Objektivität

Moralische Objektivität wurzelt Nagel zufolge in der doppelten Selbstwahrnehmung des Menschen als Subjekt und als Person, d.h. als der Welt gegenüberstehend und zugleich als ein Teil der Welt unter anderen. Die metaphysische Frage, wie diese beiden Aspekte miteinander zu vermitteln seien, braucht nicht restlos geklärt zu sein, um diese Intuition als Ausgangpunkt ethischer Überlegungen in Anspruch zu nehmen. Dieselbe Grundfigur wie in der Philosophie des Geistes – Streben nach Objektivität bei gleichzeitiger Bindung an die subjektive Perspektive – beherrscht Nagels Ethik, die mit einer die subjektive Innenwelt widerspiegelnden grundlegenden Polarität zwischen Utilitarismus und Deontologie rechnet.[74] Der erste Schritt in Richtung ethischer Objektivität besteht ebenfalls im Verlassen der eigenen Perspektive, auch hier ist mit der Absehung davon, *wer* man ist, keine einfache Beobachterrolle verbunden, sondern eine „unparteiische Sorge um jeden einzelnen Menschen“[75].

Im Ausgang von Nagels Überlegungen läßt sich nun deutlich machen, warum die auf Apathie lautenden Vorhaltungen, die Metz gegen den Evolutionismus führt, philosophisch einschlägig sind und das moralisch folgenreiche Erschrecken vor dem Greuel von Auschwitz keine beliebige Empfehlung ist, der man nachkommen könne oder auch nicht. Zugleich lassen sich die Positionen typologisch einordnen, die das Erschrecken nicht zu teilen gewillt sind.

Sobald die Frage „Was soll ich tun?“ im wirklichen Leben und als philosophischer Gedanke einmal aufgekommen ist, läßt sie sich Nagel zufolge nicht mehr abstellen. Sie versetzt den Handelnden über die empfundene Unterscheidung zwischen bloßen Wünschen und lebensbedeutsamen Entscheidungen auf den „Stand-

---

[72] Ebd., 94.

[73] Vgl. dazu G. Brüntrup, Das Leib-Seele-Problem, 131 f. und 145-149.

[74] Es handelt sich um die beiden Grundfragen: „Was soll geschehen?“ und „Was soll ich tun?“, die Nagel zufolge *beide* in der Ethik zur Geltung zu bringen sind. Vgl. dazu T. Nagel, Die Grenzen der Objektivität, 70 f.; ders., Eine Abhandlung über Gleichheit und Parteilichkeit, dt. v. M. Gebauer, Paderborn-Wien 1994, 12.

[75] T. Nagel, Eine Abhandlung über Gleichheit und Parteilichkeit, 18.

punkt der Entscheidung“: „Durch diesen Standpunkt kommt eine subtile, aber tiefe Lücke zwischen Wünschen und Handeln ins Spiel, und in diese Lücke findet die ungezwungene Anwendung der Ratio Eingang.“[76]

Soziobiologische Positionen vom Typ der „Genalogie der Moral“ weisen diese Frage und diesen Standpunkt als oberflächliche Illusionen und intellektuelles Ritual zurück. Sie können sich mit einer vorgebrachten evolutionsbiologischen Erklärung in die Schleife von biologistischer Erklärung und *step back* begeben oder das Gespräch beenden, indem sie sämtliche rationale Ansprüche aufgeben. In beiden Fällen setzen sie sich dem disqualifizierenden Verdacht aus, daß sie die Frage nur um den Preis loswerden, die Tatsachen verzerrt darzustellen bzw., insofern es sich um subjektive Tatsachen handelt, diese gänzlich zu unterschlagen. Die theoretisch weniger radikalen Positionen innerhalb der Soziobiologie, die beispielsweise einem normativen Biologismus anhängen, gestehen das Aufkommen der genannten Frage zu und suchen sie in irgendeiner Form im Sinne des Egoismus zu beantworten – wie im übrigen auch die Genealogen *de facto* eben dieses Ergebnis ansteuern.

Nagel argumentiert weiter, daß die Bedeutung der Frage „Was soll ich tun?“ nicht auf den individuellen Akteur in seiner Situation beschränkt ist, sondern auf eine allgemeinere Antwort zielt: Was soll diese Person angesichts der gegebenen Umstände tun? Praktische Überlegungen drängen über die subjektive Perspektive hinaus auf Objektivität hin, das gilt für einfache Klugheitserwägungen[77] ebenso wie für das Aufsuchen moralischer Gründe. Ist dieser Schritt für die Soziobiologen noch gangbar, dürfte Dissens auftreten, sobald nach der Art der zu erstrebenden Objektivität gefragt wird. Nagel unterscheidet zwischen akteur-neutralen Gründen, die keinen Bezug auf die Person implizieren, und akteur-relativen Gründen, die einen solchen Bezug beinhalten.[78] Ihr prinzipieller Egoismus verpflichtet die Soziobiologie auf das alleinige Zugeständnis akteur-relativer Gründe – was Nagel für inakzeptabel hält.

Der Grund dafür: Falls alle praktischen Gründe von dem abhängig gemacht werden, was für den jeweiligen Akteur Wert hat, so folgt daraus, daß bei objektiver Betrachtung, die gerade vom Akteur absieht, dieser selbst wertlos erscheint. „Die egoistische Antwort auf die Frage, welche Arten von Gründen es gebe, läuft also auf die Einschätzung hinaus, wonach man selbst ebenso wie jeder andere auch als *objektiv wertlos* gilt.“[79] Die betont nüchterne Art mancher Soziobiologen, die oben als effektheischende Selbstpräsentation aufgefaßt wurde, wird an dieser Stelle mit ihrem sachlichen Gehalt konfrontiert und zeigt, daß das Problem dort gesehen wird. Nagels rhetorische Frage: „Kann man wirklich glauben, daß es

---

[76] T. Nagel, Das letzte Wort, 160.
[77] Vgl. T. Nagel, Die Möglichkeit des Altruismus, 42 f.; 81 ff.
[78] Vgl. T. Nagel, Der Blick von nirgendwo, 263 f.
[79] T. Nagel, Das letzte Wort, 180.

objektiv keine Rolle spiele, ob man verdurstet oder nicht (...)?“[80] wird hier offenbar positiv beschieden. Damit verabschiedet sich die Soziobiologie mit einer Zumutung für die Selbstwahrnehmung.

Die Zumutungen nehmen ihren Lauf, zunächst in dem, was Metz mit der Rede vom Apathiegehalt evolutionistischen Denkens belegt hat, ferner im Gedanken politischer Legitimität. In beiden Fällen ist die soziobiologische Position viel weniger „realistisch“, als ihre Vertreter vorgeben, sondern insinuiert einen unglaubwürdig gleichgültigen und egoistischen Menschen. Es ist eben nicht wahr, daß das Leiden anderer uns nicht berühre. Die Tatsache, daß fremdes Leiden uns angeht, muß dem zufolge in einer Theorie der Moral erörtert werden und darf nicht totgeschwiegen oder zu einer theologischen Marotte erklärt werden.

6.2.4 René Descartes – Schlüsselfigur ideologiekritischer Skepsis

Nachdem Descartes bereits oben[81] als derjenige Denker angesprochen wurde, an dem sich die Geister in der Frage nach dem Verlassen des deskriptiven Diskurses scheiden, ist einmal mehr auf ihn zurückzukommen. Die streitenden Parteien in den hier thematisierten Auseinandersetzungen zeigen sich sämtlich dem Denken René Descartes' verpflichtet. Während die eine Seite sich mit allen Mitteln von ihm abzusetzen sucht, beruft sich die andere ausdrücklich auf ihn,[82] wenngleich die Grenze zwischen Biologisten und Antibiologisten nicht deckungsgleich mit der zwischen Anticartesianern und Cartesianern sein dürfte.

Charakteristisch sind die unterschiedlichen Rezeptionsweisen: Zur biologistischen Seite scheint Descartes vornehmlich als Kosmologe zu sprechen und einen skandalösen Dualismus zu vertreten. Damit habe er, so erregt man sich dort, eine Schranke in die Welt gesetzt, die eine einheitliche Interpretation der Gesamtwirklicheit überhaupt zum Problem mache und zudem das Naturalisierungsprojekt behindere.[83] Ähnlichen Unwillen hegen diejenigen gegen Descartes, die ihn verdächtigen, die Natur der Willkür des Menschen auszuliefern, indem er sie zu Maschinenartigem bzw. bloß Ausgedehntem herabwürdige.

Auf der anderen Seite wird Descartes als Subjektphilosoph wahrgenommen, der vor allem an Geltungsfragen interessiert war. Statt des kosmologischen Dualismus wird das „Ich denke, also bin ich“[84] in den Vordergrund gerückt. Descartes erscheint somit als Denker, der einen Akzeptanzvorbehalt formuliert und der

---

[80] Ebd.; vgl. entsprechend in: Ders., Der Blick von nirgendwo, 271: „Mache aber den Versuch, dir eine solche Situation [des Erleidens von Schmerzen; A.H.] aus der Außenperspektive zu denken, und sieh zu, ob du dich dabei dieser Wertung enthalten kannst!“

[81] Vgl. S. 173-175.

[82] Vgl. etwa T. Nagel, Das letzte Wort, 15.

[83] Vgl. G. Brüntrup, Das Leib-Seele-Problem, 143 f.

[84] R. Descartes, Die Prinzipien der Philosophie, dt. v. A. Buchenau, Hamburg ^{7}1965, I, 7.

rationalen Prüfungen zum Schutz davor, etwas eingeredet zu bekommen, einen Raum eröffnet.[85]

[85] Vgl. H. Schöndorf, René Descartes, 245-247. – Eine Aufschlüsselung des cartesischen Denkens im Sinne des Fallibilismus bietet K.-O. Apel, Das cartesische Paradigma der Ersten Philosophie. Eine kritische Würdigung aus der Perspektive eines anderen (des nächsten?) Paradigmas, in: A. Horn u.a. (Hg.), Descartes im Diskurs der Neuzeit, 207-229.

7. Überlegungen zur (ideologie)kritischen Begleitung der Verwissenschaftlichung der Lebenswelt

Als noch ausstehende Arbeiten am ideologischen Komplex „Soziobiologie" wurden zum Schluß des fünften Kapitels eine rhetorische Analyse, eine semantische Topik und eine Analyse der sozialen Verortung benannt. Hierbei handelt es sich ersichtlich um ein umfangreiches Untersuchungsprogramm, dem im Rahmen einer einzigen Arbeit nicht nachgekommen werden kann. Wenngleich wichtige Vorarbeiten – insbesondere hinsichtlich der rhetorischen und semantischen Fragen, beiläufig auch bezüglich der lancierten Interessen – nunmehr angegangen wurden, so kann von einer abschließenden Zurückweisung der Soziobiologie so lange nicht die Rede sein, wie deren öffentliche Präsenz nicht zurückgegangen ist. Die Unmöglichkeit eines Ausschlusses derart, wie er in Biologie und Philosophie beschrieben wurde, ist im massenmedialen Refugium der Soziobiologie und unter den derzeitigen gesellschaftlichen Bedingungen, deren Spiegelung die Soziobiologie auch ist, nicht zu erwarten. Das liegt zum einen an der raschen Abfolge von Themen und Techniken in der öffentlichen Kommunikation sowie am Wandel sozialer Koalitionen, zum anderen daran, daß nach dem bislang Ausgeführten eine Zurückweisung *praktischen* und *perennierenden* Charakter haben muß. Mit welchen Arbeitsbedingungen hat die in Aussicht genommene kritische Praxis zu rechnen?

7.1 Probleme der semantischen Ideologiekritik an der Soziobiologie

Während der soziobiologische Jargon dort offene Verwendung findet, wo die grundlegende Selbstbeschreibung des Menschen oder Fragen alltäglicher und persönlicher Art thematisiert werden, übt man vor allem an der Basis des Popularisierungsgeschehens – in den Publikumszeitschriften als Informationsknoten – Zurückhaltung, sobald es um ökonomische und politische Sachthemen geht. In Fragen tagespolitischer Art bedient sich beispielsweise der *Focus* den in den jeweiligen Debatten verwendeten Redeweisen, so daß die Intentionen lediglich in den vorgetragenen Interessenlagen zum Ausdruck kommen, nicht aber im semantischen Arrangement selbst. Der Zugriff über die verwendete Sprache scheint hier ins Leere zu gehen, ebenso läßt sich das Junktim zwischen Biologismus und politischen Interessen in den Bereichen des politischen Tagesgeschehens, die ja den Löwenanteil der untersuchten Magazine ausmachen, nicht in direktem Anlauf belegen. Umgekehrt ließe sich der zentrale Vorwurf, hier werde im Interesse der

Stärkeren Stimmung gegen Verlierer und Schwächere erzeugt, auch ohne einen Bezug zur Soziobiologie führen.[1]

Was berechtigt nun zu dem Verdacht, hier werde ein Unternehmen getarnt, und die politische Korrektheit werde lediglich vermeintlich beachtet? Wie lassen sich ferner diese Beobachtungen als erschwerende Arbeitsbedingungen und nicht als Erweis der Unbrauchbarkeit einer semantischen Ideologiekritik verbuchen?

Zunächst ist anzumerken, daß mit Hinweisen wie dem genannten die oben herausgestellten Einblicke in die Soziobiologie und deren öffentlicher Präsenz nicht aus der Welt geschafft sind. Von diesem Punkt aus lassen sich weitere Aspekte hinzufügen. Aufschlußreich ist die Erinnerung daran, daß es sich hier – wie bei der Verwissenschaftlichung der Lebenswelt allgemein, so in der Wirkungsentfaltung der Soziobiologie speziell – um einen geschichtlichen Prozeß handelt, der bislang nicht als abgeschlossen angesehen werden kann. Es überrascht daher nicht, daß eine *ex post*-Beurteilung, der sämtliche Kanäle, Folgen, Spielarten und Mechanismen bereits zutage liegen, nicht schon möglich ist, sobald man auf den soziobiologischen Komplex in dieser Form überhaupt erst aufmerksam geworden ist.

Das Phänomen „Soziobiologie" ist zudem ambivalent in dem Sinn, daß es neben der Faszination, die es aus seiner Nähe zur Biologie zieht, die Hypothek der Verwandtschaft zu einschlägigen Biologismen aus der Vergangenheit trägt. Bei aller dort zur Schau getragenen Zuversicht in eigener Sache ist daher eine Vorsicht zu erwarten, die etwa der Anweisung entsprechen könnte: „Je heißer die Debatte, desto kälter das Vokabular". Weil die Selbstbeschreibung und die Deutung der persönlichen Lebenslagen in das je individuelle Belieben gestellt scheinen, findet hierüber in der Öffentlichkeit keine hitzige Auseinandersetzung statt. Wo es vorderhand nichts zu erkämpfen gibt, bleibt die Verwendung einer offen soziobiologischen Sprache unbehelligt. In heiß umkämpften Debatten würde die Verwendung solchen Vokabulars hingegen zu vernichtenden Angriffen einladen, denn der Ideologievorwurf drängte sich offensichtlich auf. In der Philosophie sind jedoch andere Debatten „heiß" als in tagespolitisch interessierten Massenmedien, insbesondere der Naturalismus wird dort gegenwärtig als gravierende Herausforderung wahrgenommen. Das im vorangehenden Gedankengang zur Anwendung gebrachte Verfahren eines sprachkritischen Querschnittes durch verschiedene, gleichwohl in einem semantischen Zusammenhang stehende Felder sprachlicher Praxis verhilft aufgrund solcher Konstellationen zu Entdeckungen, die, auch wenn sie sich nicht aus jeder Sprachpraxis in gleicher Weise gewinnen lassen, dennoch übergreifend aufschlußreich sind. Der angedeutete Einwand, daß sich der soziobiologische Jargon im *Focus* in den Kontexten, auf die sich dort die Aufmerksamkeit konzentriert, nicht in nennenswertem Maß finden läßt, macht daher lediglich auf eine Erschwernis im Umgang mit einem schleichenden Prozeß aufmerksam.

---

[1] Vgl. J. Ross, Die neuen Staatsfeinde.

Die Unbrauchbarkeit einer semantischen Ideologiekritik der Soziobiologie impliziert er nicht, im Gegenteil: er weckt eine Sensibilität, die zur Früherkennung sprachlicher Verwüstungen ratsam ist.

7.1.1 Das Problem der Tarnung im Sinne der politischen Korrektheit

Bestätigung findet die Befürchtung einer anhaltenden bzw. ansteigenden Wirksamkeit des biologistischen Programms weiter dadurch, daß sich nicht selten Affinitäten zu ihm und Spuren seines gedanklichen und sprachlichen Einflusses in etablierten Wissenschaften finden lassen, die soziale Bezüge und soziales Handeln thematisieren. Drei Beispiele aus Pädagogik, Politik- und Wirtschaftswissenschaften illustrieren das Gemeinte.

Alfred K. Treml vertritt in den Erziehungswissenschaften einen stark ethisch orientierten Ansatz, doch sieht er, wie jüngst ausgeführt, seine pädagogischen Bedürfnisse in der „rationalistischen oder gar transzendentalphilosophischen Tradition“[2] nicht hinreichend befriedigt. Der soziale Wandel, der die moralischen Orientierungen zunehmend verunsichere, und die Erwartungen, die in dieser Situation insbesondere an die Pädagogik gerichtet würden, lassen ihm zufolge einen „Paradigmenwechsel“[3] angezeigt erscheinen, der die empirische Basis des Handelns stärker berücksichtige. Zeit also, sich „neugierig umzuschauen“[4], und Treml hat, wie die Besetzung der in *Die Natur der Moral* dokumentierten Tagung ausweist, keine Berührungsängste gegenüber der Soziobiologie, deren prominente Vertreter auf der Liste der Beitragenden zu finden sind. Er selbst übernimmt die Schemata der Soziobiologie bei dem Versuch, den durch die Globalisierung entstehenden Herausforderungen für die Pädagogik theoretisch beizukommen.[5] Nach einer Problemerfassung nach soziobiologischem Gusto[6] und einem im weiteren Verlauf durchweg affirmativen Referat soziobiologischen Gedankengutes, das fraglos von der Wahrheit dieses Theorietyps und der Aussagekraft ihres Vokabulars ausgeht, kommt Treml zu dem Schluß, daß die Erziehung das Ideal des moralischen Weltbürgers aufzugeben habe und statt dessen den klugen Egoisten als Zieloption anvisieren solle.[7] Neben einem betont finsteren Ausgangsszenario[8] scheint sich Treml insbesondere durch zwei Annahmen zu diesem Schritt genötigt

---

[2] A. K. Treml, Geleitwort, in: D. Neumann u.a. (Hg.), Die Natur der Moral, 9-12; hier 10.
[3] Ebd.
[4] Ebd.
[5] A. K. Treml, Die Erziehung zum Weltbürger, in: D. Neumann u.a. (Hg.), Die Natur der Moral, 177-191.
[6] Vgl. ebd., 177f., wo Treml den Gedanken des Weltbürgers als entweder moralisch und illusionär oder als evolutionär und realistisch hinstellt. Die sprachpragmatische Form der moralischen Forderung, die etwa Kant mit der Rede vom Weltbürger verbunden hat, bleibt unberücksichtigt.
[7] Vgl. ebd., 187; vgl. ders., Zufall, Schlamperei und Sex. Evolutionäre Strategien im Alltag, in: Universitas 55 (2000), 562-571; hier 570 f.
[8] Vgl. A. K. Treml, Geleitwort, 11.

bzw. berechtigt zu sehen, es sind dies die resignierte Feststellung, daß die Moralphilosophie die Pädagogik allein lasse,[9] sowie die Voraussetzung, daß die Soziobiologie die Erklärungsleistungen erbringe, die sie für sich reklamiert.

Zu einer der Sache nach ähnlichen, in der Ausprägung jedoch noch drastischeren Schlußfolgerung gelangt Heidi Kellers entwicklungspsychologischer Ansatz der Pädagogik: „Es handelt sich darum, daß das aus den evolutionsbiologischen Überlegungen resultierende Menschenbild im krassen Gegensatz zu der abendländischen Denktradition eines subjekt- und akteurzentrierten Menschenbildes steht.“[10] Aufgrund empirischen Materials aus entwicklungspsychologischen Studien zum Blickkontakt zwischen Säugling bzw. Kleinkind und Eltern, das Keller mit Hilfe soziobiologischer Vorstellungen über unterschiedliche Reproduktionsstrategien ausdeutet, meint sie Altruismus auf Eigennutz reduzieren zu können und daraufhin anmahnen zu müssen, daß „(...) die Wertgrundlage menschlichen Verhaltens unter dem Gesichtspunkt der Funktionalität neu definiert“[11] werde. Skrupel zeigt sie lediglich bezüglich der empirischen Basis,[12] nicht aber hinsichtlich des Interpretationsrahmens, dessen wissenschaftliche Bewährung unterstellt wird – leichtfertig, wie die vorangehenden Beobachtungen und vorsichtigere Versuche, naturalistische Konzepte in die Pädagogik zu übernehmen, zeigen.[13]

Die Verbreitungsaussichten biologistischen Denkens und Sprechens im Bereich der politischen Wissenschaften lassen sich anhand des Ausdrucks „Biopolitik“ andeuten, mit dem allgemein die Biologisierung der Politik – über die Verwendung biologischer Metaphern zur Beschreibung politischer Vorstellungen hinaus – bezeichnet wird. Dabei gibt das semantische Schillern dieses Ausdrucks die Facetten erwartbarer soziobiologischer Einflußnahme deutlich wider.

Zunächst hatte „*Biopolitics*“ in den späten 60er Jahren eine spezifische Bedeutung für die empirischen Politikwissenschaften erhalten. Hier bezeichnete der Begriff eine vor allem von Albert Somit und Steven A. Peterson vorangetriebene Forschungsrichtung, die Erkenntnisse aus der Humanbiologie zur Erklärung konkreter politischer Prozesse heranzog, indem beispielsweise auf bestimmte emotionale Dispositionen aufmerksam gemacht wurde, die Wahlkämpfer sich zunutze machten. Ferner wurde versucht, das politikwissenschaftliche Methodenarsenal zu erweitern und bis zu einer – wohlgemerkt nicht-naturalistischen – Theorie der

---

[9] Vgl. A. K. Treml, Die Erziehung zum Weltbürger, 183.

[10] H. Keller, Eine evolutionsbiologische Betrachtung der menschlichen Frühentwicklung, in: ZfPäd 43 (1997), 113-128; hier 124.

[11] Ebd., 125.

[12] Ebd., 123.

[13] Vgl. D. Lenzen, Lösen die Begriffe Selbstorganisation, Autopoiesis und Emergenz den Bildungsbegriff ab? Niklas Luhmann zum 70. Geburtstag, in: ZfPäd 43 (1997), 949-967. – Lenzen nennt den Preis für eine solche Übernahme, nämlich daß der Höherbildungsgedanke à la Systemtheorie „keinen humanistischen Überschuß mehr“ (ebd., 964) habe. In seinem Aufsatz wird aber auch die Attraktivität deutlich, die die Ersetzung der Rede von Bildung durch die von Emergenz oder Selbstorganisation in den Erziehungswissenschaften hat.

Demokratie vorzustoßen.[14] Es überrascht kaum, hier erhebliche Sympathien für die Soziobiologie zu finden, wenngleich vorerst noch Vorsicht bezüglich der Versprechungen seitens der Soziobiologen und folglich der Akzeptanz ihrer Theorien geboten wird.[15]

Weiter wird der Ausdruck „Biopolitik“ von Agnes Heller und Ferenc Fehér zur Bezeichnung einer sich fortgesetzt ausbreitenden „politicization of the body“[16] verwendet, womit gegenwärtige politische Bewegungen erfasst und problematisiert werden sollen, die sich – offen, doch zumeist im Gestus der Notwehr – die Betonung politischer Differenz auf ihre Fahnen schreiben und dies letztlich auf biologische Identitäten wie Geschlecht oder Erbanlagen zurückführen. Zwar machen solche Bewegungen auf Defizite existierender Demokratien im Umgang mit Minderheiten oder marginalisierten Gruppen aufmerksam und sind insofern als Korrektive zu begrüßen; doch wächst die Gefahr, daß per Biopolitik der demokratische Konsens verlassen und im Zeichen von Intoleranz untergraben wird.[17]

Derlei Bewegungen sind nicht neu, sie befanden sich nicht immer in der politischen Defensive, und sie haben schon längst theoretischen Niederschlag und sprachliche Ausdrucksformen gefunden. Diese sind jedoch durch den Nationalsozialismus gründlich in Mißkredit geraten und daher, was den öffentlichen Gebrauch angeht, derzeit kaum verwendungsfähig. Diesen bündelnden „Überbau“ bezieht Udo Siercks – das sei als dritte Bedeutungsvariante notiert – in seiner an Heller und Fehér anschließenden, aber deutlicher ideologiekritisch ausgerichteten Arbeit in den Ausdruck „Biopolitik“ mit ein.[18] Die strategische „gezielte Sprachverwirrung“[19] biopolitischer Bewegungen, mit der sie sich von allzu bekannten Formeln distanziert, ist Ausdruck derzeitiger politischer Ohnmacht, doch zeigen diese Aktivitäten an, daß in der politischen Wirklichkeit Strebungen am Werke sind und um die „kulturelle Hegemonie“[20] ringen, die biologisch beschriebene

---

[14] Somit und Peterson geben die für die biopolitische Richtung einschlägige Serie *Research in Biopolitics* (Greenwich/Conn.-London, 1991 u.ö.) heraus. Zu einer Theorie der Demokratie vgl. ferner dies., Darwinism, Dominance, and Democracy. The Biological Bases of Authoritarianism, Westport-London 1997.

[15] Vgl. J. Losco, Sociobiology and Political Science, in: A. Somit/S. A. Peterson (Hg.), Research in Biopolitics Volume 4, Greenwich/Conn.-London 1996, 151-177; ferner: A. Somit u.a. (Hg.), Research in Biopolitics. Volume 6: Sociobiology and Politics, Stamford/Conn.-London 1998.

[16] A. Heller, Has Biopolitics Changed the Concept of the Political? Some Further Thoughts About Biopolitics, in: Dies./S. Puntschner Riekmann (Hg.), Biopolitics. The Politics of the Body, Race and Nature, Aldershot u.a. 1996 (Public Policy and Social Welfare; 19), 3-15; hier 3.

[17] Vgl. A. Heller/F. Fehér, Biopolitik, dt. v. F. Ensslin, Frankfurt/M.-New York 1995 (Wohlfahrtspolitik und Sozialforschung; 6), 109; A. Heller/S. Puntschner Riekmann, Preface, in: Dies. (Hg.), Biopolitics, ix-xii; hier ix.

[18] U. Siercks, NORMalisierung von rechts. Biopolitik und die ‘Neue Rechte’, Hamburg 1995. – In diesem Sinne auch: A. Steffens, Philosophie des 20. Jahrhunderts, 143; M. Dery, Cyber, 259 ff.; T. Assheuer, Das Zarathustra-Projekt. Der Philosoph Peter Sloterdijk fordert eine gentechnische Revision der Menschheit, in: *Die Zeit* 36/1999, 31 f.

[19] U. Siercks, NORMalisierung von rechts, 15.

[20] Ebd., 13.

Unterschiede markieren und politisch ausmünzen wollen. Die sprachlichen Auftrittsformen schmiegen sich an den Zeitgeist an, so lautet die Diagnose auch bei Siercks, der beim medizinischen „Präventionsbewußtsein“[21] und beim Human-Genom-Projekt als zeitgemäßer Masken eugenischen Denkens die Neue Rechte ebenso wittert, wie in der um sich greifenden Jugend- und Fitneßkultur.[22]

Die Affinität der Wirtschaftswissenschaften zu biologistischen Redeweisen läßt sich anhand der Diskussion um die Globalisierung verdeutlichen. Wegen der Unklarheit und Umstrittenheit des mit „Globalisierung“ Gemeinten – wie die zugrundeliegenden Prozesse zu erfassen seien, ob und inwieweit es sich hierbei um wirkliche Phänomene, um Antizipationen, um eine Ideologie oder um ein bloßes Modethema handelt – läßt sich in diesen Debatten deutlich die charakteristische Funktion biologischer Kategorien in der Ökonomie aufzeigen. In *Logik der Globalisierung* teilt Carl C. von Weizsäcker seiner Leserschaft mit, daß die komplexe moderne Gesellschaft „den Grundgesetzen der Evolution“[23] unterliege, die von dezentralen Kräften, namentlich von der Wirtschaft im neoklassischen Verständnis und von den Wissenschaften vorangetrieben werden. Zur Bekräftigung fügt er an: „Es ist sinnlos, gegen dieses tiefsitzende Grundgesetz der gesellschaftlichen Evolution anzukämpfen.“[24] Weizsäckers liberalistische Auffassung von der erfolgreichen Wirtschaft bedient sich weiterer biologistisch anmutender Elemente, wie etwa der Rede von „Soziodiversität“[25] oder der Auffassung, daß „Wachstum unser Schicksal“[26] sei, und erweckt so den Anschein, daß sie ebenso von Wilson inspiriert ist, wie von Friedrich A. von Hayek. Die Androhung einer planetaren Katastrophe und die aggressive Frontstellung gegen das Feindbild des „linken Intellektuellen“ komplettieren dieses Bild.[27] Daß von Weizsäcker hinsichtlich des Übergehens der Verlierer im Marktgeschehen, ja des Menschen überhaupt, mit manchen Evolutionsbiologen und deren Deutung der Evolutionstheorie in Über-

---

[21] Ebd., 68.

[22] Zum Human-Genom-Projekt vgl. ebd., 73-76; zur Fitneß-Welle vgl. ebd., 94: „Aber es ist nicht zufällig, daß unerkannt in ‘Fitneß-Training’ oder ‘Fitneß-Studio’ die sozialdarwinistische Kategorie des ‘survival of the fittest’ steckt. Gesundheit, Schönheit, Fitneß, Leistungsfähigkeit sind die Grundwerte des Normalisierungsdenkens im Alltag.“

[23] C. C. von Weizsäcker, Logik der Globalisierung, Göttingen 1999, 38. Vgl. dazu ders., „Die Leistungen von Bill Gates und Mutter Teresa. Warum profitorientierte Menschen sehr sozial sind, in: *Focus* 28/1998, 38.

[24] C. C. von Weizsäcker, Logik der Globalisierung, 38.

[25] Ebd., 34; 69.

[26] Ebd., 55.

[27] Die Katastrophendrohung für den Fall, daß der Wirtschaft nicht der Primat gegenüber der Politik eingeräumt wird, findet sich ebd., 166; die Feindschaft gegenüber dem schemenhaften „Linken“ ebd., 67. – Das sozialistische Schreckgespenst, mit dem Friedrich A. von Hayek sich jahrzehntelang herumgeschlagen hat, ist auch bei von Weizsäcker offenbar noch lebendig, wenngleich er Neues in dieser Sache nicht vorzubringen weiß. Alles aus dieser Sicht Wesentliche findet sich bereits in F. A. von Hayek, Der Weg zur Knechtschaft, dt. v. E. Röpke, Erlenbach-Zürich 1948; vgl. auch ders., Wissenschaft und Sozialismus, Tübingen 1979, 3.

einstimmung kommt, bestätigt die Affinitätsvermutung ebenso, wie seine Auszeichnung des Marktes als zugleich segensreiche und erbarmungslose Instanz.[28]

In der hier interessierenden Hinsicht erweist sich von Hayek, der bei von Weizsäcker Pate gestanden hat, als sensibler, denn er sieht seine bedrohliche Nähe zum Biologismus[29] und sucht mögliche Einwände, die hieraus erhoben werden könnten, von vornherein zu entkräften. Sein Argument, er greife auf die „kulturelle Evolution durch Lernen“[30] zurück und sei nicht auf einen genetischen Determinismus verpflichtet, beeindruckt in Zeiten der Soziobiologie allerdings nicht mehr wirklich. Die Beschwörung der Evolution wird bei ihm wie bei von Weizsäcker offenbar dazu eingesetzt, um eine begründete, aber eben lediglich handlungswissenschaftliche Option mit der Autorität naturwissenschaftlicher Objektivität auszustatten.

Im Rahmen ideologieempfindlicher Debatten[31] begibt man sich mit einer solchen Operation in keine komfortable Lage, im Gegenteil; es könnte der Verdacht heraufdämmern, daß man hier – trotz Dementi – zusammen mit dem Biologismus an einem Strang zieht.

7.1.2 Das Problem sprachlicher Verschlingungen

Die zuletzt geäußerte Vermutung bestätigt sich dadurch, daß die Soziobiologen ihrerseits ausgiebig ökonomisches Vokabular verwenden, wodurch eine zusätzliche Schwierigkeit deutlich wird. Während im Bereich des Politischen die Übernahme biologischer Redeweisen zumeist auffällt, sind die ökonomische und die

---

[28] Vgl. zur Interpretation des Marktes am Menschen vorbei C. C. von Weizsäcker, Logik der Globalisierung, 70; zur Mißachtung der Verlierer z.B. ebd., 36. – Letztere wird dadurch gesteigert, daß lediglich ein Idealbild vom Markt und dessen Autonomie geboten wird. Ein Versagen des Marktes gibt es danach nicht (vgl. ebd., 49 f.), und gesellschaftliche Verwerfungen werden stets als Frucht von Ängsten und deren politischer Umsetzung dargestellt. Daß der Markt in sich segensreich ist, zählt zu den Grundbotschaften dieses Buches, vgl. ebd., 50 f. u.ö.

[29] Vgl. etwa seine Rede vom Markt als „Prozeß der kulturellen Auslese“: F. A. von Hayek, Der Atavismus „sozialer Gerechtigkeit“, in: Ders., Drei Vorlesungen über Demokratie, Gerechtigkeit und Sozialismus, Tübingen 1977, 23-38; hier 37. Ferner ders., Wissenschaft und Sozialismus. – Hier äußert von Hayek sich biologienah zu Werten (ebd., 4), zu Altruismus und zu Solidarität (ebd., 7 f.). Als biologienah muß auch sein Konzept der „spontanen Ordnung“ (F. A. von Hayek, Recht, Gesetzgebung und Freiheit, Bd. 1: Regeln und Ordnung, München 1980, 59.) angesehen werden, wobei er freilich den Ursprung der Evolutionstheorie in den Sozialwissenschaften sieht (vgl. ebd., 40). – Er ist auch hellsichtiger als von Weizsäcker, was den Zusammenhang von Ideologie und Semantik angeht, vgl. ders., Recht, Gesetzgebung und Freiheit, Bd. 2: Die Illusion der sozialen Gerechtigkeit, Landsberg/Lech 1981, 93-99.

[30] F. A. von Hayek, Der Atavismus „sozialer Gerechtigkeit“, 38.

[31] Von Hayek wendet sich ausdrücklich gegen den Sozialismus als Ideologie, und es besteht der Verdacht, daß auch in der Globalisierungsdebatte Ideologien am Werke sind, vgl. E. Altvater, Wirtschaftspolitik im Globalisierungstrilemma, in: Blätter für deutsche und internationale Politik 44 (1999), 1074-1082; hier 1075 f.; W. van Reijen, Globalisierung – die Rhetorik der Heilsversprechen, in: G. Schweppenhäuser/J. H. Gleiter (Hg.), Paradoxien der Globalisierung, Weimar 1999, 132-152; F. Hengsbach, „Globalisierung“ aus wirtschaftsethischer Sicht, in: APuZ B 21/1997, 3-12; hier 3.

soziobiologische Diktion derart ineinander verschlungen, daß oft nicht zu entscheiden ist, ob ökonomische Aussagen biologisiert oder biologische Aussagen ökonomisiert werden. Der Sache nach bestand das Problem bereits für Darwin, wie in den Fragen nach soziomorphen Metaphern sowie einer gedanklichen Nähe oder gar Abkunft von den Sozialwissenschaften und der Nationalökonomie anklingt.[32] Die Existenz methodischer Mittel wie der Spieltheorie läßt die Beziehungen zwischen Soziobiologie, Politikwissenschaft und Ökonomie noch intimer erscheinen. Die daraus sich ergebende Semantik der Kooperation erscheint jedoch zu allgemein, als daß sich auf sie ein aussagekräftiges semantisches Urteil gründen ließe; gleiches gilt für die Rede vom Wettbewerb.

Hatten von Hayek und von Weizsäcker ihrer Leserschaft einen Markt nach Art der Evolution präsentiert, spricht etwa Dawkins von der Evolution, als ob es sich um ein Marktgeschehen handele. Die Rede vom „Elternaufwand"[33] läßt die Gene als Unternehmer auftreten, die Kalkulationen darüber anstellen, wie die Präferenzen und Aktivitäten ihrer Überlebensmaschinen in Investitionen einzubringen seien. Folgerichtig ist von „Investitionen" die Rede und von Nutzenfunktionen – bis hin zu „Gottes Nutzenfunktion"[34]. Die vorgegebene Überlebenspräferenz und gebündelte Parameter wie Verwandtschaftsgrad und Umwelten werden hier nach Art der betriebswirtschaftlichen Investitionsrechnung zu Investitionsentscheidungen zusammengefaßt und sollen das angenommene Verhalten der Überlebenssubjekte auf der Grundlage der angenommenen Prozeßmechanismen erklären. Eckart Voland räumt ein, daß das „Vokabular [der Soziobiologie; A.H.] einer Ökonomie-Grundvorlesung entstammen könnte"[35]. Zwar handele es sich dabei lediglich um Metaphern, doch könne man sich die „Gänsefüßchen" hinzudenken, ohne an den Zusammenhängen etwas zu ändern.[36] Volands Soziobiologie ist stark an der Ökonmie orientiert, und es ist schwer ersichtlich, wie dieser „kostenorientierte Ansatz" in eine biologische Sprache überführt werden kann. Voland scheint, wie Dawkins, von zwei Voraussetzungen auszugehen: der Aufhebung der „Sonderstellung des Menschen" im Reich des Lebendigen und einer weitgehenden Unabhängigkeit des Gemeinten vom Gesagten. Beides ist theoretisch nicht gedeckt, und deshalb verhindert der ausgiebige Gebrauch nicht erläuterter Metaphern das Verständnis seiner Vorstellungen und läßt den Verdacht aufkommen, daß eine Erläuterung nicht möglich ist.[37]

---

[32] Vgl. dazu noch einmal F. A. von Hayek, Der Atavismus „sozialer Gerechtigkeit", 38.
[33] R. Dawkins, Das egoistische Gen, 207, wo er den Begriff von Robert Trivers übernimmt.
[34] R. Dawkins, Und es entsprang ein Fluß in Eden, 111.
[35] E. Voland, Grundriß der Soziobiologie, VII.
[36] Vgl. ebd.; das Zitat ebd.
[37] Vgl. z.B. ebd., 56: „Die natürliche Selektion ist ein *optimierender Prozeß*. Sie kann nicht isoliert eine Kostenfunktion minimieren oder einen Nutzen maximieren, sondern die aus der Verrechnung aller Kosten/Nutzenfunktionen entspringende Nettobilanz entscheidet schließlich über den Selektionsvor- oder -nachteil der jeweils 'gewählten' Form des sozialen Miteinanders."

Die sprachlichen Verschlingungen können zur gegenseitigen Vorteilnahme genutzt werden. Während die eine Seite sich ein Plus an wissenschaftlicher Autorität borgt, bezieht die Soziobiologie aus den Wirtschaftswissenschaften Plausibilitäten, zugleich lebensweltlich bewährte Anker, an denen biologistische Inhalte Halt finden. Eine gezielte Ideologiekritik wird dadurch jedoch erschwert, denn eine solche sprachliche Legierung erlaubt der Soziobiologie stets die Empörung darüber, unstatthaft beim metaphorisch gemeinten Wort genommen zu werden. Die aus der Ökonomie vernehmbaren Distanzierungen bestätigen diesen Scheinrückzug obendrein.

7.2 Ein Wort zu den lancierten Interessen[38]

Die Einsicht, daß und wie Erfolgsbedingungen und inhaltliche Ausrichtung der Soziobiologie ineinandergreifen, läßt weiter nach den Koalitionen fragen, die sie eingeht. Solches Fragen stößt auf sprechende Parallelen auch auf der Ebene der Interessen zwischen ihr und dem gegenwärtig in vielen gesellschaftlichen Belangen bestimmenden liberalistischen Pragmatismus. Erhellend ist eine Gegenüberstellung der Moraltheorie Dennetts mit Richard Sennetts Kapitalismuskritik in *Der flexible Mensch.*[39]

In der Analyse des Erwerbslebens gelangt Sennett zu einem analogen Befund wie Dennett für das Dasein überhaupt: Die Möglichkeiten der Kontrolle über das eigene Leben werden bedroht durch Anforderungen, die von außen auf das Individuum einwirken. Die Flexibilität des Wirtschaftens unter den Bedingungen stark beschleunigter Geld-, Waren und sogar Marktverschiebungen nötigt den Menschen erhebliche Anpassungsleistungen auf, die die Selbstkontrolle zum Problem und damit zum zentralen Begriff des Nachdenkens über die Lebensführung machen.

Auf der Basis übereinstimmender Wahrnehmungen kommen Dennett und Sennett jedoch zu entgegengesetzten Folgerungen. Dennett macht aus der Not eine Tugend und rät dazu, Verpflichtungen und Bindungen gegenüber Menschen und Werten als unnötige Erschwernis im Anpassungsprozess anzusehen und sie klugerweise zu vermeiden. Seine Rede von Verantwortlichkeit bezieht sich nicht auf eine moralische Bindung, sondern auf einen überaus pragmatischen Umgang mit den eigenen Taten. Man müsse sich von der eigenen Vergangenheit lösen, sobald sie der „Ellenbogenfreiheit" abträglich werde. Damit wird das in der Ökonomie praktizierte Prinzip der „schöpferischen Zerstörung"[40] auf die je eigene Lebensge-

---

[38] Vgl. S. 147-150.

[39] R. Sennett, Der flexible Mensch. Die Kultur des neuen Kapitalismus, dt. v. M. Richter, Berlin 1998. – Vgl. H. G. Zilian/J. Flecker (Hg.), Flexibilisierung – Problem oder Lösung?, Berlin 1998.

[40] J. A. Schumpeter, Kapitalismus, Sozialismus und Demokratie, dt. v. S. Preiswerk, Bern ^{2}1950, 138. Vgl. R. Sennett, Der flexible Mensch, 36 f.

schichte angewendet und zugleich der universell einsetzbare Arbeitnehmer charakterisiert.

Während Dennett den fortgeschrittenen Kapitalismus zu begrüßen scheint und sein Menschenbild darauf einzustellen bereit ist, hält Sennett an einer kritischen Position fest. Die Flexibilität mit der Folge der „Fragmentierung“[41] der Emotionen und der Lebensgeschichte zerstöre die sozialen Bindungen, die Vergangenheit mit ihren Sinnpotentialen, den Wert der Erfahrung und die Durchschaubarkeit der Wirklichkeit. Stets neuen Risiken, Lebens- und Arbeitsbedingungen ausgesetzt, gerate der Mensch „in einen Zustand des Dahintreibens“[42] und verliere die Kontrolle über seine Handlungen und die Gestaltung seines Lebens. Die Flexibilisierung steht Sennett zufolge nicht im Dienst von Entlastung und der Schaffung von Aktionsspielräumen für das Individuum, sondern wird selbst als Bedrohung wahrgenommen.

Sennett bezweifelt nicht nur, daß die flexible Persönlichkeit eine humane Lebensform exemplifiziere, er thematisiert zudem das Scheitern, das speziell als unerwartete Entlassung jeden Arbeitnehmer treffen kann und das Teil der undurchschaubaren Wirklichkeit ist. „Das Scheitern ist das große moderne Tabu“[43], und das ist ihm zufolge kein Zufall, durchstoße doch der Versuch, Sinn in solch einem Einbruch zu finden, die Fragmentierung und decke er in dem „harte[n] innere[n] Satz: ‘Ich bin nicht gut genug’“[44] das „Ich“ als Zentrum des eigenen Lebens und das „Wir“ als Quelle von dem Menschen innewohnenden Sehnsüchten auf. Über das Scheitern läßt sich dagegen bei Dennett nichts finden, die einzige Auskunft, die sich herbeiziehen läßt, belehrt darüber, daß die Evolution nicht zum Nutzen des Menschen eingerichtet und überdies gleichgültig sei.[45] Ebenso wie die Gefahren des „flexiblen“ Kapitalismus für die in ihm Erfolgreichen entgehen ihm auch das Scheitern und die daraus folgende Not der Verlierer. Ohne die Situation der Gescheiterten zur Kenntnis zu nehmen, werden ihre Bedürfnisse, wo nicht einfach übergangen, als parasitär und störend diffamiert und den Ressentiments der Mehrheit, die sich in ihrem Fortschreiten nicht stören lassen will, ausgesetzt.

Mit der Macht der großen Zahl muß auf jedem Waren- und Meinungsmarkt gerechnet werden, ihr Nachfragedruck bestimmt in einer Welt nach liberalistischem Geschmack die Preise und damit Wirklichkeit. In Dennetts soziobiologischem Ansatz wird dieser Mechanismus ökonomischer Modellbildung evolutionsbiologisch reformuliert, als unausweichliche Naturtatsache ausgegeben und damit vermeintlich legitimiert.

---

[41] R. Sennett, Der flexible Mensch, 80.
[42] Ebd., 22.
[43] Ebd., 159.
[44] Ebd.
[45] Vgl. D. C. Dennett, Darwins gefährliches Erbe, 451 ff.; vgl. R. Dawkins, und es entsprang ein Fluß in Eden, 149 f.

7.3 Über den Sinn vorauseilender Ideologiekritik

Die vorangegangenen Beobachtungen und Überlegungen könnten manchem als allzu aufgeregt erscheinen; der praktische, gelebte Biologismus sei einstweilen eine Randerscheinung, der man nicht zu viel Aufmerksamkeit schenken sollte. Im übrigen könne man sich auf die eingespielten Resistenzen der Öffentlichkeit verlassen.

Die Debatte um die Rede Peter Sloterdijks über die *Regeln für den Menschenpark*[46] im Sommer 1999 mag man als Beispiel für eine funktionierende Öffentlichkeit heranziehen. Hier wird Martin Heideggers Gedanke der Seinsverwiesenheit des Menschen mit Hilfe einer evolutionstheoretischen Inspiration interpretiert, was den Redner unversehens in sozialdarwinistisches und eugenisches Fahrwasser hinüberleitet, inklusive provozierender Konsequenzen wie einer „Reform der Gattungseigenschaften" und einer „pränatalen Selektion"[47]. Die politische Konkretisierung mittels einer insinuierten Expertenherrschaft aus Gentechnik und „Weisheit"[48] rief Kritiker mit dem Vorwurf, hier werde Biopolitik betrieben, auf den Plan.[49] Die Debatte bog jedoch rasch ab auf die Frage, wie Philosophien hier miteinander umgingen und wie es um die Kritische Theorie bestellt sei, ferner hat Sloterdijk alsbald abgewiegelt.[50]

Auch wenn der Aufschrei in diesem Fall nicht ausgeblieben ist, kann von Entspannung keine Rede sein. Die Gentechnik steht unter anderem als Aufforderung zur Ausbildung biopolitischer Gedankensysteme bereit, während sie schleichend Tatsachen schafft, die möglicherweise dann, sobald die öffentliche Aufmerksamkeit auf sie fällt, schon nicht mehr zur Disposition stehen.[51] Präventionsorientiertes und Frühwarnungen gegenüber aufgeschlossenes Verhalten ist daher ratsam. Die hier empfohlene Haltung vorauseilender Aufmerksamkeit läßt sich zum einen davon leiten, daß Strömungen „verführten Denkens"[52] auch ohne die Einwirkungen totalitärer Systeme auftreten können. Speziell ist es der Erwähnung wert, daß nicht nur die Welt alltäglichen Handelns, sondern auch die sprachliche Lebenswelt mit mehr oder weniger verborgenen Zwängen und Verführungen aufwartet, die

---

[46] P. Sloterdijk, Regeln für den Menschenpark. Ein Antwortschreiben auf Heideggers Brief über den Humanismus, Frankfurt/M. 1999.

[47] Beide Zitate ebd., 46.

[48] Vgl. ebd., 55.

[49] So T. Assheuer, Das Zarathustra-Projekt, 32; ferner E. Tugendhat, Es gibt keine Gene für die Moral, in: *Die Zeit* 39/1999, 31 f.; M. Frank, Geschweife und Geschwefel, in: *Die Zeit* 39/1999, 33 f.; L. Lütkehaus, Der Denker fällt vom Hochseil, in: *Der Spiegel* 38/1999, 256-259.

[50] Er zieht sich zurück bis zur Verbreitung der Erklärung, die monierten Aussagen seien lediglich scherzhaft gemeint gewesen, vgl. *Die Zeit* 14 /2000, 2.

[51] Diese realistische Befürchtung äußert etwa A. Steffens, Philosophie des 20. Jahrhunderts, 43. – Daß solcherlei Sorge nicht aus der Luft gegriffen ist, zeigt ein bekannt gewordenes Vorkommnis im Europäischen Patentamt, vgl. J. Albrecht, Patent gelaufen. Wie ein genetisches Tabu versehentlich geschützt wurde, in: *Die Zeit* 9/2000, 35.

[52] Zum Ausdruck vgl. C. Miłosz, Verführtes Denken.

das Denken korrumpieren können. Nicht nur das öffentliche Sprechen selbst, sondern auch die strukturellen und konkreten Bedingungen, unter denen es jeweils stattfindet, gehören daher in den Gegenstandsbereich sozialethischen Nachdenkens.[53]

Die starke Verzeitlichung der Sozialethik hat schließlich den Sinn, *ex post* aus der Geschichte zu ziehende und zu bestätigende Lehren zu ergänzen. Ein praktisches, stärker antizipierendes Vorgehen könnte im Erfolgsfalle die Ungerechtigkeit mildern helfen, die darin besteht, daß aus gemachten politischen Fehlern bestenfalls die Durchgekommenen lernen können.

---

[53] Vgl. ähnlich T. Nagel, Der Blick von Nirgendwo, 234; J. B. Metz, Zur Theologie der Welt, 103.

8. Zusammenfassung

Der gegenwärtig vitale Zustand der Soziobiologie ist aus wissenschaftlicher Sicht überraschend; die Tatsache, daß sie allen gegen sie vorgebrachten Argumenten zum Trotz nicht nur immer wieder vorgetragen wird, sondern auch nach wie vor erheblichen Einfluß auf die öffentlichen und wissenschaftlichen Debatten um die Selbstbeschreibung des Menschen nimmt, erscheint einer Erklärung bedürftig. Sie gegen den ersten Anschein nicht als Theorieansatz in der Biologie, sondern als ein ethisch relevantes und semantisch operierendes kulturrevolutionäres Programm zu verstehen, wird als ein Erklärungsgedanke vorgetragen und durch den Aufweis ihrer Medienbedürftigkeit zu bewähren versucht.

Zur Skizzierung der medialen Auftrittsbedingungen der Soziobiologie wird Walter Schulz' Rede von der Verwissenschaftlichung der Lebenswelt aufgegriffen und im Hinblick auf die Bedingungen der öffentlichen Kommunikation in der Informationsgesellschaft hin verdeutlicht. In den Blick treten dadurch semantische Verschiebungen, die sich zwischen Wissenschafts- und der Gemeinsprache abspielen. Als entscheidend in diesem Prozeß wird zum einen angenommen, daß der Szientismus auch angesichts der Ambivalenz (groß-)technologischer Einrichtungen eine stabile Hintergrundüberzeugung darstellt. Zum anderen wird betont, daß die Formen der von den Massenmedien, vor allem durch das Fernsehen geprägten öffentlichen Kommunikation die sensationalisierte Form von Information begünstigen. Als Folgen dieser Entwicklungen sind die Konjunktur der „Dritten Kultur", einer den Naturwissenschaften die Rolle der gesellschaftlichen Sinnzuweisung einräumenden Bewegung, und ein Sensationalisierungsdruck auf die zunehmend nachgefragte Popularisierung der Wissenschaften als Auftrittsbedingungen der Soziobiologie zu verzeichnen.

Die moderne Biologie hat in ihrer Geschichte stets eine politische Seite aufgewiesen, deren Ausdrucksformen von einfacher Popularisierung und Volksaufklärung bis hin zu biologistischen Welt- und Gesellschaftsbildern, wie etwa von Ernst Haeckel vorgelegt, reichen. Dieser Aspekt der Biologie illustriert nicht nur, daß die Naturwissenschaften eine gesellschaftliche Unternehmung sind, wie die kulturalistische Wissenschaftstheorie hervorhebt; er macht zudem auf die Dringlichkeit aufmerksam, deutlich zwischen der Biologie und ihrer metaphysischen Überhöhung im Biologismus zu unterscheiden. Der Biologismus dient herkömmlich vor allem politischen Zwecken, die er zugleich spiegelt. Er basiert im Kern auf einer doppelten Projektion vom Menschen auf die Tierwelt und von dieser auf den Menschen zurück, die schon zu Darwins Lebzeiten problematisiert wurde.

Die aus einer ethischen Perspektive vorgenommene Erfassung der Soziobiologie verknüpft die Beschreibung der verwissenschaftlichenden Informationsgesellschaft mit der Naturalismus-Debatte auf der semantischen Ebene, woraus sich folgende vorläufige Definition der Soziobiologie ergibt: Die Soziobiologie wird aufgefaßt als (1) ein Feld der Biologie, in dem mit Mitteln der evolutionären Populationsgenetik das menschliche Tun erklärt werden soll; (2) ein auf Öffentlichkeit und Sensation ausgerichtetes Programm; (3) ein semantisches Strategieprogramm; (4) ein im Ansatz naturalistisches Programm; (5) eine Theorie der Moral. Auch wenn dieses Programm in Anspruch und Schärfe unterschiedlich vertreten wird – etwa als Klärung der Bedingungen moralischen Handelns, als biologistische Morallehre oder als Naturalisierung hinsichtlich der Moral bzw. des Denkens überhaupt –, so ist doch eine Fluchtlinie auszumachen, die die Soziobiologie ins naturalistische Extrem eliminativer Positionen treibt.

Dieser Vorschlag wird anhand eingehender Beobachtungen des soziobiologischen Auftritts vorwiegend der neunziger Jahre einer Bewährung unterzogen. Die Durchsicht der als Informationsknoten fungierenden Periodika *Focus*, *Der Spiegel*, *Stern* und *Die Zeit* der Jahrgänge 1995-1999 macht deutlich, wie die biologistische Auffassung vom Menschen in die alltägliche Selbstbeschreibung eingebracht wird. Vor allem anhand des *Focus* kann die Symbiose zwischen Wissenschaft und Medium aufschlußreich vorgeführt werden. Zentrale Topoi der Soziobiologie wie die Rede vom „egoistischen Gen", vom „Elternaufwand" und von „Überlebensmaschinen" werden offensiv zur Interpretation der alltäglichen Selbstwahrnehmung herangezogen, wobei die Bedeutungen von Ausdrücken wie „fit" und „erfolgreich" zwischen gemeinsprachlicher und evolutionsbiologischer Sprache zu schillern beginnen. Mit der zumeist unbefragten Akzeptanz der biologischen Beschreibungssprache geht nicht selten die ausdrückliche Diffamierung philosophischer oder theologischer Selbstbeschreibungen einher. Auf der anderen Seite ist es *Die Zeit*, in der die Frage nach einer naturalistischen Beschreibung des Menschen prinzipiell offen gehalten wird. Bei grundsätzlichem Wohlwollen gegenüber den Ansprüchen der Naturwissenschaften wird ein Urteil über die zu bevorzugende Selbstbeschreibungssprache der Leserschaft überlassen.

Dem massenmedialen Auftritt der Soziobiologie wird weiter unter Rückgriff auf die Positionen der Initiatoren Richard Dawkins, Edward O. Wilson und, den vorläufigen Flucht- und Abschlußpunkt repräsentierend, Daniel C. Dennett nachgegangen. Ihre Äußerungen werden insofern „gegen den Strich" gelesen, als eine vorgängige Übernahme ihrer Grundansichten unterbleibt und eine stärkere Gewichtung auf die Pragmatik ihrer Aussagen vorgenommen wird. Wenn Dawkins den Menschen als „Überlebensmaschine" seiner Gene und Meme – das sind geistige Analoga der Gene – erkennt und Wilson von der „Einheit des Wissens" unter Vorherrschaft der Biologie spricht, so ist zum einen festzustellen, daß diese Aussagen deutlich den Charakter von Antizipationen haben. Zum anderen ist zu sehen, wie die eingängig formulierten Positionen bei genauerer Prüfung grundlegende Unsicherheiten aufweisen. Weder gelingt es Dawkins, das Zueinander der von ihm ins Spiel gebrachten metaphysischen Agenzien und dem menschlichen Akteur, an dem er festzuhalten scheint, zu erläutern, noch kann Wilson den von ihm erwarteten Übergang zu einer biologischen Sozialwissenschaft plausibel machen. Von der Unklarheit mit betroffen sind die ethischen Festlegungen der Autoren. Während Dawkins spieltheoretische Nützlichkeitskalküle zusammen mit moralischen Appellen aufbietet, schwankt Wilson zwischen einem normativen Biologismus und einem metaethischen Skeptizismus. Ungeachtet der argumentativen Schwächen zeugen ihre Aussagen von fragloser Gewißheit und außerordentlichem Sendungsbewußtsein.

Dennetts substratlos gefaßter und daher universaler Evolutionismus läßt die Konsequenzen des soziobiologischen Theoriearrangements in ihrer Radikalität deutlich hervortreten, denn im Akt der Selbstnaturalisierung treibt es der Auflösung ihres wissenschaftlichen Anspruches entgegen. Alle geistigen Äußerungen des Menschen, Ethik inklusive, werden als Evolutionsprozesse gedeutet, in denen Meme um ihr Überdauern konkurrieren. Moral wird von Werten gelöst, Ethik wird zu einem allgemeinen Entscheidungsalgorithmus herabgestuft, der lediglich vom Zeit- und Komplexitätsdruck entlasten soll, unter denen Entscheidungen zu treffen sind. Argumentation sieht Dennett als eine Möglichkeit zur Verbreitung und Durchsetzung von Memen an, wenngleich nicht die effektivste. Persuasive Strategien seien, sollten sie sich als nützlicher erweisen, dem Vernunftgebrauch vorzuziehen.

Damit zeigt die Soziobiologie eine deutliche Affinität gegenüber bzw. Abhängigkeit von den Massenmedien, so daß man vom *Focus* bis zu Dennett von einem durch innere Verweisungszusammenhänge konstituierten Komplex bzw. von einem gemeinsamen Auftritt sprechen kann. In der Ethik macht sich dieser Zusammenschluß durch eine charakteristische Argumentationslücke bemerkbar, insofern regelmäßig ein unvermittelter Übergang von deskriptiven zu normativen Aussagen bzw. zu Appellen stattfindet. Die Lücke wird durch intensive massenmediale Präsenz und rhetorische Züge überspielt. Hier einen naturalistischen Fehlschluß zu reklamieren, erschreckt Soziobiologen wie Dennett nicht, denn sie haben an dieser Stelle den rationalen Diskurs bereits verlassen.

Dieser Befund über den Status der Soziobiologie wird durch eine anschließende Reflexion bestätigt. Danach kann im Anschluß an Philip Kitcher, Elliott Sober und anderen als erwiesen gelten, daß die Soziobiologie nicht als der Biologie zugehörig anerkannt werden kann. Sie nimmt keine empirischen, die Möglichkeit der Verwerfung offenhaltenden Prüfungen ihrer Konzepte vor, sondern setzt diese voraus, um die Wirklichkeit mit ihrer Beschreibungssprache zu belegen. Phänomene, die in bleibender Spannung zu ihren theoretischen Vorgaben stehen – echter Altruismus und die Einnahme des moralischen Standpunktes – werden wegdefiniert. Da hier die Wirklichkeit der Theorie angepaßt wird, nicht aber die Theorie der Wirklichkeit, ist als methodische Grundoption keine empirische zu erkennen.

Doch auch als philosophische Position, insofern Philosophie argumentative Selbstrechtfertigung beinhaltet, kann die Soziobiologie nicht angesprochen werden. Mit Hilfe der sprachpragmatisch eingeführten Diskurstheorie von Herbert Schnädelbach und der Differenzierung unterschiedlicher sprachlicher Bereiche kann gezeigt werden, daß die Soziobiologie lediglich ihre Beschreibungssprache zur Ausführung bringt und die deskriptive Ebene weder zur Rechtfertigung ihrer Beschreibungen noch zur Explikation ihrer Begriffe verläßt. Der ethische Diskurs wird emotivistisch aufgelöst und schließlich vollends eliminiert, wie die Mem-Theorie zeigt; der Selbstbeschreibungsdiskurs wird mit einer starren Beschreibungssprache okkupiert und durch die Unterbindung von Reflexion stillgestellt. Kritische Anfragen, auch das steht einer Qualifikation als Philosophie entgegen, werden von der Soziobiologie mit Vorliebe als Unglaube zurückgewiesen.

Für den Versuch, sich in der Ethik mit der Biologie ins Benehmen zu setzen, wie es zunehmend unerläßlich ist, kann auf die deutliche Trennung von Biologie und Biologismus nicht verzichtet werden. Tatsächlich ist aber festzustellen, daß diese Unterscheidung in der Theologie nicht durchgängig vollzogen wird. Ebenso ist eine Vergewisserung über den pragmatischen Modus des theologischen Sprechens mit den Naturwissenschaften vonnöten. Anstatt einen deskriptiven Vergleich mit der Biologie anzustreben, wäre es daher aussichtsreicher und ließen sich irreführende Frontstellungen vermeiden, wenn man den hermeneutischen Charakter der Theologie betonen und schöpfungstheologisch wie ethisch ausdrücklich explikative Diskurse als Betätigungsfeld mit in Betracht ziehen würde.

Für die Auseinandersetzung mit der gegenwärtigen Soziobiologie ist nach den vorgelegten Beobachtungen davon auszugehen, daß sie als Ideologie zu charakterisieren ist, d.h. nachdem ihre hinreichende Ansprechbarkeit auf Argumente ausgeschlossen werden kann, ist vom Sprechen mit ihr auf ein Plädoyer gegen sie überzugehen. Hier sind vor allem zwei Aufgaben anzugehen: zum einen die Erarbeitung einer angemessenen ideologiekritischen Haltung, zum anderen eine Analyse der Soziobiologie auf die in ihr sich zur Aufmerksamkeit bringenden Interessen.

Für die erste Anforderung kann zunächst auf das Werk von Johann Baptist Metz zurückgegriffen werden, der sich bereits seit den sechziger Jahren kritisch mit dem zunehmend allgegenwärtigen Evolutionismus auseinandersetzt. Indem er die Welt ausdrücklich als heilsrelevanten Raum anerkennt, gelingt es ihm, die Geschichte unter die Heilszusage Gottes zu stellen. Monopolansprüche Innerweltlicher Geschichts- und Gesellschaftstheorien lassen sich damit theologisch abweisen und konkret immer dort kritisieren, wo sie die Opfer der Geschichte zu übergehen versuchen. Die Erinnerung an das vergangene Leiden läßt zwar die alles Leid glättenden Ideologien nicht zur Ruhe kommen, doch ein Argument, das diese Kritikform ethisch auszuweisen vermag, hat Metz, der die kritische Erinnerung in der solidarischen Praxis aus christlicher Hoffnung zu gründen sucht, nicht entfaltet.

Ein solches läßt sich aus dem Subjektdenken Thomas Nagels nachtragen. Seine ideologiekritische Distanzierung gegenüber naturalistischen Allzuständigkeitsansprüchen schöpft er aus dem Gedanken, daß sich das Subjekt, das eine objektive Wirklichkeit *sui generis* repräsentiert, zu jeder ihm vorgelegten menschlichen Selbstbeschreibung reflexiv Stellung beziehen und einen z.B. normativen Diskurs darüber eröffnen kann.

Die zweite Aufgabe, die mit der Soziobiologie sich verbindenden Interessen zu erheben, kann einstweilen nur angedeutet werden und bleibt einer ausgeführten Ideologiekritik vorbehalten, die sich auch mit Abgrenzungsfragen auseinanderzusetzen hätte. Zwar wären einschlägige, etwa auf „Sozialdarwinismus" und „Raubtierkapitalismus" lautende Vorhaltungen beizuziehen und wäre das soziobiologische Lob des Egoismus zu analysieren. Diese Quellen können jedoch nicht mehr als einen Anfangsverdacht und eine entsprechende Heuristik bereitstellen. Um nicht auf einer zu abstrakten Ebene zu verbleiben und sich aufschlußreiche Erkenntnisse zu verschließen, empfiehlt es sich daher, sprachlichen Prägungen in den Sozial- und Geisteswissenschaften nachzugehen, die von der Soziobiologie ausgehen. In Ökonomie, Politikwissenschaft und Pädagogik lassen sich entsprechende sprachliche Verschlingungen zur Auswertung auffinden.

Anhang

Nachfolgend sind die 136 ausgewählten Beiträge aus *Focus*, *Der Spiegel*, *Stern* und *Die Zeit* der Jahre 1995 bis 1999 gemäß der im vierten Kapitel vorgenommenen Unterteilung, den Trägern nach voneinander abgesetzt aufgelistet. Artikel, die als Titelstory verwendet wurden, sind mit einem entsprechenden Vermerk gekennzeichnet. Die Beiträge *Urknall der Hormone* (*Der Spiegel* 16/1995) und *Warum Sex Spaß macht* (*Focus* 43/1997) sind der ersten und der zweiten Gruppe zuzuordnen.

9.1. Biologistische Existenzerhellung

9.1.1 Alltägliches

Focus 4/1995, Mehr Kraft im Kopf
Focus 14/1995, Warum Frauen anders denken als Männer (Titel)
Focus 26/1995, Die Macht der Schönheit (Titel)
Focus 28/1995, Das Ende der Glatze (Titel)
Focus 51/1995, Ran an den Speck
Focus 31/1996, Fit im Kopf
Focus 32/1996, Ewig lockt das andere Weib – und manchmal der andere Kerl
Focus 39/1996, Jeder kann kreativ werden (Titel)
Focus 41/1996, Das Geheimnis der guten Laune (Titel)
Focus 23/1997, Was denkt, was lenkt? (Titel)
Focus 43/1997, Warum Sex Spaß macht (Titel)
Focus 19/1998, Wir kennen ein Raucher-Gen
Focus 50/1998, Das Geheimnis der Lüge (Titel)
Focus 38/1999, Wandernde Fettpolster

Der Spiegel 14/1995, Klasse statt Masse. Männer und Frauen ticken verschieden
Der Spiegel 16/1995, Urknall der Hormone (Titel)
Der Spiegel 12/1997, Zweibeiner mit wehem Rücken. Weshalb wird der Mensch krank?
Der Spiegel 29/1997, Anatomie der Mühsal
Der Spiegel 9/1998, Mars schlägt Venus
Der Spiegel 11/1998, Kitzeln im Kopf
Der Spiegel 37/1998, Schwaches starkes Geschlecht
Der Spiegel 47/1998, Vermessene Begierde

Der Spiegel 25/1999, Barbie statt Baukasten?

Stern 31/1996, Das Virus, das traurig macht
Stern 40/1997, Hauptsache Haar
Stern 19/1998, Neue Forschung: Stress kann auch in Hochform bringen

Die Zeit 2/1995, Gene gegen Raucherbein
Die Zeit 47/1995, Wunderdroge aus der Zirbeldrüse
Die Zeit 6/1996, Fettpolster als Erbstück
Die Zeit 8/1996, Der Kampf der Geschlechter findet im Kopf statt
Die Zeit 13/1996, Die Chemie zur Therapie
Die Zeit 17/1998, Das Erbe im Kopf
Die Zeit 18/1998, Waren unsere Vorfahren dümmer?
Die Zeit 19/1998, Unterschied Umwelt
Die Zeit 3/1999, Geld oder Glatze
Die Zeit 5/1999, Satt im Gehirn
Die Zeit 18/1999, Jajaja, papperlapapp. Frauen quasseln, Männer schweigen. Na und?
Die Zeit 30/1999, Sprich mit doppelter Zunge

9.1.2 Sehnsüchte und Ängste

Focus 31/1995, Das Geheimnis des Glücks (Titel)
Focus 49/1995, Das mörderische Gehirn
Focus 5/996, Ewig jung (Titel)
Focus 3/1997, Hautsache Liebe (Titel)
Focus 43/1997 (Titel), Warum Sex Spaß macht
Focus 9/1999, Anleitung zum Glücklichsein
Focus 48/1999, Auf der Suche nach dem verlorenen Glück (Titel)

Der Spiegel 16/1995, Urknall der Hormone (Titel)
Der Spiegel 4/1996, Faustischer Pakt. US-Forscher entdecken eine Art Lebensuhr in den Zellen
Der Spiegel 4/1998, Zündschnur des Todes
Der Spiegel 5/1998, Schlimmes Leid, schlimme Tat
Der Spiegel 27/1998, Bungee-Springen ohne Seil (Titel)

Stern 40/1995, Eine Pille für den Traum von der ewigen Jugend?
Stern 18/1996, Der Botenstoff der Liebe (Titel)
Stern 19/1996, Zum Bösen geboren? (Titel)
Stern 2/1997, Glück: Das schönste Gefühl wird von Wissenschaftlern entschlüsselt (Titel)

Stern 18/1997, Der Traum vom ewigen Leben. Forscher wollen das Altern besiegen (Titel)
Stern 28/1998, Die Pille gegen die Angst. Streß läßt sich chemisch blockieren
Stern 36/1998, Volle Kane für die Jugend
Stern 42/1998, Wie der Finger eines Mannes. Handlesen ist zur Wissenschaft geworden

Die Zeit 4/1995, Jugend zum Schlucken
Die Zeit 25/1995, Länger leben dank Hormonen?
Die Zeit 24/1998, Das Rätsel der erlahmenden Libido

9.2. Forschungsberichte der besonderen Art

9.2.1 Forschungsberichte

Focus 16/1995, Die Suche nach der Seele (Titel)
Focus 47/1995, Bei den Fakten bleiben. Kritik an Teilen der genetischen Forschung
Focus 52/1996, Gott und die Wissenschaft: Was ist die Seele? (Titel)
Focus 2/1997, Künstliche Intelligenz. Hal´s Vermächtnis
Focus 7/1997, Gehirnforschung: Lebenslanger Nervenkitzel
Focus 44/1997, Phantomschmerz: Umbau im Gehirn
Focus 3/1998, Der Apfel fällt nicht weit vom Stamm (Titel)

Der Spiegel 24/1995, Rätsel um die Farbe rot
Der Spiegel 16/1996, Die Suche nach dem Ich (Titel)
Der Spiegel 18/1997, Mensch gegen Maschine (Titel)
Der Spiegel 14/1998, Heiliger Gral in der Zelle
Der Spiegel 17/1998, Kalter Krieg der Gene
Der Spiegel 19/1998, Jungbrunnen im Kopf
Der Spiegel 46/1998, „Auch Affen haben Moral". Gespräch mit Edward O. Wilson
Der Spiegel 21/1999, Feuchtbiotop im Schädel
Der Spiegel 26/1999, Einsteinsche Hühnersuppe

Stern 10/1997, Wie sich das Gehirn im frühen Lebensstadium organisiert
Stern 16/1998, Medikamente nach Maß. Ein Chip, der heilen hilft
Stern 35/1998, Forscher enträtseln das Wunder Gehirn (Titel)

Die Zeit 8/1995, Spuren im Gedächtnis (Wissen Spezial)
Die Zeit 22/1995, Mosaik des Sehens
Die Zeit 24/1995, Die Physik des Geistes

Die Zeit 25/1995, Ein Orchester im Gehirn
Die Zeit 45/1995, Ich ist eine Illusion
Die Zeit 45/1995, Wie kommt die Welt in den Kopf?
Die Zeit 9/1996, Vom Wühltisch der Wissenschaften
Die Zeit 14/1996, Phantasie und feuernde Neuronen
Die Zeit 15/1996, Der Körper denkt mit
Die Zeit 32/1996, Das Gehirn im Tank. Wer weiß, ob die Wirklichkeit wirklich wirklich ist?
Die Zeit 33/1996, Der berechnende Blick. Sehen heißt Konstruieren
Die Zeit 33/1996, Wenn Blinde sehen
Die Zeit 45/1996, Wenn die Seele verlorengeht
Die Zeit 51/1996, Der Wille als Vorstellung
Die Zeit 51/1996, Die Zeit als Hirngespinst
Die Zeit 21/1997, Wanderer zwischen den Welten
Die Zeit 22/1997, Haben Maschinen Bewußtsein?
Die Zeit 27/1997, Sprache im Gehirn
Die Zeit 35/1997, Einblick ins Bewußtsein
Die Zeit 35/1997, Denker und Sammler
Die Zeit 36/1997, Die Seele des Mysterikers
Die Zeit 40/1997, Die Innenwelt der Außenwelt
Die Zeit 21/1998, Jahrmarkt des Bewußtseins
Die Zeit 21/1998, Der Begriff des Begreifens
Die Zeit 28/1998, Auf der Suche nach dem Geist
Die Zeit 30/1998, Die Höflichkeitszelle
Die Zeit 36/1998, Die Biosoziotheologie
Die Zeit 45/1998, Der Biologe als Metaphysiker
Die Zeit 45/1998, Die Gegenzauberer
Die Zeit 3/1999, Liebe ist nur 01101
Die Zeit 4/1999, Nichts-anderes-als-Reflex
Die Zeit 4/1999, Kühne Seelenklempnerei
Die Zeit 11/1999, Die Logik der Leidenschaft
Die Zeit 19/1999, Philosophen auf der Lauer
Die Zeit 24/1999, Die erleuchtete Maschine
Die Zeit 43/1999, Die Neuronen der Moral

9.2.2 Der universelle Erklärungsgrund: Evolution

Focus 5/1995, Spieglein, Spieglein an der Wand
Focus 17/1995, Der Dandy gewinnt
Focus 1/1996, Erfolgsmodell Mensch (Titel)
Focus 39/1996, Gefangene im Fluß der Gene. Interview mit Richard Dawkins
Focus 21/1997, Der uralte Reiz der Savanne

Focus 47/1997, Evolution. Faszination des Ekels
Focus 27/1998, Vorbildliche Hippies
Focus 5/1999, Geistreiche Verwandte

Der Spiegel 48/1995, Wir werden einsam sein (Titel)
Der Spiegel 48/1995, Pflicht zur Widernatürlichkeit
Der Spiegel 5/1996, Pflicht zur Mitnatürlichkeit
Der Spiegel 9/1996, Schuld und Sühne
Der Spiegel 29/1996, Reich des Bösen
Der Spiegel 7/1997, Ungehemmte Angriffslust
Der Spiegel 10/1998, Lotterie im Garten Eden (Titel)
Der Spiegel 5/1999, Frauen in freier Wildbahn
Der Spiegel 10/1998, Wir sehnen uns nach einem Sinn, Gespräch mit Stephen Jay Gould (Titel)

Stern 8/1998, Verkannte Verwandte (Titel)
Stern 9/1998, Verkannte Verwandte (Teil 2)

Die Zeit 24/1997, Was soll der Affe im Labor?
Die Zeit 21/1998, Forscher, Affen, Vorurteile
Die Zeit 26/1999, Jedem Tierchen sein Kultürchen

Literaturverzeichnis

ALBERT, Hans: Traktat über kritische Vernunft, Tübingen [5]1991.

ALBRECHT, Jörg: Patent gelaufen. Wie ein genetisches Tabu versehentlich geschützt wurde, in: *Die Zeit* 9/2000, 35.

ALEXANDER, Richard D.: The Biology of moral systems, New York 1987.

ALTNER, Günter: Die Überlebenskrise der Gegenwart. Ansätze zum Dialog mit der Natur in Naturwissenschaft und Theologie, Darmstadt 1987.

ALTVATER, Elmar: Wirtschaftspolitik im Globalisierungstrilemma, in: Blätter für deutsche und internationale Politik 44 (1999), 1074-1082.

ALTVATER, Elmar/MAHNKOPF, Birgit: Grenzen der Globalisierung. Ökonomie, Ökologie und Politik in der Weltgesellschaft, Münster 1996.

ANDERS, Günter: Die Antiquiertheit des Menschen, Bd. 1: Über die Seele im Zeitalter der zweiten industriellen Revolution, München [7]1987.

APEL, Karl-Otto: Das cartesianische Paradigma der Ersten Philosophie: Eine kritische Würdigung aus der Perspektive eines anderen (des nächsten?) Paradigmas, in: Angelika Horn/Friedrich Wilhelm Niebel/Herbert Schnädelbach (Hg.): Descartes im Diskurs der Neuzeit, Frankfurt/M. 2000, 207-229.

– Transformation der Philosophie, 2 Bde., Frankfurt/M. 1973.

ARISTOTELES, Nikomachische Ethik, dt. v. Franz Dirlmeier, Stuttgart 1969.

ARNDT, M.: Art. „Leiden“, in: HWP, Bd. 5, Basel-Stuttgart 1980, Sp. 206-212.

ARON, Raymond: Opium für Intellektuelle oder Die Sucht nach Weltanschauung, dt. v. Klaus P. Schulz, Köln-Berlin 1957.

ASSHEUER, Thomas: Das Zarathustra-Projekt. Der Philosoph Peter Sloterdijk fordert eine gentechnische Revision der Menschheit, in: *Die Zeit* 36/1999, 31 f.

AUSTIN, John L.: Zur Theorie der Sprechakte, dt. v. Eike von Savigny, Stuttgart 1972.

AXELROD, Robert: Die Evolution der Kooperation, München [2]1991.

BACON, Francis: Neues Organon, lat.-dt., dt. v. Rudolf Hoffmann, Hamburg 1990.

BARTH, Ulrich: Abschied von der Kosmologie. Befreiung der Reflexion zu sich selbst, in: Wilhelm Gräb (Hg.): Urknall oder Schöpfung? Zum Dialog von Naturwissenschaft und Theologie, Gütersloh 1995, 14-42.

BAUDRILLARD, Jean: Le Pen hat die Macht des Bösen, in: *Die Zeit* 22/1997, 40.

BAY, Hansjörg/HAMANN Christof (Hg.): Ideologie nach ihrem ‘Ende’. Gesellschaftskritik zwischen Marxismus und Postmoderne, Opladen 1995.

BAYERTZ, Kurt (Hg.): Evolution und Ethik, Stuttgart 1993.

– Evolution und Ethik. Größe und Grenzen eines philosophischen Forschungsprogramms, in: Ders. (Hg.): Evolution und Ethik, Stuttgart 1993, 7-36.

– Wissenschaft als historischer Prozeß. Die antipositivistische Wende in der Wissenschaftstheorie, München 1980.
BAYERTZ, Kurt u.a.: Rasse, Blut, Gene. Geschichte der Eugenik und Rassenhygiene in Deutschland, Frankfurt/M. 1988.
BELL, David: The End of Ideology, New York 1960.
BERGER, Klaus: Konrad Lorenz. Abbau des Göttlichen, Berneck 1990.
VON BERTALANFFY, Ludwig: Das biologische Weltbild, Wien-Köln ²1990.
– Aber vom Menschen wissen wir nichts, dt. v. Hans-Joachim Flechtner, Düsseldorf-Wien 1970.
BIERE, Bernd U.: Boulevardisierungstendenzen in der Wissenschaftsberichterstattung? Ein Annäherungsversuch, in: Ders./Werner Holly (Hg.): Medien im Wandel, Opladen-Wiesbaden 1998, 49-61.
BIERE, Bernd U./HOLLY, Werner (Hg.): Medien im Wandel, Opladen-Wiesbaden 1998.
BIERI, Peter (Hg.): Analytische Philosophie des Geistes, Meisenheim ²1993 (Philosophie. Analyse und Grundlegung; 6).
BIRNBACHER, Dieter (Hg.): Ökologie und Ethik, Stuttgart 1980.
BITTORF, Wilhelm: Die Darwinistische Revolution vollenden, in: *Der Spiegel* 9/1977, 154-164.
BLOOM, Howard: Global Brain. Die Evolution sozialer Intelligenz, dt. v. Florian Rötzer, Stuttgart 1999.
BLUMENBERG, Hans: Wirklichkeiten, in denen wir leben, Stuttgart 1981.
– Anthropologische Annäherungen an die Rhetorik, in: Ders.: Wirklichkeiten, in denen wir leben, Stuttgart 1981, 104-136.
BOLZ, Norbert: Vorwort, in: Ders./Willem van Reijen (Hg.): Heilsversprechen, München 1998, 7-9.
– Selbsterlösung, in: Ders./Willem van Reijen (Hg.): Heilsversprechen, München 1998, 209-219.
– Nicht Beethoven und Goethe, sondern MTV und Algorithmen. Adelbert Reif im Gespräch mit Norbert Bolz, in: Universitas 52 (1997), 293-303.
– Am Ende der Gutenberg-Galaxis. Die neuen Kommunikationsverhältnisse, München 1993.
BOLZ, Norbert/VAN REIJEN, Willem (Hg.): Heilsversprechen, München 1998.
BOSSHARD, Stefan N.: Probleme der Vereinbarkeit von Evolutionstheorie und Schöpfungstheologie, in: Leo Scheffczyk (Hg.): Evolution. Probleme und Aspekte ihrer Theorie, Freiburg-München 1991 (Grenzfragen; 18).
– Erschafft die Welt sich selbst? Die Selbstorganisation von Natur und Mensch aus naturwissenschaftlicher, philosophischer und theologischer Sicht, Freiburg-Basel-Wien 1985 (QD; 31).
BOUDON, Raymond: Ideologie. Geschichte und Kritik eines Begriffs, dt. v. Monika Hübner, Reinbek 1988.
BRAUN, Volker: Böhmen am Meer. Ein Stück, Frankfurt/M. 1992.

BREHM, Alfred E.: Illustrirtes Thierleben. Eine allgemeine Kunde des Thierreichs, 6 Bde., Hiddenburghausen 1864-1869.

BRIESKORN, Norbert (Hg.): Globale Solidarität. Die verschiedenen Kulturen und die Eine Welt, Stuttgart-Berlin-Köln 1997 (Globale Solidarität – Schritte zu einer neuen Weltkultur; 1).

BROCKMAN, John: Die dritte Kultur. Das Weltbild der modernen Naturwissenschaften, dt. v. Sebastian Vogel, München 1996.

- The Third Culture, unter: http://www.edge.org/3rd_culture/

BRÜGGE, Peter: Der gute Rat der Ratlosen, in: *Der Spiegel* 16/1989, 253 und 256.

BRUNKHORST, Hauke: Ist die Ideologiekritik am Ende?, in: Hansjörg Bay/Christof Hamann (Hg.): Ideologie nach ihrem 'Ende'. Gesellschaftskritik zwischen Marxismus und Postmoderne, Opladen 1995, 79-96.

BRÜNTRUP, Godehard: Das Leib-Seele-Problem. Eine Einführung, Stuttgart-Berlin-Köln 1996.

BUCHSTEIN, Hubertus: Bittere Bytes. Cyberbürger und Demokratietheorie, in: Deutsche Zeitschrift für Philosophie 44 (1996), 583-607.

CAPLAN, Arthur L. (Hg.): The Sociobiology Debate. Readings on Ethical and Scientific Issues, New York 1978.

CARLSON, Elof A.: The Gene. A Critical History, Philadelphia 1966

CHAMBERLAIN, Houston S.: Politische Ideale, München 1915.

CHISHOLM, Roderick: Freiheit und Handeln, in: Georg Meggle (Hg.): Analytische Handlungstheorie, Bd. 1: Handlungsbeschreibungen, Frankfurt/M. 1977, 354-387.

CHURCHLAND, Paul M.: Die Seelenmaschine. Eine philosophische Reise ins Gehirn, dt.v. Markus Numberger, Heidelberg-Berlin-Oxford 1997.

DAHRENDORF, Ralf: An der Schwelle zum autoritären Jahrhundert. Die Globalisierung und ihre sozialen Folgen werden zur nächsten Herausforderung der Politik der Freiheit, in: *Die Zeit* 47/1997, 14 f.

DAMASIO, Antonio R.: Descartes' Irrtum, Fühlen, Denken und das menschliche Gehirn, dt. v. Hainer Kober, München ²1997.

DARWIN, Charles: Über die Entstehung der Arten durch natürliche Zuchtwahl oder die Erhaltung der begünstigten Rassen im Kampfe um's Dasein, dt. v. Victor Carus, Stuttgart ⁸1899.

- Die Abstammung des Menschen und die geschlechtliche Zuchtwahl, dt. v. Victor Carus, Stuttgart ⁵1899.

DAWKINS, Richard: Und es entsprang ein Fluß in Eden. Das Uhrwerk der Evolution, dt. v. Sebastian Vogel, München 1996.

- Das egoistische Gen, dt. v. Karin de Sousa Ferreira, Reinbek ²1996.
- The Extended Phenotype. The Gene as the Unit of Selection, Oxford 1982.
- In Defence of Selfish Genes, in: Philosophy 56 (1981), 556-573.
- Replicator Selection and the Extended Phenotype, in: Zeitschrift für Tierpsychologie 47 (1978), 61-76.

DEBATIN, Bernhard: Kritik und Konsens. Vom herrschaftsfreien Diskurs zur kommunikativen Rationalität, in: Ders./Dieter Hirschfeld (Hg.): Antinomien der Öffentlichkeit, Hamburg 1989, 16-80.

DEBATIN, Bernhard/HIRSCHFELD, Dieter (Hg.), Antinomien der Öffentlichkeit, Hamburg 1989.

DENNETT, Daniel C.: Brainchildren. Essays on Designing Minds, Cambridge/Mass. 1998.

- Darwins gefährliches Erbe. Die Evolution und der Sinn des Lebens, dt v. Sebastian Vogel, Hamburg 1997.
- Kinds of Minds. Towards an Understanding of Consciousness, New York 1996.
- Get Real, in: Philosophical Topics 22 (1995), 505-568.
- Art. „Dennett", in: Samuel Guttenplan (Hg.): A Companion to the Philosophy of Mind, Oxford-Cambridge/Mass. 1994, 236-244.
- Intentionale Systeme, in: Peter Bieri (Hg.), Analytische Philosophie des Geistes, Bodenheim ^{2}1993, 162-183.
- Bedingungen der Personalität, in: Peter Bieri (Hg.), Analytische Philosophie des Geistes, Bodenheim ^{2}1993, 303-324.
- The Message is: There is no *Me*dium, in: Philosophy and Phenomenological Research 53 (1993), 919-931.
- Philosophie des menschlichen Bewußtseins, dt. v. Franz M. Wuketits, Hamburg 1991.
- Real Patterns, in: The Journal of Philosophy 87 (1991), 27-51.
- Memes and the Exploitation of Imagination, in: Journal of Aesthetics and Art Criticism 48 (1990), 127-135.
- The Moral First Aid Manual, in: Sterling M. McMurrin (Hg.): The Tanner Lectures on Human Values VIII, Cambridge-Salt Lake City 1988, 119-147.
- The Intentional Stance, Cambridge/Mass.-London 1987.
- Setting Off on the Right Foot, in: Ders.: The Intentional Stance, Cambridge/Mass.-London 1987, 1-11.
- True Believers, in: Ders.: The Intentional Stance, Cambridge/Mass.-London 1987, 13-35.
- Making Sense of Ourselves, in: Ders.: The Intentional Stance, Cambridge/Mass.-London 1987, 83-101.
- Fast Thinking, in: Ders.: The Intentional Stance, Cambridge/Mass.-London 1987, 323-337.
- Ellenbogenfreiheit. Die wünschenswerten Formen von freiem Willen, dt. v. Uta Müller-Koch, Frankfurt/M. 1986 (Philosophie. Analyse und Grundlegung; 12).
- I could not have done otherwise - so what?, in: The Journal of Philosophy 81 (1984), 553-565.
- Mechanism and Responsibility, in: Ted Honderich (Hg): Essays on Freedom of Action, London-Boston 1973, 159-184.

DERY, Mark: Cyber. Die Kultur der Zukunft, dt. v. Andrea Stumpf, Berlin 1996.

DESCARTES, René: Die Prinzipien der Philosophie, dt. v. Arthur Buchenau, Hamburg [7]1965.

- Meditationen über die Grundlagen der Philosophie, dt. v. Arthur Buchenau, Hamburg 1960.

DESMOND, Adrian/MOORE, James: Darwin, dt. v. Brigitte Stein, Reinbek 1994.

DETEL, Wolfgang: Wissenschaft, in: Ekkehard Martens/Herbert Schnädelbach (Hg.): Philosophie. Ein Grundkurs, Bd. 1, Reinbek 1991, 172-216.

DEUTSCHES INSTITUT FÜR FERNSTUDIEN AN DER UNIVERSITÄT TÜBINGEN (Hg.): Evolution des Menschen, Bd. 4: Evolution des Verhaltens – biologische und ethische Dimensionen, Tübingen 1990.

DIETZ, Simone u.a. (Hg.): Sich im Denken orientieren (FS Herbert Schnädelbach), Frankfurt/M. 1996.

DOHMEN, Florian: Medien und Macht. Ökonomische, politische und kulturelle Dimensionen multimedialer Entwicklung, Hamburg 1998.

DREWERMANN, Eugen: Und es geschah so. Die moderne Biologie und die Frage nach Gott (Glaube in Freiheit, Bd. 3/II), Zürich-Düsseldorf 1999.

EDWARDS, Paul: Hard and Soft Determinism, in: Sidney Hook (Hg.): Determinism and Freedom in the Age of Modern Science. A Philosophical Symposium, New York 1958, 104-113.

EIBL-EIBESFELDT, Irenäus: Gesellschaftsordnung und menschliches Verhalten aus dem Blickwinkel der Evolution, in: Gerd-Klaus Kaltenbrunner (Hg.): Wir sind Evolution. Die Kopernikanische Wende der Biologie, Freiburg-Basel-Wien 1981, 78-93.

ENGELS, Friedrich: Brief an Franz Mehring, in: MEW 39, 96-100.

- Notiz „Struggle for life" (1875), in: MEW 20, 564-566.

ESTERBAUER, Reinhold: (Fundamental-)Theologie und Naturwissenschaften, in: Klaus Müller (Hg. in konzeptioneller Zusammenarbeit mit Gerhard Larcher), Fundamentaltheologie. Fluchtlinien und gegenwärtige Herausforderungen, Regensburg 1998, 261-279.

- Gott im Cyberspace? Zu religiösen Aspekten neuer Medien, in: Anton Kolb u.a. (Hg.): Cyberethik. Verantwortung in der digital vernetzten Welt, Stuttgart-Berlin-Köln 1998, 115-134.

- Verlorene Zeit. Wider eine Einheitswissenschaft von Natur und Gott, Stuttgart-Berlin-Köln 1996.

FACIUS, Gernot (Hg.): Aufgabe und Verantwortung (FS Rolf Terheyden), Berlin 1996.

FARLEY, John: The Spontaneous Generation Controversy from Descartes to Oparin, Baltimore-London 1974.

FAULSTICH, Werner: „Jetzt geht die Welt zugrunde..." „Kulturschocks" und Medien-Geschichte: Vom antiken Theater bis zu Multimedia, in: Peter Ludes/ Andreas Werner (Hg.), Multimedia-Kommunikation. Theorien, Trends und Praxis, Opladen 1997, 13-35.

FETSCHER, Iring/ROHRMOSER, Günter: Ideologien und Strategien, Opladen 1981 (Analysen zum Terrorismus; 1).

FOSSEL, Michael: Das Unsterblichkeits-Enzym. Die Umkehrung des Alterungsprozesses ist möglich, dt. v. Angelika Bischoff und Brigitte Stein, München 1996.

FOX KELLER, Evelyn/LLOYD, Elisabeth A. (Hg.): Keywords in Evolutionary Biology, Cambridge/Mass.-London 1992.

FRANK, Manfred: Geschweife und Geschwefel, in: *Die Zeit* 39/1999, 33 f.

FRANKENA, William: The Naturalistic Fallacy, in: Wilfrid Sellars/John Hospers (Hg.), Readings in Ethical Theory, Englewood-Cliffs ^{2}1970, 54-62.

FREUD, Sigmund: Gesammelte Werke, hg. v. Anna Freud u.a., London 1940 ff.

- Das Unbehagen in der Kultur (Gesammelte Werke, Bd. XIV), London 1955.
- Eine Schwierigkeit der Psychoanalyse (Gesammelte Werke, Bd. XII), London 1955.

FROMM, Erich: Ananomie der menschlichen Destruktivität, Reinbek 1977.

FRÜHWALD, Wolfgang: Zeit der Wissenschaft. Forschungskultur an der Schwelle zum 21. Jahrhundert, Köln 1997.

FUNKEN, Michael: Die wertlose Natur. Eine Bilanz der Diskussion um die 'Evolutionäre Ethik', in: Philosophia Naturalis 33 (1996), 119-141.

GABRIEL, Norbert: Kulturwissenschaften und Neue Medien. Wissensvermittlung im digitalen Zeitalter, Darmstadt 1997.

GANOCZY, Alexandre: Unendliche Weiten ... Das naturwissenschaftliche Weltbild und christlicher Glaube, Freiburg-Basel-Wien 1998.

- Schöpfungslehre, Düsseldorf 1992.
- Suche nach Gott auf den Wegen der Natur. Theologie, Mystik, Naturwissenschaften – ein kritischer Versuch, Düsseldorf 1992.

GEHLEN, Arnold: Anthropologische und sozialpsychologische Untersuchungen, Reinbek 1986.

- Das Bild des Menschen im Licht der modernen Anthropologie, in: Ders.: Anthropologische und sozialpsychologische Untersuchungen, Reinbek 1986, 55-68.
- Mensch und Institution, in: Ders.: Anthropologische und sozialpsychologische Untersuchungen, Reinbek 1986, 69-77.
- Der Mensch. Seine Natur und seine Stellung in der Welt, Wiesbaden ^{13}1986.

GETHMANN, Carl F.: Art. „Rhetorik", in: Jürgen Mittelstraß (Hg.): Enzyklopädie Philosophie und Wissenschaftstheorie, Bd. 3, Stuttgart-Weimar 1995, 614-618.

GINZEL, Günther B. (Hg.): Auschwitz als Herausforderung für Juden und Christen, Heidelberg 1980 (Tachless: Zur Sache; 1).

DE GOBINEAU, Joseph Arthur: Versuch über die Ungleichheit der Menschenrassen, dt. v. Ludwig Schemann, 4 Bde., Stuttgart ^{4}1922.

GÖPFERT, Winfried/PETERS, Hans Peter: Wissenschaftler und Journalisten: ein spannungsreiches Verhältnis, in: Winfried Göpfert/Stephan Ruß-Mohl (Hg.):

Wissenschaftsjournalismus. Ein Handbuch für Ausbildung und Praxis, München-Leipzig, [3]1996, 21-27.

GÖPFERT, Winfried/RUß-MOHL, Stephan (Hg.): Wissenschaftsjournalismus. Ein Handbuch für Ausbildung und Praxis, München-Leipzig, [3]1996.

GOULD, Stephen Jay: Der falsch vermessene Mensch, Frankfurt/M. [2]1994.

GRÄB, Wilhelm (Hg.): Urknall oder Schöpfung? Zum Dialog von Naturwissenschaft und Theologie, Gütersloh 1995.

GRÄFRATH, Bernd: Evolutionäre Ethik? Philosophische Programme, Probleme und Perspektiven der Soziobiologie, Berlin-New York 1997 (Philosophie und Wissenschaft. Transdisziplinäre Studien; 14).

GREINER, Ulrich: Das Ende der Unverwundbarkeit. Ein Zug ist entgleist, ein Volk erschüttert, ein Mythos tot, in: *Die Zeit* 25/1998, 15 f.

GROSSMAN, Lawrence: The Electronic Republic, New York 1995.

GUTTENPLAN, Samuel (Hg.), A Companion to the Philosophy of Mind, Oxford-Cambridge/Mass. 1994.

- Art. „Naturalism", in: Ders. (Hg.): A Companion to the Philosophy of Mind, Oxford-Cambridge/Mass. 1994, 449.

HABERMAS, Jürgen: Erkenntnis und Interesse, Frankfurt/M. [12]1999.

- Faktizität und Geltung. Beiträge zur Diskurstheorie des Rechts und des demokratischen Rechtsstaats, Frankfurt/M. 1992.
- Zur Rolle der Zivilgesellschaft und politischer Öffentlichkeit, in: Ders.: Faktizität und Geltung. Beiträge zur Diskurstheorie des Rechts und des demokratischen Rechtsstaats, Frankfurt/M. 1992, 399-467.
- Nachmetaphysisches Denken. Philosophische Aufsätze, Frankfurt/M. 1988.
- Metaphysik nach Kant, in: Ders.: Nachmetaphysisches Denken. Philosophische Aufsätze, Frankfurt/M. 1988, 18-34.
- Theorie des kommunikativen Handelns, 2 Bde., Frankfurt/M. [4]1987.
- Der philosophische Diskurs der Moderne, Frankfurt/M. 1985.
- Die neue Unübersichtlichkeit. Kleine politische Schriften V, Frankfurt /M. 1985.
- Die Kulturkritik der Neokonservativen in den USA und in der Bundesrepublik, in: Ders.: Die neue Unübersichtlichkeit. Kleine politische Schriften V, Frankfurt/M. 1985, 30-56.
- Die Krise des Wohlfahrtsstaates und die Erschöpfung utopischer Energien, in: Ders.: Die neue Unübersichtlichkeit. Kleine politische Schriften V, Frankfurt/M. 1985, 141-163.
- Moralbewußtsein und kommunikatives Handeln, Frankfurt/M. 1983.
- Diskursethik. Notizen zu einem Begründungsprogramm, in: Ders.: Moralbewußtsein und kommunikatives Handeln, Frankfurt/M. 1983, 53-125.
- Technik und Wissenschaft als 'Ideologie', Frankfurt/M. [11]1981.
- Technik und Wissenschaft als 'Ideologie', in: Ders.: Technik und Wissenschaft als 'Ideologie', Frankfurt/M. [11]1981, 48-103.

– Technischer Fortschritt und soziale Lebenswelt, in: Ders.: Technik als Wissenschaft und 'Ideologie', Frankfurt/M. [11]1981, 104-119.
– Legitimationsprobleme im Spätkapitalismus, Frankfurt/M. 1973.
– Strukturwandel der Öffentlichkeit. Untersuchungen zu einer Kategorie der bürgerlichen Gesellschaft, Neuwied-Berlin 1962.

HAECKEL, Ernst, Gemeinverständliche Werke, hg. v. Heinrich Schmidt-Jena, Leipzig-Berlin 1924.
– Die Welträtsel (Gemeinverständliche Werke, Bd 3), Leipzig-Berlin 1924.
– Natürliche Schöpfungslehre. Zweiter Teil (Gemeinverständnliche Werke, Bd. 2), Leipzig-Berlin 1924.

HALLER, Michael: Den alten Volksgeist erwecken. Alain de Benoist über die 'Verwurzelungs'-Ideologie der französischen Neuen Rechten, in: *Der Spiegel* 34/1979, 157-162.

HAMILTON, William D.: The Genetical Evolution of Social Behaviour (I und II), in: Journal of Theoretical Biology 7 (1964), 1-52.

HARENBERG Lexikon der Gegenwart, Bd. 13, Dortmund 1997.

HARTMANN, Frank: Cyber.Philosophy. Medientheoretische Auslotungen, Wien 1996.

HAUCK, Gerhard: Zur Ideologiekritik der Postmoderne, in: Hansjörg Bay/Christof Hamann (Hg.): Ideologie nach ihrem 'Ende'. Gesellschaftskritik zwischen Marxismus und Postmoderne, Opladen 1995, 97-114.

VON HAYEK, Friedrich A.: Recht, Gesetzgebung und Freiheit, 2 Bde., München und Landsberg/Lech 1980 f.
– Wissenschaft und Sozialismus, Tübingen 1979.
– Drei Vorlesungen über Demokratie, Gerechtigkeit und Sozialismus, Tübingen 1977.
– Der Atavismus „sozialer Gerechtigkeit", in: Ders.: Drei Vorlesungen über Demokratie, Gerechtigkeit und Sozialismus, Tübingen 1977, 23-38.
– Der Weg zur Knechtschaft, dt. v. Eva Röpke, Erlenbach-Zürich 1948.

HECK, Thomas L. (Hg.): Das Prinzip Egoismus, Tübingen 1994.

HEGEMANN, Horst: Die Konsequenzen des wissenschaftlich-technischen Fortschritts für die normative Demokratietheorie, in: Georg Simonis u.a. (Hg.): Politik und Technik. Analysen zum Verhältnis von technologischem, politischem und staatlichem Wandel am Anfang des 21. Jahrhunderts, Wiesbaden 2001 (PVS Sonderheft 31/2000), 19-33.

HEIMBACH-STEINS, Marianne u.a. (Hg.): Brennpunkt Sozialethik. Theorien, Aufgaben, Methoden, Freiburg-Basel-Wien 1995.

HEINRICHS, Johannes: Art. „Dialog", in: HWP, Bd. 2, Stuttgart-Basel 1972, Sp. 226-229.

HELLER, Agnes/FEHÉR, Ferenc: Biopolitik, dt. v. Felix Ensslin, Frankfurt/M.-New York 1995 (Wohlfahrtspolitik und Sozialforschung; 6).

HELLER, Agnes/PUNTSCHNER RIEKMANN, Sonja (Hg.): Biopolitics. The Politics of the Body, Race and Nature, Aldershot u.a. 1996 (Public Policy and Social Welfare; 19).
- Preface, in: Dies. (Hg.): Biopolitics. The Politics of the Body, Race and Nature, Aldershot u.a. 1996 (Public Policy and Social Welfare; 19), ix-xii.

HELLER, Agnes: Has Biopolitics Changed the Concept of the Political? Some Further Thoughts About Biopolitics, in: Dies./Sonja Puntschner Riekmann (Hg.): Biopolitics. The Politics of the Body, Race and Nature, Aldershot u.a. 1996 (Public Policy and Social Welfare; 19), 3-15.

HENGSBACH, Friedhelm: „Globalisierung“ aus wirtschaftsethischer Sicht, in: Aus Politik und Zeitgeschichte B 21/1997, 3-12.

HENGSTENBERG, Hans-Eduard: Mensch und Materie. Zur Problematik Teilhard de Chardins, Stuttgart u.a. 1965.
- Der Personalismus bei Teilhard de Chardin, in: Ders.: Mensch und Materie. Zur Problematik Teilhard de Chardins, Stuttgart u.a. 1965, 83-107.

HENRICH, Dieter: Ethik zum nuklearen Frieden, Frankfurt/M. 1990.
- Konzepte. Essays zur Philosophie in der Zeit, Frankfurt/M. 1987.
- Was ist Metaphysik – was Moderne? Zwölf Thesen gegen Jürgen Habermas, in: Ders.: Konzepte. Essays zur Philosophie in der Zeit, Frankfurt/M. 1987, 11-43.
- Fluchtlinien. Philosophische Essays, Frankfurt/M. 1982.
- Das Selbstbewußtsein und seine Selbstdeutungen, in: Ders.: Fluchtlinien. Philosophische Essays, Frankfurt/M. 1982, 99-124.

HINDE, Robert A.: Ethology. Its Nature and Relations with other Sciences, New York-Oxford 1982.

HÖFFE, Otfried: Kategorische Rechtsprinzipien. Ein Kontrapunkt der Moderne, Frankfurt/M. 1995.
- (Hg.): Lexikon der Ethik, München ^{3}1986.
- Art. „Glück“, in: Ders. (Hg.): Lexikon der Ethik, München ^{3}1986, 90-93.
- Art. „Metaethik“, in: Ders. (Hg.): Lexikon der Ethik, München ^{3}1986, 163-165.

HOLTZ-BACHA, Christina: Das fragmentierte Medien-Publikum. Folgen für das politische System, in: Aus Politik und Zeitgeschichte B 42/97, 13-21.

HONDERICH, Ted (Hg): Essays on Freedom of Action, London-Boston 1973.

HOOK, Sidney (Hg.): Determinism and Freedom in the Age of Modern Science. A Philosophical Symposium, New York 1958.

HORKHEIMER, Max: Zur Kritik der instrumentellen Vernunft, Frankfurt/M. 1967.

HORKHEIMER, Max/ADORNO, Theodor W.: Dialektik der Aufklärung. Philosophische Fragmente, Frankfurt/M. 1969.

HORN, Angelika u.a. (Hg.): Descartes im Diskurs der Neuzeit, Frankfurt/M. 2000.

HUME, David: Eine Untersuchung über den menschlichen Verstand, dt. v. Raoul Richter, Hamburg 1993.

- Mein Leben, in: Ders.: Eine Untersuchung über den menschlichen Verstand, dt. v. Raoul Richter, Hamburg 1993, LI-LXI.
- Eine Untersuchung über die Prinzipien der Moral, dt. v. Gerhard Streminger, Stuttgart 1984.
- Ein Traktat über die menschliche Natur, dt. v. Theodor Lipps, Hamburg ²1973.

HUSSERL, Edmund: Die Krisis der europäischen Wissenschaften und die transzendentale Phänomenologie (Husserliana; VI), Haag ²1962.

HUXLEY, Thomas H.: Evolution und Ethik, dt. v. Alexander Tille, in: Kurt Bayertz (Hg.): Evolution und Ethik, Stuttgart 1993, 67-74.

ILTING, Karl-Heinz: Der naturalistische Fehlschluß bei Kant, in: Manfred Riedel (Hg.), Rehabilitierung der praktischen Philosophie, Bd. 1, Freiburg 1972, 113-130.

INGENSIEP, Hans Werner: Zur Kontroverse zwischen Soziobiologie und philosophischer Ethik, in: Deutsches Institut für Fernstudien an der Universität Tübingen (Hg.): Evolution des Menschen, Bd. 4: Evolution des Verhaltens – biologische und ethische Dimensionen, Tübingen 1990, 55-138.

IRRGANG, Bernhard: Biologie als Erste Philosophie? Überlegungen zur Voraussetzungsproblematik und zum Theoriestatus einer Evolutionären Erkenntnistheorie, in: Philosophische Rundschau 33 (1986), 103-121.

JANICH, Peter: Szientismus und Naturalismus. Irrwege der Naturwissenschaft als philosophisches Programm?, in: Geert Keil/Herbert Schnädelbach (Hg.): Naturalismus. Philosophische Beiträge, Frankfurt/M. 2000, 289-309.

JANICH, Peter/WEINGARTEN, Michael: Wissenschaftstheorie der Biologie. Methodische Wissenschaftstheorie und die Begründung der Wissenschaften, München und Paderborn 1999.

JANICH, Peter/HARTMANN, Dirk (Hg.): Die kulturalistische Wende. Zur Orientierung des philosophischen Selbstverständnisses, Frankfurt/M. 1998.

JONAS, Hans: Das Prinzip Verantwortung. Versuch einer Ethik für die technologische Zivilisation, Frankfurt/M. 1984.

JUNKER, Christiane: Zur immer tieferen Erschließung des Menschenmöglichen. Ethik und Soziobiologie im Diskurs, Münster 1998 (Studien der Moraltheologie. Abteilung Beihefte; 2).

KALTENBRUNNER, Gerd-Klaus (Hg.): Wir sind Evolution. Die Kopernikanische Wende der Biologie, Freiburg-Basel-Wien 1981.

KANT, Immanuel: Werke in sechs Bänden, hg. v. Wilhelm Weischedel, Darmstadt 1956 ff.
- Kritik der reinen Vernunft (Werke in sechs Bänden, Bd. II), Darmstadt 1975.
- Logik (Werke in sechs Bänden, Bd. III), Darmstadt 1975.
- Anthropologie in pragmatischer Hinsicht (Werke in sechs Bänden, Bd. VI), Darmstadt 1964.
- Zum ewigen Frieden. Ein philosophischer Entwurf (Werke in sechs Bänden, Bd. VI), Darmstadt 1964.

- Grundlegung zur Metaphysik der Sitten (Werke in sechs Bänden, Bd. IV), Darmstadt 1956.
- Kritik der praktischen Vernunft (Werke in sechs Bänden, Bd. IV), Darmstadt 1956.

KATHOLISCHE BIBELANSTALT u.a. (Hg.): Die Bibel. Einheitsübersetzung der Heiligen Schrift, hg. im Auftrag der Bischöfe Deutschlands u.a., Stuttgart 1980.

KATTMANN, Ulrich: Biologie und Verantwortung. Ethische Orientierungen, Hannover 1990 (Vorlagen. Neue Folge; 9).

KEIL, Geert/SCHNÄDELBACH Herbert (Hg.): Naturalismus. Philosophische Beiträge, Frankfurt/M. 2000.
- Naturalismus, in: Dies. (Hg.): Naturalismus. Philosophische Beiträge, Frankfurt/M. 2000, 7-45.

KEIL, Geert: Naturalismus und Intentionalität, in: Ders./Herbert Schnädelbach (Hg.): Naturalismus. Philosophische Beiträge, Frankfurt/M. 2000, 187-204.
- Ist die Philosophie eine Wissenschaft?, in: Simone Dietz u.a. (Hg.): Sich im Denken orientieren (FS Herbert Schnädelbach), Frankfurt/M. 1996, 33-51.
- Kritik des Naturalismus, Berlin-New York 1993 (Quellen und Studien zur Philosophie; 34).

KELLER, Heidi: Eine evolutionsbiologische Betrachtung der menschlichen Frühentwicklung, in: Zeitschrift für Pädagogik 43 (1997), 113-128.

KERTÉSZ, Imre: Wem gehört Auschwitz?, in: *Die Zeit* 48/1998, 55 f.

KEULARTZ, Jozef: Die verkehrte Welt des Jürgen Habermas, dt. v. Inge van der Aart, Hamburg 1995.

KIM, Jaegwon/SOSA, Ernest (Hg.): A Companion to Metaphysics, Cambridge/Mass. 1995.

KIPLING, Rudyard: Genau-so-Geschichten, dt. v. Gisbert Hafes, Zürich 1990.

KIRCHENAMT DER EKD/SEKRETARIAT DER DBK (Hg.): Chancen und Risiken der Mediengesellschaft, Bonn 1997 (Gemeinsame Texte; 10).

KITCHER, Philip: The Advancement of Science. Science without Legend, Objectivity without Illusions, New York-Oxford 1993.
- Vier Arten, die Ethik zu 'biologisieren', dt. v. Uta Lenk, in: Bayertz, Kurt (Hg.): Evolution und Ethik, Stuttgart 1993, 221-242.
- Genes. Current Usages, in: Evelyn Fox Keller/Elisabeth A. Lloyd (Hg.): Keywords in Evolutionary Biology, Cambridge/Mass.-London 1992, 128-131.
- Vaulting Ambition. Sociobiology and the Quest for Human Nature, Cambridge/Mass.-London 1985.
- Genes, in: British Journal of Philosophy and Science 33 (1982), 337-359.

KNAPP, Andreas: Soziobiologie und Moraltheologie. Kritik der ethischen Folgerungen moderner Biologie, Weinheim 1989 (acta humaniora).

KOHRING, Matthias: Die Funktion des Wissenschaftsjouralismus. Ein systemtheoretischer Entwurf, Opladen 1997 (Studien zur Kommunikationswissenschaft; 22).

KOŁAKOWSKI, Leszek: Horror Metaphysicus. Das Sein und das Nichts, dt. v. Friedrich Griese, München-Zürich 1989.
- Leben trotz Geschichte. Lesebuch, dt. v. Leonard Reinisch, München-Zürich 1977.
- Das Suchen nach der Gewißheit, in: Ders: Leben trotz Geschichte. Lesebuch, dt. v. Leonard Reinisch, München-Zürich 1977, 139-155.
- Der Mensch ohne Alternative. Von der Unmöglichkeit, Marxist zu sein, dt. v. Leonard Reinisch, München-Zürich ²1976.
- Aktuelle und nichtaktuelle Begriffe des Marxismus, in: Ders.: Der Mensch ohne Alternative. Von der Unmöglichkeit, Marxist zu sein, dt. v. Leonard Reinisch, München-Zürich ²1976, 13-45.
- Priester und Narr. Das theologische Erbe in der heutigen Philosophie, in: Ders.: Der Mensch ohne Alternative. Von der Unmöglichkeit, Marxist zu sein, dt. v. Leonard Reinisch, München-Zürich ²1976, 256-286.
- Die Philosophie des Positivismus, dt. v. Peter Lachmann, München 1971.

KOLB, Anton u.a. (Hg.): Cyberethik. Verantwortung in der digital vernetzten Welt, Stuttgart-Berlin-Köln 1998.

KOLMER, Petra/KORTEN, Harald (Hg.): Grenzbestimmungen der Vernunft. Philosophische Beiträge zur Rationalitätsdebatte, Freiburg 1994.

KOLTERMANN, Rainer: Grundzüge der modernen Naturphilosophie. Ein kritischer Gesamtentwurf, Frankfurt/M. 1994.

KOPPERSCHMIDT, Josef/ SCHANZE, Helmut (Hg.): Rhetorik und Philosophie, München 1989.

KOSLOWSKI, Peter u.a. (Hg.): Evolutionismus und Christentum, Weinheim 1986 (Civitas Resultate; 9).

KOSLOWSKI, Peter: Evolutionstheorie als Soziobiologie und Bioökonomie. Eine Kritik ihres Totalitätsanspruches, in: Ders. u.a. (Hg.): Evolutionismus und Christentum, Weinheim 1986 (Civitas Resultate; 9), 29-56.

KRINGS, Hermann u.a. (Hg.): Handbuch philosophischer Grundbegriffe, Bd. 2, München 1972.

KROPOTKIN, Peter: Gegenseitige Hilfe in der Tier- und Menschenwelt, Leipzig 1910.

KUMMER, Christian: Jubiläum einer Mesalliance. Theologische Fragen nach 25 Jahren Soziobiologie, in: Herder Korrespondenz 55 (2001), 42-47.

VON KUTSCHERA, Franz: Grundlagen der Ethik, Berlin-New York 1982.
- Das Humesche Gesetz, in: Grazer Philosophische Studien 4 (1977), 1-14.

LEM, Stanisław: Eden, dt. v. Caesar Rymarowicz, München 1999.

LENZEN, Dieter: Lösen die Begriffe Selbstorganisation, Autopoiesis und Emergenz den Bildungsbegriff ab? Niklas Luhmann zum 70. Geburtstag, in: Zeitschrift für Pädagogik 43 (1997), 949-967.

LESCH, Walter/BONDOLFI, Alberto (Hg.): Theologische Ethik im Diskurs. Eine Einführung, Tübingen-Basel 1995.

LEWONTIN, Richard C. u.a.: Die Gene sind es nicht. Biologie, Ideologie und menschliche Natur, dt. v. Helmut Skowronek und Katharina Juhl, München-Weinheim 1988.

LIBET, Benjamin u.a.: Subjective Referal of the Timing for a Conscious Sensory Experience, in: Brain 102 (1979), 193-224.

LOH, Werner: Evolutionäre Ethik, in: Annemarie Pieper (Hg.): Geschichte der neueren Ethik, Bd. 2: Gegenwart, Tübingen-Basel 1992, 260-280.

LÖNING, Karl/ZENGER, Erich: Als Anfang schuf Gott. Biblische Schöpfungstheologien, Düsseldorf 1997.

LORENZ, Konrad: Die Rückseite des Spiegels. Versuch einer Naturgeschichte menschlichen Erkennens, München 1977.

- Das sogenannte Böse. Zur Naturgeschichte der Aggression, Wien 1963.

LOSCO, Joseph: Sociobiology and Political Science, in: Albert Somit/Steven A. Peterson (Hg.): Research in Biopolitics, Volume 4, Greenwich/Conn.-London 1996, 151-177.

LUDES, Peter/WERNER, Andreas (Hg.): Multimedia-Kommunikation. Theorien, Trends und Praxis, Opladen 1997.

LUDES, Peter/SCHÜTTE, Georg: Informationsumbrüche und eine neue Zuverlässigkeitskluft, in: Peter Ludes/Andreas Werner (Hg.): Multimedia-Kommunikation. Theorien, Trends und Praxis, Opladen 1997, 37-71.

LUHMANN, Niklas: Die Realität der Massenmedien, Opladen ^{2}1996.

LÜKE, Ulrich: Unübersichtliche Grenzverläufe. Die Schöpfungslehre angesichts der gegenwärtigen Evolutionsbiologie, in: Herder Korrespondenz 53 (1999), 453-457.

- Rezension zu Reinhold Esterbauer, Verlorene Zeit, in: Theologische Revue 94 (1998), Sp. 449-450.

- „Als Anfang schuf Gott ...“. Bio-Theologie. Zeit – Evolution – Hominisation, Paderborn u.a. 1997.

LUMSDEN, Charles J./WILSON, Edward O.: Das Feuer des Prometheus. Wie das menschliche Denken entstand, dt. v. Hans Jürgen Baron von Koskull, München 1984.

- Genes, Mind, and Culture. The Coevolutionary Process, Cambridge/Mass.-London. 1981.

LÜTKEHAUS, Ludger: Der Denker fällt vom Hochseil, in: *Der Spiegel* 38/1999, 256-259.

LÜTTERFELDS, Wilhelm (Hg. unter Mitarbeit von Thomas Mohrs): Evolutionäre Ethik zwischen Naturalismus und Idealismus. Beiträge zu einer modernen Theorie der Moral, Darmstadt 1993.

MACKIE, James L.: The Law of the Jungle: Moral Alternatives and Principles of Evolution, in: Philosophy 53 (1978), 455-464.

MAIER-LEIBNITZ, Heinz: Forschung popularisieren, in: Winfried Göpfert/Stephan Ruß-Mohl (Hg.): Wissenschaftsjournalismus. Ein Handbuch für Ausbildung und Praxis, München-Leipzig, [3]1996, 28-30.

MARKL, Hubert: Evolution, Genetik und menschliches Verhalten. Zur Frage wissenschaftlicher Verantwortung, München-Zürich 1986.

MARQUARD, Odo: Schwierigkeiten mit der Geschichtsphilosophie. Aufsätze, Frankfurt/M. 1982.

– Wie irrational kann Geschichtsphilosophie sein?, in: Ders.: Schwierigkeiten mit der Geschichtsphilosophie. Aufsätze, Frankfurt/M. 1982, 66-82.

– Zur Geschichte des philosophischen Begriffs ‘Anthropologie’ seit dem Ende des achtzehnten Jahrhunderts, in: Ders., Schwierigkeiten mit der Geschichtsphilosophie. Aufsätze, Frankfurt/M. 1982, 122-144.

MARTENS, Ekkehard/SCHNÄDELBACH, Herbert (Hg.), Philosophie. Ein Grundkurs, 2 Bde., Reinbek 1991.

MARX, Karl/ENGELS, Friedrich: Werke (MEW), hg. v. Institut für Marxismus-Leninismus beim ZK der SED, Berlin 1958 ff.

– Die deutsche Ideologie, in: MEW 3, 9-530.

MAYR, Ernst: Das ist Biologie. Die Wissenschaft des Lebens, dt. v. Jorunn Wißmann, Heidelberg-Berlin 1998.

– Und Darwin hat doch recht. Charles Darwin und die moderne Evolutionsbiologie, dt. v. Inge Leipod, München-Zürich 1994.

– Evolution und die Vielfalt des Lebens, dt. v. Karin de Sousa Ferreira, Berlin-Heidelberg-New York 1979.

– Teleologisch und teleonomisch. Eine neue Analyse, in: Ders.: Evolution und die Vielfalt des Lebens, dt. v. Karin de Sousa Ferreira, Berlin-Heidelberg-New York 1979, 198-229.

– MCMURRIN, Sterling M. (Hg.): The Tanner Lectures on Human Values VIII, Cambridge-Salt Lake City 1988.

MEADOWS, Dennis u.a.: Die Grenzen des Wachstums. Bericht des Club of Rome zur Lage der Menschheit, dt. v. Hans-Dieter Heck, Stuttgart [13]1983.

MEGGLE, Georg (Hg.): Analytische Handlungstheorie, Bd. 1: Handlungsbeschreibungen, Frankfurt/M. 1977.

MEIER, Heinrich (Hg.): Die Herausforderung der Evolutionsbiologie, München-Zürich 1988.

METZ, Johann B.: Gott und Zeit. Theologie und Metaphysik an den Grenzen der Moderne, in: Stimmen der Zeit 125 (2000), 147-159.

– Zum Begriff der neuen Politischen Theologie. 1967-1997, Mainz 1997.

– Johann Baptist Metz, in: Ekkehard Schuster/Reinhold Boschert-Kimming, Trotzdem hoffen. Mit Johann Baptist Metz und Elie Wiesel im Gespräch, Mainz 1993, 12-55.

– Glaube in Geschichte und Gesellschaft. Studien zu einer praktischen Fundamentaltheologie, Mainz [5]1992.

– Plädoyer für mehr Theodizee-Empfindlichkeit in der Theologie, in: Willi Oelmüller (Hg.): Worüber man nicht schweigen kann. Neue Diskussionen zur Theodizeefrage, München 1992, 125-137.
– Was ist mit der Gottesrede geschehen? Überlegungen zur Kirche in der Welt der Massenmedien, in: Herder Korrespondenz 45 (1991), 418-422.
– Zeit der Orden? Zur Mystik und Politik der Nachfolge, Freiburg 1977.
– Zur Theologie der Welt, Mainz 1968.

MEY, Jörg u.a. (Hg.): Streitfall Evolution. Kontroverse Beiträge zum Neodarwinismus, Stuttgart 1995.

MEY, Jörg: Soziobiologie – die jüngste Blüte des Neodarwinismus, in: Ders. u.a. (Hg.): Streitfall Evolution. Kontroverse Beiträge zum Neodarwinismus, Stuttgart 1995, 167-184.

MIDGLEY, Mary: Gene-juggling, in: Philosophy 54 (1979), 439-458.

MIŁOSZ, Czesław: Verführtes Denken. Mit einem Vorwort von Karl Jaspers, dt. v. Alfred Loepfe, Frankfurt/M. ^{2}1980.

MITTELSTRAß, Jürgen (Hg.): Enzyklopädie Philosophie und Wissenschaftstheorie, Bd. 3, Stuttgart-Weimar 1995.

MOHR, Hans: Natur und Moral. Ethik in der Biologie, Darmstadt 1987 (Dimensionen der modernen Biologie; 4).
– Evolutionäre Erkenntnistheorie. Ein Plädoyer für ein Forschungsprogramm, Berlin u.a. 1984.
– Biologische Wurzeln der Ethik?, Heidelberg 1983 (Juristische Studiengesellschaft Karlsruhe; 157).
– Gleichheit und Ungleichheit – biologisch gesehen, in: Gerd-Klaus Kaltenbrunner (Hg.): Wir sind Evolution. Die Kopernikanische Wende der Biologie, Freiburg-Basel-Wien 1981, 112-130.

MOHRS, Thomas: Einleitung. Evolutionäre Ethik zwischen Naturalismus und Idealismus – ein fruchtbarer Streit?, in: Wilhelm Lütterfelds (Hg. unter Mitarbeit von Thomas Mohrs): Evolutionäre Ethik zwischen Naturalismus und Idealismus. Beiträge zu einer modernen Theorie der Moral, Darmstadt 1993, 1-17.

MONOD, Jacques: Zufall und Notwendigkeit. Philosophische Fragen der modernen Biologie, dt. v. Friedrich Griese, München 1975.

MOORE, George E.: Principia Ethica, dt. v. Burkhard Wisser, Stuttgart 1970.

MOSDORF, Siegmar: Zwischen Big Brother und dem Marktplatz von Athen. Interview mit Siegmar Mosdorf, dem Vorsitzenden der Enquete-Kommission „Zukunft der Medien in Wirtschaft und Gesellschaft – Deutschlands Weg in die Informationsgesellschaft“ des Deutschen Bundestages, in: Spektrum der Wissenschaft 8/1996, 42-46.

MÜHLMANN, W. E.: Art. „Lebenswelt“, in: HWP, Bd. 5, Basel 1980, Sp. 151-157.

MÜLLER, Klaus: Philosophisches über die Veränderung von Kommunikation durch Telemediatisierung, in: Jahrbuch für Christliche Sozialwissenschaften 41 (2000), 160-178.

– Theologie in der Informationsgesellschaft. Eine wissenschaftstheoretische Neuverständigung im Kontext der gegenwärtigen Vernunftkrise, in: Theologie der Gegenwart 43 (2000), 2-12.
– Computer machen Leute. Philosophie, Neue Medien und Cyber-Religion, in: Renovatio 4 (1998), 149-162.
– Möglich, wirklich, virtuell – oder was? Zu einer philosophischen Konsequenz der neuen Medien, in: Bertelsmann Briefe 140 (2/1998), 65-67.
– Verdoppelte Realität – virtuelle Wahrheit, in: Die politische Meinung 43 (1998) H. 7, 59-70.
– Subjektivität und Theologie. Eine hartnäckige Rückfrage, in: Theologie und Philosophie 70 (1995), 161-186.
– Wenn ich „ich“ sage. Studien zur fundamentaltheologischen Relevanz selbstbewußter Subjektivität, Frankfurt/M. u.a. 1994 (Regensburger Studien zur Theologie; 46).
MÜLLER, Klaus (Hg. in konzeptioneller Zusammenarbeit mit Gerhard LARCHER), Fundamentaltheologie. Fluchtlinien und gegenwärtige Herausforderungen, Regensburg 1998.
MÜNCH, Richard: Dialektik der Kommunikationsgesellschaft, Frankfurt/M. 1991.
MÜNCHRATH, Jens: Philosophische Dimension einer neuen ‘Kulturtechnik’. Informations- und Kommunikationstechnik, Entwicklungen und Auswirkungen auf den Menschen und sein Bewußtsein, Hamburg 1998 (Boethiana; 34).
MUSIL, Robert: Der Mann ohne Eigenschaften, Bd. 1, Reinbek 1987.
MUTSCHLER, Hans-Dieter (Hg.): Gott neu buchstabieren. Zur Person und Theologie Karl Rahners, Würzburg 1994.
– Karl Rahner und die Naturwissenschaften, in: Ders. (Hg.): Gott neu buchstabieren. Zur Person und Theologie Karl Rahners, Würzburg 1994.
NAGEL, Thomas: Das letzte Wort, dt. v. Joachim Schulte, Stuttgart 1999.
– Die Möglichkeit des Altruismus, dt. v. Michael Gebauer und Hans-Peter Schütt, Bodenheim 1998.
– Letzte Fragen, hg. v. Michael Gebauer, Bodenheim ²1996.
– Vorwort, in: Ders.: Letzte Fragen, hg. v. Michael Gebauer, Bodenheim ²1996, 9-15.
– Ethik ohne Biologie, dt. v. Karl-Ernst Prankel und Ralf Stoecker, in: Ders.: Letzte Fragen, hg. v. Michael Gebauer, Bodenheim ²1996, 201-206.
– Wie fühlt es sich an, eine Fledermaus zu sein?, dt. v. Michael Gebauer, in: Ders.: Letzte Fragen, Bodenheim ²1996, 229-249.
– Eine Abhandlung über Gleichheit und Parteilichkeit, dt. v. Michael Gebauer, Paderborn-Wien 1994.
– Der Blick von nirgendwo, dt. v. Michael Gebauer, Frankfurt/M. 1992.
– Nagel, Thomas, Die Grenzen der Objektivität Philosophische Vorlesungen, dt. v. Michael Gebauer, Stuttgart 1991.
– What Is it Like to Be a Bat?, in: Philosophical Review 83 (1974), 435-450.

NARR, Wolf-Dieter: Recht – Demokratie – Weltgesellschaft. Habermas, Luhmann und das systematische Versäumnis ihrer großen Theorien, in: Prokla 24 (1994), 324-344.

NEUMANN, Dieter u.a. (Hg.): Die Natur der Moral. Evolutionäre Ethik und Erziehung, Stuttgart-Leipzig 1999.

NIETZSCHE, Friedrich: Sämtliche Werke. Kritische Studienausgabe (KSA), Bd. 5, hg. v. Giorgio Colli und Mazzino Montinari, München 1988.

NOBIS, Heribert M.: Art. „Biologismus“, in: HWP, Bd. 1, Darmstadt 1971, Sp. 944-945.

NØRRETRANDERS, Tor: Spüre die Welt. Die Wissenschaft des Bewußtseins, dt. v. Alken Bruns, Reinbek 1994.

NOZICK, Robert: Philosophical Explanations, Cambridge/Mass. 1981.

NUSCHELER, Franz: Globale Herausforderungen am Ende des 20. Jahrhunderts, in: Norbert Brieskorn (Hg.): Globale Solidarität. Die verschiedenen Kulturen und die Eine Welt, Stuttgart-Berlin-Köln 1997 (Globale Solidarität – Schritte zu einer neuen Weltkultur; 1), 1-23.

OELMÜLLER, Willi (Hg.): Worüber man nicht schweigen kann. Neue Diskussionen zur Theodizeefrage, München 1992.

OESTERREICH, Peter L.: Philosophen als politische Lehrer. Beispiele öffentlichen Vernunftgebrauchs, Darmstadt 1994.

– Verborgene persuasive Strategien. Zur rhetorischen Metakritik der Philosophie, in: Josef Kopperschmidt/Helmut Schanze (Hg.): Rhetorik und Philosophie, München 1989, 297-317.

PASSMORE, John: Der vollkommene Mensch. Eine Idee im Wandel von drei Jahrtausenden, dt. v. Joachim Schulte, Stuttgart 1975.

PERPEET, Wolfgang: Erich Rothacker. Philosophie des Geistes aus dem Geist der Deutschen Historischen Schule, Bonn 1968.

PIDGEN, Charles R.: Art. „Naturalism“, in: Peter Singer (Hg.): A Companion to Ethics, Oxford-Cambridge/Mass. 1991, 421-431.

PIEPER, Annemarie (Hg.): Geschichte der neueren Ethik, Bd. 2: Gegenwart, Tübingen-Basel 1992.

PIEPER, Josef: Mißbrauch der Sprache – Mißbrauch der Macht, Zürich 1970.

– Mißbrauch der Sprache – Mißbrauch der Macht, in: Josef Pieper: Mißbrauch der Sprache – Mißbrauch der Macht, Zürich 1970, 7-42.

PLESSNER, Helmuth: Ein Volk der Dichter und Denker? Zu einem Wort der Madame de Staël, in: Gesammelte Schriften, hg. v. Günter Dux, Band VI, Frankfurt/M. 1982, 281-291.

– Diesseits der Utopie. Ausgewählte Beiträge zur Kultursoziologie, Frankfurt/M. 1974.

– Zur Soziologie der modernen Forschung und ihrer Organisation in der deutschen Universität, in: Ders.: Diesseits der Utopie. Ausgewählte Beiträge zur Kultursoziologie, Frankfurt/M. 1974, 121-142.

POPPER, Karl R.: Logik der Forschung, Tübingen ^{8}1984.

PÖRKSEN, Uwe: Deutsche Naturwissenschaftssprachen. Historische und kritische Studien, Tübingen 1986 (Forum für Fachsprachen-Forschung; 2).

- Die Metaphorik Darwins und Freuds – Überlegungen zu ihrer möglichen Wirkung, in: Ders.: Deutsche Naturwissenschaftssprachen. Historische und kritische Studien, Tübingen 1986 (Forum für Fachsprachen-Forschung; 2), 126-149.
- Populäre Sachprosa und naturwissenschaftliche Sprache, in: Ders.: Deutsche Naturwissenschaftssprachen. Historische und kritische Studien, Tübingen 1986 (Forum für Fachsprachen-Forschung; 2), 182-199.
- Das Demokratisierungsparadoxon. Die zweifelhaften Vorzüge der Verwissenschaftlichung und Verfachlichung unserer Sprache, in: Ders.: Deutsche Naturwissenschaftssprachen. Historische und kritische Studien, Tübingen 1986 (Forum für Fachsprachen-Forschung; 2), 202-220.

POSTMAN, Neil: Wir amüsieren uns zu Tode. Urteilsbildung im Zeitalter der Unterhaltungsindustrie, dt. v. Reinhard Kaiser, Frankfurt/M. 1988.

POTHAST, Ulrich (Hg.): Seminar: Freies Handeln und Determinismus, Frankfurt/M. ^{2}1988.

- Philosophisches Buch. Schrift unter der aus der Entfernung leitenden Frage, was es heißt, auf menschliche Weise lebendig zu sein, Frankfurt/M. 1988.

PRECHT, Richard D.: Wählt den Whopper! Das Fernsehen hat den Wahlkampf gewonnen. Und nun beschwert es sich auch noch darüber, in: *Die Zeit* 40/1998, 61 f.

PRESSE- UND INFORMATIONSAMT DER BUNDESREGIERUNG (Hg.): Bericht der Bundesregierung über die Lage der Medien in der Bundesrepublik Deutschland 1994, Bonn 1994.

PRIGOGINE, Ilya/STENGERS, Isabelle: Dialog mit der Natur. Neue Wege naturwissenschaftlichen Denkens, dt. v. Friedrich Griese, München-Zürich 1981.

PSARROS, Nikos: Der Begriff der Lebenswelt, in: Peter Janich/Dirk Hartmann (Hg.): Die kulturalistische Wende. Zur Orientierung des philosophischen Selbstverständnisses, Frankfurt/M. 1998, 333-352.

PUTNAM, Hilary: Für eine Erneuerung der Philosophie, dt. v. Joachim Schulte, Stuttgart 1997.

QUITTERER, Josef/RUNGGALDIER, Edmund (Hg.): Der neue Naturalismus. Eine Herausforderung an das christliche Menschenbild, Stuttgart-Berlin-Köln 1999.

RAHNER, Karl/VORGRIMLER, Herbert (Hg.): Kleines Konzilskompendium. Sämtliche Texte des Zweiten Vatikanums, Freiburg ^{25}1994.

REICH, Jens: Menschenzüchtung? Gegenwart und Zukunft der Anthropotechnik, in: Blätter für deutsche und internationale Politik 44 (1999), 1353-1364.

VAN REIJEN, Willem: Globalisierung – die Rhetorik der Heilsversprechen, in: Gerhard Schweppenhäuser/Jörg H. Gleiter (Hg.): Paradoxien der Globalisierung, Weimar 1999, 132-152.

RIEDEL, Manfred (Hg.), Rehabilitierung der praktischen Philosophie, Bd. 1, Freiburg 1972.
RIEDL, Rupert: Biologie der Erkenntnis. Die stammesgeschichtlichen Grundlagen der Vernunft, München 1988.
RITTER, Joachim (Hg.): Historisches Wörterbuch der Philosophie (HWP), Darmstadt und Stuttgart-Basel 1971 ff.
RÖD, Wolfgang: Die Methode der cartesianischen Metaphysik, in: Angelika Horn u.a. (Hg.): Descartes im Diskurs der Neuzeit, Frankfurt/M. 2000, 61-76.
ROLSTON, Holmes: Genes, Genesis and God. Values and Their Origins in Natural and Human History, Cambridge-New York 1999.
ROSE, Steven: Darwins gefährliche Erben. Biologie jenseits der egoistischen Gene, dt. v. Susanne Kuhlmann-Krieg, München 2000.
ROSENBERG, Alfred: Der Mythus des 20. Jahrhunderts. Eine Wertung der seelisch-geistigen Gestaltungskämpfe unserer Zeit, München 1930.
ROSENFELD, Kerstin: „News to use“. Focus macht mobil – eine Bilanz mit Weitblick. Interview mit Helmut Markwort und Helge J. Volkenand, in: Media Spectrum 32 (1994) H. 2, 31-34.
ROß, Dieter: Traditionen und Tendenzen der Medienkritik, in: Hartmut Weßler u.a. (Hg.): Perspektiven der Medienkritik. Die gesellschaftliche Auseinandersetzung mit öffentlicher Kommunikation in der Mediengesellschaft (FS Dieter Roß), Opladen 1997, 29-45.
ROß, Jan: Die neuen Staatsfeinde. Was für eine Republik wollen Schröder, Henkel, Westerwelle und Co.?, Berlin ^{2}1998.
- Staatsfeindschaft. Anmerkungen zum neuen Vulgärliberalismus, in: Merkur 51 (1997), 93.
ROTHACKER, Erich: Genealogie des menschlichen Bewußtseins, Bonn 1966.
RÖTZER, Florian: Digitale Weltentwürfe. Streifzüge durch die Netzkultur, München-Wien 1998.
RUSE, Michael: Noch einmal: Die Ethik der Evolution, dt. v. Uta Lenk, in: Kurt Bayertz, Evolution und Ethik, Stuttgart 1993, 153-167.
- The Significance of Evolution, in: Peter Singer (Hg.): A Companion to Ethics, Oxford-Cambridge/Mass. 1991, 500-510.
- The Morality of the Gene, in: The Monist 67 (1984), 167-199.
- Sociobiology. Sense or Nonsense?, Dordrecht 1979.
RUSE, Michael/WILSON, Edward O.: Moral Philosophy as Applied Science, in: Philosophy 61 (1986), 173-192.
RYLE, Gilbert: Der Begriff des Geistes, dt. v. Günther Patzig, Stuttgart 1969.
- Begriffskonflikte, dt. v. Eberhard Bubser, Göttingen 1970.
- Die Welt der Wissenschaft und die normale Alltagswelt, in: Ders.: Begriffskonflikte, dt. v. Eberhard Bubser, Göttingen 1970, 87-103.

SCHAEFER-DIETERLE, Susanne: Informativ, selektiv, erfolgreich. Der Markt der Wochenzeitschriften/Nachrichtenmagazine ein Jahr nach 'Focus', 'Die Woche' und die 'Wochenpost', in: Media Spectrum 32 (1994) H. 2, 28-30.

SCHÄFER, Lothar: Das Bacon-Projekt. Von der Erkenntnis, Nutzung und Schonung der Natur, Frankfurt/M. 1993.

SCHARF, Wilfried/THIELE, Martina: Die publizistische Kontroverse über Martin Walsers Friedenspreisrede, in: Deutsche Studien 36 (1999), 147-209.

SCHEFFCZYK, Leo (Hg.): Evolution. Probleme und Aspekte ihrer Theorie, Freiburg-München 1991 (Grenzfragen; 18).

SCHEFFCZYK, Leo/ZIEGENAUS, Anton: Katholische Dogmatik, Bd. 3: Schöpfung als Heilseröffnung, Aachen 1997.

SCHIPPERGES, Heinrich: Rudolf Virchow, Reinbek 1994.

SCHLETTE, Nobert: Art. „Ideologie“, in: Hermann Krings u.a. (Hg.): Handbuch philosophischer Grundbegriffe, Bd. 2, München 1972, 720-728.

SCHMALZ-BRUNS, Rainer: Internet-Politik. Zum demokratischen Potenzial der neuen Informations- und Kommunikationstechnologien, in: Georg Simonis u.a. (Hg.): Politik und Technik. Analysen zum Verhältnis von technologischem, politischem und staatlichem Wandel am Anfang des 21. Jahrhunderts, Wiesbaden 2001 (PVS Sonderheft 31/2000), 108-131.

SCHMITT, Frederick F.: Art. „Naturalism“, in: Jaegwon Kim/Ernest Sosa (Hg.): A Companion to Metaphysics, Cambridge/Mass. 1995, 343-345.

SCHMITZ, Siegfried: Tiervater Brehm. Seine Reisen, sein Leben, sein Werk, München 1984.

SCHNABEL, Ulrich: Die Neuronen der Moral. Wie Hirnschäden zum Ausfall von Nächstenliebe und Verantwortungsbewußtsein führen, in: *Die Zeit* 43/1999, 41-42.

- Der Wille als Vorstellung. Die seltsamen Experimente des Benjamin Libet irritieren die Bewußtseinsforscher bis heute, in: *Die Zeit* 51/1996, 34.

SCHNABEL, Ulrich/SENTKER, Andreas: Wie kommt die Welt in den Kopf? Reise durch die Werkstätten der Bewußtseinsforscher, Reinbek 1997.

SCHNÄDELBACH, Herbert: Philosophie in der modernen Kultur. Vorträge und Abhandlungen 3, Frankfurt/M. 2000.

- Rationalitätstypen, in: Ders.: Philosophie in der modernen Kultur. Vorträge und Abhandlungen 3, Frankfurt/M. 2000, 256-281.
- Descartes und das Projekt der Aufklärung, in: Angelika Horn u.a. (Hg.): Descartes im Diskurs der Neuzeit, Frankfurt/M. 2000, 186-206.
- Zur Kritik der funktionalen Vernunft, in: Petra Kolmer/Harald Korten (Hg.): Grenzbestimmungen der Vernunft. Philosophische Beiträge zur Rationalitätsdebatte, Freiburg 1994, 103-126.
- Philosophie in Deutschland 1831-1933, Frankfurt/M. [5]1994.
- Zur Rehabilitierung des *animal rationale*. Vorträge und Abhandlungen 2, Frankfurt/M. 1992.

- Zur Rehabilitierung des *animal rationale*, in: Ders.: Zur Rehabilitierung des *animal rationale*. Vorträge und Abhandlungen 2, Frankfurt/M. 1992, 13-37.
- Was ist Neoaristotelismus?, in: Ders.: Zur Rehabilitierung des *animal rationale*. Vorträge und Abhandlungen 2, Frankfurt/M. 1992, 205-230.
- Die Aktualität der 'Dialektik der Aufklärung', in: Ders.: Zur Rehabilitierung des *animal rationale*. Vorträge und Abhandlungen 2, Frankfurt/M. 1992, 231-250.
- Das Gesicht im Sand. Foucault und der anthropologische Schlummer, in: Ders.: Zur Rehabilitierung des *animal rationale*. Vorträge und Abhandlungen 2, Frankfurt/M. 1992, 277-306.
- Karl Marx und die Philosophie, in: Ders.: Zur Rehabilitierung des *animal rationale*. Vorträge und Abhandlungen 2, Frankfurt/M. 1992, 331-345.
- Philosophie als Wissenschaft und als Aufklärung, in: Ders.: Zur Rehabilitierung des *animal rationale*. Vorträge und Abhandlungen 2, Frankfurt/M. 1992, 372-386.
- Gescheiterte Moderne?, in: Ders.: Zur Rehabilitierung des *animal rationale*. Vorträge und Abhandlungen 2, Frankfurt/M. 1992, 431-446.
- Philosophie, in: Ders./Ekkehard Martens (Hg.): Philosophie. Ein Grundkurs, Bd. 1, Reinbek 1991, 37-76.
- (Hg.): Rationalität. Philosophische Beiträge, Frankfurt/M. 1984.
- Einleitung, in: Ders. (Hg.): Rationalität. Philosophische Beiträge, Frankfurt/M. 1984, 8-14.
- Reflexion und Diskurs. Fragen zu einer Logik der Philosophie, Frankfurt/M. 1977.
- Erfahrung, Begründung und Reflexion. Versuch über den Positivismus, Frankfurt/M. 1971.
- Was ist Ideologie? Versuch einer Begriffsklärung, in: Das Argument 50 (1969), 71-92.

SCHÖNDORF, Harald: René Descartes. Die Grundlegung der neuzeitlichen Philosophie, in: Stimmen der Zeit 121 (1996), 243-254.

SCHOPENHAUER, Arthur: Preisschrift über das Fundament der Moral, Hamburg 1979.

SCHULZ, Walter: Philosophie in der veränderten Welt, Pfullingen ^{6}1993.
- Grundprobleme der Ethik, Pfullingen 1989.

SCHUMPETER, Joseph A.: Kapitalismus, Sozialismus und Demokratie, dt. v. Susanne Preiswerk, Bern ^{2}1950.

SCHUSTER, Ekkehard/BOSCHERT-KIMMING, Reinhold: Trotzdem hoffen. Mit Johann Baptist Metz und Elie Wiesel im Gespräch, Mainz 1993.

SCHWAGER, Raymund: zur Problematik der Seele in einer evolutionären Welt, in: Quitterer, Josef/Runggaldier, Edmund (Hg.): Der neue Naturalismus. Eine Herausforderung an das christliche Menschenbild, Stuttgart-Berlin-Köln 1999, 205-220.

SCHWÄGERL, Christian: Das Land der offenen Elfenbeintürme. Wissenschaft für alle: In Großbritannien boomt die Idee des „Public Understanding of Science“, in: *Die Zeit* 23/1997, 36.

SCHWEPPENHÄUSER, Gerhard/GLEITER, Jörg H. (Hg.): Paradoxien der Globalisierung, Weimar 1999.

SCLOVE, Richard E.: Democracy and Technology, New York 1995.

SEARLE, John R.: Die Wiederentdeckung des Geistes, dt. v. Harvey P. Gavagai, Frankfurt/M. 1996.

SELLARS, Wilfrid/HOSPERS, John (Hg.): Readings in Ethical Theory, Englewood-Cliffs ^{2}1970.

SENNETT, Richard: Der flexible Mensch. Die Kultur des neuen Kapitalismus, dt. v. Martin Richter, Berlin 1998.

SENTKER, Andreas: Schreib Dich reich. Gott, Geist und Kosmos gehen weg wie warme Semmeln, in: *Die Zeit* 33/1997, 29.

- Lob der Großmama. Warum leben Frauen eigentlich nach der Menopause weiter?, in: *Die Zeit* 25/1997, 33.

SHIPMAN, Pat: Die Evolution des Rassismus. Gebrauch und Mißbrauch von Wissenschaft, dt. v. Sebastian Vogel, Frankfurt/M. 1995.

SIERCKS, Udo: NORMalisierung von rechts. Biopolitik und die ‘Neue Rechte’, Hamburg 1995.

SIMONIS, Georg u.a. (Hg.): Politik und Technik. Analysen zum Verhältnis von technologischem, politischem und staatlichem Wandel am Anfang des 21. Jahrhunderts, Wiesbaden 2001 (PVS Sonderheft 31/2000).

SINGER, Peter (Hg.): A Companion to Ethics, Oxford-Cambridge/Mass. 1991.

SOBCZYŃSKA, Danuta/CZERWIŃSKA, Ewa: Szientismus in der Praxis. Das Wirken Wilhelm Ostwalds im Deutschen Monistenbund, in: Philosophisches Jahrbuch 105 (1998), 178-194.

SOBER, Elliott: From a biological point of view. Essays in evolutionary philosophy, Cambridge-New York. 1994.

- Did Evolution make us psychological egoists?, in: Ders.: From a biological point of view. Essays in evolutionary philosophy, Cambridge-New York 1994, 8-27.
- Prospects for an evolutionary ethics, in: Ders.: From a biological point of view. Essays in evolutionary philosophy, Cambridge-New York. 1994, 93-113.

SOBER, Elliott/WILSON, David S.: Unto Others. The Evolution and Psychology of Unselfish Behavior, Cambridge/Mass. 1998.

SÖLING, Caspar: Neuere Literatur zum Gehirn-Seele-Problem, in: Theologische Revue 92 (1996), Sp. 381-402.

- Das Gehirn-Seele-Problem. Neue Einblicke in eine alte Diskussion, Paderborn 1994.

SOMIT, Albert u.a. (Hg.): Research in Biopolitics, Vol. 6: Sociobiology and Politics, Stamford/Conn.-London 1998.

SOMIT, Albert/ PETERSON, Steven A.: Darwinism, Dominance, and Democracy. The Biological Bases of Authoritarianism, Westport-London 1997.
- (Hg.): Research in Biopolitics, Volume 4, Greenwich/Conn.-London 1996, 151-177.
SOMMER, Volker: Heilige Egoisten. Die Soziobiologie indischer Tempelaffen, München 1996.
- Lob der Lüge. Täuschung und Selbstbetrug bei Tier und Mensch, München 1994.
- Die Vergangenheit einer Illusion. Religion aus evolutionsbiologischer Sicht, in: Eckart Voland (Hg.): Evolution und Anpassung. Warum die Vergangenheit die Gegenwart erklärt (FS Christian Vogel), Stuttgart 1993, 229-248.
SPAEMANN, Robert/LÖW, Reinhard: Die Frage Wozu. Geschichte und Wiederentdeckung des teleologischen Denkens, München ³1991.
SPLETT, Jörg: „Erfüllt mit einer so äußersten Freude". René Descartes (1596-1650) als Denker vor Gott, in: Theologie und Philosophie 75 (2000), 236-249.
SPRINGENSGUTH, Jost: Design mehr als Schein, in: Gernot Facius (Hg.): Aufgabe und Verantwortung (FS Rolf Terheyden), Berlin 1996, 76-82.
STEFFENS, Andreas: Philosophie des 20. Jahrhunderts oder Die Wiederkehr des Menschen, Leipzig 1999.
STEINFORTH, Ulrich: Klassische und moderne Ethik. Grundlinien einer materialen Moraltheorie, Reinbek 1990.
STERELNY, Kim: Dawkins' Bulldog, in: Philosophy and Phenomenological Research 59 (1999), 255-262.
STEVENSON, Charles L.: Ethics and Language, New Haven 1944.
- The Emotive Meaning of Ethical Terms, in: Mind 46 (1937), 14-31.
STRAßNER, Erich: Ideologie – SPRACHE – Politik. Grundfragen ihres Zusammenhangs, Tübingen 1987 (Konzepte der Sprach- und Literaturwissenschaft; 37).
STRAWSON, Peter F.: Freiheit und Übelnehmen, dt. v. Christoph Taul, in: Ulrich Pothast (Hg.): Seminar: Freies Handeln und Determinismus, Frankfurt/M. ²1988, 201-233.
TETENS, Holm: Geist, Gehirn, Maschine. Philosophische Versuche über ihren Zusammenhang, Stuttgart 1994.
THRÄNHARD, Dieter: Geschichte der Bundesrepublik Deutschland, Frankfurt/M. 1986.
TOPITSCH, Ernst: Sozialphilosophie zwischen Ideologie und Wissenschaft, Berlin-Neuwied 1961.
TRÄGERVEREIN DES DEUTSCHEN PRESSERATES E.V. (Hg.): Publizistische Grundsätze (Pressekodex) für die publizistische Arbeit nach Empfehlungen des Deutschen Presserats in der Fassung vom 17. September 1997, in: Deutscher Presserat Jahrbuch 1998, Konstanz 1999, 257-279.
TREML, Alfred K.: Zufall, Schlamperei und Sex. Evolutionäre Strategien im Alltag, in: Universitas 55 (2000), 562-571.

- Geleitwort, in: Dieter Neumann u.a. (Hg.): Die Natur der Moral. Evolutionäre Ethik und Erziehung, Stuttgart-Leipzig 1999, 9-12.
- Die Erziehung zum Weltbürger, in: Dieter Neumann u.a. (Hg.): Die Natur der Moral. Evolutionäre Ethik und Erziehung, Stuttgart-Leipzig 1999, 177-191.

TRIVERS, Robert: The Evolution of Reciprocal Altruism, in: The Quarterly Review of Biology 46 (1971), 35-57.

TUGENDHAT, Ernst: Es gibt keine Gene für die Moral, in: *Die Zeit* 39/1999, 31 f.
- Vorlesungen über Ethik, Frankfurt/M. 1993.

VOGEL, Christian: Vom Töten zum Mord. Das wirkliche Böse in der Evolutionsgeschichte, München-Wien 1989.
- Gibt es eine natürliche Moral? Oder: Wie widernatürlich ist unsere Ethik?, in: Heinrich Meier (Hg.): Die Herausforderung der Evolutionsbiologie, München-Zürich 1988, 193-219.

VOLAND, Eckart (Hg.): Evolution und Anpassung. Warum die Vergangenheit die Gegenwart erklärt (FS Christian Vogel), Stuttgart 1993.
- Grundriß der Soziobiologie, Stuttgart-Jena 1993.

VOLAND, Eckart/VOLAND, Renate: Die Evolution des Gewissens. Oder: Wem nützt das Gute?, in: Dieter Neumann u.a. (Hg.): Die Natur der Moral. Evolutionäre Ethik und Erziehung, Stuttgart-Leipzig 1999, 195-205.

VOLLMER, Gerhard: Wollen – Können – Dürfen. Aspekte einer Evolutionären Ethik, in: Dieter Neumann u.a. (Hg.): Die Natur der Moral. Evolutionäre Ethik und Erziehung, Stuttgart-Leipzig 1999, 211-227.
- Auf der Suche nach der Ordnung. Beiträge zu einem naturalistischen Welt- und Menschenbild, Stuttgart 1995.
- Bin ich Atheist? Orientierungshilfen für ernsthafte Zweifler, in: Ders.: Auf der Suche nach der Ordnung. Beiträge zu einem naturalistischen Welt- und Menschenbild, Stuttgart 1995, 168-184.
- Biophilosophie, Stuttgart 1995.
- Sein und Sollen. Möglichkeiten und Grenzen einer Evolutionären Ethik, in: Ders.: Biophilosophie, Stuttgart 1995, 162-192.
- Möglichkeiten und Grenzen einer evolutionären Ethik, in: Kurt Bayertz (Hg.): Evolution und Ethik, Stuttgart 1993, 103-130.
- Die vierte bis siebte Kränkung, in: Philosophia Naturalis 29 (1992), 118-134.
- Evolutionäre Erkenntnistheorie. Angeborene Erkenntnisstrukturen im Kontext von Biologie, Psychologie, Linguistik, Philosophie und Wissenschaftstheorie, Stuttgart ^{4}1987.
- Über die Möglichkeiten einer evolutionären Ethik, in: Conceptus 20 (1986), 51-68.

DE WAAL, Frans: Der gute Affe. Der Ursprung von Recht und Unrecht bei Menschen und anderen Tieren, dt. v. Inge Leipold, Wien-München 1997.
- Wilde Diplomaten. Versöhnung und Entspannungspolitik bei Affen und Menschen, dt. v. Ellen Vogel, München 1993.

WEBER, Thomas P.: Darwin und die Anstifter. Die neuen Biowissenschaften, Köln 2000.

WEISENBACHER, Uwe: Poststrukturalistische Medientheorie – eine kritische Skzze, in: Hansjörg Bay/Christof Hamann (Hg.): Ideologie nach ihrem 'Ende'. Gesellschaftskritik zwischen Marxismus und Postmoderne, Opladen 1995, 115-128.

VON WEIZSÄCKER, Carl Christian: Logik der Globalisierung, Göttingen 1999.

- „Die Leistungen von Bill Gates und Mutter Teresa. Warum profitorientierte Menschen sehr sozial sind", in: *Focus* 28/1998, 38.

VON WEIZSÄCKER, Carl Friedrich: Wahrnehmung der Neuzeit, München 1985.

WELTER, Rüdiger: Der Begriff der Lebenswelt. Theorien vortheoretischer Erfahrungswelt, München 1986 (Übergänge; 14).

WESSELY, Christian: Fundamentaltheologie und neue Medien, in: Klaus Müller (Hg. in konzeptioneller Zusammenarbeit mit Gerhard Larcher), Fundamentaltheologie. Fluchtlinien und gegenwärtige Herausforderungen, Regensburg 1998, 281-298.

WEẞLER, Hartmut u.a. (Hg.), Perspektiven der Medienkritik. Die gesellschaftliche Auseinandersetzung mit öffentlicher Kommunikation in der Mediengesellschaft (FS Dieter Roß), Opladen 1997.

WETZ, Franz Josef: Letztbesinnung ohne Letztbegründung, in: Philosophisches Jahrbuch 103 (1996), 15-28.

WICKLER, Wolfgang/SEIBT, Uta: Das Prinzip Eigennutz. Ursachen und Konsequenzen sozialen Verhaltens, Hamburg 1977.

WIEGERLING, Klaus: Medienethik, Stuttgart-Weimar 1998.

WILSON, David S.: Human Groups as Units of Selection, in: Science 276 (1997), 1816-1817.

WILSON, Edward O.: Die Einheit des Wissens, Berlin 1998.

- Naturalist, London u.a. 1996.
- Biologie als Schicksal. Die soziobiologischen Grundlagen des menschlichen Verhaltens, dt. v. Friedrich Griese, Frankfurt/M.-Berlin-Wien 1980.
- Sociobiology. The New Synthesis, Cambridge/Mass.-London 1975.
- Einführung in die Populationsbiologie, Berlin 1973.

WINKLER, Willi: Unsere Presse. Schöne bunte Welt, in: Merkur 48 (1994), 544-548.

WITTGENSTEIN, Ludwig: Tractatus logico-philosophicus (Schriften, Bd. 1), Frankfurt/M. 1960.

- Philosophische Untersuchungen (Schriften, Bd. 1), Frankfurt/M. 1960.

WITTKAU-HORGBY, Annette: Materialismus. Entstehung und Wirkung in den Wissenschaften des 19. Jahrhunderts, Göttingen 1998.

WÖHE, Günter: Einführung in die Allgemeine Betriebswirtschaftslehre, München ^{19}1996.

WOLFF, Georg: Das Stirnhirn: 'Organ unserer Freiheit', in: *Der Spiegel* 43/1976, 228-230.

WUKETITS, Franz M.: Sind wir zur Unmoral verdammt?, in: Dieter Neumann u.a. (Hg.): Die Natur der Moral. Evolutionäre Ethik und Erziehung, Stuttgart-Leipzig 1999, 51-59.

- Naturkatastrophe Mensch. Evolution ohne Fortschritt. Düsseldorf 1998.
- Soziobiologie. Die Macht der Gene und die Evolution sozialen Verhaltens, Heidelberg-Berlin-Oxford 1997.
- Die Entdeckung des Verhaltens. Eine Geschichte der Verhaltensforschung, Darmstadt 1995.
- Verdammt zur Unmoral? Zur Naturgeschichte von Gut und Böse, München 1993.
- Gene, Kultur und Moral. Soziobiologie – pro und contra, Darmstadt 1990.
- Evolutionstheorien. Historische Voraussetzungen, Positionen, Kritik, Darmstadt 1988.
- Charles Darwin. Der stille Revolutionär, München 1987.
- Zustand und Bewußtsein. Leben als biophilosophische Synthese, Hamburg 1985.
- Evolution, Erkenntnis, Ethik. Folgerungen aus der modernen Biologie, Darmstadt 1984.

WYNNE-EDWARDS, Vero C.: Animal-Dispersion in Relation to Social Behavior, Edingburgh-London 1962.

YOUNG, E. J.: Gobineau und der Rassismus. Eine Kritik der anthropologischen Geschichtstheorie, Meisenheim 1968.

ZENGER, Erich u.a.: Einleitung in das Alte Testament, Stuttgart-Berlin-Köln 1995.

- Der Gott der Bibel. Sachbuch zu den Anfängen des alttestamentlichen Gottesglaubens, Stuttgart 1979.

ZILIAN, Hans Georg/FLECKER Jörg (Hg.): Flexibilisierung – Problem oder Lösung?, Berlin 1998.

ZITTEL, Thomas: Über die Demokratie in der vernetzten Gesellschaft. Das Internet als Medium politischer Kommunikation, in: Aus Politik und Zeitgeschichte B 42/97, 23-29.

o. N.: Heimsuchung im High-Tech-Land, in: *Der Spiegel* 24/1998, 22-34.

Register

Personen

Dinge

Zur Reihe Ratio fidei

Als G.K. Chestertons „Father Brown" seinen ersten Fall löste und einen Straftäter überführte, der sich als Priester verkleidet hatte, da fragte ihn dieser, wodurch er ihm denn auf die Schliche gekommen sei. „'Sie haben die Vernunft angegriffen', sagte Father Brown. 'Das ist schlechte Theologie.'" Aufzuklären, warum das so ist, und zu zeigen, wie es anders geht, dazu ist die Reihe „Ratio fidei" gedacht.

Die unter diesem Titel erscheinenden Studien kommen unter den Bedingungen von heute der bereits neutestamentlich fixierten christlichen Selbstverpflichtung nach, bereit zu sein, Rechenschaft über die Gründe der Hoffnung zu geben, die die Glaubenden beseelt (vgl. 1 Petr 3,15). Rechenschaft über Gründe gibt es nur vernunftförmig und also unter Bezug auf die Philosophie. Schon zu Zeiten eines Anselm von Canterbury war das klar (und nicht zufällig zitiert dieser gleich im ersten Kapitel seiner Schrift „Cur deus homo?" die eben erinnerte Petrusbrief-Stelle). Mit Beginn der Neuzeit, die im Wesentlichen durch eine fundamentale Krise der christlichen Tradition aufkommt, wird dieser Philosophiebezug des theologischen Diskurses für diesen so konstitutiv, dass sich nicht wenige der Großen aus der philosophischen Szene als die (im Vergleich zu den kirchlich-orthodoxen Repräsentanten) „besseren" Theologen verstehen. Die nachfolgende Epoche eines prinzipiellen Verdachts gegen Vernunftansprüche und -leistungen, klassisch gespurt durch Feuerbach, Nietzsche, Freud und Heidegger und gegenwärtig flächendeckend durch Wortmeldungen präsent gemacht, die sich „postmodern" nennen, bringt die Theologie vor eine überraschende Frage: Ob, wie und inwiefern sie sich denn nun selbst in die Pflicht genommen sieht, aus eigenen Ressourcen ebenjener Vernunft zur Hand zu gehen, kraft derer sie bis dato als vernunftverpflichtete und darum nicht zuletzt auch universitäre Disziplin gilt. „Ratio fidei" versteht sich als Forum für eine affirmative Antwort auf diese Frage und speist sich dafür aus tief in die Tradition zurückgreifenden Denkformanalyen nicht weniger als aus kritischen Fühlungnahmen zu neuesten Trends in der Philosophie. Wenn dabei etwas von jener Weite zur Geltung kommt, die zum ursprünglichen Sinn des Attributs „katholisch" gehört, liegt das nicht außerhalb der Absicht der Herausgeber.

Klaus Müller / Thomas Pröpper